UG数控加工完全自学丛书

UG NX 后处理技术与应用案例

周保牛 编 著

机械工业出版社

本书从 UG NX 后处理构造器的应用讲起，详细诠释了 TCL 语言句法、MOM 命令应用、PB_CMD 命令编制技术，介绍了针对配用海德汉 / 西门子 /FANUC 数控系统的三轴和四轴加工中心、双转台 / 双摆头 / 摆头转台正交与非正交五轴加工中心坐标变换与 3+2 轴定向加工、RTCP/RPCP 与 5 轴联动加工、三轴和四轴车铣复合机床、双主轴摆头转台七轴五联动车铣复合加工中心等十几种典型主体结构机床所进行的具体的后处理建构，包括旋转轴执行部件的定向加工夹紧与联动加工松开、顺序换刀和省时随机换刀方式、各种数控系统的专门编程功能等。针对典型机床所能加工的零件形状，创建能覆盖 UG NX/CAM 所能进行的多种复合加工工序，包括对象变换和主从 CSYS 旋转混合刀轨等，解析了用既定的后处理器输出的程序，并用 VERICUT 仿真加工验证了程序的正确性、后处理器的准确性及实际应用的安全性、可行性与宽泛性等。

本书是学习后处理技术、TCL 语言和 UG NX 软件 MOM 命令、mom 变量、PB_CMD 命令等的系统性书籍，其中后处理案例能覆盖或经稍微修改覆盖相关所有机型和数控系统，可以作为专业技术模版广泛应用。

本书可作为高等院校数字化制造技术相关专业的教材或教辅材料，也可作为从事数字化制造人员的培训教材、专业学习用书或参考资料。

图书在版编目（CIP）数据

UG NX后处理技术与应用案例/周保牛编著．—北京：机械工业出版社，2024.1（2025.1重印）
（UG数控加工完全自学丛书）
ISBN 978-7-111-74595-2

Ⅰ．①U… Ⅱ．①周… Ⅲ．①数控机床—加工—计算机辅助设计—应用软件—教材 Ⅳ．①TG659.022

中国国家版本馆CIP数据核字（2024）第009322号

机械工业出版社（北京市百万庄大街22号 邮政编码100037）
策划编辑：周国萍 责任编辑：周国萍 赵晓峰
责任校对：贾海霞 张 薇 封面设计：马精明
责任印制：张 博
北京雁林吉兆印刷有限公司印刷
2025 年 1 月第 1 版第 5 次印刷
184mm×260mm・26.75印张・627千字
标准书号：ISBN 978-7-111-74595-2
定价：119.00元

电话服务 网络服务
客服电话：010-88361066 机 工 官 网：www.cmpbook.com
010-88379833 机 工 官 博：weibo.com/cmp1952
010-68326294 金 书 网：www.golden-book.com
封底无防伪标均为盗版 机工教育服务网：www.cmpedu.com

定制后处理器是自动编程，特别是多轴数控加工的关键、核心技术环节，也是难点。UG NX 软件提供了一个开放的、功能强大的后处理构造器平台，用户可以在该平台上随心所欲地定制具体数控机床的后处理器。

定制后处理器是技术密集性工作，本书在框定读者掌握向量和矩阵等数学知识，了解数控机床的主体结构和基本加工操作以及复杂零件的数控加工工艺，熟悉数控系统的编程功能、CAM 软件的刀轨创建等技术的基础上，用 TCL 语言和英语作为书写工具，在后处理构造器平台上，应用软件自带的 MOM 命令、mom 变量、PB_CMD 命令、后处理器案例等，共设置 14 章来较为系统地介绍如何定制后处理器。

第 1 章后处理梗概，介绍建立后处理涉及的重要概念、工具和方法。

第 2 章后处理构造器与常用 MOM 命令，介绍后处理构造器平台界面结构及使用方法和常用 MOM 命令句法。

第 3 章顺序换刀三轴加工中心后处理，定制顺序换刀 FANUC 低版本数控系统三轴立式加工中心后处理器，包括工件坐标系、刀具长度和半径补偿、程序开头显示加工时间等，后处理程序分析与 VERICUT 仿真加工验证。

第 4 章随机换刀转台四轴加工中心后处理，定制省时随机换刀 FANUC 低版本数控系统转台四轴立式加工中心后处理器，包括旋转轴属性、4_axis 联动和 3+1_axis 定向加工、转台松开锁紧判断、转台超程设定等，后处理程序分析与 VERICUT 仿真加工验证。

第 5 章 TCL 语言，介绍 TCL 语言句法，对编制 PB_CMD 常用命令、指令格式及其应用等进行了详述，并用 ugwish.exe 学习工具或专门软件 Tclsh 做了应用验证。

第 6 章 FANUC 系统随机换刀双转台五轴加工中心后处理，定制省时随机换刀 FANUC 高版本数控系统双转台真、假五轴立式加工中心后处理器，包括转台定位器偏置 G54.2 Pn、5_axis 联动和倾斜面 G68.2/G53.1 的 3+2_axis 定向加工、双转台夹紧与松开、刀尖跟踪 RPCP 功能与 G43.4/43.5/G43 设定等，后处理覆盖变换阵列和 CSYS 旋转主从坐标等所有混合刀轨等，后处理程序分析与 VERICUT 仿真加工验证。

第 7 章西门子系统双转台五轴加工中心后处理，定制 SINUMERIK840D 系统顺序换刀双转台真五轴立式加工中心后处理器，包括 TRAORI/TRAFOOF 开 / 关 RPCP 刀尖跟踪功能、速度插补成组指令 FGROUP、刀具长度和半径补偿编程、双转台夹紧与松开、5_axis 联动和 CYCLE800 的 3+2_axis 定向加工、TRANS/ATRANS 坐标平移与 ROT/AROT 坐标旋转的 3+2_axis 定向加工、CYCLE832 高速循环设定等，后处理覆盖变换阵列和 CSYS 旋转主从坐标等所有混合刀轨等，后处理程序分析与 VERICUT 仿真加工验证。

第 8 章海德汉系统随机换刀双转台五轴加工中心后处理，定制随机换刀 HEIDENHAIN530 系统真五轴双转台立式加工中心后处理器，包括公差循环 32、工件坐标系 CYCL DEF 247、M128/M129 开 / 关 RPCP 刀尖跟踪功能、5_axis 联动和 CYCL DEF 7 坐标系平移与 CYCL DEF 19 坐标系旋转 3+2_axis 定向加工、PLANE SPATIAL 倾斜面功能 3+2_axis 定向加工、双转台夹紧与松开等，后处理覆盖变换阵列和 CSYS 旋转主从坐标等所有混合刀轨等，后处理程序分析与 VERICUT 仿真加工验证。

第 9 章海德汉系统随机换刀摆头转台五轴加工中心后处理，定制随机换刀 HEIDENHAIN530 系统 RTCP/RPCP 真五轴摆头转台立式加工中心后处理器，具体要求同第 8 章海德汉系统随机换刀双转台五轴加工中心后处理。

第 10 章西门子系统双摆头五轴加工中心后处理，定制随机换刀 SINUMERIK840D 系统双摆头真五轴加工中心后处理器，包括 TRAORI/TRAFOOF 开 / 关 RPCP 刀尖跟踪功能、刀具长度和半径补偿、双摆头夹紧与松开、5_axis 联动和 TRANS/ATRANS 坐标平移与 ROT/AROT 坐标旋转 3+2_axis 定向加工，后处理覆盖变换阵列和 CSYS 旋转主从坐标等所有混合刀轨等，后处理程序分析与 VERICUT 仿真加工验证。

第 11 章非正交五轴加工中心后处理，定制 FANUC-16iM 无 RPCP 功能随机换刀双转台非正交五轴立式加工中心后处理器、定制 HEIDENHAIN530 系统带 RTCP/RPCP 和 PLANE SPATIAL 功能随机换刀摆头转台非正交五轴立式加工中心后处理器、定制 FANUC-0iFm 系统无 RPCP 功能双摆头非正交五轴立式加工中心后处理器，后处理覆盖变换阵列和 CSYS 旋转主从坐标等所有混合刀轨等，后处理程序分析与 VERICUT 仿真加工验证。

第 12 章动力刀架 XZC 三轴车铣复合机床后处理，定制并链接 FANUC 系统动力刀架 XZ 两轴车削、XZC 三轴立卧铣削、XZC 三轴车铣复合机床后处理器，包括 G92/G71/G72 车削固定循环等，后处理程序分析与 VERICUT 仿真加工验证。

第 13 章动力刀架 XYZC 四轴车铣复合机床后处理，定制 FANUC 系统动力刀架 XYZC 四轴车铣复合机床后处理器，链接 XZ 两轴车削、XZC 三轴刀轴卧铣、XZC 三轴刀轴立铣、XYZC 四轴立铣等，后处理程序分析与 VERICUT 仿真加工验证。

第 14 章双主轴摆头转台七轴五联动车铣复合加工中心后处理，定制 mc_millturn_control 系统随机换刀摆头转台双主轴七轴五联动车铣复合加工中心后处理器，链接主轴和背轴 XZ 两轴车削、主轴和背轴 XYZBC 五轴卧铣、主轴和背轴 XZC 三轴立卧铣、主轴和背轴对接等，后处理程序分析和 VERIVUT 仿真加工验证。

后处理器均用 Siemens NX 12.0 定制，用 VERICUT 8.2.1 仿真加工验证，TCL 语言句法用 ugwish.exe 或 Tclsh 验证。

本书具有以下鲜明特点：

1. 实用性好

本书定制的后处理器可当作模板使用，对机床规格参数稍做修改，就可用于具体机床。

2. 机床类型多

定制了三轴和转台四轴加工中心，双转台、双摆头、摆头转台正交和非正交五轴加工中心，动力刀架三轴和四轴车铣复合机床，双主轴摆头转台七轴五联动车铣复合加工中心等十几种具有典型主体结构的机床的后处理器，覆盖了绝大部分的机床结构类型。

3. 系统种类多

定制了 FANUC、西门子、海德汉和 mc_millturn_control 系统的后处理，读者稍做适当修改后可以定制华中、广数、精雕、哈斯、马扎克、三菱、大隈等数控系统的后处理，能覆盖现有绝大多数数控系统。

4. 真、假五轴兼顾

对于同种数控系统，定制了带与不带 RTCP/RPCP 刀尖跟踪功能的真、假五轴后处理。

5. 联动、定向加工兼得

同类机床特别是对于五轴机床，定制了 5_axis 联动和 3+2_axis 定向加工后处理，甚至定制了数控系统可能的两种以上 3+2_axis 定向加工，大大提高了后处理器的适用范围。

6. 顺序、随机换刀兼有

不同的加工中心有各自的换刀方式，定制了顺序换刀、省时随机换刀后处理，满足各种加工中心刀具创建、换刀方式的需要。

7. 回转坐标轴松紧好用

定制了回转坐标轴联动加工松开、定向加工夹紧后处理，有助于提高回转坐标轴执行部件的机械刚度。

8. 后处理混合刀轨有效

能后处理变换阵列刀轨、主从坐标 CSYS 旋转刀轨、变换阵列与 CSYS 旋转主从坐标混合刀轨，既能充分发挥变换阵列刀轨简单快捷的优势，也可大大提高主从坐标定向加工程序的可读性。

9. 后处理器验证充分

专门设计了典型零件，创建了多轴联动与定向加工多种复合工序、变换阵列与 CSYS 旋转主从坐标混合刀轨，特别是对同一种典型零件刀轨用既定的、涵盖了不同数控系统主要编程指令和机床的特别功能的不同后处理器输出程序，分析了程序的正确合理性，每个程序都用 VERICUT 仿真加工出了合格零件，程序没有报警，说明后处理器正确可靠。

本书秉持"理论联系实际有过程、目标兑现成果有技术、学习参考有价值"和"入目乐学、入学则通"的理念而编写。作为院校课程教材或教辅材料、社会培训教材，本书有理念、有思路，理论联系实践有过程、有梯度，目标导向明确、成果达成丰富，也便于自学。作为企业行业工程技术人员的专业学习用书或参考资料，本书有方案、有技术、有方法、有步骤，目标有方向、成果有价值，拓宽可参考。

由于数控机床的不断发展、数控系统功能的不断完善和增加、UG NX 和 VERICUT 等软件的不断升级，数控加工技术不断提高，加之时间仓促、限于作者水平等，书中不妥和错误之处在所难免，恳请各位读者批评指正。

编著者

目录

第1章

后处理梗概

1.1 后处理

1.1.1 后处理的概念

后处理是把刀轨文件转换成 NC 代码程序的过程。NC 代码程序是驱动具体数控机床加工零件的数控加工程序，以下简称为程序。可见，后处理是自动编程中建模、创建刀轨、后处理、仿真验证、试切与正常加工五个环节中的关键环节之一，是自动编程的核心技术。

1.1.2 刀轨文件

刀轨文件有两种形态，一种是 *.prt 图形形态，如 UG NX/CAM【工序导航器】中的【工序】或【NC_PROGRAM】；另一种是由图形形态转换成的 CLSF 刀位文件。刀位文件明显带有 GOTO 等命令特征，如 GOTO/X、Y、Z、I、J、K。X、Y、Z 是刀位点的线性坐标，I、J、K 分别是刀轴单位矢量在 X、Y、Z 轴上的分量。

无论哪种刀轨文件，都是在假定工件不动、刀具围绕工件运动、在机床大类相同的情况下基本不考虑实际机床差异的条件下创建的。实际的数控机床千差万别，有刀具运动的坐标轴，也有工件运动的坐标轴，数控系统差异更大，所以刀轨文件不能直接驱动实际数控机床加工零件，又几乎能适用于所属大类机床的通用文件，但它是后处理必需的已知条件。

1.2 后处理方式

UG NX 软件提供了两种后处理方式，一种是用 Post 后处理编辑器进行后处理，另一种是用后处理模块 GPM 进行后处理。

1.2.1 Post 方式

Post 方式即 MOM 事件处理方式，它不需要刀位文件，而是通过建立与机床控制系统相匹配的事件处理和事件定义两个文件，将 *.prt 刀轨转换成程序。MOM 方式可以完成从简单到任意复杂机床的后处理，甚至可以直接修改事件处理和事件定义这两个文件实现特定的信息处理。该方式是本书叙述的方式，也是目前流行和默认的方式。

1.2.2　GPM 方式

GPM 方式是一种图形后处理方式，它要把刀位文件通过图形后处理模块 GPM 转换成程序，过程比较烦琐，且由于局限性越来越难以适应现代数控机床的复杂性和特殊性需要，使用越来越少，其优点是输出程序的奇异点很少。

1.3　后处理编辑器

后处理编辑器 Post 是 UG NX/CAM 模块中的后处理工具软件的内部结构，全部自动运行，不需要人为干涉，这里仅做简单介绍，便于后续概念的引入。后处理编辑器 Post 的基本组成及工作过程如图 1-1 所示。

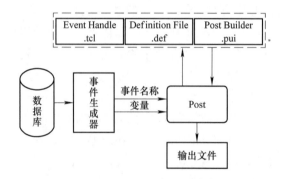

图 1-1　后处理编辑器 Post 的基本组成及工作过程

1.3.1　基本组成

Post 主要由事件生成器（Event Generator）、事件处理文件（Event Handle）、事件定义文件（Definition File）、输出文件（Output File）、后处理用户界面文件（Post User Interface File）五部分组成。

1.3.2　工作过程

事件生成器将数据库中的刀轨自动划分成若干事件，再将这些事件传送给后处理编辑器 Post。事件生成器可以在 UG NX/CAM 界面通过单击图标或单击【工具】→【工序导航器】→【输出】→【后处理器】来调用。这里需要注意的是，调用事件生成器实际操作上最终调用的是后处理器（postprocessor），事件生成器是不能单独调用的，后处理时用户也不会直接操作它，事件的划分与传送都是自动完成的。也就是说，就仅获得程序这个目的而言，用户的整个操作过程不涉及事件生成器。

事件处理文件：定义了每一个事件的处理方式，扩展名是 *.tcl。

事件定义文件：定义事件处理后输出的数据格式，扩展名是 *.def。

后处理用户界面文件：通过它在后处理构造器上打开事件处理文件和事件定义文件的对话框，来间接编辑和修改事件处理文件和事件定义文件，扩展名是 *.pui。

输出文件：自动输出程序。

1.4　后处理构造器

后处理构造器（Post Builder）是 UG NX/CAM 的子模块，是后处理的工具软件，是通过五大节点事件来创建编辑事件处理文件 .tcl、事件定义文件 .def 的主要方法。

为了叙述清晰起见，这里需整理一下概念。将通常所说的后处理分为后处理器和后处理两个部分：一是在后处理构造器上创建后处理器（或直接编写后处理文件），二是在刀轨环境用后处理器把刀轨图形文件后处理输出程序。可见，后处理构造器是创建或定制后处理器的平台，后处理是把刀轨图形用后处理器输出程序的过程。本书的重点就是建构或定制后处理器。

1.4.1　机床

这里所说的机床指后处理构造器中提供的一些可供选用的典型数控机床的主体结构，若没有完全匹配的主体结构，需要选用接近的机床，然后再根据具体情况修改参数，如非正交双转台机床，没有直接选项，应选双转台机床。了解数控机床的主体结构，是构建后处理器的基础要求之一。

1.4.2　数控系统

后处理构造器中的数控系统称为控制器，供选用的数控系统种类有限。如果没有完全对应的数控系统或对应的版本，只能选择相近的再进行具体程序行上的修补。高版本系统比低版本系统的功能强大，后处理的能力也好。在机床主体结构相同的情况下，定制后处理器主要是对数控系统的设置，读者应该清楚：

1）熟悉数控系统的编程功能是后处理的重要基础之一。尽管是自动编程，但很多参数、程序行的设定要在后处理构造器中人为完成，熟悉数控系统的编程功能，相应设定会迎刃而解，也有助于正常分析判断输出程序的正确性。

2）RTCP/RPCP 功能是判断真假五轴的主要功能。具有 RTCP/RPCP 功能的五轴系统是真五轴数控系统，无此功能的是假五轴。RTCP 是刀尖跟踪功能，用于摆头机床。RPCP 是工件跟踪功能，用于转台机床。摆头转台机床既需要 RTCP，又需要 RPCP。RTCP/RPCP 功能，不同的数控系统有相应的专门指令代码，并不区分 RTCP/RPCP 哪一个，所以常把 RTCP/RPCP 功能统称为 RTCP 刀尖跟踪功能。有 RTCP 功能的五轴机床操作同三轴机床，简单、方便，而无 RTCP 功能的五轴机床操作、编程方式有特殊性，与实际刀具长度、工件装夹位置均有关系，将在五轴后处理中详细介绍。

1.4.3　后处理构造器的应用

软件自带的后处理器多数情况下不符合具体机床需求，但在后处理构造器这个开放平台上，几乎可以定制所需的各种后处理器。后处理构造器中提供了 MOM 命令或部分 PB_CMD 命令、mom 变量等，用 TCL 语言将 MOM 命令、mom 变量等编写成需要的 PB_CMD 命令，以实现定制所需后处理器的目的。在后处理构造器上定制后处理器，按照编程的理念设置块即程序行内容，有的块可能就是 NC 程序段，有的是 MOM 命令或 PB_CMD 命令。具体操作方法参考后面相关章节。

在后处理构造器上保存文件时，自动生成 *.tcl、*.def 和 *.pui 至少三个相互关联的文件族，即后处理器。选项设定不同，文件族中会相应增加文件种类。

用后处理构造器来新建后处理器，但要在后处理构造器上打开已有后处理器，必须要有 *.pui 文件，即只能用 *.pui 才能在后处理构造器上打开、编辑已有后处理器，这也是定制后处理器的优选方式。实际上 *.pui 文件有三个用途，除了在后处理构造器上打开已有后处理器外，在刀轨界面调用后处理器、在后处理构造器界面选择用户数控系统都由 *.pui 文件实现，并且在后处理构造器界面选择用户数控系统 *.pui 文件可以打开高版本后处理器。

当然，也可以通过记事本、Word（UTF-8 格式）直接编写 *.tcl 文件，或用后处理构造器导出、导入 *.tcl 文件，相关操作见后文。但直接修改 *.tcl、*.def 文件后，不能在后处理构造器上用 *.pui 打开后处理器。还需要说明，由于 *.tcl、*.def 和 *.pui 三个文件具有相关性，只要另存或编辑界面文件 .pui 后，就不能在后处理构造器上打开后处理器。

1.4.4　后处理器构建技术

在已有刀轨、熟悉数控系统编程功能、了解数控机床主要结构和技术参数的基础上，构建后处理器还需要熟悉后处理构造器的应用、TCL 语言、具体机床后处理器定制三方面的知识，众多的知识集成于一体，自然形成了构建后处理器这门专业技术。

由于 TCL 语言在机械制造专业领域几乎没有专门的课程设置，定制后处理器变成了自动编程的难点，加之相关的资料稀少、后处理器的私密性等原因，严重制约着自动编程的顺利实现，特别是多轴加工的自动编程。不会定制后处理器，就不能形成一个完整的数控加工过程，或者说数控机床的应用关键技术还要受制于人，自然影响数控机床的正常使用，影响数字化、智能化制造的发展。

因此，必须针对具体的数控机床定制后处理器。定制后处理器时，需要设定机床的数控功能、编程功能、主要结构和技术参数等，这些数据需事先做出必要的且准确的记录，最好列表记载，方便使用。如表 1-1 所示样式仅供参考。

表1-1　后处理主要数据表

公司名称		机床型号名称		设备编号	
数控系统名称及型号	型号_____ 名称_____	机床联动轴及结构类型	联动轴名_____ 结构类型_____	真假五轴	□ 真_____ □ 假_____
项目	参数	项目	参数	项目	参数
行程	X____ A____ Y____ B____ Z____ C____	回转轴出厂方向设定	A□正 □反 B□正 □反 C□正 □反	程序决定转向	□ 幅值 □ 符号 □ 捷径旋转 □180°反转
快速移动速度	X_____ Y_____ Z_____	快速旋转速度	A_____ B_____ C_____	编程零点	□ 转台中心 □ 转台偏心 X___ Y___ Z___
进给速度	X_____ Y_____ Z_____	进给旋转速度	A_____ B_____ C_____	刀具长度补偿指令格式	□G43 H Z □T D □ 其他
编程零点及其机床坐标	□ 转台中心 X____ Y____ Z____ A____ B____ C____ □ 转台偏心 X____ Y____ Z____ A____ B____ C____	机床零点坐标	□ 四轴 X____ Y____ Z____ A____ B____ C____ □ 五轴 X____ Y____ Z____ A____ B____ C____	刀具轴与摆长	刀具轴 □X □Y □Z 摆长 □ 摆头长_____ □ 转台长_____
换刀	方式□ 随机 □ 顺序 指令 位置X____ Y____ Z____ 刀库容量_____	换刀指令格式	选刀_____ 换刀_____ 选刀换刀_____	刀具半径补偿指令格式	□G41/42 D X Y □G41/42 X Y □ 其他
RTCP/RPCP指令	□RTCP_____ □RPCP_____	坐标系平移指令格式		坐标系旋转指令格式	
夹紧指令	□ 摆台_____ □ 转台_____	松开指令	□ 摆台_____ □ 转台_____	特别说明	固定循环:
准备功能	□ 代码表	辅助功能	□ 代码表	特殊功能	□ 代码表
机床数据	□ 技术参数表	后处理器名称			

1.5　PB_CMD 命令

PB_CMD 命令是用 TCL 语言编写的、含有 MOM 事件命令、mom 变量等信息的程序行命令，当系统自带的不够用时，需要定制补充，这是本书的核心技术。由于需要用 TCL 这种专门语言，所以编写 PB_CMD 命令成了建构后处理器的难点，需熟悉 TCL 语法，同时注意收集积淀，编辑、修改可以加快建构速度，也可以将一些功能固定下来，作为模板使用。

PB_CMD 命令实际上是一种直接编制、执行的 proc 过程子程序，是 TCL 语言子程序的一种形式，TCL 语言还有一种 proc 过程函数子程序形式，调用时需要输入已知的自变量才能输出函数的值。

  proc 过程子程序可以有效扩充 TCL 命令，避免其脚本内容的重复编写，一个脚本可以在不同的地方随时调用。

1.5.1 MOM 事件和命令

  MOM 事件、MOM 命令都是系统自带的，不是 TCL 命令，为数不少，不能修改，按照格式应用即可。MOM 命令可以在后处理构造器的【实用工具】→【浏览 MOM 变量】中查阅。

1.5.2 mom 变量

  mom 变量是系统自带的变量，数量很多，不能修改，照原样应用即可。版本不同 mom 变量也不完全相同。mom 变量也可以在后处理构造器的【浏览 MOM 变量】中查阅，但也有一些尚未公布查找不到，需经常查看官方公布。根据需要，也可自定义变量。

1.5.3 TCL 语言

  TCL（Tool Command Language）语言是一种基于字符串的命令语言，直接对每一条语句顺次解释执行。TCL 语言类似于 C 语言但又不是 C 语言，如果会 C 语言，TCL 语言就迎刃而解。

  TCL 语言不仅在后处理构造器平台上可以以 PB_CMD 命令的形式运行，还有专门学习练习工具，UG NX 自带 MACH\auxiliary\ugwish.exe 学习工具，使用比较方便，但有个别 TCL 命令不能使用，有专门工具软件 Tclsh 可以解决相关问题。

1.6   几个坐标系与点

  下面所介绍的几个坐标系与点，在后处理中用得很多。

1.6.1 工作坐标系

  在 UG NX 中显示的 WCS（即 XC-YC-ZC）是工作坐标系，其位置和方向可以随意灵活地更改，它的作用在于将二维曲线建立在三维空间平面上，默认的二维曲线是构建在所属工作坐标系的 XY 平面上，确定体的位置和方位非常方便，建模时用得最多。

1.6.2 加工坐标系

  在 UG NX 加工界面中显示的 MCS（即 XM-YM-ZM）是加工坐标系，主要用于创建刀轨，即在加工坐标系中创建刀轨。但在具体创建刀轨时，有的参数需在加工坐标系（MCS）中设定，也有的需在工作坐标系 WCS 中设定，如工序对话框中指定的起刀点、返回点、刀轴矢量（IJK）、安全平面 Z、刀位文件 GOTO 命令中的 XYZ 是在加工坐标系 MCS 中设定的坐标值，而 GOTO 命令中的 IJK 却是由工作坐标系（WCS）指定的刀轴矢量。为了计算、设定数据方便起见，在创建刀轨时总是把工作坐标系（WCS）平移、旋转到与加工坐标系

（MCS）重合，这样即可在同一坐标系下、用相同的计算基准设定数据。

1.6.3 工件坐标系

建立工件与机床位置关系的坐标系称为工件坐标系，工件坐标系负责告诉机床工件安装在机床上什么位置，工件坐标系的原点又称为工件零点。这里代表工件坐标系的是 XM-YM-ZM 加工坐标系【细节】→【装夹偏置】中设定的数字经后处理输出的程序代码，如 1 对应 G54。告诉机床工件安装在什么位置就是测量工件零点在机床坐标系中的坐标值（即零点偏置值），通过机床操作面板输入 G54 中。实际上，创建刀轨时的加工坐标系 XM-YM-ZM 原点就是对刀时的工件坐标系原点。三轴以下机床加工坐标系与工件坐标系必须同方向重合，而四轴以上机床必须两个坐标系原点重合，方向可以用零点偏置的实测角度值来设定。

1.6.4 编程零点

编程坐标系的原点称为编程零点，是多轴加工中无 RTCP 功能编程安装工件时需要的概念，三轴以下和具有 RTCP 功能的多轴加工因工件安装位置不受限制而不需要。无 RTCP 功能的双转台、转台摆头机床，编程零点是转台回转中心（高度方向不受限制），无论工件安装在转台什么位置，都要求加工坐标系、工件坐标系、编程坐标系始终重合于转台回转中心不变，才能后处理和对刀。如果工件装夹位置发生变化，则必须实测偏置值，相应修改刀轨中的加工坐标系位置，重新后处理和对刀来设定工件坐标系零点偏置值。

1.6.5 控制点

控制点就是数控机床控制其坐标运动的点，数控机床的坐标运动就是指该点的运动。对三轴镗铣床来说，控制点是主轴端面回转中心；对车床来说，控制点是刀架回转中心；但对于多轴摆头机床来说，控制点不是主轴端面回转中心，而是主轴回转中心线与五轴旋转中心线的交点，实测这点的位置比较困难。在控制点上装夹刀具，编程时用刀具补偿，即可把控制点移动到刀位点上，刀位点的轨迹即刀具轨迹，简称刀轨。

1.6.6 测量基点

测量基点是度量刀具大小的基准点，其坐标测量相对容易。镗铣床的测量基点是主轴端面回转中心，车床的测量基点是刀架回转中心。三轴镗铣床、车床的测量基点与控制点重合，而摆头镗铣床的测量基点显然与控制点不重合。

1.6.7 枢轴中心与摆长

枢轴中心（枢轴点）是摆头机床主轴回转中心线与摆头的旋转中心线的交点，与其控制点重合。

枢轴长度（即摆长）是枢轴中心与主轴端面回转中心（即测量基点）之间的距离，实际上是刀具长度的一部分。

第2章

后处理构造器与常用 MOM 命令

后处理构造器有自己的多种级联式菜单和对话框，有具体的操作和应用方法，需要专门学习。

2.1 后处理构造器初始界面

UG NX 安装之后，单击【开始】→【Siemens NX…】→【加工】→【后处理构造器】，然后复制、粘贴到桌面上成快捷图标，和其他软件一样，可以双击图标进入后处理构造器界面，如图 2-1 所示。最小化黑色 DOS 画面，仅在彩色界面操作即可。但不要关闭 DOS 画面，否则都退出。

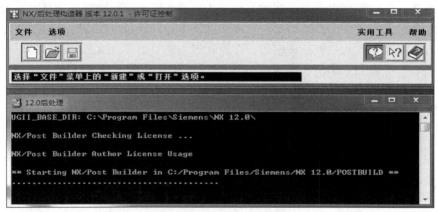

图 2-1　后处理构造器界面

2.1.1　文件

【文件】菜单中有【新建】【打开】【保存】【另存为】【关闭】【退出】【最近打开的后处理】等下拉选项，基本上是计算机软件通用选项，多一个【后处理属性】下拉选项，显示后处理器的一些特征信息，用于辨识不同的后处理器，如图 2-2 所示。

【打开】是打开已有后处理器，进入多种具体编辑、设置或另存等。再次强调，只能用 *.pui

文件打开已有后处理器，没有 *.pui 文件，无法在后处理构造器上编辑已有后处理器。

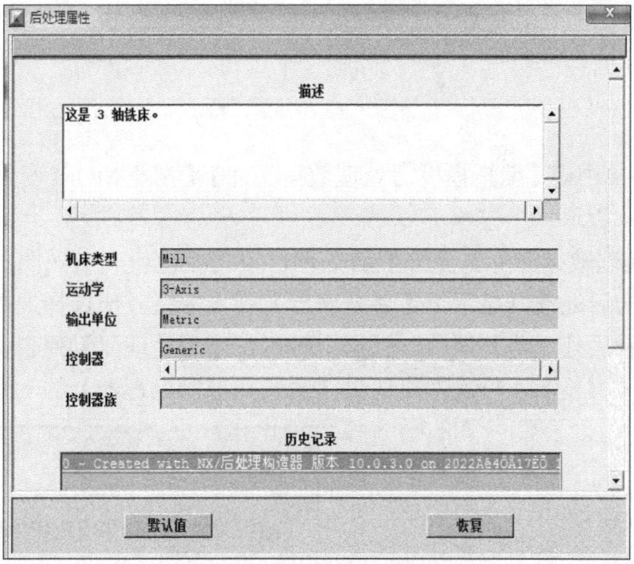

图 2-2　【后处理属性】对话框

2.1.2　选项

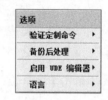

【选项】一般在【新建】文件前设置。【选项】菜单如图 2-3 所示。

1. 语言

语言是界面提示文字，默认英文，有十几种语言选项，一次设定一直有效。英文界面最友好，中文（简体、繁体）界面易读识。

图 2-3　【选项】菜单

2. 启用 UDE 编辑器

【启用 UDE 编辑器】是开、关用户定义【机床控制】和【现成循环】事件的编辑器的选项，有【是】【否】【按照保存的】三种选项，默认为【按照保存的】。

（1）【是】　在【新建后处理器】对话框中默认勾选【启用 UDE 编辑器】，当然勾选【启用 UDE 编辑器】也可在此进行。无论旧的后处理器是否在启用 UDE 编辑器下保存，在【是】的状态下重新打开，即可启用 UDE 编辑器。

（2）【否】　在【新建后处理器】对话框中，【启用 UDE 编辑器】呈灰色，不可启用。

（3）【按照保存的】　打开旧的后处理器，保持原有是否启用 UDE 编辑器状态，原来启用的继续有效，原来未启用的，照样不能开启。

3. 验证定制命令

【验证定制命令】用于验证【未知命令】【未知块】【未知地址】和【未知格式】正确与否，没有默认项，自行选择，用得不多。

4. 备份后处理

【备份后处理】中有【备份原先的】【备份每次保存的】和【无备份】，默认为【备份原先的】。【备份原先的】保存新文件族，备份原文件族于 *_org 文件夹中，建议采用。【备份每次保存的】保存新文件族，备份原文件族于 *_bck 文件夹中，占用空间太多，用得较少。不建议选择【无备份】。

2.1.3　实用程序

　　【实用程序】菜单中有【编辑模板后处理数据文件】【浏览 MOM 变量】和【浏览许可证】三个选项，如图 2-4 所示。

　　【编辑模板后处理数据文件】用来把后处理器安装在模板上。如图 2-5 所示，在对刀轨后处理时，安装好的后处理器显示于【后处理器】列表中，方便选择调用。未安装的后处理器可通过【浏览查看后处理器】调用，且调用时仅在【后处理器】列表中显示一次，后处理结束再次后处理时不再显示，每次都要通过【浏览查看后处理器】的 *.pui 文件调用。

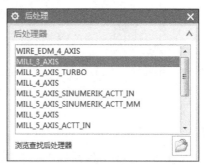

图 2-4　【实用程序】菜单　　　　　图 2-5　已装后处理器列表

　　单击【浏览 MOM 变量】，系统弹出【MOM 变量浏览器】对话框，绝大部分的 MOM 命令、mom 变量显示在这里，如图 2-6 所示。未在其中显示的即尚未在该软件中公布。

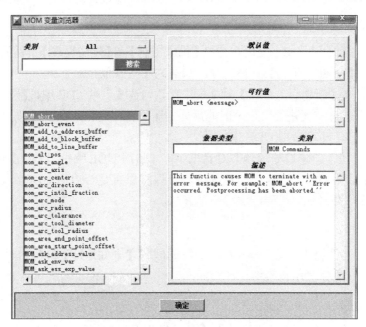

图 2-6　【MOM 变量浏览器】对话框

单击【浏览许可证】，系统弹出【许可证列表】对话框，保存文件时决定是否加密，如图 2-7 所示。加密的方法另有多种，这里常不加密，以防止锁住自己。

图 2-7　【许可证列表】对话框

2.1.4　帮助

【帮助】菜单如图 2-8 所示。在计算机空间足够大的情况下，安装【帮助】对定制后处理器有益处，特别是【Tcl/Tk 参考手册】选项查阅 TCL 命令很方便，不安装【帮助】是看不到的。

图 2-8　【帮助】菜单

2.1.5　快捷键

后处理构造器界面中有【新建】【打开】【保存】【符号标注提示】【上下文关联的帮助】和【用户手册】六个快捷键，有助于加快定制后处理器速度。

2.2　新建后处理器文件

单击【新建】，弹出【新建后处理器】对话框，如图 2-9 所示。

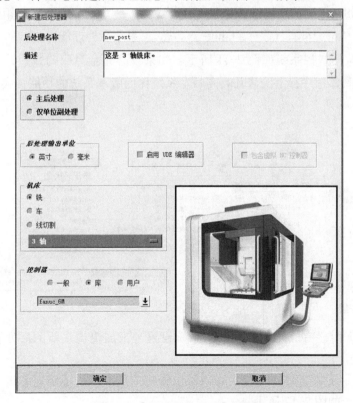

图 2-9　【新建后处理器】对话框

（1）后处理名称 【后处理名称】默认为 new_post。用数字、字母加底杠书写后处理名称，不能有空格。要求区别方便、特点鲜明。如果不在这里命名，则可在保存文件时命名。

（2）描述 【描述】默认对后处理器特点的简述，可以添加更详细的说明。

（3）主后处理 【主后处理】新建完整的、独立的后处理器，是默认选项。

（4）仅单位副处理 【仅单位副处理】对已有后处理器仅创建另一种单位及其格式，其他选项显示灰色时不能修改。单击【仅单位副处理】→【主后处理】→【浏览】，只能选择已有主后处理的 *.pui 文件。若主后处理是英寸，副后处理只能是毫米，否则相反。保存仅生成 *.pui、*tcl 两个文件，并与主后处理相关联，且名称自动用"主后处理名称_单位"表示，【仅单位副处理】不是独立的后处理，这也是副的意思。

（5）后处理输出单位 【后处理输出单位】有【英寸】和【毫米】两个选项，分别表示英制和米制两种单位制，默认为【英寸】。

（6）机床 【机床】用于选择后处理的机床类型，默认【铣】和【3 轴】。

机床有铣、车、线切割三大类型。【铣】表示镗铣床、加工中心等刀具旋转机床，并且根据铣床的轴数和主体结构特点具体有七种选项，如图 2-10 所示。【3 轴】是默认的，【3 轴车铣（XZC）】也在其中。这里的轮盘即转台，转头即摆头。【车】只有【2 轴】一种。【线切割】有【2 轴】和【4 轴】两种。

（7）控制器 【控制器】指数控系统，有【一般】【库】和【用户】三个选项。

【一般】是 ISO 标准的通用数控系统，接近 FANUC 系统，但不完全相同，可稍作参数修改后使用，比 Fanuc_6M、fanuc、fanuc_system_A 系统后处理能力强。

【库】中的具体数控系统如图 2-11 所示。如果没有完全对应的数控系统选用，只能选择相近的再进行具体程序行上的修补。高版本系统比低版本系统的功能强大、后处理的能力也好。

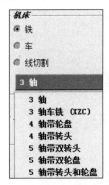

图 2-10　铣床类型

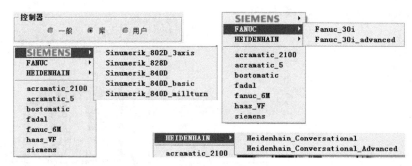

图 2-11　数控系统选项

【用户】可调用已有成熟后处理器的系统设置等来加快构建新的后处理，但必须用其 *.pui 文件才能调用。

如图 2-9 所示【新建后处理器】对话框设置完成后，单击【确定】进入后处理器一般参数设置对话框，如图 2-12 所示。

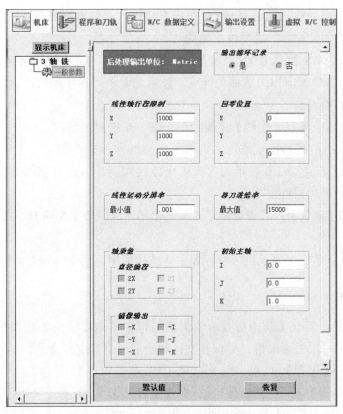

图 2-12　一般参数设置对话框

2.3　机床

设定所选机床的主体结构数据。

2.3.1　设定一般参数

所有级联对话框，转换时都默认进入第一个键的第一个选项。图 2-12 中左侧是【一般参数】名称选项，右侧是【一般参数】具体设置内容。

一般参数主要设置机床技术数据，不同主体结构的机床，选项多少不同，五轴机床的选项多。

【输出循环记录】默认【是】。对于圆弧刀轨，是否用圆弧插补指令编程，有【是】和【否】两种选项。【是】指圆弧刀轨用圆弧插补指令编程，【否】则以直代曲，用直线插补指令编程，前者程序小，但有时会报警，程序也不一定可靠，需注意审核修正；后者程序明显变大，有折线效应，取点要多，防止轮廓超差，但程序比较可靠。在 UG NX 工序对话框的【机床控制】→【运动输出类型】中也可以修改刀轨的插补指令。

【线性轴行程限制】默认 X、Y、Z 都是 1000。机床直线行程需要设置，超程会报警。

【回零位置】默认 X、Y、Z 都是 0。机床直线轴零点位置不需在这里设定，而在【块】中具体设定，如此后处理器的通用性更宽些。

【线性运动分辨率】默认 0.001，设置脉冲当量或坐标的最小编程精度。

【移刀进给率】最大值指快速移动速度。注意，若进给速度超过此值，则按快速移动速度指令编程，小心撞刀。

【轴乘数】：其中【直径编程】主要用于车削、车铣复合编程。

【初始主轴】：指在初始状态下，刀轴所在直线坐标轴方位，I、J 或 K 的值为 ±1.0 分别表示在 X、Y 或 Z 轴，+1.0 表示与 X、Y 和 Z 轴同向，−1.0 表示与 X、Y 和 Z 轴反向，这在车铣复合后处理时需特别注意。

【默认值】和【恢复】：若设置乱了，则可以单击【恢复】来恢复，或先单击【默认值】再修改。

【显示机床】：单击可显示机床坐标和主体结构简图，用于直观判断是否正确。

2.3.2　保存文件

需要说明的是，若在【新建后处理器】对话框中单击【确定】进入下一级对话框，则不能返回，所以应一次设置准确，并保存文件和给后处理器文件命名。

单击【文件】→【保存】，弹出如图 2-13 所示【选择许可证】对话框，单击【确定】后寻找保存路径，在【文件名】文本框中输入文件名，单击【保存】。生成的文件族中至少有 *.tcl、*.def 和 *.pui 三个文件。一般不勾选【加密输出】，以防止锁住。如果要加密，待全部设置完成和检验正确后再加密。

图 2-13　【选择许可证】对话框

2.4　程序和刀轨

【程序和刀轨】是创建后处理器的主要内容。在创建刀轨时，以工序子类型为单位。在定制后处理器时，软件将各个工序又划分成【程序起始序列】【工序起始序列】【刀轨】【工序结束序列】和【程序结束序列】五大节点事件，每个节点下还有数量不等的黄色标签，黄色标签下可以添加能编辑的块，块可能是 NC 程序段、PB_CMD 命令、MOM 命令、定制宏和程序运算消息。【刀轨】节点下又划分有【机床控制】【运动】【现成循环】和【杂项】四个子节点，各个子节点下有数量不等的蓝色标签，蓝色标签下同样有能编辑的块等。节点、黄色标签和蓝色标签事件的划分均是固定格式，不能修改。能编辑的是块，白色块是独立块，蓝色块表示其他标签下有相同的块，修改一处后，其余全部自动修改。通过拖放【添加块】添加程序行，拖放到标签中的块，标识有彩色方块的是要输出的 NC 程序段，标识有文本符号的表示程序运算消息，即注释，PB_CMD 命令和 MOM 命令均用食指指向表示。块有三个拖放位置，即上行、下行和同行，同行需排在原块的后面。拖放位置标志是小白条，上白表示上行、下白表示下行、全白表示同行。

不需要的程序行可直接拖入【垃圾桶】删除。

2.4.1　程序

1. 程序起始序列

【程序起始序列】仅有一个【程序开始】黄色标签，用于定义程序头，如程序号（名）、段号命令、程序信息等所有机床运动之前的准备工作。无论一个程序中包含多少个工序，后处理仅执行一次程序起始序列，一个程序的程序头也就只有一个。F6 系统三轴铣床默认【程序起始序列】如图 2-14 所示。

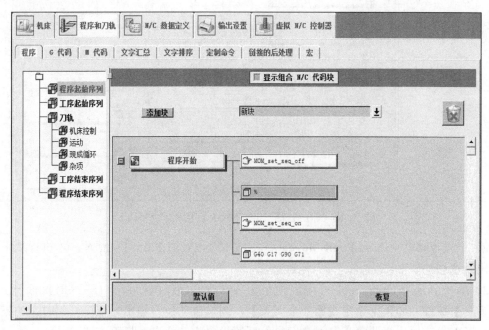

图 2-14　F6 系统三轴铣床默认【程序起始序列】

MOM_set_seq_on/off 分别表示程序段号自动生成开 / 关，直到相互取消或程序结束为止一直有效。

MOM_output_literal " 字符串 "，以单行形式原样输出一次字符串命令，类似的还有 MOM_output_text " 字符串 "，但它不输出程序段号，而前者则不影响段号命令继续有效。

2. 工序起始序列

【工序起始序列】定义这个程序中的每个工序从开始到第一次直线移动之前的所有事件。一个程序组无论包括多少个不同工序，每个工序都要执行一次【工序起始序列】。【工序起始序列】有 11 个黄色标签，如图 2-15 所示，根据需要，有选择地添加块。

1）刀轨开始（Start of Path）。指每一个工序都最先处理事件或生成特定的格式，机床尚未移动。不管有无换刀都会执行每一个工序的刀轨开始标签。在【刀轨开始】下填写有关操作开始的准备工作，如强制输出一次编程地址 MOM_force once M_spindle S X Y Z F R fourth_axis fifth_axis 的 PB_CMD 用户命令、工序名称等。

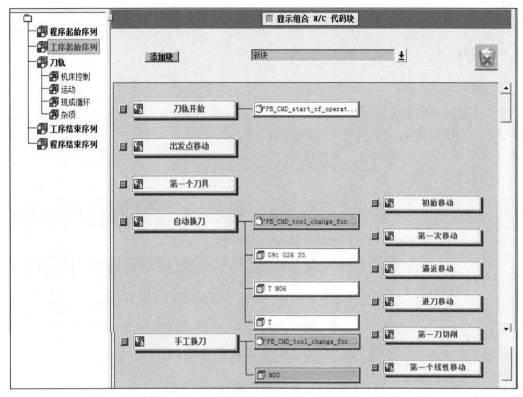

图 2-15 F6 系统三轴铣床默认【工序起始序列】

2）出发点移动（From Point Move）。工序中有出发点 From Point 时，才执行从未知位置到出发点移动事件。

3）第一个刀具（First Tool）。无论包含几个工序，仅在执行第一个工序时执行一次【第一个刀具】事件。如果不设定【第一个刀具】，则按自动换刀输出。程序开始时，如果主轴上安装了刀具或根据需要将【第一个刀具】标签设置成其他自动换刀方式事件等，方便用于随机换刀，而顺序换刀一般不需要设定。

4）自动换刀（AUT Change Tool）。更换了刀具或当前工序和前一个工序的刀具不同时，才会触发这个事件。

单击【PB_CMD_tool change_force_addresses】，弹出 PB_CMD 命令编辑窗口，如图 2-16 所示，换刀后强制输出一次刀具长度补偿指令是可取的。T M06 块中 T 的表达式是 $mom_tool_number，选刀、换刀一次完成，明显是顺序换刀的编程方法，而下一个块 T 的表达式是 $mom_next_tool_number，是预选刀具，明显是随机换刀的编程方法。需要说明的是，多数机床关于换刀的 PLC 不是这样设计的。这里两个块的意图应该是想表达随机换刀方式。

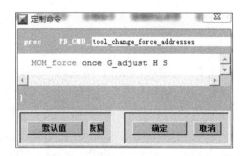

图 2-16 PB_CMD 命令编辑窗口

5）手工换刀（Manual Tool Change）。在创建刀轨的工序对话框中，将【工具】【换刀设置】设定为【手工换刀】时才有效，且各种机床手工换刀位置或动作差异很大，软件中默认仅设定输出 M01 或 M00 意义不大，只是暂停程序自动运行而已，删除其中块，不设置也可以。

6）初始移动（Initial Move）。它是换刀后刀具的定位移动事件，工序中有【自动换刀】或【手工换刀】事件时才执行【初始移动】，没有换刀事件不执行，而执行【第一次移动】事件。

7）第一次移动（First Move）。无换刀事件时，执行【第一次移动】。每个工序中总会执行【初始移动】或【第一次移动】中的一个。如果在孔加工固定循环事件前无定位事件，【第一次移动】会自动建立一个运动程序段，将刀具快速定位到孔上方的安全点位置平面，即移动提前。

如果程序中有几个工序公用一把刀具，无论是自动换刀还是手工换刀，第一个工序执行【初始移动】，其他工序执行【第一次移动】；如果每个工序都换刀，则每个工序均执行【初始移动】，而不执行【第一次移动】。

应该说明，无论有无换刀，总会执行【初始移动】或【第一次移动】之一，这正好与编程要求的初始化程序段相对应。需要注意的是，要防止多坐标轴联动碰撞干涉，最好刀轴后定位，其他坐标轴伴随主轴旋转先在高空定位。如果不设定【初始移动】和【第一次移动】，在【运动】的【快速移动】中要注意快速定位方式。对于多轴加工来说，这两个标签会有更多的设置，需要专门的技术。

8）逼近移动（Approach Move）。工序中有逼近运动才执行该标签。

9）进刀移动（Engage Move）。工序中有进刀运动才执行该标签。

10）第一刀切削（First Cut）。在真正的第一次切削运动前执行该标签。

11）第一个线性移动（First Linear Move）。在真正的第一次直线运动前执行该标签。

逼近移动、进刀移动、第一刀切削和第一个线性移动，一般都不需要专门设定，在刀轨创建时充分考虑即可。

各种移动标签与刀轨的关系如图 2-17 所示，能明显看出具体的刀轨，是否要设定相应的移动标签。

各种块和文字的右手键，提供了相近又不同的多种级联编辑菜单，经常使用，如图 2-18 所示。

【可选】即符合输出条件就输出，但应考虑模态和非模态规则，并在输出时根据不同情况选择不同的字类型输出。其优先级最高。

【强制输出】即无条件输出，不考虑模态和非模态，每次执行都会输出。

【无文字分隔符】即不输出空格，在特殊时十分有用。如有些车铣复合机床的刀号由两个变量组成，这时该选项很好用。

其他从文字表面都易于理解，自行实践便会使用。

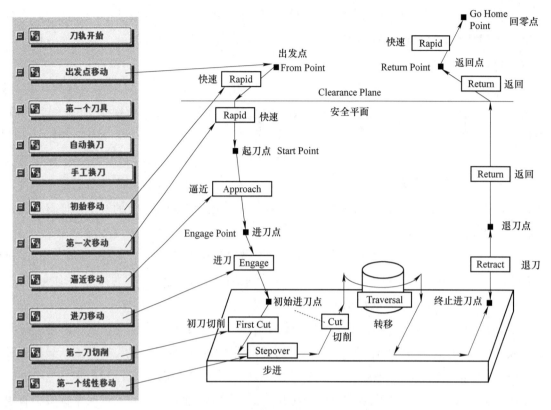

图 2-17　各种移动标签与刀轨的关系

图 2-18　各种块和文字的右手级联编辑菜单

3. 刀轨

【刀轨】节点又划分成【机床控制】【运动】【现成循环】和【杂项】四个分节点。

1）机床控制（Machine Control）。机床控制主要用来定义诸如换刀、进给、切削液、米寸制等相应代码的格式。后处理器中【刀轨】下的【机床控制】节点对应 UG NX 工序对话框中的【机床控制】，后处理器中【刀轨】下的【机床控制】中设定的内容，需要在 UG NX 工序对话框中的【机床控制】里触发（设定）才有用，或用 UDE 自行定制才有用。也就是说，两个【机床控制】同时使用才有效，而 UDE 可以直接定制，不需要【机床控制】配合就能起作用。机床控制常在其他节点的程序行中专门设置，这里仅对影响程序输出格式的个别标签加以编辑，如刀具半径补偿 G40，不能写成单程序段格式应取消，必要时添加强制输出一次 D 代码 PB_CMD。

2）运动（Motion）。运动事件定义处理刀轨文件中所有 GOTO 语句的方式，包括【工序开始序列】中的各种移动，如图 2-19 所示，各个标签块默认是组合的，不能直接编辑块，通过右手键标签编辑块，这是【机床控制】和【运动】共有的特点。要特别注意的是，当刀轨进给速度为 0 或大于后处理设定的最大进给速度时，用 Rapid Move（快速移动）来处理；当进给速度不为 0 或小于最大进给速度时，用 Linear Move（线性移动）来处理；圆弧插补程序段中一般不能建立或取消刀具半径补偿，而应设置成 IJK 编程方式，这样不易出现交点错误程序报警。

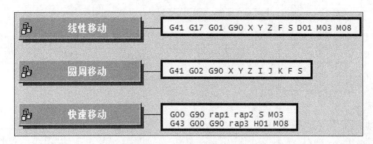

图 2-19　默认【运动】对话框

3）现成循环（Cycle）。现成循环用来修改现有固定循环指令方式、创建新的固定循环命令等，孔加工固定循环一般不需要修改，车削固定循环尚在完善之中，尽管可以用定制 PB_CMD 的办法来实现，但有一定难度，特别是由于某些数控系统存在凹凸轮廓多切或少切现象不报警的情况，很不适用。用普通的运动加工不影响加工质量，但程序较多、可读性较差。

只有在【新建后处理器】对话框中勾选【启用 UDE 编辑器】时，在【刀轨】的【机床控制】节点和【现成循环】节点中才能进入定义、编辑用户自定义事件和固定循环画面，并且存储后处理器时还会自动生成一个用户自定义事件文件 *.cdl。如果单击【选项】→【启用 UDE 编辑器】→【是】，则【新建后处理器】对话框中的勾选是默认的，即有两种方法启用 UDE 编辑器。

4）杂项。设置子程序开始、结束等，用得不多。

4. 工序结束序列

【工序结束序列】定义从最后退刀运动到工序结束之间的事件。注意每个工序结尾处都要出现的程序行应放在这里，如果只出现一次应当放在程序结束位置。【工序结束序列】有【退刀移动】【返回移动】【回零移动】和【刀轨结束】四个黄色标签，每个下面可插入程序行，如图 2-20 所示。

1）退刀移动（Retract Move）。在工序中定义了退刀运动，执行这个标签，输出相应插入的程序行。

2）返回移动（Return Move）。在工序中定义了返回点，执行这个标签，输出相应插入的程序行。

3）回零移动（Go Home Move）。在工序中定义了回零点，执行这个标签，输出相应插入的程序行。

4）刀轨结束（End of Path）。每个工序结束都要执行这个标签，输出相应插入的程序行。

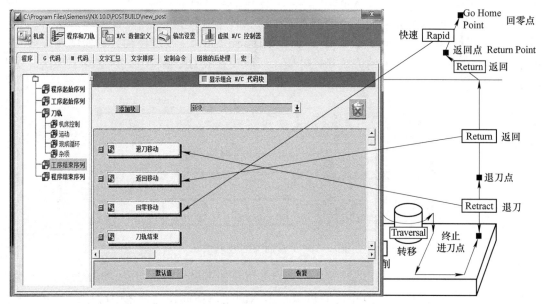

图 2-20 【工序结束序列】设置对话框及各项与刀轨的关系

5. 程序结束序列

【程序结束序列】中只有一个【程序结束】黄色标签，如图 2-21 所示，且无论程序中有多少工序，仅在执行最后一个工序时执行一次。

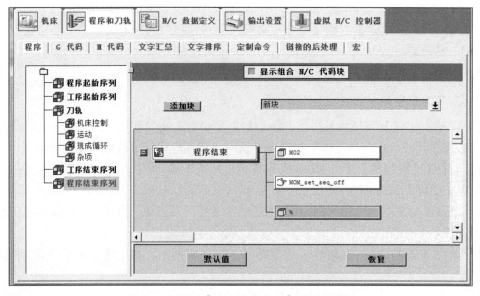

图 2-21 默认【程序结束序列】设置对话框

2.4.2　G 代码

按具体数控系统 G 代码表修改 G 代码，如图 2-22 所示默认【G 代码】。

图 2-22　默认【G 代码】

2.4.3　M 代码

不同的数控系统、不同的机床 M 代码差异较大，要注意具体机床【M 代码】的设置。M00、M01、M03、M04、M05、M08、M09、M30 的通用性高一些。

2.4.4　文字总汇

【文字总汇】集中显示后处理中用到的字地址格式，可以编辑修改，但用得不多。如果要修改字地址格式，建议在【N/C 数据定义】→【格式】中修改更方便。

2.4.5　文字排序

【文字排序】可确定整个后处理所有同一程序段中字的先后排列顺序，其他块中字的顺序全部由此决定。由于现代数控系统用的是字地址可变程序段格式，同一程序段中字的先后顺序只是书写或阅读习惯，不影响字的意义和段的功能，故【文字排序】用得不多，但可以形成自己的编程习惯。不过这里用右手键可以创建新字、编辑旧字。

2.4.6 定制命令

【定制命令】指定制 PB_CMD 命令。系统自带的一些常用 PB_CMD 命令，保存于【命令】列表中。系统版本、规格不同，命令的多少也不同，惯例是高版本多于低版本。默认的后处理器已经选用了一些自带命令，通常都不会全部选用。由于特殊需要，需自定义一些 PB_CMD 命令。

PB_CMD 命令的添加方法有直接法和间接法两种。直接法指在【标签】上，直接将【添加块】中的定制命令拖入程序行，弹出【定制命令】空白窗口，默认 PB_CMD_custom_command，然后修改名称、编写和编辑内容等，这种方法常用。间接法指先在【程序和刀轨】的【定制命令】对话框中创建 PB_CMD 命令，再从【添加块】下拉列表中拖用相关命令，可见两个【定制命令】不同，后者【定制命令】对话框中创建的 PB_CMD 命令，只是做准备，是否应用要看是否拖放到具体标签。

【定制命令】对话框中有【导入】【导出】【创建】【剪切】和【粘贴】五个按钮，其中【导入】和【创建】是两种创建 PB_CMD 命令的方法，如图 2-23 所示，左侧是 PB_CMD 命令名称的编辑栏，右侧是指定命令的具体内容编辑窗口。

图 2-23 【定制命令】对话框

（1）导入　单击【程序和刀轨】→【定制命令】→【导入】，导入写好的 tcl 文件到"已知的定制命令列表"中。把所有的 PB_CMD 命令，以 proc PB_CMD 的命令形式集成在一个 tcl 文件中，将该 tcl 文件导入后，以相同数量的多个 PB_CMD 命令形式保存于命令列表中，与自带命令混在一起，供【块】设置添加使用，批量处理很方便。用记事本编写 proc PB_CMD 命令的 tcl 文件时，格式要清晰，如图 2-24 所示。

```
#==================================================
proc PB_CMD_pause { } {
#==================================================
# This command enables you to pause the UG/Post processing
#
    PAUSE
}
```

图 2-24 proc PB_CMD 命令的 tcl 文件格式

【添加块】中已知的定制命令列表与【定制命令】中的 PB_CMD 列表如图 2-25 所示，这两个列表中的命令相同，是同一命令在不同地方的显示。这些命令只是系统自带和用户定制的，并不一定要在后处理中使用，但可以直接添加调用。一旦调用，就不能随便删除。或者说，【标签】中使用的 PB_CMD 命令都显示在这里，但这里显示的不一定都用到。

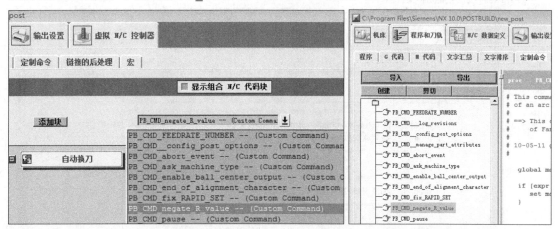

图 2-25　【添加块】中已知的定制命令列表与【定制命令】中的 PB_CMD 列表

系统自带的 tcl 文件是···/POSTBUILD/pblib/custom_command/pb_cmd_*，该文件中可能有几个 PB_CMD_* 文件，勾选需要的即可。这里应注意 /pb_cmd_* 文件与 PB_CMD_* 文件的区别，一般要 PB_CMD_* 文件，但不一定要 /pb_cmd_* 文件。用户定制的 tcl 文件最后指定存储路径。

（2）创建　单击【程序和刀轨】→【定制命令】，选择一个内容接近的自带 PB_CMD 命令，然后单击【创建】，自动复制一个用尾编号区别的 PB_CMD_1 命令，修改名称后编辑该命令即可。

（3）导出　单击【程序和刀轨】→【定制命令】→【导出】，双击才能勾选要导出的命令，单击【确定】，保存为 *.tcl 脚本文件，如图 2-26 所示。保存的 *.tcl 脚本文件用 Word 打开整齐划一，而用记事本打开不换行、杂乱不清晰。

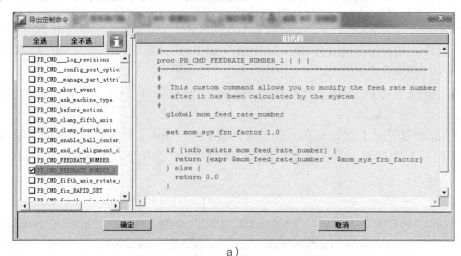

a）

图 2-26　导出定制命令用记事本、Word 打开

23

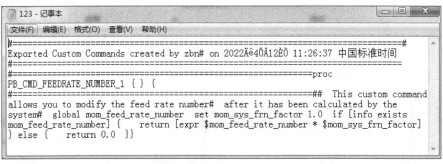

b）

```
#===========================================================
# Exported Custom Commands created by zbn
# on 2022Äê4ÔÂ12ÈÕ 6:37:44 中国标准时间
#===========================================================

#===========================================================
proc PB_CMD_FEEDRATE_NUMBER_1 { } {
#===========================================================
#
# This custom command allows you to modify the feed rate number
# after it has been calculated by the system
#
  global mom_feed_rate_number

  set mom_sys_frn_factor 1.0

  if [info exists mom_feed_rate_number] {
    return [expr $mom_feed_rate_number * $mom_sys_frn_factor]
  } else {
    return 0.0
  }
}
```

c）

图 2-26　导出定制命令用记事本、Word 打开（续）

a）保存 *.tcl 脚本文件　b）用记事本打开　c）用 Word 打开

可以将自带的、自定义的、在用的、不在用的 PB_CMD 命令全部导出成一个 *.tcl 脚本文件。需要注意的是，包括直接法定制的 PB_CMD 命令在内，所有的 *.tcl 脚本文件均以 proc PB_CMD 的命令形式编写。

（4）剪切　【剪切】是删除"已知的定制命令列表"中不用的 PB_CMD 命令，如果不立即【粘贴】，就永远删除掉了。

（5）粘贴　【粘贴】默认灰色，先要【创建】一个 PB_CMD 命令，然后把它【剪切】删除，【粘贴】才亮显，单击【粘贴】即可粘贴刚才【剪切】删除的 PB_CMD 命令，使它重新回来。

2.5　N/C 数据定义

【N/C 数据定义】包括【块】【文字】【格式】和【其他数据单元】。

2.5.1 块

【块】就是程序段，标志是彩色正方体，系统自带的【块】如图 2-27 所示。系统自带的块不够用或不适合时，左侧可以创建、剪切和粘贴，右侧可以添加、删除块中字。这里的块如果在标签上出现，就是后处理用到的，否则是备用的，所以这里编辑块，没有在【程序】的标签下进行的直接。需要说明的是，这里的【创建】是对左侧所选块的创建，默认名是所选块的名称加底杠数字，如 absolute_mode_1，后续更名等其他的编辑方式读者自行尝试。起初，【粘贴】按钮是灰色的，只有【创建】或【剪切】后才变亮可用。

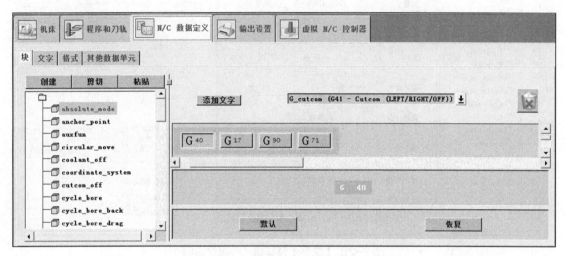

图 2-27　系统自带的【块】

2.5.2 文字

系统自带的、后处理用或不用的【文字】如图 2-28 所示，左侧是文字或文字组，右侧是编辑框，编辑框中还有【新建】和【编辑】按钮，单击后弹出各自的编辑对话框。不够用或不合适的文字，可以在这里创建、剪切或粘贴，也可以重新定义文字。【创建】是对左侧现选文字的复制，名称是现选文字名称加底杠数字，如 G_cautcom_1，后续更名等其他的编辑方式读者自行练习。【剪切】和【粘贴】按钮的灰、亮转换，也是方便编辑的简单提示。这里逐字编辑文字，比在【程序和刀轨】的【文字汇总】中更方便。

2.5.3 格式

【格式】用于定义文字输出格式，【格式】对话框如图 2-29 所示。一旦修改，很多相关文字都被修改，故需小心谨慎。【输出小数点】【输出前导零】和【输出后置零】至少选择一个，否则报警。常默认勾选【输出小数点】。系统自定义的格式不够用或不合适时，可以在这里创建、剪切或粘贴，也可以重新定义字的格式。【创建】是对左侧现选格式的复制，名称是现选格式名称加底杠数字，如 AbsCoord_1，后续更名等其他的编辑方式读者自行练习。

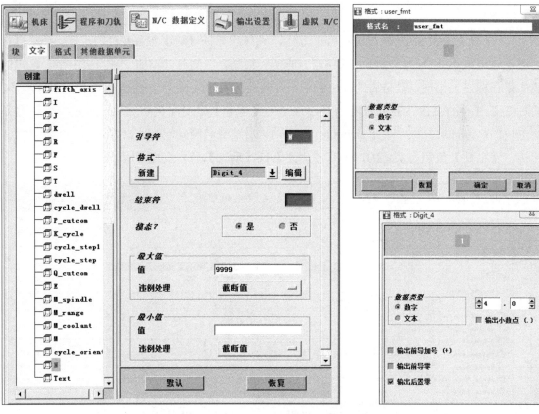

图 2-28 【文字】及其格式编辑对话框

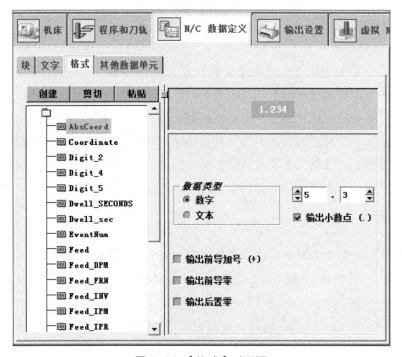

图 2-29 【格式】对话框

2.5.4　其他数据单元

【其他数据单元】是多栏对话框,有【序列号】【特殊字符】【OPSKIP】和【用户定义事件】,其中有些还有不少具体设定子项,如图 2-30 所示,其中【序列号】都有默认值。

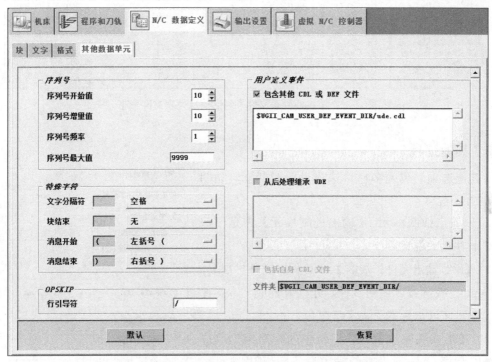

图 2-30　默认【其他数据单元】对话框

【序列号开始值】:设定第一个段号。

【序列号增量值】:段号固定增量,自动编程问题少,减小程序量常设为 1。

【序列号频率】:在序列号开始值到最大值的一个循环内,段号出现次数。

【序列号最大值】:段号最大值,默认 9999,超过再从【序列号开始值】编号,以此循环。有可能出现重复号,需在程序段检索时引起注意。车铣复合机床的程序大,防止因此出现后处理报警。

2.6　输出设置

【输出设置】包括【生成列表文件】【其他选项】和【后处理文件预览】。

2.6.1　列表文件

勾选【生成列表文件】后,在 NC 程序存放处生成一个列表文件,其扩展名是设定的【列表文件扩展名】。列表文件在 NC 程序的基础上,同行增加显示坐标、切削参数等列表单,增加显示的具体项目由【组件】中各选项决定,如图 2-31 所示。显示更多信息,审阅更清晰,但不是程序。

图 2-31 【生成列表文件】对话框及列表文件形态

2.6.2 其他选项

【其他选项】也是多栏目选择设置对话框,如图 2-32 所示。

(1) 输出控制单元 【输出控制单元】中是一些与 NC 程序相关的设定。

1)【N/C 输出文件扩展名】。NC 程序文件扩展名,默认 *.ptp,实际可以使用多种,建议设置成文本文件 *.txt,与机床通信更宽泛。

2)【生成组输出】。以刀轨中的程序组为单位输出 NC 程序,每一个程序组输出一个 NC 程序文件,还有一个总文件。一般需要在刀轨中为程序分组:总、1、2……

3)【输出警告信息】。在 NC 程序目录,产生一个后处理过程中发生错误的 Log 报警文件,有【警告文件】和【NC 输出】两个选项。

4)【显示详细错误信息】。勾选后,可显示详细错误信息。

图 2-32 【其他选项】对话框

5)【激活检查工具】。勾选后,系统在后处理时,可打开 Tk 审核工具,显示 3 个信息窗口,调试后处理,如图 2-33 所示。左侧的窗口显示后处理过程中所有的事件,每个事件都有一个序号。单击一个事件,这个事件的相关变量、字地址和后处理出来的程序,分别显示在中间和右侧的窗口中。中间的窗口显示与事件相关的变量和字地址,而且它们按字母顺序排列。右侧的窗口显示处理出来的 NC 程序,当前事件的程序亮显。

(2) 用户 Tcl 源 【寻源用户 Tcl 文件】允许用户选择一个 Tcl 源程序,可以把一些特殊的用户事件放在 Tcl 源程序中,可以输入文件名称。

(3) 可选的备选单位副后处理 【可选的备选单位副后处理】有【默认】和【指定】两个选项。【默认】的文件名是主后处理文件名,【指定】可以选择文件名。

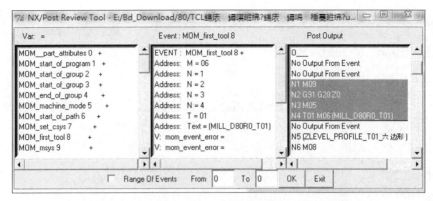

图 2-33　Tk 审核工具

2.6.3　后处理文件预览

【后处理文件预览】有【事件处理程序】和【定义】两个对话框。

（1）事件处理程序　【事件处理程序】可在确定后处理器之前检查事件处理定义文件和事件处理文件，如图 2-34 所示。左侧是五大节点和黄色标签的竖式目录，右侧分上新、下旧代码两栏，表示标签的固定格式的 proc 命令。旧代码栏表示上次修改好的代码，黄色新代码栏表示在旧代码栏的基础上，更改获得的新代码，也是创建的后处理，但用户定义的 PB_CMD 命令只显示名称，不显示具体内容，具体内容在【程序和刀轨】→【程序】→【节点】→PB_CMD 命令的【定制命令】窗口显示、编辑。当然，所有事件在 *.tcl 文件中有详细显示。

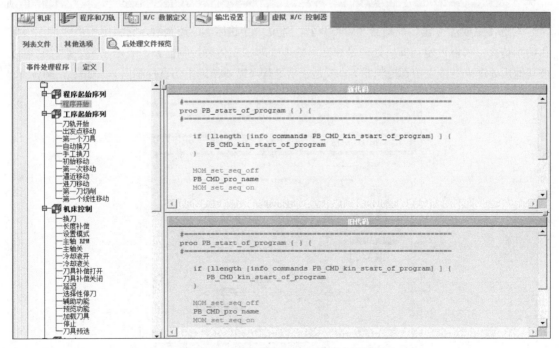

图 2-34　检查【事件处理程序】对话框

（2）定义　方便检查多种【定义】是否正确，如图 2-35 所示。

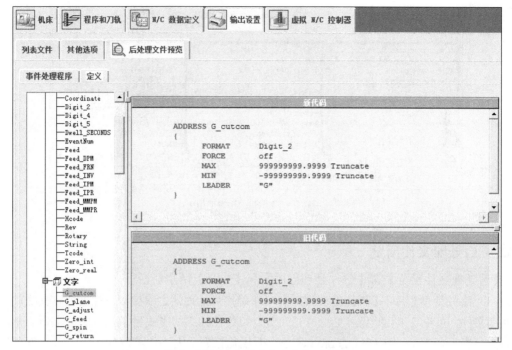

图 2-35　检查多种【定义】对话框

2.7　虚拟 N/C 控制器

勾选【生成虚拟 N/C 控制器（VNC）】，建立一个机床 NC 控制器，它将用于机床加工模拟和切削仿真。可以设定当前后处理是独立后处理（即独立仿真控制器），或是主后处理（它可以被其他后处理来链接主仿真控制器），或是子后处理（需要指定主仿真控制器），如图 2-36 所示。

图 2-36　产生【虚拟 N/C 控制器（VNC）】对话框

虚拟 N/C 控制器的使用有局限性，现在多用如 VERICUT 等专业仿真软件。

2.8　宏

创建一些参数命令，使用更方便，这就是宏命令，简称为宏。西门子系统宏用得多一些，FANUC、海德汉用得不多。

2.8.1　宏创建基本操作

单击【宏】→【创建】，弹出如图 2-37 所示【宏】设置对话框。图 2-38 所示为设定的刀具宏 tool_dr(D1.234，R1.234)。

（1）【宏】 在【输出名称】文本框中输入 New_Macro。

（2）【输出属性】

【输出参数的名称】：若勾选则输出参数名称，若不勾选则不输出参数名称，一般是勾选。

【链接字符】：如等号等。

（3）【参数列表】 输入一些符号。

（4）表格区

1）【参数】。单击【参数】空表，可新建一个参数，显示在【New_Macro ()】的小括号中。

2）【表达式】。变量运算取值 $，如 $mom_tool_diameter。

3）【数据类型】。有【数字】和【文本】两种供选择，应根据实际确定选择哪一种。

4）【整数】。确定整数位数。

5）【小数（.）】。打勾选小数点。

6）【分数】。确定小数位数。

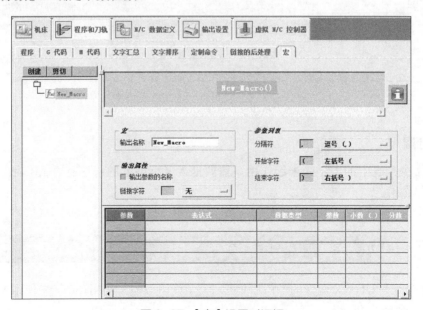

图 2-37　【宏】设置对话框

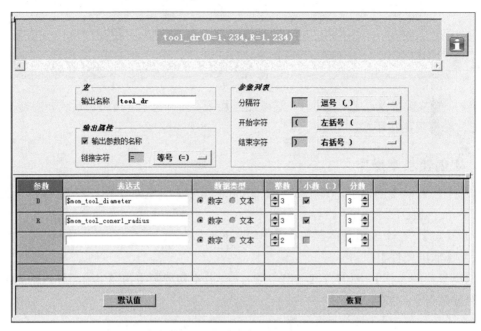

图 2-38　设定的刀具宏 tool_dr(D1.234，R1.234)

这样即可添加到定制命令列表中，如图 2-39 所示，表示宏创建结束。

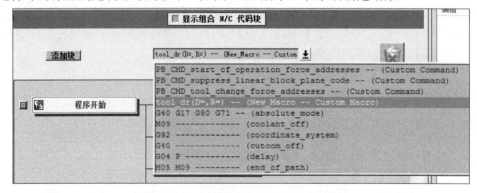

图 2-39　创建的宏显示在命令列表中

2.8.2　宏调用

定制命令列表中的宏，尚未起作用，需要拖入【标签】的程序行才起作用，即所谓的调用后才起作用。

2.9　MOM 命令

MOM 命令是 UG NX 自带的专门后处理命令，使用方便又实用，应优先使用 MOM 命令，再使用 TCL 命令补充。

2.9.1　强制输出地址命令 MOM_force 与抑制输出地址命令 MOM_suppress

1. 强制输出地址命令 MOM_force

MOM_force 命令是强制输出命令，在每个工序强制要输出规定的地址代码。如果不强制输出，模态代码或模态数据在整个程序组中只输出一次。程序组中有不同的工序，不同的工序间，可能会中断模态代码或模态数据的续效性，有时会很危险的，所以常用 MOM_force 命令在每道工序中输出模态代码或模态数据。指令格式：

> MOM_force 选项 地址 1 地址 2 地址 *n*

【选项】共有一次（once）、永久（always）、关闭（off）三种选项，分别用规定的英文代码书写。

once：如果有模态代码或模态数据，则每执行一次，必须在首次出现时输出一次，以后不再输出。

always：只要程序行中有模态代码或模态数据就都输出，对应 NC 程序段中每行都可能有相同代码。

off：关闭或禁止输出规定的代码。

地址 1 ～ *n*：要输出的地址，用空格间隔表述。在对应程序段中，这些都是程序字的名称。

MOM_force 命令，以 PB_CMD 的命令形式应用，如每个刀轨开始几乎都有一个 PB_CMD_start_of_operation_force_addresses 定制命令，如图 2-40 所示。意在每个工序中强制输出一次 MOM_force 命令中指定的地址。当然规定也与具体机床有关，如上面的命令中尽管规定了很多地址，但对三轴机床而言，fourth axis 和 fifth axis 都无效，也不会输出。

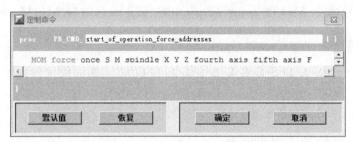

图 2-40　PB_CMD_start_of_operation_force_addresses 强制输出命令

2. 抑制输出地址命令 MOM_suppress

MOM_suppress 命令正好与 MOM_force 命令相反，但格式一样。MOM_suppress 命令是抑制输出即不允许输出的命令，也有一次（once）、永久（always）、关闭（off）三种选项。

2.9.2　序列号开命令 MOM_set_seq_on 与序列号关命令 MOM_set_seq_off

MOM_set_seq_on 命令和 MOM_set_seq_off 命令，常在程序行中直接使用。

1. 序列号开命令 MOM_set_seq_on

MOM_set_seq_on 是打开序列号命令，是指程序行的 MOM 系统命令。后处理称序列号，编程称程序段号、段号或序列号。执行此命令后，输出程序段号即 N 代码，一直到关闭程序段号的命令出现才会停止。它不涉及程序段号的格式，程序段号的格式有专门的设定渠道。

在后处理构造器的【添加块】下拉列表中，显示有 MOM_set_seq_on 命令，可以直接拖放到需要的标签下使用。

2. 序列号关命令 MOM_set_seq_off

MOM_set_seq_off 是关闭序列号 MOM 系统命令，与 MOM_set_seq_on 命令的作用正好相反，但显示、拖放等使用方法相同。

3. 序列号相关设定

1）在【N/C 数据定义】→【其他数据单元】→【序列号】中设定程序段号输出格式。
2）在【N/C 数据定义】→【文字】中修改 N 代码格式。

2.9.3 字符串输出命令 MOM_output_literal 与 MOM_output_text

1. 字符串带程序段号命令 MOM_output_literal

MOM_output_literal 命令原样输出 "" 中的字符串，且和其他程序块一样，块前带有序列号。指令格式：

```
MOM_output_literal "字符串"
```

2. 字符串不带程序段号命令 MOM_output_text

MOM_output_text 命令与 MOM_output_literal 命令的唯一区别是，块前不带序列号。

2.9.4 重置段号命令 MOM_reset_sequence 与段标志命令 MOM_set_line_leader

1. 重置段号命令 MOM_reset_sequence

MOM_reset_sequence 命令是重置段号命令，用以改变前面设定的段号格式。该命令需用 PB_CMD 命令设定：

```
MOM_reset_sequence 开始数值 增量数值 频率数值
```

2. 段标志命令 MOM_set_line_leader

MOM_set_line_leader 将指引线设置为具有指示状态的字符串，置于行首作为输出行的前导字符输出，即在序列号之前。该命令需用 PB_CMD 命令设定，如：

```
MOM_set_line_leader Always "/"
```

2.9.5 块调用命令 MOM_do_template 和终止操作命令 MOM_abort

1. 块调用命令 MOM_do_template

MOM_do_template 命令经常用到，是调用一个块的命令，以输出块的内容。该命令需用 PB_CMD 命令设定：

```
MOM_do_template 块名选项
```

在缓冲区将生成【块名】的输出值，但不会将其添加到缓冲区。选项【CREATE】生成块模板的值，此函数返回作为模板名称结果创建的字符串。如生成车削轮廓起点标记 turn_cycle_start_tag 为程序段号时：

```
MOM_do_template turn_cycle_start_tag CREATE
```

为何不直接设定块？主要是为了简化编程、灵活使用，如加上判断语句，根据不同条件输出等。块内容需在【N/C 数据定义】→【块】中事先定义好。

2. 终止操作命令 MOM_abort

MOM_abort 命令是终止后处理操作并输出消息。如判断是否有转速设置，以确定是否要继续后处理等。常用 PB_CMD 命令定制：

```
MOM_abort 消息内容
```

2.9.6　MOM_open_output_file 命令与 MOM_close_output_file 命令及 MOM_remove_file 命令

1. 打开文件通道命令 MOM_open_output_file

MOM_open_output_file 命令打开一个文件通道，与 TCL 的 open 命令作用相同，只是这里的 MOM 是 UG NX 自带命令。如果指定的文件不存在就会新建一个文件。

2. 关闭文件通道命令 MOM_close_output_file

MOM_close_output_file 命令是关闭前面打开的文件通道，与 TCL 的 close 命令作用相同。如新建一个后处理器，在【程序结束】最后加 PB_CMD_1_text：

```
set a "C:\\1.txt"
MOM_open_output_file $a
MOM_output_literal "laozhou"
MOM_close_output_file $a
```

先设置好文件 1 的路径并存于变量 a 中，注意路径的 \ 符号，由于反斜杠符号有特殊功能，所以用两个反斜杠，这样后面的反斜杠就失去了原来的特殊意义；后用 MOM_open_output_file 命令打开文件 1，如果盘中没有 1.txt 会创建这个文件；再用 MOM_output_literal 输出 laozhou 内容到文件 1 中，输出 laozhou 内容是新增到文件 1 中的内容且另起一行，如果原有内容，则原内容保留不变；最后关闭文件 1。

又如，后处理产生一个刀具列表的文件，把刀具列表写入文件 1 等，在需要的地方调用，很方便。

3. 文件删除命令 MOM_remove_file

MOM_remove_file 命令在【MOM 变量浏览】中找不到，它是文件删除命令。在查找最大最小行程、加工时间显示等时会用到该命令。

上面后处理时在 C 盘生成了一个文件 1.txt，那么把后处理中的定制命令改成：

```
set a "C:/1.txt"
MOM_remove_file $a
```

保存后再进行后处理，会发现 C 盘中的 1.txt 文件已被自动删除。

2.9.7　抑制地址命令MOM_disable_address 与取消地址抑制命令MOM_enable_address

1. 抑制地址命令 MOM_disable_address

MOM_disable_address 命令抑制地址的所有输出。当 MOM_disable_address 处于活动状态时，忽略 MOM_force ONCE 或 MOM_force ALWAYS 命令。指令格式：

MOM_disable_address 地址 1 地址 2……

2. 取消地址抑制命令 MOM_enable_address

MOM_enable_address 命令恢复被 MOM_disable_address 命令抑制的地址，将输出状态返回其初始状态，即 MOM_enable_address 取消 MOM_disable_address。指令格式：

MOM_enable_address 地址 1 地址 2……

2.9.8　信息列表显示命令 MOM_output_to_listing_device

如果在交互式 UG NX 会话中运行，则将字符串输出到 UG NX 列表窗口，否则什么也不做。指令格式：

MOM_output_to_listing_device "字符串"

后处理如果有异常，可显示【字符串】描述的信息，常用于主轴 0 转速、刀具 0 号报警显示，如：

MOM_output_to_listing_device "后处理时出错"

2.9.9　指定工序后处理命令 MOM_post_oper_path

指定工序后处理命令 MOM_post_oper_path，对指定名称的工序进行后处理。在没有 post 的情况下，使用默认后处理指定输出文件参数；如果给定的文件名没有前面的路径，则使用主输出目录。当指定 post 时，输出文件参数相同将输出到活动输出文件。指令格式：

MOM_post_oper_path 工序名称 文件名

如果执行成功，则返回 1（True）；如果执行不成功，则返回 0（False）；如果 post 正在调用自身，则返回 −1。

在执行期间，存在 mom_post_oper_path，其值为 1。被调用的过程使用【后处理】对话框中指定的相同单位。如果指定了后处理，则审核文件选项和警告输出设置会受到指定后处理的控制。如在粗加工中运行用 MOM_post_oper_path 指定的精加工工序，并将 NC 代码输出到 "finish_operation_program.ptp" 文件中这样设定：

MOM_post_oper_path $mom_machine_cycle_subroutine_name "finish_operation_program.ptp"

2.9.10　旋转刀轴加密命令 MOM_post_oper_path

加工曲面突变，能随机加密刀轴来提高以直代曲插补精度，从而提高表面光滑程度，是提高加工质量的有效方法。方法有二：

（1）用 LINTOL/ON 命令　依次单击刀轨的【工序】→【机床控制】的事件→用户定义矢量【User Defineds】，输入 "LINTOL/ON"，重新后处理，即可在急转弯处增加很多刀轨点。

ON 的默认公差是 0.001mm，可以直接输入具体数据改变插补精度。

（2）用 mom 变量　通过 PB_CMD 命令将变量 mom_kin_linearization_flag 设定为 "TRUE"，添加在【刀轨开始】的事件节点上，后处理会在突变的刀轨处随机加密插补点。"TRUE" 的默认公差是 0.001mm，读者可以自己设定公差数据来改变插补精度。

2.9.11　重新更新指定变量值命令 MOM_reload_variable

使用事件处理程序中 variable_name 的当前值更新事件生成器。指令格式：

MOM_reload_variable [-a] variable_name

例如：MOM_reload_variable -a mom_pos，表示使用事件处理程序中变量 mom_pos 的当前值更新事件生成器。

2.10　创建机床用户定义事件 UDE 与修改现成循环

2.10.1　用户定义事件 UDE

如果默认的【机床控制】事件不适合，则需要自定义【机床控制】事件。启动用户定义事件编辑器，即勾选【启用 UDE 编辑器】，才能创建、编辑【机床控制】事件。一旦自定义【机床控制】事件，保存后处理器就产生一个 *.cdl 机床控制事件文件。若不勾选【启动 UDE 编辑器】，则可以编辑默认的【机床控制】事件标签，但不会生成 *.cdl 机床控制事件文件。

（1）启动 UDE 编辑器　进入后处理界面，单击【选项】→【启动 UDE 编辑器】→【是】，或在【新建后处理器】对话框中默认勾选【启动 UDE 编辑器】。不过前者对于新建后处理器和打开已有后处理器都有效，而后者仅对打开已有后处理器有效，因为打开已有后处理器时，不会显示【新建后处理器】对话框，自然找不到【启动 UDE 编辑器】选项。

（2）创建或编辑机床用户定义事件

1）创建或打开后处理器。单击【程序和刀轨】→【程序】→【机床控制】，在蓝色、绿色标签任意空白处右击，出现【新建机床控制事件 ...】白框，如图 2-41 所示。【机床控制】节点中仅有蓝色、绿色这两种标签颜色。

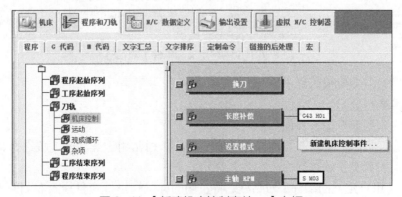

图 2-41　【新建机床控制事件 ...】白框

2）进入【创建机床控制事件】对话框。选白框【新建机床控制事件 ...】变蓝色，然后单击【新建机床控制事件 ...】蓝色框，弹出【创建机床控制事件】对话框，如图 2-42 所示。

【事件名称】：必写。它是 *.cdl 文件中一个具体事件的名称，只有确定了【事件名称】，才能在 UG NX 工序的【机床控制】→【用户定义事件】中触发 / 调用这个事件中在此定制的处理程序。如果对原有标签事件编辑，则【事件名称】默认标签事件名称。

【后处理名称】：选项。不勾选，默认【事件名称】，但不改变显示；勾选，输入自定义后处理名称。

【事件标签】：选项。不勾选，默认【事件名称】，但不改变显示；勾选，输入自定义事件标签名称。在【机床控制】节点，UDE 对话框名称、标签名称都以【事件标签】名称显示。

【类别】：即加工类型或机床类型。

单击【确定】后，显示【用户定义的事件】对话框，即 UDE 编辑器窗口或 UDE 编辑器窗口次页，如图 2-43 所示。

图 2-42 【创建机床控制事件】对话框

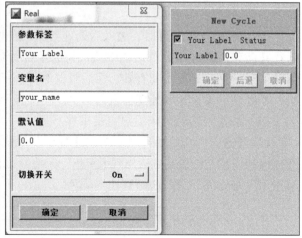

图 2-43 【用户定义的事件】对话框

整数。整数型变量输入界面。

实数。实数型变量输入界面。

文本。文本型变量输入界面。

二进制。二进制变量输入界面（图中未显示），通常用于选项开、关选择。

选项。列表型变量输入界面（图中未显示）。

3）设定【用户定义的事件】对话框。将左侧的标签矩形框变量拖入右侧的米色【Status】

条（【Active】【Inactive】【User Defined】三种选项），会弹出相应变量的对话框。

每个不同的参数变量类型有不同的变量属性，以 Real 实数型变量输入界面为例，其变量属性有：

参数标签。定义变量在对话框中显示的名称。可选项，如没有定义，则用变量名代替。

变量名。定义用户自定义事件中变量的名称。

默认值。定义变量的默认值。可选项，如没有定义，则根据变量类型不同，默认值也不相同。整数型变量的默认值为 0。实数型变量的默认值为 0.0。文本型变量的默认值为空。二进制变量的默认值为 TURE。列表型变量没有默认值。

单击【Real】对话框中的【确定】后，在【机床控制】节点出现以【事件标签】名称命名的用户自定义事件标签。

4）保存。保存后处理器，产生含有机床控制 *.cdl 的后处理器文件族。

5）编辑。可以对已有【机床控制】事件（蓝色、绿色标签）进行编辑、删除，有【编辑用户定义参数 ...】和【删除】两个选项，如图 2-44 所示。

右击【机床控制】事件，选择【编辑用户定义参数 ...】，同样出现【用户定义事件】对话框，

图 2-44　已有【机床控制】事件的编辑、删除

可修改参数。这样创建机床控制事件：设置【事件名称】为 x1，勾选【后处理名称】并输入 x2，勾选【事件标签】并输入 x3，如图 2-45 所示。保存后处理器文件，产生机床控制文件 x.cdl（x.pui、x.def、x.tcl、x.cdl 共四个）。

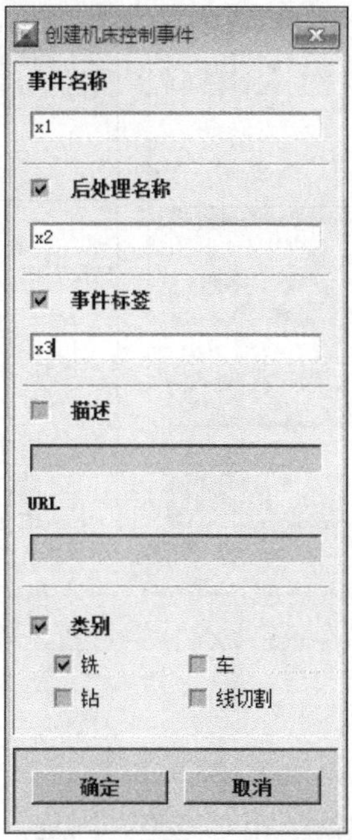

图 2-45　UDE【创建机床控制事件】对话框

UDE【用户定义事件】对话框显示事件标签 x3，如图 2-46 所示。

NX【机床控制】节点显示事件标签【x3】，如图 2-47 所示。

在 x.cdl 文件中显示事件名称 EVENT x1 等，如图 2-48 所示。

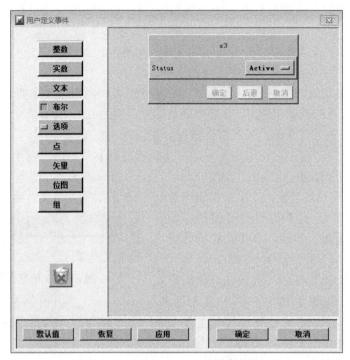

图 2-46　UDE【用户定义事件】对话框显示事件标签 x3

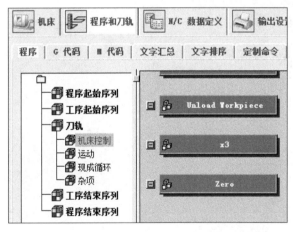

图 2-47　NX【机床控制】节点显示事件标签【x3】　　　图 2-48　在 x.cdl 文件中显示 x1、x2、x3

2.10.2　修改现成循环

对于各种数控系统来说，现成循环相对完整、固定，变动量不大，有些仅做局部修改即可。但需说明的是，与固定循环相关的动作如初始化、初始移动、第一次移动等多数都在现成循环中设定，而在【运动】中混合在一起设定的不多，前者集中、清晰、好用，后者需要注意加工面的切换。至于具体编辑方法，同用户定义事件。

2.11　后处理器的安装

尽管不安装后处理器也能通过 *.pui 调用，但是重新打开 UG NX 刀轨文件后处理时，后处理器列表窗口不再显示该后处理器名称，即这里的后处理器名称用 *.pui 调用时只显示一次，若要再次调用还需通过路径寻找。但安装后会永久显示，再不需 *.pui 调用了，还可以不提供事件处理文件 *.tcl 和事件定义文件 *.def。后处理器可以安装在软件的【postprocessor】文件夹内，也可以自建安装文件夹，无论安装在哪个文件夹，后处理模板文件 template_post.dat 只有一个，所以拷入软件的【postprocessor】文件夹内安装使用为妥。

进入后处理界面（不打开后处理器），单击【实用程序】→【编辑模板后处理数据文件】，弹出如图 2-49 所示对话框。如果有不需要的后处理器，直接双击编辑，修改原文件名、两个安装后文件名，确定保存即可，这样就可以将原文件名安装成后处理器名称列表窗口中显示的安装后文件名。也可以复制、粘贴有用的后处理器，进行修改安装。

如果没有不需要的后处理器，则这样安装：选择【# TOOL_LIST(text),……】，单击【新建】，找到要加入模板的 *.pui 文件，再单击【打开】，此后处理器就装入该模板，单击【确定】，出现【另存为】对话框，可原路径保存同名文件 template_post.dat，安装完毕。

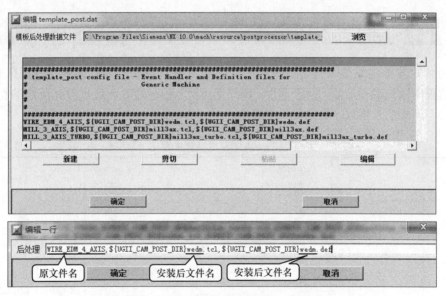

图 2-49　直接编辑修改安装后处理器

第3章

顺序换刀三轴加工中心后处理

加工中心不带换刀机械手，均采用顺序换刀。三轴加工中心具有 X、Y、Z 三直线轴，以立式加工中心居多，卧式加工中心多是两轴半的、分度工作台不是回转轴。同一种三轴加工中心，绝大多数可以选配不同的数控系统。三轴加工均是定轴加工，孔加工经常用图样尺寸编程，需用多坐标系输出。三轴加工中心的后处理器通用性极高，都有刀具长度补偿功能，兼有刀具半径补偿的两轴平面轮廓铣削和无刀具半径补偿的三轴曲面铣削后处理器有广泛用途，特别是三轴模具加工必不可少。

3.1 调研机床数据

定制后处理器，务必服务于实际机床，并满足用户要求，因此必须调研机床有关后处理需要的数控系统编程功能、机床行程、快移速度、主轴转速等一般参数和用户的特殊要求，建议列一个清晰的表格以一目了然，见表 3-1。

表 3-1　三轴立式加工中心后处理主要技术参数和用户要求

公司名称		机床型号名称		后处理器名称	3axis_VM_ F6_G02_G41_seq
项目	参数	项目	参数	项目	参数
数控系统	FANUC-0iM	机床主体结构及坐标轴	主体：立式加工中心 刀轴：Z 轴 控制轴：XYZ 联动轴：XYZ	换刀装置	结构：右顶置斗笠式 换刀方式：顺序 换刀指令：T M06 换刀条件：G91 G28 Z0 M05、M09
行程 /mm	X：1300 Y：650 Z：700	参考点位置 /机床坐标	位置：最大行程极限 机床坐标 X/Y/Z：0	测量基点	主轴端面回转中心
快移速度 /（mm/min）	X/Y/Z：20000	进给速度 /（mm/min）	X/Y/Z：0 ~ 6000	主轴转速 /（r/min）	转速：10 ~ 8000
刀具长度补偿	G43 H Z_	刀具半径补偿	G41/G42 D X Y G40 X Y	小数点编程	袖珍计算器型

（续）

项目	参数	项目	参数	项目	参数
最小编程单位	线性：0.001mm 角度：0.001°	切削液	开：M08 关：M09	排屑器	开：M16 关：M15
准备功能	G 代码表	辅助功能	M 代码表	特殊功能	
用户特殊要求					

3.2　定制后处理器

3.2.1　进入后处理构造器界面

单击【开始】→【所有程序】→【SiemensNX12.0】→【加工】→【后处理构造器】，或双击桌面上的【后处理构造器】图标，进入后处理构造器初始界面。

3.2.2　新建文件

单击【文件】→【新建】，弹出【新建后处理器】对话框，如图 3-1 所示。【后处理输出单位】选择【毫米】→【控制器】选择【库】→选择【fanuc_6M】→其他默认→单击【确定】，出现下一级如图 3-2 所示的机床【一般参数】对话框。

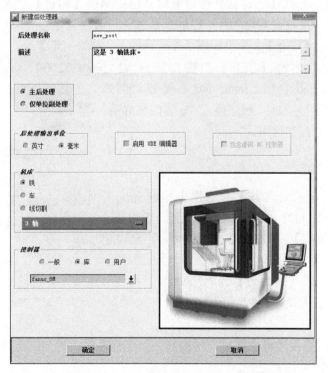

图 3-1　【新建后处理器】对话框

图 3-2　机床【一般参数】对话框

3.2.3　保存文件

需要说明的是，若在【新建后处理器】对话框中单击【确定】进入下一级对话框，则不能返回，所以应一次设置准确，并给后处理器命名和保存文件。

单击【文件】→【保存】，弹出如图 3-3 所示的【选择许可证】对话框，单击【确定】→寻找保存路径→在【文件名】文本框中输入 3axis_VM_F6_G02_G41_seq →单击【保存】。三轴立式加工中心 3axis_VM、fanuc_6M 系统 F6、圆弧插补 G02、刀具半径补偿 G41、顺序换刀 seq 等信息鲜明、齐全，便于辨别、查找和调用。

3.2.4　设置一般参数

保存后，【新建后处理器】对话框中标题变成了【3axis_VM_F6_G02_G41_seq】，按如下设置一般参数：

图 3-3　【选择许可证】对话框

【线性轴行程限制】：X1300/Y650/Z700，不允许超程编程，否则报警。

【移刀进给率】：【最大值】为"20000"。指快移速度，若进给速度超过此值，则按快速移动编程，注意刀轨差异。

其他默认。

【显示机床】：必要时可查看机床结构简图和坐标系统，并判断是否正确。默认的三轴通用铣床是正确的，可以不查看。

谨记，每个环节结束都要随时保存文件。

3.2.5　设置程序和刀轨

（1）设置程序开始　【程序开始】对话框如图 3-4 所示。将 %、G40 G17 G90 G71 两个程序行拖入【垃圾桶】删除。

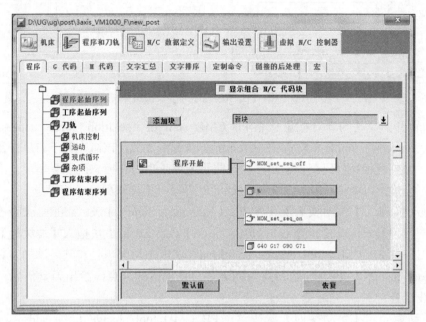

图 3-4　【程序开始】对话框

在段号关 MOM_set_seq_off 和段号开 MOM_set_seq_on 两个命令行间增加程序号定制命令 PB_CMD_pro_name，单击【添加块】→在【添加块】窗口寻找【定制命令】→拖【添加块】（即点变为【定制命令】）到 MOM_set_seq_off 下方或 MOM_set_seq _on 上方，出现【定制命令】编辑框，修改 PB_CMD 后半部分名称为 "pro_name"，在编辑窗口用 MOM_output_literal "O____" 命令原样输出程序号 O____，后须在 NC 程序中正式命名程序号，【程序开始】设置结果如图 3-5 所示。

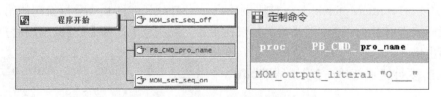

图 3-5　【程序开始】设置结果

注意：必须用英文书写 PB_CMD 命令名称和脚本内容，但备注可以用中文。

需要说明的是，FANUC-0iF 之前的版本，只能用 O9999 形式命名程序号，且 O9999 是程序的第一条程序段。从 FANUC-0iF 版本起，可以用组合字符命名程序名，与 SIEMENS 一样了，自动编程更方便。无论在【程序】的哪个黄色标签下，都可以直接选择【添加块】，编辑添加的块，不影响软件自带的块，也不会被增删，但会增加新块。

（2）设置工序起始序列 【工序起始序列】设置结果如图3-6所示。勾选【显示组合 N/C 代码块】后，能折叠全部显示黄色标签中的程序行，缩小显示面积，不过折叠后不能编辑。

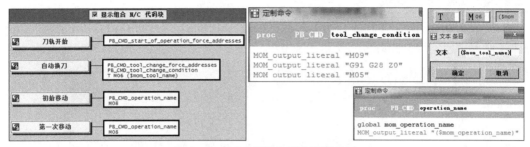

图 3-6 【工序起始序列】设置结果

1）刀轨开始。【刀轨开始】保留 PB_CMD_start_of_operation_ force _addresses 命令。MOM_force once M_spindle S X Y Z F R fourth_axis fifth_axis，该命令置于刀轨开始，表示一个工序中，如果有相关代码至少输出一次，防止遗漏，也防止模态码重复出现。没有相关地址的代码不会输出，如 fourth_axis fifth_axis 可以删除，不起作用。

2）自动换刀。【自动换刀】保留 PB_CMD_tool_change_force_addresses 命令，换刀后强制输出一次刀具长度补偿指令 G43 H01。将 G91 G28 Z0 和 T 块拖入【垃圾桶】删除。专门添加换刀条件 PB_CMD_tool_change_condition。保留 T M06，且在其后添加刀具名称注释（$mom_tool_name）。根据创建刀具名称含有刀具规格的特点，给出刀具信息，便于分任务同时在线准备。

3）手动换刀。【手动换刀】默认设定 PB_CMD_tool_change_force_addresses、M00 两行没有意义，删除所有程序行。

4）初始移动 / 第一次移动。分别在默认空白的【初始移动】和【第一次移动】中添加相同的程序行 PB_CMD_operation_name，用于清晰注释区分使用相同刀具加工的不同工序，强制输出切削液 M08。

（3）设置刀轨

1）机床控制。单击【刀轨】→【机床控制】→【刀具补偿关闭】，将 G40 拖入【垃圾桶】删除，它不是单段指令，故不需要。在【刀具补偿打开】中添加 PB_CMD_force_D，刀具半径补偿时，MOM_force once D 强制输出一次 D 代码，防止在分层铣削的第二层后因模态代码而被省略 D 的可能，且【刀具补偿在更换之前关闭】选择【是】，需要时重新建立，程序不易出错。

2）快速移动。【快速移动】设置结果如图3-7所示。

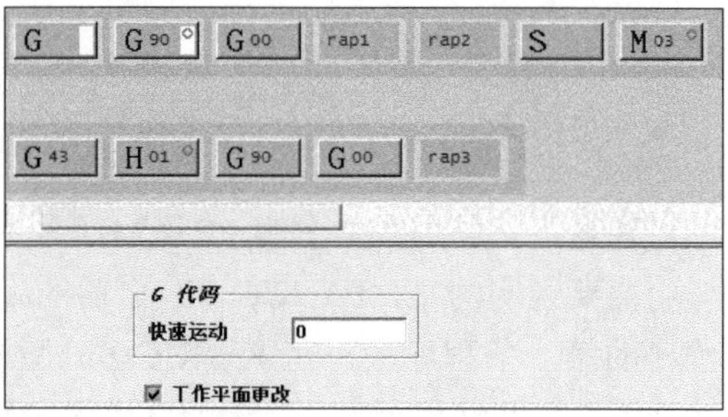

第一行中增加 G-MCS Fixture Offset（54～59）且强制输出，G90 任选强制输出，保证每道工序初始化成 G54 G90 G00 X Y S M03 格式，G90 必须强制输出以替代换刀条件中的 G91，要求刀轨坐标系【细节】设定【夹具偏置】，1～6 分别对

图 3-7 【快速移动】设置结果

应 G54 ～ G59。

第二行使每道工序初始化成 G43 H Z 格式，删除 M08。

三轴机床，先将 X、Y 两轴在高空快速定位，然后将 Z 轴刀长补偿移动到初始平面，这是常用的安全编程方法。是否勾选【工作平面更改】，关系快速移动指令是否编程两段。

【快速移动】文字的顺序调整，须得如图 3-8 所示文字排序的配合。

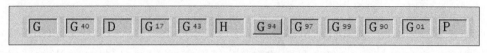

图 3-8　文字排序第一行

实际上，为使三轴程序初始化更加清晰，将 X、Y 两轴在高空快速定位和 Z 轴刀长补偿移动到初始平面，在【初始移动】和【第一次移动】中同时设定更好，这样加工时快速移动中就不会重复出现一些不必要的模态代码，【快速移动】中的很多代码可以省略，读者可自行修订。rap1、rap2、rap3 分别表示 X、Y、Z 坐标，表达式分别为 $mom_pos(0)、$mom_pos(1)、 $mom_pos(2)。

3）圆周移动。删除【圆周移动】中不能与圆弧指令连用的 G41，增加 M03 任选与 S 任选呼应，设置结果如图 3-9 所示。如果在【初始移动】/【第一次移动】或【快速移动】中已设定了 S 和 M03，则在【圆周移动】和后面的【线性移动】中没必要再设定。

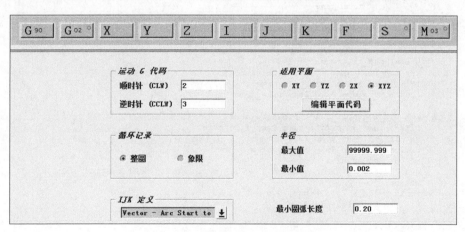

图 3-9　【圆周移动】设置结果

4）线性移动。删除【线性移动】中的 M08，增加 M03 任选与 S 任选呼应，设置结果如图 3-10 所示。不勾选【最大移刀速度时设为快速模式】，FANUC 系统的 G01 与 G00 的刀轨不同。

图 3-10　【线性移动】设置结果

是否要开启刀具半径补偿编程功能，必须通过 UG NX 工序创建【非切削移动】→【更多】→【刀具补偿】中的设定。

刀补的建立或取消常在【快速移动】中设定。刀补主要用于两轴平面轮廓铣削，便于补偿加工误差等。

（4）设置工序结束序列　保留【工序结束序列】所有默认程序行均为空的状态，默认输出与进刀顺序相反的程序。

（5）设置程序结束　单击【程序结束序列】→【程序结束】，设置结果如图 3-11 所示。程序结束 PB_CMD_pro_end，即主轴上的刀具换回刀库 T00 M06；程序结束 M30。加工时间显示 PB_CMD_total_time 在程序开头，且与具体机床无关，可以当固定模板使用。

图 3-11　【程序结束】设置结果

（6）设置 G 代码　单击【程序和刀轨】→【G 代码】，仅需设定公英制 G 代码，如图 3-12 所示。

图 3-12　【G 代码】设置结果

3.2.6　N/C 数据定义

（1）修改 N 字格式　单击【N/C 数据定义】→【文字】→【N】→【编辑】，不勾选【输出前导零】，目的是省容量，如图 3-13 所示。

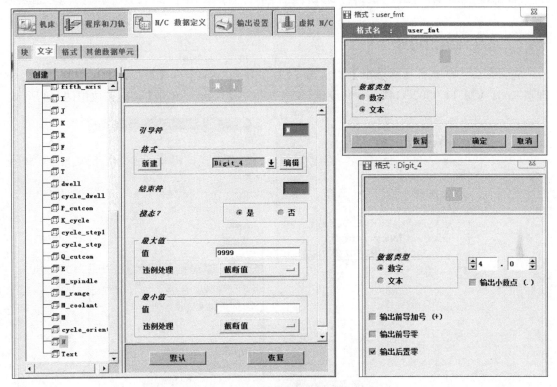

图 3-13 【文字】及其格式编辑对话框

（2）设置序列号　单击【N/C 数据定义】→【其他数据单元】→【序列号】（即段号），设置【序列号开始值】为 1，【序列号增量值】为 1，【序列号频率】为 1，【序列号最大值】默认 9999。自动编程程序改动极少，间隔段号为 1 时可省容量，而且便于检索。

3.2.7　输出设置

单击【输出设置】→【其他选项】→【输出控制单元】，设置【N/C 输出文件扩展名】为 txt，相比其他扩展名，其通用性更好。若在【后处理】的【文件扩展名】中设置，则会更优先生效。

保存文件，但不必放入【postprocessor】文件夹中。

3.3　使用说明

3axis_VM_F6_G02_G41_seq 后处理器，适用于 FANUC 系统、顺序换刀三轴镗铣加工，兼容三轴以下编程。用夹具偏置设定工件坐标系，有圆弧插补、刀具长度补偿功能、刀具半径补偿后处理，需在刀轨工序的【非切削移动】→【更多】→【刀具补偿】下勾选【输出接触 / 跟踪数据】，以输出工件轮廓轨迹的程序。

3.4 后处理及程序验证

3.4.1 后处理输出程序

打开 UG 刀轨文件【六边形】，单击【NC_PROGRAM】→【后处理】，浏览查找后处理器 3axis_VM_F6_G02_G41_seq→设置【文件扩展名】为 txt→单击【确定】，如图 3-14 所示。

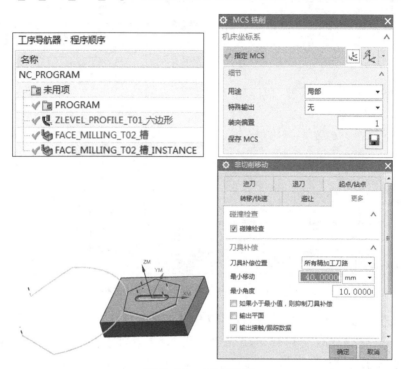

图 3-14　六边形刀轨

程序清单如下：

```
(Total Machining Time : 3.21 min)
O___
N1 M09
N2 G91 G28 Z0
N3 M05
N4 T01 M06 (MILL_D80R0_T01)
N5 (ZLEVEL_PROFILE_T01_ 六边形 )
N6 M08
N7 G54 G90 G00 X-138.08 Y-61.044 S600 M03
N8 G43 H01 Z10.   刀长补
N9 Z1.
N10 G01 Z-2. F200.
N11 G41 D01 X-88.095 Y-96.5    建立刀补
N12 G03 X-29.544 Y-5.209 I-20.234 J77.399
```

N13 G01 X-32.552 Y11.848

N14 X-6.015 Y34.115

N15 X26.537 Y22.267

N16 X32.552 Y-11.848

N17 X6.015 Y-34.115

N18 X-26.537 Y-22.267

N19 X-29.544 Y-5.209

N20 G03 X-115.787 Y60.55 I-78.785 J-13.892

N21 G40 G01 X-150.631 Y10.136　取消刀补

N22 Z1.

N23 G00 Z10.

N24 M09

N25 G91 G28 Z0

N26 M05

N27 T02 M06 (MILL_D10R0_T02)

N28 (FACE_MILLING_T02_ 槽)

N29 M08

N30 G54 G90 G00 X15. Y0.0 S3000 M03

N31 G43 H02 Z11.

N32 Z4.

N33 G01 Z-2. F250.

N34 X-15.

N35 Z1.

N36 G00 Z11.

N37 (FACE_MILLING_T02_ 槽 _INSTANCE)

N38 M08

N39 G54 G90 G00 X15. Y15. S3000 M03

N40 Z4.

N41 G01 Z-2. F250.

N42 X-15.

N43 Z1.

N44 G00 Z11.

N45 M09

N46 G91 G28 Z0

N47 M05

N48 T00 M06

N49 G91 G28 Y0

N50 M30

经比对，程序正确无误。

3.4.2　VERICUT 仿真加工验证

1）进入 VERICUT 欢迎界面。

2）打开仿真项目。打开【项目：1、VT 三轴 block】仿真项目，如图 3-15 所示。

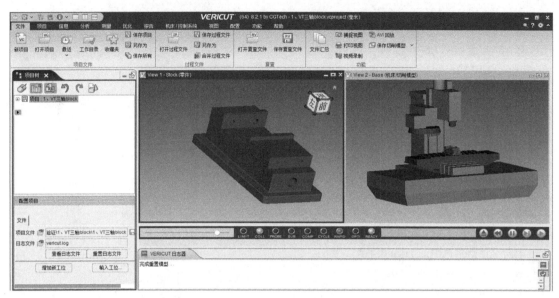

图 3-15　【项目：1、VT 三轴 block】仿真项目

3）添加安装毛坯。已知毛坯尺寸为 154mm×140mm×47mm，展开所有节点→右击
【Stock】→选择【添加模型】→设置【方块】为长 154mm、宽 140mm、高 47mm，并移动
到如图 3-16 所示的装夹位置。

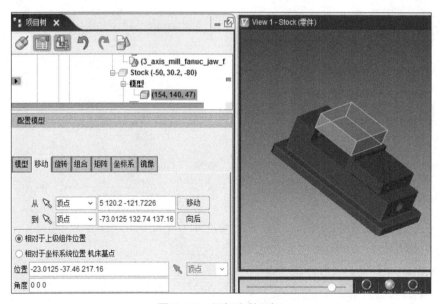

图 3-16　添加安装毛坯

4）导入安装设计模型。右击【Design】→选择【添加模型文件】→寻找【block 设计 .stl】→
单击【打开】，并移动到如图 3-17 所示与毛坯下对齐重合的位置，用于对刀使用等。

5）导入程序。右击【数控程序】→选择【添加数控程序文件】→浏览程序【3axis_

block.txt】→单击【打开】，如图 3-18 所示。【3axis_block.txt】是本章【3axis_VM_F6_G02_G41_seq】后处理的程序。

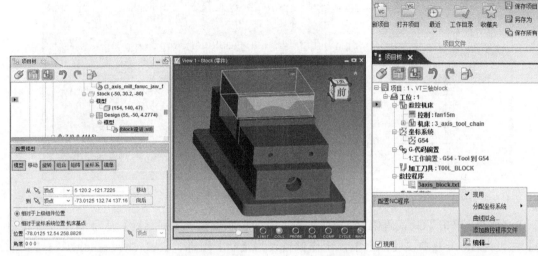

图 3-17　导入安装设计模型　　　　　　　图 3-18　导入程序

6）创建刀具装刀。右击【加工刀具】，弹出【刀具管理器】对话框，如图 3-19 所示。【装夹点】与机床的测量基点对应，靶心坐标位置就是刀位点、对刀点。【刀补】就是刀具半径补偿，正常刀补时，【对刀点】和【刀补】应空着。

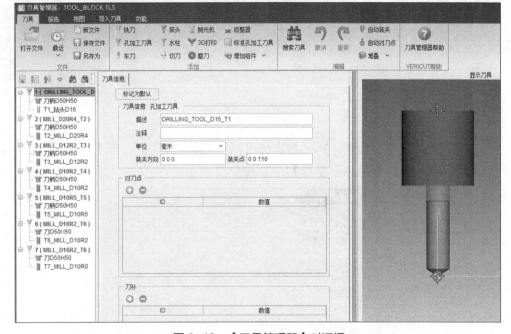

图 3-19　【刀具管理器】对话框

7）建立工件坐标系。隐藏【block 设计】模型→显示【坐标系统】→单击【坐标系统】→

重命名为 G54 →单击【位置】框变黄→红色浮动箭头捕捉【block 设计】左上角点，建立工件坐标系 G54，如图 3-20 所示。G54 程序中的工件坐标系代码必须与 UG NX 刀轨的 XM-YM-ZM 加工坐标系重合。

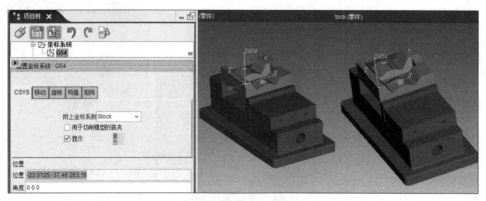

图 3-20　建立工件坐标系 G54

8）对刀。单击【G- 代码偏置】→【偏置】设为工作偏置→【寄存器】设为 54 →单击【组件】并设为 Stock →单击【添加】，工作偏置设为【从】组件、Tool（或 Spindle）→【到】坐标原点、G54，完成对刀，显示实心靶心，与 G54 重合才正确，如图 3-21 所示。

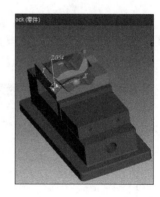

图 3-21　对刀

9）刀补设定。单击【工位 :1】→【G- 代码】，【编程方法】选择【刀长补偿】→【刀具半径补偿】选择【开 - 默认为全半径】，如图 3-22 所示。

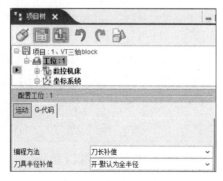

图 3-22　刀补设定

10）保存项目。为防止意外丢失文件，应随时保存项目。单击【文件】→【文件汇总】→【拷贝】，寻找路径文件夹，单击【确定】→【所有全是】→【确定】→【X】，关闭【文件汇总】对话框，如图 3-23 所示。

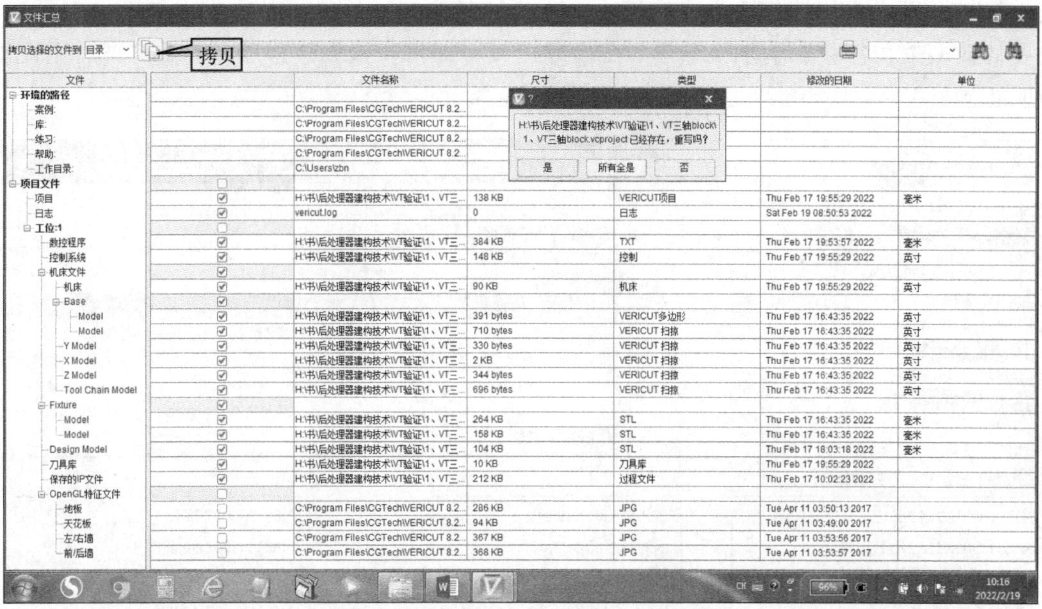

图 3-23 【文件汇总】对话框

11）启动加工。单击快捷工具条【双视图】→一个视图内右击【视图类型】零件→另一个视图内右击【视图类型】机床 / 切削模型→隐藏【block 设计】→【信息】选择数控程序→单击【重置模型】→适度调整【进度条】→单击【仿真到末端】开始播放，如图 3-24 所示，【VERICUT 日志器】有红色报警显示。

图 3-24 播放仿真加工

12）检验分析与修改验证。五行报警与程序段的对应关系如图 3-25 所示，系统认为让刀会引起多切报警，但量都不大，一般不影响实际加工精度。有两种修改办法：一是直接修改程序，在报警程序行前加 G01，紧接着下一段再加 G00 恢复快速移动；二是将刀轨文件横越速度，由快速修改为进给速度。前者比较简单，后者可从根本上修改，但后者由于要修改多处可能会影响加工效率。在横越速度下即可直接修改程序，重新仿真后无报警，说明正确。

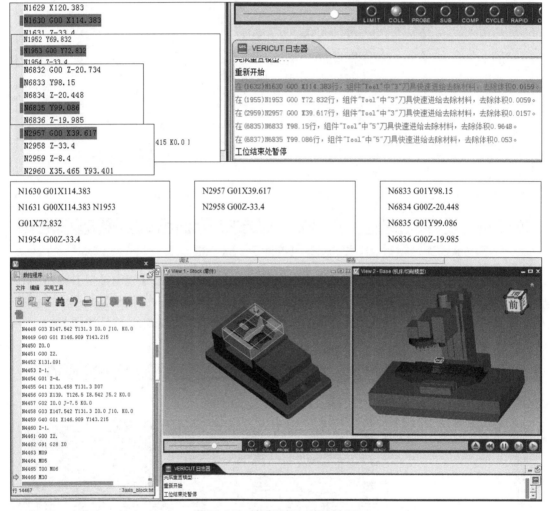

图 3-25　检验分析与修改验证

3.5 数组赋值命令 VMOV

VMOV 命令是在后处理构造器中定制的、自带的数组赋值命令，在后处理中用得较多，属于过程命令，类似于子程序，能简化后处理脚本，可随时调用。指令格式：

VMOV 循环次数 变量 1i 变量 2i

VMOV 把第一个数组【变量 1i】的值对应赋给第二个数组【变量 2i】，每循环 1 次顺次给一个变量赋值 1 次，【循环次数】等于被赋值的变量数。每个变量仅赋值 1 次，每次变量的值都可能不同，相同也改不了。【循环次数】是 VMOV 命令自身内部循环次数，不是整个程序的重复执行次数。

例 3-1　在 UG NX 后处理构造器中，借用某后处理的【程序开始】，添加测试 VMOV 的 PB_CMD_test_VMOV 命令，如图 3-26 所示。PB_CMD_test_VMOV 中的 set X、set L 是已知数据，VMOV 3 X L 之后的是调用命令，MOM_output_literal "$X(0)" ～ MOM_output_literal "$L(2)" 是为了观察赋值结果而专门设计的输出字符串。

VMOV 命令内部第一次循环，X(0) 的值 1.0 对应赋给 L(0)，$L(0) 刷新为 1.0；第二次循环，X(1) 的值 2.0 对应赋给 L(1)，$L(1) 刷新为 2.0；第三次循环，X(2) 的值 3.0 对应赋给 L(2)，$L(2) 刷新为 3.0。所以调用 VMOV 3 X L，输出结果是①；若屏蔽 VMOV 3 X L，输出结果是②；若将 VMOV 3 X L 中的 3 改成 2，输出结果是③。

图 3-26　PB_CMD_test_VMOV 命令及输出程序段

## 第 4 章

随机换刀转台四轴加工中心后处理

四轴数控机床一般指三个直线轴再加上一个回转轴能四轴联动的数控机床。转台四轴镗铣床一般由 X、Y、Z 三个直线轴和数控分度头或数控转台一个回转轴构成，带卧式数控分度头的常是 XYZA 或 XYZB 立式四轴镗铣床，具有立式数控转台的常是 XYZB 卧式四轴镗铣床。无论是数控分度头还是数控转台，后处理常称为转台。数控镗铣床配上自动换刀装置就是加工中心，除换刀方式不同外，无论是立式还是卧式转台四轴加工中心的后处理器定制原理相同，换刀方式这里以随机换刀为例。

4.1 转台四轴数控镗铣床的主要特征

四轴数控镗铣床的刀轴一般是 +Z，刀轴方向矢量 K=1，即为装夹刀具的主轴，但回转坐标的方位和地址由具体机床结构决定。

4.1.1 机床结构

（1）立式四轴机床及其坐标系 立式四轴机床，由于 X 方向是工作台长度方向、右侧侧挂或顶置刀库，同时为防止碰撞干涉和方便操作等，数控分度头的回转轴线常平行于 X 轴、转台右置，根据右手螺旋法则判断，应是 XYZA 四轴数控镗铣床，如图 4-1a 所示，如果数控分度头的回转轴线平行于 Y 轴，则是 XYZB 四轴机床。对于作为机床附件可随时拆卸的四轴转台机床，机床坐标系 XYZ 的原点通常设在 XYZ 行程极限处时的主轴端面回转中心（即测量基点）上；对于不可拆卸的四轴转台机床，机床坐标系 XYZ 的原点通常设在四轴零点上，这样使用比较方便。

第四轴零点简称四轴零点，即回转轴零点，设在转台台面回转中心上。机床厂家应该清晰标志 0°刻线位置和四轴转向。0°刻线常在转台侧最高点或最前面的传动箱体操作机床显而易见的位置，标注假定刀具静止不动、工件运动的坐标地址 A′ 或 B′，带 ′ 与不带 ′ 方向正好相反。

（2）卧式四轴镗铣床及其坐标系 卧式四轴镗铣床的转台通常是旋转起来占用空间小的方工作台，绝大多数是 XYZB 四轴机床。四轴零点也在转台台面回转中心上，0°刻线位置和四轴转向同立式四轴标志。

（3）绞线问题　转台四轴总希望能单方向无限运动，所以必须在机床结构上妥善解决绞线问题。如果要使用自动夹具，务必事先考虑绞线问题。

（4）转台锁紧　定向加工时，夹紧转台有利于提高刚度。转台联动加工时，必须先松开后加工。

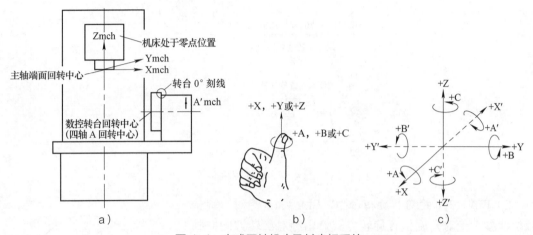

图 4-1　立式四轴机床及其坐标系统

a）转台右置立式四轴机床　b）右手螺旋法则　c）带′与不带′坐标轴

4.1.2　旋转轴属性

第四轴是旋转轴，是四轴机床的重要特征。旋转轴不像线性轴那样特性固定，而有自己的旋转属性。旋转属性是从机床角度讲的，包括旋转方向、旋转台型和旋转逻辑。

（1）旋转方向　旋转方向是指按照右手螺旋法则命名旋转轴方向的旋转方向，本书遵守这个标准，规定逆直线轴正方向观察，其旋转轴逆时针旋转为正转（CCW/ 正向），反之为反转（CW/ 负向），即所谓的标准转向。

（2）旋转台型　同样的旋转指令（程序），不同的旋转台型，有不同的旋转属性，即旋转方向和旋转到的终点位置可能都不一样，这对加工零件有很大影响，应避免造成废品或发生事故，务必高度重视。有线性旋转台型和 EIA（360 绝对）旋转台型两种。

1）线性旋转台型。线性旋转台型是参考围绕旋转部件缠绕的线性轴上的角度的旋转方式，又称为增量旋转方式。线性旋转轴旋转运动完全同线性轴运动规则，如图 4-2 所示。当绝对坐标编程（G90）时，旋转坐标的正负号控制绝对坐标位置（如 A10 在第一象限、A–10 在第四象限），角度增量 ZL 的正负号控制旋转方向，角度增量 ZL（= 终点角度坐标 – 起点角度坐标）为正（+）时正转，否则反转，增量 ZL 的绝对值是旋转经过的角度。当增量坐标编程（G91）时，旋转坐标的正负号决定旋转方向，旋转坐标为正（+）时正转，否则反转；旋转坐标的数值是旋转经过的角度，终点位置是当前起点位置与程序坐标的代数和。

线性旋转台型有以下重要特点：①转台可单方向连续旋转，如果行程足够大可以加工长螺旋线类零件，但有超程问题；②整数圈正常旋转，方向也由增量 ZL 决定；③没有最短捷径，不存在反转问题；④没有旋转逻辑限制，旋转方向和旋转台型就决定了旋转属性；⑤旋转方向与程序完全对应，类似线性轴的运动，具有唯一性，加工不易出错；⑥回零运动因可能要空转很多圈而影响加工效率。

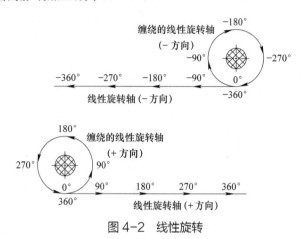

图 4-2　线性旋转

2）EIA（360 绝对）旋转台型。EIA（360 绝对）旋转台型即参考绝对角度位置旋转方式，由绝对旋转方向控制旋转值来确定旋转方向。绝对角度位置指象限角度位置，绝对旋转方向指回转坐标轴的标准转向，如图 4-3 所示。

EIA（360 绝 对）旋 转，当 程 序 的 角 度 增 量 $|\pm ZL| < 180°$ 时，正号正转（CCW）经过增量值 ZL 角度，负号反转（CW）经过 $|{-}ZL|$ 角度；当 $|\pm 180°| < ZL < |\pm 360°|$ 时，反方向旋转小度数，走捷径，即 $+ZL > 180°$ 时，反转（CW）经过（$-360° + ZL$）小角度，$-ZL < 180°$ 时，正转（CCW）

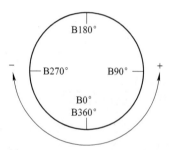

图 4-3　EIA（360 绝对）旋转

经过（$360° - ZL$）小角度；当 $ZL = \pm 360°$ 时不转；当 $ZL = \pm 180°$ 时，需与旋转逻辑匹配才能确定转向。将增量 ZL 换算成 $\pm 360° \pm \alpha$ 的形式（$\alpha < 180°$）来判断转向和转过的度数，这个 α 就是所谓的小角度。

EIA（360 绝对）旋转的显著特点是：①始终朝小角度方向旋转，走最短捷径；②$|\pm 180°| <$ 旋转角度增量 $ZL < |\pm 360°|$ 时转台突然反方向旋转，不能进给加工工件，仅适用于非切削定位，加工工件时，应控制两点之间步距 $< |\pm 180°|$，若转台行程足够大时也能加工长螺旋线类零件；③360° 整圈静止不动；④180° 旋转方向不定；⑤含有转过 180° 或 360° 的程序段不能单方向无限旋转，也就不能加工长螺旋线；⑥回零转数很少，最短捷径旋转，空程时间短，加工效率高，是常用旋转台型。

（3）旋转逻辑　旋转逻辑即绝对旋转式方向。仅 EIA（360 绝对），不能完全确定旋转方向，需与绝对旋转式方向匹配才能确定旋转属性。有十几种绝对旋转式方向，常用以下两种：

1）最短的距离。增量 ZL 等于 +180° 时正转，等于 −180° 时反转。

2）最短距离 4。增量 ZL 等于一个 ±180° 时与上一程序段转向相同；等于几个连续 ±180° 时，第一个与上一程序段转向相同，依次相反、相同，来回交替旋转。

同一程序不同旋转台型的运动分析比较示例见表 4-1。

表4-1　同一程序不同旋转台型的运动分析比较示例

程序	线性旋转台型				EIA（360绝对）旋转台型＋最短距离4			
	增量 ZL=±α +α（逆时针 CCW）正转过 α， −α（顺时针 CW）反转过 α				1）增量 ZL 换算成 ±360°±α 的形式（α<180°）， +α 正转过 α，−α 反转过 α 2）ZL=±360° 时不转 3）ZL=±180° 时，一个 ±180° 时，与上一程序段转向相同；连续几个 ±180° 时，第一个与上一程序段转向相同，依次相反、相同，来回交替旋转			
O2801	增量=ZL	ZL 决定转向及转角	起点位置	终点位置是指令位置	增量=ZL，化成 ≤180° 形式	转向及最小旋转角度	起点位置	终点位置=起点位置+ZL 小角度
N10 G91 G28 Z0 N20 M06 T02								
N30 G90 G54 G00 X0.0 Y0.0 A0.0 S1000 M03				0				0
N40 G43 H02 Z255.0 N70 G01 Z245 F50.0 G01 X400（刻零线） G00 Z255 X330 G01 Z245								
N80 X330.0 A10	10	正转 10	0	10	10	正转 10	0	10
N90 X310.0 A−10	−20	反转 20	10	−10	−20	反转 20	10	−10
N100 X290.0 A340	350	正转 340	−10	340	350=360−10	反转 10	−10	−20
N110 X270.0 A160	−180	反转 180	340	160	−180	反转 180	−20	−200
N120 X250.0 A0	−160	反转 160	160	0	−160	反转 160	−200	−360=0
N130 X230.0 A360	360	正转 360	0	360	360	不转	0	0
N140 X210 A120	−240	反转 240	360	120	−240=−360+120	正转 120	0	120
N150 X190 A300	180	正转 180	120	300	180	正转 180	120	300
N160 X170 A50	−250	反转 250	300	50	−250=−360+110	正转 110	300	50
N170 X150 A0	−50	反转 50	50	0	−50	反转 50	50	0
N180 X130 A80	80	正转 80	0	80	80	正转 80	0	80
N190 X110 A−280	−360	反转 360	80	−280	−360	不转	80	80
N200 X90 A−360	−80	反转 80	−280	−360	−80	反转 80	80	0
N210 X70 A−180	180	正转 180	−360	−180	180	反转 180	0	−180
N220 X50 A−360	−180	反转 180	−180	−360	−180	正转 180	−180	0
N230 G91 G28 Z0								
N240 M30								

4.1.3 工件坐标系

绝大多数四轴铣镗床没有刀尖跟踪功能，不能补偿工件偏心旋转引起的摆长变化，工件坐标系必须建立在四轴零点（即编程零点），高度不受限制，如图4-4所示。常是先装夹找正工件，测量工件在四轴零点的坐标分量X、Y，然后在刀轨坐标系中移动加工坐标系 XM-YM-ZM 位置，使两者重合后再进行后处理。如果装夹工件时，能使加工坐标系 XM-YM-ZM（即工件坐标系）直接与四轴零点重合，后处理便可以单独进行。常将前者简称为偏心加工，后者为同心加工。

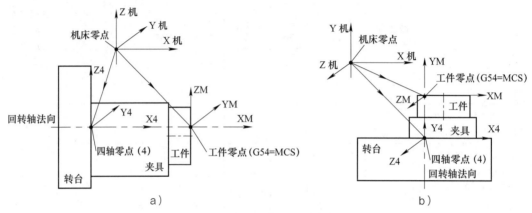

图4-4　四轴零点与工件坐标系
a）卧式数控分度头　b）立式数控转台

4.1.4 工艺能力

四轴数控镗铣床的四个坐标轴联动可以铣削诸如圆柱凸轮、螺旋槽等回转体零件，如果配合使用球刀，几乎可以加工任意曲面使工件成形，也可以通过改变刀轴方位避免刀尖零速度切削来改善切削性能等。四轴联动加工常用可变轴轮廓铣和顺序铣。四轴数控镗铣床可以 3+1 轴以下任意分度定向加工，包括平面铣、型腔铣、固定轴轮廓铣、孔加工等，能有效减少装夹次数。四轴镗铣床的转台一般有锁紧机构，3+1 轴定向加工的最大好处有两个：一是转台分度到位锁紧后可以大大提高刚度；二是对于盘类、箱体类等零件上的孔加工固定循环，可以用图样尺寸直接编程，程序的可读性好，校对孔位等比较方便。立式四轴机床更适合于加工轴套类零件，卧式四轴机床更适合于加工箱体类零件。对于大于360°的长螺旋线零件，只要转台行程足够，用小步距插补自动编程，线性转台和EIA（360绝对）转台都能加工。

4.1.5 主要技术参数

转台四轴的行程不仅影响行程范围，还影响零件的加工形状，如果要加工长螺旋线类零件，则需要转台没有绞线问题和有足够的行程，并且可以朝单一方向在行程范围内无限旋转。

卧式四轴转台的主要技术参数见表4-2。立式四轴转台的技术参数与卧式类似，只是不需要四轴中心高这一参数。卧式转台用于立式机床，立式转台用于卧式机床。

表 4-2　卧式四轴转台的主要技术参数

参数	值	参数	值	参数	值
转台直径 /mm		扭矩 /N·m		四轴中心高 /mm	
进给速度 /[（°）/min]		快转速度 /[（°）/min]		工件最大质量 /kg	
地址		零点位置		旋转台型	
行程 /（°）		轴旋转方向		旋转逻辑	
四轴夹紧代码		四轴松开代码		0°刻线	
最小分度值 /（°）		重复定位精度 /s		定位精度 /s	

4.2　搜集后处理数据和定制后处理器

4.2.1　搜集后处理数据

后处理必须满足所用机床的要求，根据所用机床定制后处理是有针对性的好办法，这就需要调研实际机床有关后处理的数据，并保存好必要的特殊功能等机床数据。以 NMC-50Vsp 四轴立式加工中心为例定制后处理器，后处理主要技术参数见表 4-3。

表 4-3　后处理主要技术参数

公司名称		机床型号名称	NMC-50Vsp 四轴立式加工中心	后处理器名称	① 4TA_F6_9G02_FZ_ran ② 4TA_F6_360G02_FZ_ran
项目	参数	项目	参数	项目	参数
数控系统	FANUC-0iM	机床联动轴及结构	联动轴：XYZA 结构：转台四轴	RTCP/RPCP 功能	无
轴限制	X：800mm Y：500mm Z：530mm ① A±999999.999（同机床行程） ② A0～360°	回转轴方向	标准	旋转台型	①线性 ②EIA（360 绝对）
快移速度 /（m/min）	X/Y/Z：20	快转速度 /[（°）/min]	40000	进给速度 /（mm/min）	5～8000
机床零点	X/Y/Z/A：0	转台松夹	夹紧：M10 松开：M11	转台	位置：右置 位姿：卧式
换刀	方式：随机 指令：M06 位置：G91G28Z0	刀轴与刀长补	刀轴：Z 刀长补：G43 H Z	刀具半径补偿	G01 G41 D X Y
主轴转速 /（r/min）	48～8000	G 代码表	准备功能	M 代码表	辅助功能
备注					

（1）轴限制　轴限制是后处理的概念，是定制后处理器时需要设定的参数。轴限制可以等于或小于转台四轴行程，常有 0°～360°（或 0°～-360°）和 ±9999… 两种形式。对轴限制为 0°～360°（或 0°～-360°）的 G90 绝对程序，旋转坐标增加到 360° 时自动清零重新开始计数，即使单一方向无限旋转，程序中的旋转坐标的循环周期也是 360°，整圈不显示、不运动，当作 0° 处理；而 G91 增量程序的角度坐标，没有循环周期，可单一方向无限增大或减小，单一方向无限旋转需要转台实际无限行程匹配，±9999… 就是行程极限，不得超程，整圈都会计算、显示、运动，不同的机床具体行程极限不一定相同。

（2）旋转台型　旋转台型是机床的属性，后处理没有对应选项。尽管同一种程序可以用于线性转台，也可以用于 EIA（360 绝对）转台，但线性转台用 ±9999… 轴限制，EIA（360 绝对）转台用 0°～360° 轴限制，这是机床厂家的优先设计方案，也是定制后处理器的优选方案。

加工长螺旋线类零件，轴限制一是用 0°～360°（或 0°～-360°）和 EIA（360 绝对）转台匹配，机床四轴行程需足够大而不至于超程，但程序角度按 360° 循环变化，不至于程序值过大；二是用 ±9999… 和线性转台匹配，足够大的程序转角必须小于或等于机床四轴行程，不得超程。

4.2.2　后处理方案设计

1）工件坐标系。对于没有 RPCP 功能的四轴镗铣床，工件坐标系要建立在四轴零点，高度不受影响。因此 UG NX 创建刀轨时，加工坐标系 XM-YM-YZ 必须与四轴零点重合，工件坐标系代码由【夹具偏置】给定。

2）加工方式判别。要能自动判断是 3+1_axis 定向加工方式还是 4_axis 联动加工方式，3+1_axis 定向加工时输出转台夹紧代码 M11，4_axis 联动加工时输出转台松开代码 M10。

3）刀具补偿。考虑到刀具半径补偿的复杂问题，3+1_axis 定向加工时用刀具半径补偿编程，4_axis 联动加工时不用刀具半径补偿编程。两种加工方式，均用刀具长度补偿功能编程，对刀方法也同三轴加工中心，更换刀具后不需要重新后处理。

4）圆弧插补编程。用 IJK 插补参数圆弧编程更可靠，但程序量比 R 编程大。

5）固定循环编程。用标准孔加工固定循环指令编程。

6）自动换刀。采用随机换刀省时方式，在固定位置换刀。不允许程序开始或程序结束后，主轴上装有刀具。

7）四轴属性。行程 ±999999.999，轴限制 0°～360°，正转，最短捷径旋转。

8）程序开始显示加工时间。在程序开头输出加工时间。

9）转台偏心补偿。四轴零点偏移时，必须做出补偿。补偿的方法很多，最简单快捷的办法是先测量出偏移坐标，后将 CAM 加工坐标系 XM-YM-YZ 反向偏移相同坐标，重新后处理出新的加工程序即可。

4.2.3　轴方向

设定【第四轴】对话框中的【轴方向】是后处理输出程序的内部规则，与后处理输出的程序关系不大，或者说与机床的旋转属性关系不大，机床的旋转属性就没有这个对应的选项，也就是说，同样的零件刀轨，不同的后处理【轴方向】输出的程序可能完全相同。如果输出的程序不同，也只是由于回转轴设定的行程不同所致的程序起止角度不相等，但程序所加工的工件形状相同，否则刀轨与程序之间就没有唯一的对应关系。

【轴方向】有【幅值决定方向】和【符号决定方向】两个选项，虽然输出的程序不影响工件的加工形状，但对于四轴转台，【幅值决定方向】可选 ±9999… 和 0°～360° 两种【轴限制】，而【符号决定方向】只能选 0°～360°，这是因为【符号决定方向】的【轴限制】无论设得多大（至少大于 0°～360°），加工长螺旋线类零件输出的程序角度坐标都按 0°～360° 无限循环，而转台还可以像【轴限制】±9999… 那样单方向无限旋转。

4.2.4　定制 ±9999… 后处理器

（1）新建文件　双击后处理快捷图标，单击【新建】→【主后处理】→【毫米】→【铣】，选择【4 轴带轮盘】→单击【库】，选择【fanuc_6M】→单击【确定】，如图 4-5 所示。【4 轴带轮盘】指立、卧式转台四轴机床，用【fanuc_6M】代替 FANUC-0iMF 数控系统。

（2）另存文件　单击【文件】→【另存为】，弹出如图 4-6 所示的【选择许可证】对话框，不设定密码，单击【确定】，寻找存储路径→在【文件名】文本框中输入 4TA_F6_9G02_FZ_ran，意为转台四轴 A、FANUC-6 系统、四轴行程 ±999999.999、圆弧插补、幅值决定转向、随机换刀。

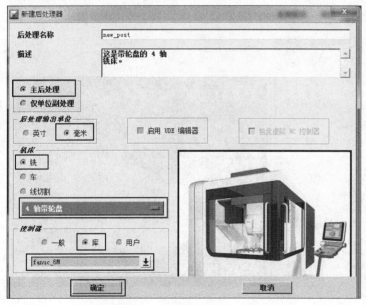

图 4-5　新建文件　　　　　　　　　　　图 4-6　不设密码

（3）设定机床数据

1）设定一般参数。一般参数同三轴机床，单击【机床】→【一般参数】，【输出循环记录】选择【是】→【线性轴行程限制】输入 X800、Y500、Z530→【移刀进给率】的最大值为 20000，如图 4-7 所示。没必要设定【回零位置】，其在程序行中根据需要设定，【线性运动分辨率】默认 0.001，【初始主轴】中 K 默认 1.0。单击【显示机床】可以查看机床位姿和坐标的关系，镗铣床不用【直径编程】。

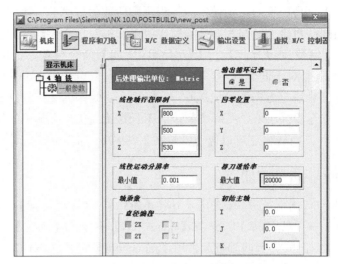

图 4-7 设定机床的一般参数

2）设定第四轴。第四轴是四轴机床特有的参数。单击【第四轴】，设置【旋转平面】为 YZ →【文字指引线】为 A →【最大进给率】为 40000 →【轴限制】为最大值 999999.999/ 最小值 –999999.999，【轴限制违例处理】默认【警告】→单击【显示机床】，目测确认，单击右上角的关闭按钮 ⬛X，其他均选默认项，如图 4-8 所示。

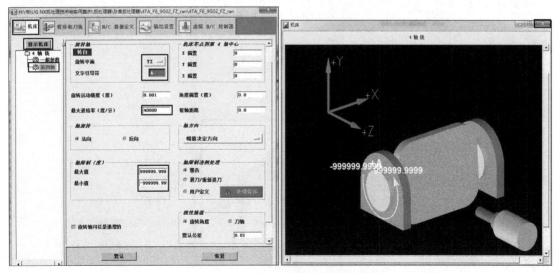

图 4-8 设定第四轴 / 显示机床

【机床零点到第 4 轴中心】指四轴零点在机床坐标系中的坐标值，如果设定了，就不需要对刀设定工件坐标系的零点偏置值，直接在机床坐标系下加工即可。由于 Z 偏置的不确定性，使用不方便，故常不设定。

【旋转运动分辨率】指角度最小编程单位，默认值 0.001 符合机床数据。

【枢轴距离】对于转台四轴不存在，所以不需要设定，保持默认 0。

【角度偏置】指工件装夹旋转角度，不需要设定，在工件坐标系的零点偏置值中设定，后处理器的通用性更好。

【轴旋转】默认【法向】。【轴旋转】是设定回转坐标轴的命名是否符合右手螺旋法则，【法向】表示符合，法向应翻译为标准；【反向】表示与标准命名方向相反。【轴旋转】是后处理反映机床旋转轴属性的重要参数之一，必须与实际机床相同。

【轴方向】默认【幅值决定方向】。

【轴限制】用于设定旋转轴行程，可等于或小于实际机床行程范围，但不得大于实际机床行程，应观察输出的程序是否接近行程极限或已经超程。

【轴限制违例处理】默认【警告】。本四轴转台可单向无限旋转，一般不存在超程问题。

（4）设置程序开始

1）删除不需要的默认程序行。单击【程序和刀轨】→【程序】→【程序起始序列】→【程序开始】，拖程序行 %、G40 G17 G94 G90 G71 到右上角回收站删除。

2）添加程序名新程序行。单击【添加块】下拉箭头→【定制命令】，拖【添加块】至程序行 MOM_set_seq_off 下边缘出现浮动白色条时，松开鼠标，出现【定制命令】编辑框。

3）添加程序名命令。添加程序名命令 PB_CMD_pro_name（操作同前），【程序开始】设置结果如图 4-9 所示。

（5）设置工序起始序列

1）刀轨开始。保留默认命令 PB_CMD_start_of_operation_force_addresses，添加加工方式判断命令 PB_CMD_mfg_mode，设定 Variable-axis* 可变轴铣削、Sequential Mill Main Operation 顺序铣，Variable-axis Z-Level Milling 可变轴深度铣是 4_axis 联动加工方式，其他是 3+1_axis 定向加工方式，如图 4-10 所示。info exists varName 是检查变量是否存在的指令，string match pattern string 是字符串匹配指令。

图 4-9　【程序开始】设置结果　　　　　　图 4-10　【刀轨开始】设置结果

2）随机换刀。设计一种随机换刀省时模式：

T₁；刀库选刀 T₁

M06；机械手换刀 T₁

T_2；刀库预选下一把刀具 T_2

……；T_1 加工程序段

M06；机械手换刀 T_2

T_{n-1}；刀库预选下一把刀具 T_{n-1}

……；T_2 加工程序段

……

M06；机械手换刀 T_{n-1}

T_n；刀库预选最后一把刀具 T_n

……；T_{n-1} 加工程序段

M06；机械手换刀 T_n

T00；刀库不动

……；T_n 加工程序段

M06；机械手换刀 T_n 回刀库

设置【第一个刀具】。【第一个刀具】黄色标签可用来设置循环体外的第一把刀具选刀、换刀、下一把刀具选刀，如图 4-11 所示。换刀条件命令 PB_CMD_tool_exchange_condition 和刀具信息命令 PB_CMD_tool_infor 同前。添加下一把刀具号命令 PB_CMD_next_tool_number 和下一把刀具信息命令 PB_CMD_next_tool_infor。如果下一把刀具是第一把"FIRST"，预选刀具"T00"，刀库静止在当前空刀套位置不动，准备接纳主轴上的当前刀具，则说明现在的加工是最后一道工序，程序即将结束。换刀后加切削液，符合多数实际需求，比在初始化行加更方便。

图 4-11　设置【第一个刀具】

设置【自动换刀】。【自动换刀】黄色标签可设置随机省时换刀循环体，即换刀、选下一把刀具，如图 4-12 所示。保留默认命令 PB_CMD_tool_change_force_addresses，其余 PB_CMD 同前。

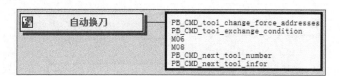

图 4-12 设置【自动换刀】

设置【手工换刀】。手工动作不仅需要 M00/M0，还需要许多专门动作，默认无意义，应全部删除。

3）设置初始化程序行与转台松夹命令。初始化程序行与转台松夹命令等，均在【工序起始序列】的【初始移动】和【第一次移动】中设定，且两个标签的设置内容完全相同，如图 4-13 所示。添加工序名称工序类型命令 PB_CMD_ini_fir_move、初始化程序行（G-MCS）、判断转台松紧命令 PB_CMD_table_clamp_unclamp，4_axis 联动加工时，保持工作台松开状态 M11，3+1_axis 定向加工时 M10 夹紧工作台。初始化程序行中不加 Z 坐标，可高空定位防撞，强制输出 G90、工件坐标系代码（G-MCS）和 M03，以防止几道工序使用同一把刀具出现模态码省略问题。

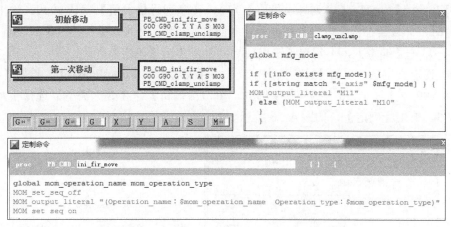

图 4-13 设置【初始移动】和【第一次移动】

（6）设置刀具半径补偿方式

1）在【机床控制】中设置。刀具半径补偿方式在【刀轨】→【机床控制】中设置，与三轴机床相同，删除【刀具补偿关闭】中的 G40，在【刀具补偿打开】中添加刀具半径补偿命令 PB_CMD_force_D。

2）控制刀具半径补偿。控制刀具半径补偿也与三轴机床相同，依次单击工序的【非切削移动】→【更多】→【刀具补偿】，勾选【输出接触/跟踪数据】，以控制有效与否。

（7）设置运动 【运动】设置与三轴机床相同，如图 4-14 所示。

（8）设置工序结束序列 【工序结束序列】保持默认全空状态。

（9）设置程序结束 单击【程序结束序列】→【程序结束】，设置【程序结束】如图 4-15

所示。换刀条件命令 PB_CMD_tool_exchange_condition、加工时间显示命令 PB_CMD_total_time 同前，添加程序结束复位命令 PB_CMD_pro_end_reset，先用 M11 松开工作台，然后转台旋转复位，最后用 M10 锁紧转台，程序结束。

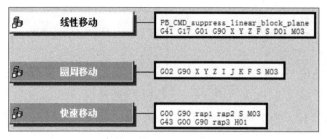

图 4-14　设置【运动】

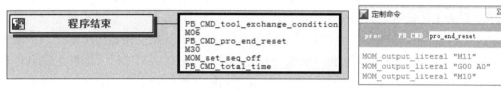

图 4-15　设置【程序结束】

（10）程序段号设定　依次单击【N/C 数据定义】→【其他数据单元】→【序列号】，设置【序列号开始值】为 1，【序列号增量值】为 1，【序列号最大值】默认 9999。输出程序到达最大值时，又从最小程序段号开始显示，周而复始。单击【N/C 数据定义】→设置【文字】为【N】→单击【编辑】，不勾选【输出前导零】，单击【确定】。

（11）设定文字 A　单击【N/C 数据定义】→【文字】→【fourth_axis】，设置【最大值】为 999999.999 →【最小值】为 –999999.999，单击【编辑】，【数据类型】选择【数字】，设置为 6.3，单击【确定】，如图 4-16 所示。

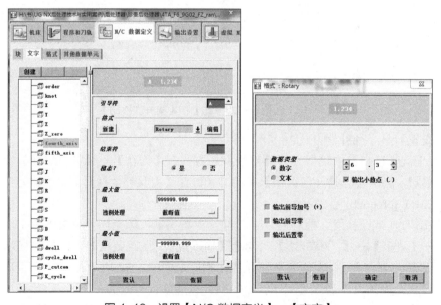

图 4-16　设置【N/C 数据定义】→【文字】

（12）修改 NC 程序文件扩展名　单击【输出设置】→【其他选项】，设置【N/C 输出文件扩展名】为 txt。

（13）保存文件　每告一个段落，都应保存文件。

4.2.5　定制 360 后处理器

（1）新建文件　将 ±9999… 后处理器 4TA_F6_9G02_FZ_ran 另存为 4TA_F6_360G02_FZ_ran 作为对应 ±9999… 后处理器的 360 后处理器。

（2）修改四轴行程　单击【第四轴】→【轴限制】最大值 360/ 最小值 0。

（3）保存文件　每告一个段落，都应保存文件。

4.3　后处理输出程序

4.3.1　分析刀轨

打开刀轨文件，分析刀轨的加工坐标系设定、工序类型、刀具编号和补偿号、刀具半径补偿与否，程序分组情况、极限切削参数、避让、毛坯状态等。

以 4AT_ 人头雕塑 .prt 为例，如图 4-17 所示。301 程序组，一个加工坐标系，上下前后四侧定向三轴型腔铣开粗、变轴粗精铣、端面曲线驱动取其四轴补加工（临时凑的部件和毛坯）体的端面边线、头顶曲面驱动四轴补加工，没有刀具半径补偿，真正的毛坯是专门制造的，长约 126mm。变轴粗铣用往复驱动方式，工件正反方向来回旋转。变轴精铣用螺旋驱动方式，工件单方向无限旋转。

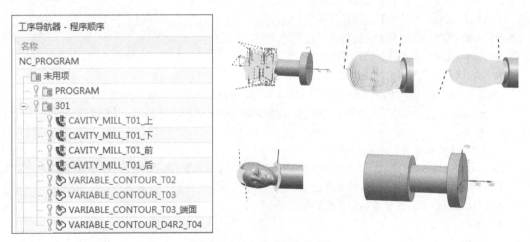

图 4-17　人头雕塑刀轨分析

4.3.2　后处理及程序分析

1. 999... 后处理及程序分析

用 4TA_F6_9G02_FZ_ran 后处理器，选择 301 程序组，如图 4-18 所示。后处理输出程序 4AT_F6_9G02FZ_ 人头雕塑 301，主要格式如下：

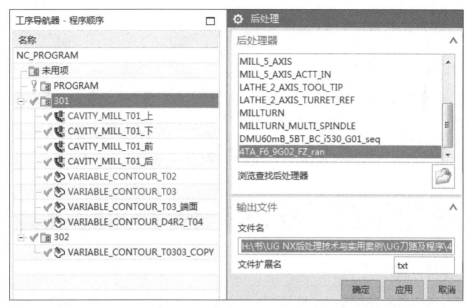

图 4-18 用 4TA_F6_9G02_FZ_ran 后处理程序 301

(Total Machining Time : 260.15 min) 程序开始显示加工时间

O301 程序号是程序组名称

N1 T01 【第一个刀具】标签选第一把刀具

(Tool_name: MILL_D10R0_Z2_T01)【第一个刀具】标签第一把刀具的注释

N2 G91 G28 Z0 【第一个刀具】标签换刀条件

N3 M05 【第一个刀具】标签换刀条件

N4 M09 【第一个刀具】标签换刀条件

N5 M06 【第一个刀具】标签换第一把刀

N6 M08 【第一个刀具】标签开切削液

N7 T2 【第一个刀具】标签预选下一把刀具

(Tool_name：BALL_MILL_D6R3_Z2_T02)【第一个刀具】标签下一把刀具的注释

(Operation_name：CAVITY_MILL_T01_ 上 Operation_type：Cavity Milling) 【初始移动】标签型腔
铣 _ 上工序名

N8 M11 【初始移动】标签松开转台

N9 G94 G00 G90 G54 X-150. Y0.0 A0.0 S3000 M03 【初始移动】标签初始化、程序定位等

N10 M10 【初始移动】标签锁紧转台

N11 G43 Z50. H01 【快速移动】标签刀长补

N12 X-135.021 Y-.041

N13 Z40.

N14 Z32.

N15 G01 Z29. F150.

N16 X-125.021 Y0.0

N17 G03 X-124.998 Y-.908 I21.785 J.09 K0.0

N18 G01 X-106.934 F300.

N19 G02 X-106.936 Y.908 I7.775 J.915 K0.0

⋮

N3959 G03 X-126.639 Y13.119 I4.301 J-17.569 K0.0

N3960 G01 X-126.64 Y13.117

N3961 X-139.395 Y20.384

N3962 Z3.

N3963 G00 Z34.416

N3964 Z50.

N3965 X-150. Y0.0

(Operation_name：CAVITY_MILL_T01_ 下 Operation_type：Cavity Milling)　【第一次移动】标签型腔铣 _ 下工序名

N3966 M11 【第一次移动】标签松开转台

N3967 G00 G90 G54 X-150. Y0.0 A-180. S3000 M03　【第一次移动】标签初始化

N3968 M10 【第一次移动】标签锁紧转台

N3969 X-100.468 Y2.583

N3970 Z39.917

N3971 Z33.5

N3972 G01 Z28.532 F300.

N3973 X-125.381

N3974 G03 X-125.332 Y-2.882 I22.349 J-2.531 K0.0

⋮

N8150 G03 X-75.109 Y19.24 I10.725 J28.602 K0.0

N8151 G01 X-71.398 Y19.535

N8152 X-71.411 Y19.69

N8153 X-72.227 Y19.621

N8154 X-74.002 Y19.498

N8155 X-75.776 Y19.396

N8156 X-77.546 Y19.351

N8157 X-79.316 Y19.393

N8158 X-80.099 Y19.453

N8159 Z3.

N8160 G00 Z34.951

N8161 Z50.

N8162 X-150. Y0.0

(Operation_name：CAVITY_MILL_T01_ 前 Operation_type：Cavity Milling)

……同理，【第一次移动】型腔铣 _ 前

(Operation_name：CAVITY_MILL_T01_ 后 Operation_type：Cavity Milling)

……同理，【第一次移动】型腔铣 _ 后

N5499 G03 X-121.464 Y-19.465 I27.45 J14.686 K0.0

N5500 X-115.95 Y-23.55 I17.782 J18.241 K0.0

N5501 G01 Z3.

N5502 G00 Z32.333

N5503 Z50.

N5504 X-150. Y0.0　【第一次移动】型腔铣_后工序结束

N5505 G91 G28 Z0　【自动换刀】标签换刀条件

N5506 M05　【自动换刀】标签换刀条件

N5507 M09　【自动换刀】标签换刀条件

N5508 M06　【自动换刀】标签换刀

N5509 T3　【自动换刀】标签预选下一把刀具

(Tool_name: BALL_MILL_D4R2_Z2_T03)　【自动换刀】标签下一把刀的注释

(Operation_name: VARIABLE_CONTOUR_T02 Operation_type: Variable-axis Surface Contouring)　【初始移动】标签变轴粗铣、往复驱动加工

N5510 M11　【初始移动】标签松开转台

N5511 G00 G90 G54 X-132.597 Y.704 A-80. S5000 M03　【初始移动】标签初始化

N5512 M11　【初始移动】标签松开转台，四轴联动加工

N5513 G43 Z39.994 H02　【快速移动】标签刀长补

N5514 Z4.808

N5515 G01 X-126.795 Y.628 Z3.282 F200.

N5516 Y.623 Z3.253 A-71. F400.

N5517 Y.625 Z3.262 A-62.

……　角度增正转

N5564 Y.628 Z3.282 A280.

N5565 X-126.632 Y.74 Z3.866

N5566 X-126.47 Y.843 Z4.402

N5567 X-126.145 Y1.027 Z5.364

N5568 X-125.82 Y1.189 Z6.212

N5569 X-125.515 Y1.326 Z6.925

N5570 X-125.495 Y1.335 Z6.97

N5571 Y1.341 Z7.005 A271.

N5572 Y1.356 Z7.082 A262.

N5573 Y1.383 Z7.22 A253.

……　角度减反转

N5623 Y1.335 Z6.97 A-80.

N5624 X-125.17 Y1.466 Z7.655

N5625 X-124.845 Y1.585 Z8.277

N5626 X-124.52 Y1.694 Z8.847

N5627 X-124.195 Y1.794 Z9.37

N5628 Y1.789 Z9.343 A-75.5

N5629 Y1.784 Z9.316 A-71.

N5630 Y1.779 Z9.29 A-66.5

……　角度增正转

N5696 Y1.794 Z9.37 A280.

N5697 X-123.87 Y1.887 Z9.853

N5698 X-123.545 Y1.972 Z10.299

N5699 X-123.22 Y2.051 Z10.712

N5700 X-122.895 Y2.125 Z11.096

N5701 Y2.138 Z11.165 A275.5

N5702 Y2.152 Z11.241 A271.

N5703 Y2.168 Z11.325 A266.5

……　角度减反转

……　角度按增→减的规律循环铣削

N9967 Y2.605 Z13.605 A-80.

N9968 X-70.468 Y2.612 Z13.639

N9969 X-70.954 Y3.486 Z19.555

N9970 G00 Z39.848　角度按增→减的规律循环铣削结束

N9971 G91 G28 Z0　【自动换刀】标签换刀条件

N9972 M05　【自动换刀】标签换刀条件

N9973 M09　【自动换刀】标签换刀条件

N9974 M06　【自动换刀】标签换刀

N9975 T00　【自动换刀】标签预选下一把刀具 T00，表示 T3 为最后一把刀具

(Preselecting tool end)　【自动换刀】标签预选刀具结束

(Operation_name：VARIABLE_CONTOUR_T03 Operation_type：Variable-axis Surface Contouring)　【初始移动】标签注释

N9976 M11　【初始移动】标签松开转台

N9977 G00 G90 G54 X-130.347 Y.198 A-234.898 S8000 M03　【初始移动】标签初始化

N9978 M11　【初始移动】标签松开转台、四轴加工

N9979 G43 Z40. H03　　【快速移动】标签刀长补

N9980 Z.249

N9981 G01 X-126.36 Y0.0 Z.002 F200.

N9982 Y.001 Z.004 A-234.828 F400.

N9983 Y.002 Z.009 A-234.687

N9984 X-126.359 Y.005 Z.027 A-234.125

……角度增加正转

N13 X-126.234 Y.09 Z.481 A-17.

N14 X-126.228 Y.101 Z.544 A-8.

N15 X-126.223 Y.112 Z.602 A1.

N16 X-126.218 Y.121 Z.648 A10.

N17 X-126.213 Y.127 Z.683 A19.

……角度单一方向无限增加正转

N9044 X-119.633 Y2.152 Z13.013 A100495.296

N9045 X-118.69 Y2.77 Z13.66 A100494.278

N9046 X-117.663 Y3.398 Z14.326 A100493.389

N9047 X-117.263 Y3.726 Z14.678

N9048 X-116.966 Y3.969 Z15.172

N9049 X-116.802 Y4.104 Z15.761

N9050 X-116.787 Y4.116 Z16.387

N9051 X-116.922 Y4.005 Z16.987

N9052 Z18.445

N9053 G00 Z52.845

N9054 G91 G28 Z0 【程序结束】标签换刀条件

N9055 M05 【程序结束】标签换刀条件

N9056 M09 【程序结束】标签换刀条件

N9057 M06 【程序结束】标签最后一把刀具换回刀库，空开主轴

N9058 M11 【程序结束】标签松开转台

N9059 G00 A0 【程序结束】标签转台回零

N9060 M10 【程序结束】标签锁紧转台

N9061 M30 程序结束

换刀格式、换刀加工不同工序、同一把刀加工不同工序、4_axis 联动加工松开转台、3+1_axis 定向加工锁紧转台等所有连接环节均正确，角度单向无限增加、转台单向无限旋转，符合行程设定特点和加工长螺旋线程序特点等，程序格式符合设计方案要求。

2. 360 后处理及程序分析

用 4TA_F6_360G02_FZ_ran 后处理器，选择 301 程序组，后处理输出程序 4AT_F6_360G02FZ_人头雕塑 301，主要格式如下：

(Total Machning Time : 260.15 min)

O301 程序号是程序组号

N1 T01 选刀

(Tool_name: MILL_D10R0_Z2_T01) 刀具信息

N2 G91 G28 Z0 换刀条件

N3 M05 换刀条件

N4 M09 换刀条件

N5 M06 换刀

N6 M08 加切削液

N7 T2 选下一把刀具

(Tool_name：BALL_MILL_D6R3_Z2_T02) 刀具信息

(Operation_name：CAVITY_MILL_T01_ 上 Operation_type：Cavity Milling) 定向加工工序

N8 M11 分度前先松开转台

N9 G94 G00 G90 G54 X-150. Y0.0 A0.0 S3000 M03 初始化、分度、定位等

N10 M10 定向加工、分度到位后锁紧转台

N11 G43 Z50. H01 刀长补偿

N12 X-135.021 Y-.041

N13 Z40.

N14 Z32.

N15 G01 Z29. F150.

N16 X-125.021 Y0.0

N17 G03 X-124.998 Y-.908 I21.785 J.09 K0.0

⋮

N3959 G03 X-126.639 Y13.119 I4.301 J-17.569 K0.0

N3960 G01 X-126.64 Y13.117

N3961 X-139.395 Y20.384

N3962 Z3.

N3963 G00 Z34.416

N3964 Z50.

N3965 X-150. Y0.0 定向加工工序结束位置

(Operation_name：CAVITY_MILL_T01_ 下 Operation_type：Cavity Milling) 使用相同刀具定向加工工序

N3966 M11 松开转台

N3967 G00 G90 G54 X-150. Y0.0 A180. S3000 M03 分度、初始化等

N3968 M10 锁紧转台

N3969 X-100.468 Y2.583

N3970 Z39.917

N3971 Z33.5

N3972 G01 Z28.532 F300.

N3973 X-125.381

N3974 G03 X-125.332 Y-2.882 I22.349 J-2.531 K0.0

⋮

N8159 Z3.

N8160 G00 Z34.951

N8161 Z50.

N8162 X-150. Y0.0 定向加工工序结束位置

(Operation_name：CAVITY_MILL_T01_ 前 Operation_type：Cavity Milling) 使用相同刀具定向加工工序

N8163 M11 松开转台

N8164 G00 G90 G54 X-150. Y0.0 A90. S3000 M03 分度、初始化等

N8165 M10 锁紧转台

N8166 X-99.902 Y-.399

N8167 Z39.998

N8168 Z38.

N8169 G01 Z29. F150.

N8170 X-74.735 F300.

N8171 Y.551

N8172 X-125.033

N8173 G03 X-125.07 Y-.399 I33.777 J-1.76 K0.0

N8174 G01 X-99.902

⋮

N1773 X-150. Y0.0 定向加工工序结束位置

(Operation_name：CAVITY_MILL_T01_ 后 Operation_type：Cavity Milling) 使用相同刀具定向加工工序

N1774 M11 松开转台

N1775 G00 G90 G54 X-150. Y0.0 A270. S3000 M03 分度、初始化等

N1776 M10 锁紧转台

N1777 X-99.904 Y.529

N1778 Z39.997

N1779 Z38.

N1780 G01 Z29. F150.

N1781 X-125.072 F300.

N1782 G03 X-125.034 Y-.533 I33.816 J.681 K0.0

⋮

N5500 X-115.95 Y-23.55 I17.782 J18.241 K0.0

N5501 G01 Z3.

N5502 G00 Z32.333

N5503 Z50.

N5504 X-150. Y0.0

N5505 G91 G28 Z0

N5506 M05

N5507 M09

N5508 M06 换刀

N5509 T3 选刀

(Tool_name：BALL_MILL_D4R2_Z2_T03) 刀具信息

(Operation_name：VARIABLE_CONTOUR_T02 Operation_type：Variable-axis Surface Contouring) 变轴加工工序

N5510 M11 松开转台

N5511 G00 G90 G54 X-132.597 Y.704 A280. S5000 M03 分度、初始化等

N5512 M11 松开转台、四轴联动加工，往复驱动

N5513 G43 Z39.994 H02

N5514 Z4.808

N5515 G01 X-126.795 Y.628 Z3.282 F200.

⋮

N5521 Y.675 Z3.525 A334.

⋮

N9969 X-70.954 Y3.486 Z19.555

N9970 G00 Z39.848

N9971 G91 G28 Z0

N9972 M05

N9973 M09

N9974 M06 换刀

N9975 T00 选刀

(Preselecting tool end)

(Operation_name：VARIABLE_CONTOUR_T03 Operation_type：Variable-axis Surface Contouring) 变轴加工工序

N9976 M11 松开转台

N9977 G00 G90 G54 X-130.347 Y.198 A125.102 S8000 M03 分度、初始化等

N9978 M11 松开转台、四轴联动加工，螺旋驱动

N9979 G43 Z40. H03 刀长补偿

N9980 Z.249

N9981 G01 X-126.36 Y0.0 Z.002 F200.

N9982 Y.001 Z.004 A125.172 F400. 多轴加工

　　⋮

N6650 X-69.415 Y2.577 Z13.822 A245.125

N6651 Y2.576 Z13.82 A245.195

N6652 A245.23

N6653 X-69.956 Y2.93 Z17.767

N6654 G00 Z39.893

(Operation_name：VARIABLE_CONTOUR_T03_端面 Operation_type：Variable-axis Surface Contouring)
使用相同刀具变轴加工工序

N6655 M11　松开转台

N6656 G00 G90 G54 X-66.444 Y.037 A270. S8000 M03

N6657 M11　松开转台

N6658 Z40.

N6659 Z25.994

N6660 G01 X-66.105 Y.182 Z22.011 F200.

　　⋮

N7136 X-66.105 Y.182 Z13.975 A270.

N7137 X-66.442 Y-.011 Z17.956

N7138 Z19.2

N7139 G00 Z40.

(Operation_name：VARIABLE_CONTOUR_D4R2_T04　Operation_type：Variable-axis Surface Contouring) 使用相同刀具变轴加工工序

N7140 M11　松开转台

N7141 G00 G90 G54 X-121.276 Y5.196 A242.419 S8000 M03

N7142 M11　松开转台

N7143 Z47.877

N7144 Z18.277

N7145 G01 Z15.255 F250.

N7146 X-121.21 Y5.367 Z14.657

　　⋮

N7151 X-122.327 Y3.375 Z11.384 A246.872

　　⋮

N9046 X-117.663 Y3.398 Z14.326 A53.389

N9047 X-117.263 Y3.726 Z14.678

　　⋮

N9052 Z18.445

N9053 G00 Z52.845

N9054 G91 G28 Z0

N9055 M05

N9056 M09

N9057 M06　主轴刀具换回刀库

N9058 M11　松开转台

N9059 G00 A0　转台复位

N9060 M10　锁紧转台

N9061 M30

换刀格式、换刀加工不同工序、同一把刀加工不同工序、4_axis 联动加工松开转台、3+1_axis 定向加工锁紧转台等所有连接环节均正确，角度符合加工长螺旋线程序特点，按 0°～360° 循环增大，程序格式符合设计方案要求。

4.3.3　VERICUT 仿真加工验证

设计 XYZA 四轴立式加工中心，选配 FANUC-0iM 数控系统，安装人头雕塑毛坯 .stl，主要设定四轴行程 A±999999.999 及碰撞检查等，【G-代码偏置】设定为1: 工作偏置 1-54-Tool 到 G54，刀具长度补偿方式编程。只要不发生碰撞干涉，没有安装夹具也不影响 VERICUT 仿真验证。

（1）验证 999... 程序　设定 A 轴为线性旋转台型，导入 4AT_F6_9G02FZ_ 人头雕塑 301 程序，重置模型、仿真到末端，VERICUT 仿真加工结果正确，如图 4-19 所示。

（2）验证 360 程序　设定 A 轴为 EIA（360 绝对）旋转台型，绝对旋转式方向为最短距离 4，导入 4AT_F6_360G02FZ_ 人头雕塑 301 程序，重置模型、仿真到末端，VERICUT 仿真加工结果正确，与图 4-19 所示相同。

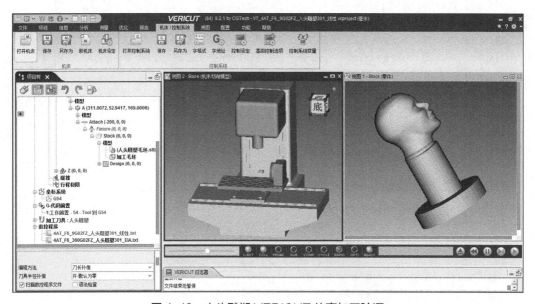

图 4-19　人头雕塑 VERICUT 仿真加工验证

第5章 TCL 语言

TCL 是 Tool Command Language 的缩写，它是一种解释执行的脚本计算机语言，最初由美国加州大学伯克利分校的 John Ousterhout 教授开发。

TCL 语言可以在绝大多数平台上运行，是一种基于字符串的命令语言，可以直接对每一条语句顺次解释执行，功能强大，有自己专门的结构和语法，类似于 C 语言但又不是 C 语言。如果会 C 语言，TCL 语言就很容易掌握；如果没有 C 语言基础，则学习 TCL 语言需要一些时间。

UG NX 后处理的 PB_CMD 命令是用 TCL 语言编写的，要想定制随心所欲的后处理器，必须熟练掌握 TCL 语言。TCL 语言有 UG NX 自带的学习工具 MACH\auxiliary\ugwish.exe，也有其他学练 TCL 语言的专门软件，如 tclsh 等，前者使用方便，但不能执行个别指令而报警，后者需要安装，但尚未发现有不能运行而报警的情况。

5.1 TCL 基本语法及分类

5.1.1 基本语法

TCL 语言命令的书写方法，由空格分割的单词组成：

命令名称 选项 参数 1 参数 2 …… 参数 n

其中：

命令名称：指 TCL 具体命令，为数不少，须逐个剖析。在 PB_CMD 定制窗口，TCL 命令名称显示为黑红色。

选项：做更详细的说明，这不是必需的。不同的 TCL 命令可能有不同的选项。

参数：若干不同用途的参数。

一行是一条 TCL 命令，或用分号作为一条命令的结束符号。

TCL 语言的格式要求十分严格，如漏掉一个空格就会报警出错。

5.1.2 TCL 命令的分类

TCL 语言有 16 大类命令，变量、判断、数组、列表、字符串、运算等在后处理中用得较多。

5.2 常用 TCL 命令

5.2.1 存取全局变量命令 global 与局部变量

变量是具有存储和运算功能的存储器。变量分全局变量和局部变量两种。

（1）全局变量 在每个定制命令中通用的变量为全局变量。无论是系统自带的还是自定义的变量，若要设置成全局变量，则须在第一次使用时定义，有以下两种办法：

1）存取全局变量命令 global。global 是定义、声明、存取全局变量的命令，属于变量和过程大类，指令格式：

global 变量 1 变量 2 …… 变量 n

变量 1、变量 2…… 变量 n：每个变量都是全局变量。

特殊的是，在 proc 过程外定义的变量，无论是否用 global 定义，都是全局变量，其作用域是 proc 过程之外。为了清晰起见，在 proc 过程命令外定义全局变量，也常用 global 定义（详见后面 proc 过程命令）。图 5-1 所示为用 global 定义全局变量。

```
proc P2 {} {
global var1
set var1 100
puts "var1= $var1" ; # 在 P2 内定义全局变量
}
proc P3 {} {
global var1
puts "var1 =$var1"
}
proc P4 {} {
global var2
puts $var2
}
proc P5 {} {
set a 30
global a
puts "a=$a"
}
P2      ; 调用
返回 var1= 100
P3      ; 调用
返回 var1 =100
P4      ; 调用，使用不存在的全局变量，报警
返回 can't read "var2": no such variable
P5      ; 调用，在定义局部变量后引用同名全局变量，报警
返回 variable "a" already exists
```

图 5-1 用 global 定义全局变量

2）定义全局变量符号∷。将∷双冒号置于变量前来直接定义、声明这个变量是全局变量，∷与变量间无空格。图 5-2 所示为用∷双冒号声明全局变量。

以上两种使用全局变量的方法都可行，但后者可以避免过程中局部变量和所要使用的全局变量同名的问题，也可以使代码更清晰。

（2）局部变量 仅在 proc 过程命令中定义或使用的变量称为局部变量，局部变量用底杠连接单词定义，如 dpp_ge 等，可直接使用，不需要专门定义。局部变量的作用域限于proc 过程命令之内，过程结束，局部变量清零。如果要在 proc 过程命令中使用该过程外或通用该过程外的全局变量，在 proc 过程命令内，必须用 global 定义，否则会报警。proc 过

程命令中的全局变量，影响过程内、外。

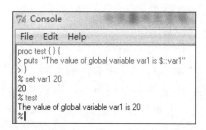

```
proc test { } {
puts "The value of global variable var1 is $::var1"
}
set var1 20
test
返回 The value of global variable var1 is 20。
```

图 5-2　用::双冒号声明全局变量

由此可以看出，全局变量和局部变量可以同名，但作用域有很大区别。

（3）mom 变量与自定义变量　UG NX 后处理软件自带很多 mom 开头的变量，每个都有特定含义，需要熟悉。mom 变量通常被定义为全局变量使用，当不够用时，也常自定义全局或局部变量。

5.2.2　读写变量命令 set 和删除变量命令 unset 与取值符号 $

（1）读写变量命令 set　读写变量命令 set 是定义变量或者说给变量赋值的命令，属于变量和过程大类。指令格式：

set 变量 参数

将参数存储于变量之中，参数可以是其他变量、表达式、数字等。如：

set a xyz　　　创建 a=xyz
set a uvw　　　修改 a=uvw
输出结果：a=uvw

（2）删除变量命令 unset　删除变量命令 unset 用来删除定义的每个变量，属于变量和过程大类。指令格式：

unset 变量

变量：变量定义都被取消，并释放变量所占的内存空间。

（3）取值符号 $　美元符号 $ 表示取值符号，又称为置换符，用来读取变量值，指令格式：

$ 变量

读取变量中存储的内容。如：

set a xyz　　　创建 a=xyz
set b $a　　　读取 $a=xyz，赋给 b
set a uvw　　　修改 a=uvw
输出结果：b=xyz
　　　　　　a=uvw

5.2.3　双引号与 if 条件命令

（1）双引号""　无论双引号内有什么内容，均当作一个参数。左右双引号外侧要有空格，内侧有无空格都允许。用英文半角双引号，左右相同，通用性好。

双引号中的各种分隔符不做处理，但是对 $ 和 [ ] 两种符号会照常处理。双引号先被读取解释后再返回，返回的内容是内部命令的执行结果。双引号和其中内容在 PB_CMD 定制窗口显示红色。

例如：

```
set x 100
set y "$x ddd"
输出结果：y=100 ddd
```

（2）if 条件命令 if 条件命令属于控制结构大类，根据 if 的比较条件，常做出一些有目的的判断。if 条件命令用得多，有几种指令格式。

1）两对大括号指令格式：

```
if { 比较条件 } {
符合条件执行语句
}
```

第一对大括号是比较条件。

第二对大括号是符合条件时所执行的语句，执行完毕后跳出第二对大括号，if 语句结束；如果不符合条件就不执行语句，直接跳出第二对大括号结束 if 语句。

注意：第二对大括号还有置于同一行的写法：

```
if { 比较条件 } { 符合条件执行这些语句 }
```

这种格式比较长，用的不多。

例 5-1 孔加工固定循环工序（如钻孔、攻螺纹等）输出底部余量信息会报警，可用 if 命令判断当前工序是否点位循环操作，再做出输出判断，若是则输出 0，若否则 if 条件语句结束。实际上，点位循环没有底部余量的变量 mom_stock_floor，不存在就创建这个变量并设为 0，这样就不会报警或者直接不输出底部余量也可以。根据 if 条件做出判断：如果是点位循环工序，输出 0，否则正常输出底部余量信息。mom_stock_part 是官方未公布的侧余量变量，mom_stock_floor 是底余量变量。定制铣削、钻孔工序后处理命令 PB_CMD_stock_floor，如图 5-3 所示。

```
proc       PB_CMD_stock_floor

global mom_stock_part mom_stock_floor mom_operation_type
if { $mom_operation_type == "Point to Point"} {
set mom_stock_floor 0
}
MOM_ouput_literal "Part stock=[format "%0.2f" $mom_stock_part]/smm"
MOM_ouput_literal "stock floor=[format "%0.2f" $mom_stock_floor]/smm"
```

图 5-3 if 命令 _ 余量输出命令 PB_CMD_stock_floor

这样就不会报警。如果操作方式 $mom_operation_type 是点位循环操作 "Point to Point"，设定底余量为 0，if 语句结束，继续往下执行 MOM……，输出侧余量 $mom_stock_part 两位浮点小数点数据、底余量 $mom_stock_floor 为 0。如果操作方式 $mom_operation_type 不是点位循环操作 "Point to Point"，if 语句结束，继续往下执行 MOM……，输出侧余量 $mom_stock_part、底余量 $mom_stock_floor 两个两位浮点小数点数据。如果不用 if 语句，直接输出两种余量，因为不存在底部余量，后处理时会报警。

2）if_else 如果 _ 否则三对大括号指令格式：

```
if { 条件 } {
符合条件执行语句
} else {
不符合条件执行语句
}
```

该指令格式多了 else 和第三对大括号，意思是不满足第二对大括号条件时，执行第三对大括号语句。

例 5-2 在例 5-1 基础上进行修改：如果操作方式 $mom_operation_type 是点位循环操作 "Point to Point"，设定底余量为 0，否则不执行 "set mom_stock_floor 0"，而执行 "{MOM_ouput_literal "XL"}"，输出 XL，如图 5-4 所示。

```
proc   PB_CMD_stock_floor

global mom_stock_part mom_stock_floor mom_operation_type
if { $mom_operation_type ==  "Point to Point"} {
set mom_stock_floor 0
} else {MOM_ouput_literal "XL"}
MOM_ouput_literal "Part stock=[format "%0.2f" $mom_stock_part]/ smm"
MOM_ouput_literal "stock floor=[format "%0.2f" $mom_stock_floor]/ smm"
```

图 5-4 if_else 命令_余量输出命令 PB_CMD_stock_floor

3）elseif 否则如果无限多指令格式。在 if_else 之间可以插入任意多个 elseif 语句，它自带两对大括号，和 if 一样，第一对是比较条件，第二对左右部分不在同一行，是符合条件的执行语句。elseif 语句是否则如果之意，否则指不符合上个条件且不执行上个条件的语句，如果符合这个 elseif 条件就执行后续语句，依次类推。elseif 语句不单独使用，指令格式：

```
if { 条件 1} {
符合条件 1 执行语句
} elseif { 条件 2} {
否则如果符合条件 2 执行语句
} elseif { 条件 3} {
否则如果符合条件 3 执行语句
} else {
否则执行语句
}
```

if_elseif 命令输出机床模式 PB_CMD_output_machine_mode 如图 5-5 所示。

```
proc   PB_CMD_output_machine_mode

  global mom_operation_type mom_tool_axis_type mom_template_type
  global mom_5axis_control_mode
  global mom_sys_nc_output_mode
  global mom_kin_coordinate_system_type
  global mom_kin_arc_output_mode


  set mom_sys_nc_output_mode "AUTO"


# Set output mode according to the UDE, when it's been specified.
  if { [info exists mom_5axis_control_mode] } {

    if { [string match "TCP" $mom_5axis_control_mode] } {

      set mom_sys_nc_output_mode "PART"

    } elseif { [string match "POS" $mom_5axis_control_mode] } {

      set mom_sys_nc_output_mode "MACHINE"

    }
  }
```

图 5-5 if_elseif 命令输出机床模式 PB_CMD_output_machine_mode

5.2.4 方括号 [] 和求值命令 expr

（1）方括号 []　方括号 [] 表示嵌套命令，把方括号中的第一个参数作为命令，所以方括号中的第一个参数必须是命令，否则报警。方括号内的各种命令正常执行，且执行结果或整体作为其他命令的参数。可以多重方括号分先后优先级，同四则运算规则。常用于把一个命令作为另一个命令的参数，体现嵌套命令使用方法。

（2）求值命令 expr　expr 命令用于求一个数学表达式的值，属于数学大类。表达式可以是四则混合运算式。一般把表达式的值存储起来，另作他用。如：

set a [expr 5+3]
返回结果 8。$a=8

TCL 语言有专用的运算符号和表示符号，见表 5-1，方便查找应用。

表 5-1　TCL 语言专用的运算符号和表示符号

符号	名称	意义	符号	名称	意义
$	美元符号	变量值	!	惊叹号	逻辑非
""	双引号（两个英文半角引号）	字符串，作为命令的一个参数，$ 和 [] 在双引号内被解释	!=	惊叹号等于号	布尔不等
{}	大括号	作为命令的一个参数，其内其他符号不被解释	&	单和号	比特与
[]	方括号	嵌套命令，一个命令的结果作为另一个命令的参数	∧	上尖角	比特异或
()	圆括号	数学函数的自变量表达式	|	竖线	比特或
\	反斜杠	一是引用特殊符号，不同特殊符号有不同含义；二是关闭 $、""、{}、[] 的续行	&&	双和号	逻辑与
*	星号	乘	||	两竖线	逻辑或
/	斜杠	除	<	小于号	布尔小于
+	十字	加	>	大于号	布尔大于
−	短横	减	<=	小于或等于号	布尔小于或等于
<<	左书名号	左移，只用于整数	>=	大于或等于号	布尔大于或等于
>>	右书名号	右移，只用于整数	==	双等于号	布尔等于
#	井号	注释	;	分号	一条命令结束符号
%.nf	浮点小数	浮点小数，小数后保留 n 位	::	双冒号	声明全局变量
%	百分号	取余（二元操作符）			

5.2.5 变量值累加命令 incr

变量值累加命令 incr 属于变量和过程大类，每运行一次 incr 命令，指定变量累加一个指定的值。指令格式：

```
incr 变量名 增量值
```

把变量的值累加一个增量值。增量值和变量原来存储的数据都必须是整数，否则会报警，因此可以当计数器使用；如果省略增量值，则默认为 1。注意运行一次就累加一个增量值，并且直接返回刷新值。如：

```
set a 10
incr a 2    a 的值在原来的 10 上累加 2 变为 12
incr a      a 的值在原来的 12 上累加 1 变为 13
```

5.2.6　检查变量是否存在命令 info exists 和逻辑非！

（1）检查变量是否存在命令 info exists　info exists 命令用于检查指定的变量是否存在，返回解释器的信息状态，属于解释器大类。如果当前上下文中存在指定的变量，无论是全局变量还是局部变量，都要避免操作一个不存在的变量。指令格式：

```
info exists 变量
```

如果存在变量并被定义，则返回 1，符合条件；否则返回 0，作为另一变量的参数为空，即不符合条件。

例 5-3　现有 set a 10 语句，用 info exists 判断是否存在变量 a，然后用 if_else 语句判断，若存在设定 b=1，不存在则 b=0。

```
PB_CMD_stock_floor:
set a 10
if {[info exists a]} {
set b 1
} else {
set b 0
}
或
PB_CMD_stock_floor:
set a 10
if {[info exists a]} {set b 1} else {set b 0}
```

设定 a=10，如果存在 a 变量，if 条件真成立，设定 b=1；如果不存在 a 变量，if 条件空不成立，不执行 set b 1 而执行 set b 0，即 b=0。本例符合条件，返回整体结果 a=10，b=1。

```
修改 PB_CMD_stock_floor:
set a 10
unset a
if {[info exists a]} {
set b 1
} else {
set b 0
}
```

设定 a=10，删除 a 变量，即不存在 a 变量了，if 条件空不成立，不执行 set b 1 而执行 set b 0，即 b=0，返回整体结果 b=0。

（2）逻辑非！ 感叹号！表示逻辑非。

```
修改 PB_CMD_stock_floor:
set a 10
if {![info exists a]} {
set b 1
} else {
set b 0
}
```

如果不存在变量 a，就执行 set b 1。现在存在变量 a，不符合条件，执行 set b 0，返回结果 a=10，b=0。

```
再次修改 PB_CMD_stock_floor:
set a 10
info exists a
返回结果：a=10、1，这是本意。
```

例 5-4 钻孔循环中的余量输出问题。

```
PB_CMD_stock_floor:
global mom_stock_part mom_stock_floor
if {![info exists mom_stock_floor]} {
set mom_stock_floor 0
}
MOM_ouput_literal "Part stock=[format "%0.2f" $mom_stock_part]/smm"
MOM_ouput_literal "stock floor=[format "%0.2f" $mom_stock_floor]/smm"
返回结果：Part stock=0.13/smm
        stock floor=0.00/smm
```

5.2.7　proc 过程命令与 return 返回命令

1. proc 过程命令

proc 命令创建一个 TCL 过程，这个过程就是源程序、子程序或一个自定义命令，在不同的地方可以随时重复调用，从而简化了 TCL 编程。proc 过程命令的使用与 TCL 命令、MOM 命令一样，可以有效扩展 TCL、MOM 基本命令。调用的方式、返回的内容由 proc 命令的格式和脚本内容共同决定。UG NX 后处理器的事件处理文件 *.tcl 基本上都由 proc 命令组成。proc 过程命令属于变量和过程大类。

（1）proc 三种具体指令格式

```
①指令：proc 名称 {} { 脚本 }            调用：名称
②指令：proc 名称 { 变量 } { 脚本 }       调用：名称 变量 / 参数
③指令：proc 名称 { 变量和默认值 } { 脚本 } 调用：名称 变量 / 参数   变量和默认值
```

其中，名称是用 proc 命令创建的过程名称、新命令名称或子程序名称，也是调用子程序的名称，三种格式的名称的书写要求和作用相同。

（2）proc 三种具体指令的创建与调用

1）格式①的创建与调用。在 UG NX 后处理构造中只能创建名为 PB_CMD_…、不带变量的 proc 命令，即格式①，实际上是用直接法定制 PB_CMD 命令。【定制命令】对话框编制 PB_CMD 命令的格式是固定的，灰色部分即名称的前半部分 PB_CMD_ 是默认的、已固定而不能修改，只能自定义后半部分。名称区分大小写，可以包含任意字符，但不能与变量名相同，以防冲突。图 5-6 所示为【定制命令】对话框，在【块】程序行中显示"手指 PB_CMD_ 名称后半部分"。注意格式中的第一对大括号灰色空白不能编辑，第二对大括号内是脚本，即 PB_CMD 命令的具体内容。由于脚本较长，所以第二对大括号的左右两半分两行灰色固定不变，而实际上，proc 命令的第二对大括号的左右两半是可以在同一行书写的，但一般不用。

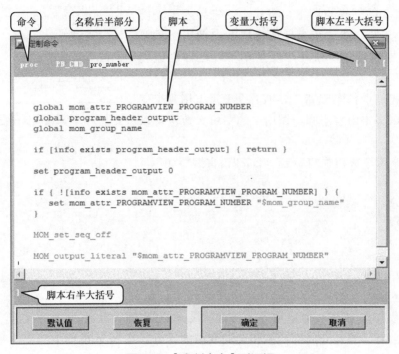

图 5-6 【定制命令】对话框

后处理器的 *tcl 文件中，PB_CMD 命令先在对应黄色/蓝色标签（也是 proc 过程）中以"PB_CMD_ 名称"的方式出现，也就是说，PB_CMD 命令只是黄色/蓝色标签 proc 过程的一行命令（即调用命令），最后调用位置才出现"proc 名称 {} { 脚本 }"子程序的所有详细内容，无论在何处调用，脚本内容只写一次，这就是简化创建 TCL 命令的原理所在。

各种事件标签中定制的 PB_CMD 命令，一定会显示在【定制命令】的左侧窗口，左侧窗口中的所有 PB_CMD 命令并不都是具体后处理器要选用的，但在 *tcl 文件中都会出现，也就是说，后处理器的 *.tcl 文件中包括了后处理器已用和未用的、自建的和自带的所有 PB_CMD 命令，只不过未用的没有调用罢了。

在【后处理文件预览】中，能清楚地看到所用 PB_CMD 命令的调用位置和脚本。

在 UG NX 后处理器中，应在有 PB_CMD 命令的标签处调用。

PB_CMD 命令名称的设置起到创建和调用的双重作用，不需要再专门调用，也没有专门调用的对话框。在 TCL 练习器上，需要名称专门调用，如果用名称和参数调用则会发生报警。在 *.tcl 文件中，能明显看到调用位置和脚本位置，在调用位置仅显示名称，即某个 proc 过程的具体指令之一；在脚本位置才是该 PB_CMD 命令名的 proc 过程的具体内容。

例 5-5 编制一个计算圆周长的子程序，并在子程序外赋值计算，如图 5-7 所示。

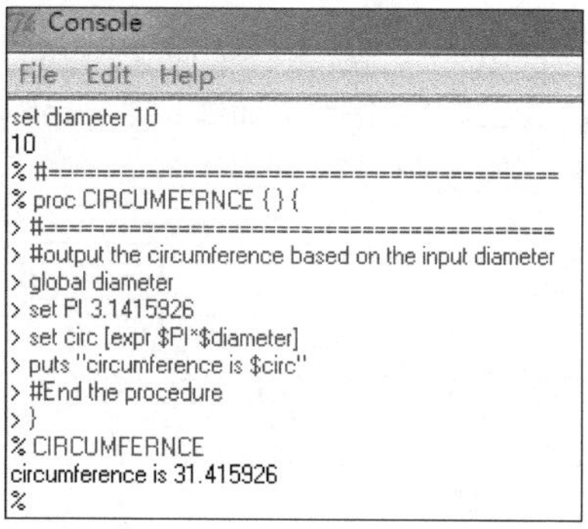

注意：set diameter 10 是已知条件，CIRCUMFERNCE 是调用命令，proc CIRCUMFERNCE 是过程命令。

2）格式②的创建与调用。格式②需先导入事先创建好的 *.tcl 文件，然后在需要的【块】中调用，只要第一对大括号内是一个或几个变量都可以这样创建和调用。

调用格式是"名称 变量"，有几个变量就用几个变量调用。根据脚本内容不同，调用中的变量参数也可以是数值参数。

图 5-7　计算圆周长子程序及计算调用

创建一个两个数相乘的 w 命令，tcl 语言编写如下：

```
子程序：
proc w {a b} {
expr $a*$b
}
调用命令：
命令名　参数 1　参数 2
如：w 5 6
结果是 30。
```

这里非常有必要补充局部变量和全局变量的区分。在 proc 过程中定义的变量，因为它们只能在过程中被访问，并且当过程退出时会被自动删除，所以称为局部变量。在所有过程之外定义的变量称为全局变量。TCL 中，局部变量和全局变量可以同名，两者的作用域的交集为空。局部变量的作用域是它所在的过程的内部，全局变量的作用域则不包括所有过程的内部而在外边，这一点和 C 语言有很大的不同。

例 5-6 第一对 {} 内无变量，如果用参数调用会报警，如图 5-8a 所示；不用参数调用也报警的原因是，所用变量没有在脚本即第二对大括号内定义，如图 5-8b 所示，即没有给变量 diameter 定义而导致报警，且报警信息也不准确。

例 5-7 在过程内部引用一个过程外的全局变量，可以使用 global 命令声明它为全局变量，否则会报警，如图 5-9 所示。图 5-9a 中，过程外的全局变量 a 在过程中被访问，被 global a 声明，在过程中对 a 的改变也直接反映到过程内、外的全局上，所以正确而不会报警。图 5-9b 中，去掉过程内语句 global a，其中的 a 就是局部变量且没有定义，此时 TCL 不认识 a 而出错，就会报警。如果在 incr a 之上加一句 set a 5，再调用 sample 3 会返回 9，此时语法正确而不发生报警。

```
% #================================
% > proc CIRCUMFERNCE { } {
>
> #output the circumference based on the input diameter
>
> global diameter
>
> set PI 3.1415926536
> set circ [expr $PI * $diameter]
> puts "circumference  is $circ"
> #End the procedure
> }
%
% puts stdout "Enter Diameter Value"
Enter Diameter Value
% gets stdin diameter
-1
% CIRCUMFERNCE 15
called "CIRCUMFERNCE" with too many arguments
%
```

a)

```
% #================================
% > proc CIRCUMFERNCE { } {
% #================================
>
> #output the circumference based on the input diameter
>
> global diameter
>
> set PI 3.1415926536
> set circ [expr $PI * $diameter]
> puts "circumference  is $circ"
> #End the procedure
> }
%
% puts stdout "Enter Diameter Value"
Enter Diameter Value
% gets stdin diameter
-1
% CIRCUMFERNCE
syntax error in expression "3.1415926536 * "
%
```

b)

图 5-8　第一对 {} 内无变量、调用有无参数都报警

a）第一对 {} 内无变量、调用有参数格式不对报警　b）第一对 {} 内无变量、调用无参数变量没定义也报警

a)

b)

图 5-9　全局变量与局部变量

a）过程内声明了用到过程外的全局变量 a，就不会报警

b）过程内没用过程外的全局变量 a，也未定义自己的局部变量 a，就会报警

例 5-8　第一对 { } 内有变量，用参数调用。变量可以是全局的、局部的，但在脚本内即第二对大括号内，这些变量不能再声明，直接使用。如在第一对大括号内写了 diameter，在第二对大括号内就不能写 global diameter，否则会报警 diameter 已定义，如图 5-10 所示。

图 5-10a 中，第一对 {} 内有变量、脚本中再用 global 声明发生报警。图 5-10b 中，第一对 {} 内有变量、脚本中不再用 global 声明，调用不发生报警。这里强调，无论是全局变量还是局部变量，只要在第一对 {} 内有变量，脚本中就不能再用 global 声明，否则发生报警。

3）格式③的创建与调用。第一对大括号内有变量和默认值，可能还不止一个变量，也可带、可不带变量的默认值，但要求没有默认值的变量排在前面，带默认值的排在后面且和其默认值用大括号括起来，该括号内变量在前、默认值在后。

调用时，提供的参数依次一次性赋给相应的变量，无默认值变量个数≤参数个数≤所有变量个数，否则报警。调用未提供值的那些变量时，过程会自动使用默认值赋给相应变量。

即使这些相应变量中有带默认值的变量，调用参数也优先赋给相应变量，这样有的默认值就可能没用了。可见调用使用的参数个数不同，对返回结果也有很大影响。

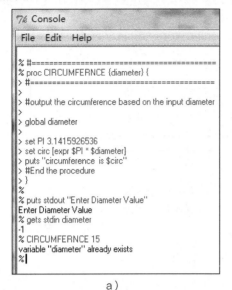

a)   b)

图5-10　第一对{}内有变量、脚本中是否再定义关系调用有无报警

a)第一对{}内有变量、脚本中再声明，发生报警　b)第一对{}内有变量、脚本中不再声明，调用不发生报警

例 5-9

```
proc add {a {b 2} {c 3}} {
set x [expr $a+$b+$c]
puts $x
}
```

调用：

add 1，返回值为6。1赋给a，b用默认值2，c用默认值3。

add 2 20，返回值为25。2赋给a，20赋给b，c用默认值3。

add 4 5 6，返回值为15。4、5、6分别赋给a、b、c。

第二对大括号中的内容，常称为脚本，也就是具体命令的若干代码段、过程体、子程序的具体内容。如果脚本行段比较长，可以将大括号两半部分分开，前半置于脚本的上一行，后半置于脚本的下一行，即：

```
{
脚本
}
```

2. return 返回命令

在 proc 过程内，return 命令会中断后续命令的运行，返回一个给定值—— 参数。return 返回命令属于控制结构大类，指令格式：

```
return 参数
```

例 5-10 return 命令应用如图 5-11 所示。

Ra 5 6 调用，两行返回结果：

6：是 puts $d 的结果。

0：是 return 0 的结果，返回一个给定值 0。既不是上一句 expr $c+$d 的计算结果，也不是下一句 puts $c 的计算结果，该句被 return 中断未执行。

例 5-11　return 命令应用如图 5-12 所示。

w 5 6 调用，返回 QQ：945149364，是 return 返回的参数，并不是上一句的计算结果 30。

例 5-12　return 命令应用如图 5-13 所示。

若 w 5 6 调用，返回 QQ：123，返回 return 的一个给定值。

若 w 1 2 调用，返回 2，返回 return 的一个给定值 $d。

  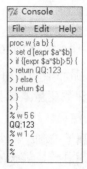

图 5-11　return 命令应用（一）　图 5-12　return 命令应用（二）　图 5-13　return 命令应用（三）

5.2.8　调用脚本命令 source

调用脚本命令 source 可调用存储在计算机其他位置的 *.tcl 脚本（源程序）文件为我所用，即远距离调用，大大缩减了调用命令占用的窗口空间。source 命令属于软件包和源文件大类，指令格式：

source　脚本存放路径　脚本名

脚本存放路径：根目录用斜杠，如 E:/。

脚本名：需带扩展名 .tcl。

脚本既可在记事本中编写，也可以用 Word 的 Unicode(UTF-8) 编码格式编写，存为 *.tcl 文件。记事本中编写时，程序行长度无限制，但格式不清晰、阅读不方便；Word 的编写需合理分行，但格式清晰、阅读方便，两者均需要用英文书写。

例 5-13　记事本编写脚本 yuan.tcl 文件，在 TCL 窗口调用。

记事本编写脚本：

```
set XL 5
puts $XL
存入 E 盘，名为 yuan.tcl
TCL 窗口运行：
source E:/yuan.tcl
```

5　返回结果，返回的是脚本的最后一条命令，即 puts $XL。

应该说明，这与 return 命令不同，return 是中断后续命令的运行，返回自己给定的参数值。

例 5-14 记事本编写脚本 zhou.tcl 文件，在 TCL 窗口调用。

记事本编写脚本：

```
proc w {a b} {
expr $a*$b
}
```
存入 E 盘，名为 zhou.tcl

TCL 窗口运行：

source E:/zhou.tcl　调出源文件

w 5 9　　调用命令

45　返回结果

5.2.9　for 循环语句

for 循环语句常用来做循环判断。设定计数变量的初始值，当满足判断条件时，执行循环体，计数变量累加计数作为下一次循环的初始值，以此循环，直到不满足循环条件时，for 语句结束。可见，执行一次 for 循环语句可能会返回多行结果，连续运算效率高。for 循环语句属于控制结构大类，指令格式：

for｛计数变量初始值｝｛判断条件｝｛计数变量下一次循环初始值｝｛循环体｝

计数变量初始值：置于第一对大括号内，是控制循环次数的计数变量的初始值。

判断条件：置于第二对大括号内，是判断条件，判断为真时，执行循环体；否则不执行 for 语句。

计数变量下一次循环初始值：置于第三对大括号内，计数变量累加计数。

循环体：置于第四对大括号内，是重复循环模型，是脚本语句。

例 5-15 for {set xl 0} {$xl<10} {incr xl} {puts $xl}

设定计数变量 xl 初始值为 0；当 $xl<10 时，执行 puts $xl，计数变量 xl 累加默认值 1；再次判断 $xl<10 时，继续执行 puts $xl，计数变量 xl 的值再增加默认值 1，以此循环往复，直到 $xl=10 时，整个 for 语句结束。返回 0、1、2、3、4、5、6、7、8、9 共十行。

5.2.10　while 循环语句与 break 控制循环语句

（1）while 循环语句　while 循环语句常用来做循环判断，当满足判断条件时，执行循环体，如此往复循环，直到不满足条件时，中断循环，while 语句结束。while 循环语句属于控制结构大类，指令格式：

while｛条件参数｝｛循环体｝

条件参数：置于第一对大括号内，是判断条件，判断为真是，执行循环体，否则结束while 语句。

循环体：置于第二对大括号内，是重复循环模型，是脚本语句。

例 5-16 while 循环语句应用举例。

```
set xl 0
while {$xl<10} {
puts $xl
incr xl
}
```

返回 0、1、2、3、4、5、6、7、8、9 共十行。设定计数变量 xl 初始值为 0。当 $xl<10 时，循环执行 puts $xl、incr xl 循环体。当 $xl=10 时，中断循环，while 语句结束。

（2）break 控制循环语句   break 控制循环语句可直接从一个 for 循环或 while 循环中退出，来终止循环的执行。break 控制循环语句属于控制结构大类，指令格式：

```
break
```

例 5-17 break 控制循环语句举例。

```
set xl 0
while {$xl<10} {
puts "$xl"
if {$xl==6} {break}
incr xl
}
```

返回 "0"、"1"、"2"、"3"、"4"、"5"、"6" 共七行。设定计数变量 xl 初始值为 0。当 $xl<=6 时，循环执行 puts "$xl"、if {$xl==6} {break}、incr xl。当 $xl=7 时，尽管还满足 while 的条件 $xl<10，但立即中断 while 循环语句。

5.2.11 string 字符串命令与 bytelength 字节数选项

string 是字符串操作的集合语句，有很多选项，经常使用。string 字符串命令属于字符串操作大类，指令格式：

```
string 选项 参数 1 参数 2……
```

选项：有很多选项来定操作类型，这里用 bytelength 字节数选项。

参数 n：字符串 n。不同的选项，参数的多少（即字符串的多少）不同。

bytelength 选项返回字符串的字节个数。注意，字节与字符不同，中文用 UTF-8 编码，用三个字节表示一个 Uicode 编码的汉字。

例 5-18 string bytelength 应用举例。

```
string bytelength  轴 abc123
```
返回 9。一个汉字是三个字节，一个英文字母或数字是一个字节。

5.2.12 string 字符串与 compare 比较和 equal 相等选项

（1）string 字符串与 compare 比较选项   用于比较两个字符串的字典顺序。指令格式：

```
string compare 字符串 1 字符串 2
```
当字符串 1= 字符串 2 时，返回 0；当字符串 1 的字典顺序在字符串 2 之前时，返回 −1，否则返回 1。

字典顺序是 ASCII 码顺序规则，数字 0～9 在大写字母 A～Z 之前，大写字母 A～Z 在小写字母 a～z 之前，-nocase 不区分大小写。字符串也可以是汉字，汉字的字典顺序是"前后"在"大小"之前……如：

string compare A a，返回 −1。

string compare -nocase A a，-nocase 不区分大小写，返回 0。

string compare -length 2 A ab，-length 2 表示字符串 A 和字符串 ab 中前面 2 个字节长度比较，前面的少于后面的，返回 −1。

string compare -length 2 ab A，返回 1。

string compare abc abc 或 def def，返回 0。

string compare abc def，字符串 1 在字符串 2 之前，符合字典顺序，返回 −1。

string compare def abc，字符串 1 在字符串 2 之后，不符合字典顺序，返回 1。

string compare 5 5，返回 0。

string compare 3 1，返回 1。

string compare 1 3，返回 −1。

（2）string 字符串与 equal 相等选项　用于比较两个字符串是否相等，如果相等返回 1；否则返回 0，也可加 -nocase 或 -length，做进一步选项说明。指令格式：

string equal 字符串 1 字符串 2

当字符串 1= 字符串 2 时返回 1；否则返回 0。如：

string equal abc abc，返回 1。

string equal abc def，返回 0。

5.2.13　string 字符串与 index 索引和 range 索引范围选项

（1）string 字符串与 index 索引选项　string 与 index 返回或取出指定索引位置的字符，用得比较多。指令格式：

string index ″字符串″索引号

返回字符串中第索引号位置的字符，索引号为 0、1、2、3 等，字符串中的第一个字符是 0 索引号，依次类推为 1、2、3、…，空格也算。如：

string index ″my name lao zhou″ 9

返回 a，即字符串 ″my name lao zhou″ 中第 9 个字符是 a。

（2）string 字符串与 range 索引范围选项　返回或取出指定索引位置范围的字符。指令格式：

string range ″字符串″索引号 1 索引号 2

返回字符串中第索引号 1 到索引号 2 的所有字符。索引号 1 小于 0 时当 0 处理，字符串中最后一个字符的索引号 2 可以用 end 代替。如：

string range ″my name lao zhou″ 9 14，返回 ao zho。字符串 ″my name lao zhou″ 中第 9 个字符是 a，第 14 个字符是第二个 o。

string range ″my name lao zhou″ -5 end，返回字符串中所有 my name lao zhou。

5.2.14　string 字符串与 first 第一次和 last 最后一次

（1）string 与 first　查找字符串 2 中有无第一次出现的字符串 1，有返回索引号。指令格式：

string first ″字符串 1″ ″字符串 2″

string first ″字符串 1″ ″字符串 2″ 开始索引号

返回 "字符串 1" 在 "字符串 2" 中 first 第一次出现位置的索引号；如果没有，返回 -1。如果指令中指定开始索引号，则从这个开始索引号位置开始向后检索，返回 "字符串 1" 在 "字符串 2" 中 first 第一次出现位置的索引号。索引号针对字符串 2，字符串 2 中有字符串 1 可能不止一个，所以限定 first 第一次出现的那个。常用于从前向后检索。如：

string first m "his name xiao wang"，返回 6。

string first f "his name xiao wang"，返回 -1。

string first m "his name xiao ming" 10，返回 14。从字符串 2 "his name xiao ming" 的第 10 位 xiao 中的 i 开始查找，字符串 1 "m" 在字符串 2 中第一次出现位置的索引号是 14，则返回 14。

（2）string 与 last　查找字符串 2 中有无最后一次出现的字符串 1，有返回索引号。指令格式：

string last "字符串 1" "字符串 2"

string last "字符串 1" "字符串 2" 开始索引号

返回 "字符串 1" 在 "字符串 2" 中 last 最后一次出现位置的索引号；如果没有，返回 -1。如果指令中指定开始索引号，则从这个开始索引号位置开始向前检索，返回 "字符串 1" 在 "字符串 2" 中 last 最后一次出现位置的索引号。索引号针对字符串 2，字符串 2 中有字符串 1 可能不止一个，所以限定 last 最后一次出现的那个。常用于从后向前倒序检索。如：

string last i "his name xiao wang"，返回 10。

string last f "his name xiao wang"，返回 -1。

string last m "his name xiao ming" 10，返回 6。开始索引号 10 是 xiao 中的 x 所在位置，由此向前检索，在字符串 2 "his name xiao ming" 中，最后一次出现的字符串 1 "m" 是 name 中的 m，索引位置是 6，则返回 6。

5.2.15　string 字符串与 repeat 重复和 replace 替换选项

（1）string 与 repeat　string repeat 重复返回字符串。指令格式：

string repeat "字符串" 次数

原样返回规定次数的字符串。如：

string repeat "Xiao wang" 3，返回 Xiao wangXiao wangXiao wang。

string repeat "xiao wang" 0，返回空。

（2）string 与 replace　string replace 替换字符串中规定的内容。指令格式：

string replac "字符串" 开始位置索引 结束位置索引 替换成的内容

将字符串中从开始位置索引到结束位置索引的字符换成替换成的内容，返回未替换保留字符 + 替换成的内容。如：

string replac "Xiao wang" 5 end zhang，返回 Xiao zhang。

string replac "Xiao wang" 5 end，返回 Xiao，相当于删除后续内容。

string replac abc123abc 3 5 ABC，返回 abcABCabc。

5.2.16　string 字符串与反序排列 reverse 和小写转换 tolower 选项

（1）string 字符串与反序排列 reverse 选项　string reverse 命令将指定的字符串反序（即倒过来）排列成新的字符串。指令格式：

string reverse 字符串

字符串：指定的字符串。如：

string reverse 12345

返回 54321。

（2）string 字符串与小写转换 tolower 选项　string tolower 命令将指定的字符串内容转为小写，就是返回小写形式。若指定开始位置和结束位置，则仅对指定段范围有效。指令格式：

string tolower 字符串 开始位置 结束位置

1）全部转换。如果没有指定范围，相当于开始位置 0、结束位置 end，返回全部小写字母。如：

string tolower ABCDEfgHjk123

返回 abcdefghk123。字母返回的结果都是小写形式。

2）指定范围转换。如果指定范围，就仅指定范围返回小写字母。如：

string tolower ABCDEfgHjk123 2 6

返回 ABcdefgHjk123。索引号从 0 开始计数，C 是 2、g 是 6。

3）单一转换。如果仅指定开始位置，没有指定结束位置，就只转换开始那个索引号的字符，其他都不转换，即单一转换。如：

string tolower ABCDEfghJk123 2

返回 ABcDEfghJk123。只把 C 转为小写了，其他都没变。

4）最后可用结束位 end。如果转换一直到最后有效，那么结束位可用 end。如：

string tolower ABCDEfghJk123 2 end

返回 ABcdefghjk123。

5.2.17　string 字符串与大写转换 toupper 和大写混合转换 totitle 选项

（1）string 字符串与大写转换 toupper 选项　string toupper 命令与 string tolower 命令相反，前者将字符串指定范围转为大写。指令格式：

string toupper 字符串 开始位置 结束位置

范围指定同前，如全部转换：

string toupper ABCDEfghJk123

返回 ABCDEFGHJK123。

（2）string 字符串与大写混合转换 totitle 选项　string totitle 命令将指定字符串的第一个字母转为大写，其他内容转为小写。指令格式：

string totitle 字符串 开始位置 结束位置

范围指定同前。

1）不指定范围。如果不指定范围，相当于从 0 到 end。如：

string totitle abcDef123

返回 Abcdef123。

2）指定范围。如：

string totitle abcDef123 2 end

返回 abCdef123。

5.2.18　string 字符串与下一个索引号 wordend 和第一个索引号 wordstart 选项

（1）string 字符串与下一个索引号 wordend 选项　string wordend 命令返回指定索引号的字符所在的那个单词的结束位置的下一个索引号，返回的是索引号。指令格式：

string wordend 字符串 指定索引号

如 string wordend ″my name is lao zhou″ 5

返回 7。指定索引号 5 对应的字符是 m，所在的那个单词是 name，结束位置字符 e 对应的索引号是 6，下一个索引号是 7，返回 7，对应 name is 间的空格。

（2）string 字符串与第一个索引号 wordstart 选项　String wordstart 命令返回指定索引号的字符所在单词的第一个字符的索引号。指令格式：

string wordend 字符串 指定索引号

如 string wordstart ″my name is lao zhou″ 5

返回 3。指定索引号 5 对应的字符是 m，所在的单词是 name，第一个字母是 n，对应的索引号是 3。

5.2.19　string 字符串与 trim、trimleft 和 trimright 选项

（1）string 字符串与两头删除 trim 选项　string trim 命令分别从指定字符串的两头删除指定的内容。指令格式：

string trim 字符串 要删除的内容

分别从字符串的前后两头开始检索，把与指定要删除内容相同的字符删除掉，一直到字符串中找不到要删除的内容为止，返回留下来剩余的字符串。若不指定要删除的内容，默认返回指定字符串原样。

如：string trim aabcda3d6625332 a23

返回 bcda3d6625。aabcda3d6625332 是指定的字符串，a23 是指定要删除的内容，从字符串前面开始搜索，第一、第二个字母都是 a，a 在要删除内容 a23 中，所以两个 a 都删除掉；字符串中第三个字母是 b，不在删除内容 a23 中，停止从前删除。从字符串后面开始搜索，2 在删除内容 a23 中，应删除掉；字符串中两个 3 也在要删除内容 a23 之中，两个都删除；字符串中 5 不在删除内容 a23 中，所以停止搜索，删除结束。剩下的就是返回内容，所以得到的结果是 bcda3d6625。

又如：string trim ″aa a t xl xl 5 2 2 a3″ a23

返回 a t xl xl 5 2 2。字符串中前面两个 a 在删除内容中，应删除掉，字符串中第三个是空格，不在要删除内容之列，停止从前删除；从字符串后面开始，倒数第一个 3 和倒第二个 a 均在删除内容之列，应删除掉，字符串中倒数第三个是空格，不在要删除内容之列，停止删除。剩下的就是返回内容，所以得到的结果是 a t xl xl 5 2 2。

又如：string trim ″aa a t xl xl 5 2 2 a3″ ″a 23″

返回 t xl xl 5。注意，这里的 a 23 加双引号成 ″a 23″。

（2）string 字符串与左侧删除 trimleft 选项　string trimleft 命令从指定字符串左侧删除指定要删除的内容，即从前删除。指令格式：

string trimleft 字符串 要删除的内容

如：string trimleft aabcda3d6625332 a23

返回 bcda3d6625332。

（3）string 字符串与右侧删除 trimright 选项　string trimright 命令从指定字符串右侧删除指定要删除的内容，即从后删除。指令格式：

string trimright 字符串 要删除的内容

如：string trimright aabcda3d6625332 a23

返回 aabcda3d6625。

5.2.20 string 字符串与 match 匹配选项和反斜杠

（1）string 字符串与 match 匹配选项　当匹配模式是字符串模式之一时，返回 1，否则返回 0。指令格式：

string match 选项 匹配模式 字符串

选项：不区分大小写的可选项，如 -nocase。如果不写入 -nocase，就要区分匹配模式、字符串中的大小写字母。

匹配模式：需要比较判断的模式，要注意模式的书写，已定义或能辨认的模式，不是随便写的。匹配模式可以用 *、? 等匹配符，如

*：表示任何字符序列，包含空字符。

?：单一字符匹配，可以几个连用或间隔使用。

[x-x]：方括号给定字符范围。

\x：匹配单一字符 x，也可能是特殊作用，如 \a 响铃、\b 退格、\r 回车等。

字符串：匹配模式的参照标准，要注意书写，也不是随便写的。如：

string match abc abc，一样的返回 1。

string match abc a，不一样的返回 0。

string match a* abc，一样的返回 1。* 可以匹配 a 开头的任何字符。

string match a* bca，不一样的返回 0。

string match a? abc，不一样的返回 0。? 只匹配一个字符 b。

string match abc Abc，返回 0。区分大小写。

string match -nocase abc Abc，返回 1。不区分大小写。

string match {a[a-c]} ab，有一个一样的返回 1。与方括号中 a-c 中任一字符匹配。

以上几个例子，都是判断匹配模式和字符串本身字符串内容是否相同，而实际上多用于模式的比较，而不是字符串本身的比较。

例 5-19 string match 用于定义加工方式。

if { ![string match "*3_axis_mill*" $mom_kin_machine_type] &&\
　　　![string match "*lathe*" $mom_kin_machine_type]}

上述程序表示，如果 $mom_kin_machine_type 机床类型不是 "*3_axis_mill*" 三轴铣床，也不是 "*lathe*" 车床。反斜杠表示续行，一行太长或写不下分两行写，但当同一行用。! 表示逻辑非。

（2）反斜杠符号 \　有很多不同的意思，下面只介绍常用的。

1）续行 \。\ 是上一行的最后一个字符，包括空格在内后续无任何字符，前面可以有空格且数量不限，但最好按需求写空格数量。下一行接着写，行开头可以有空格，但行结尾不能有空格，两行是一行的意思。如：

set f \　　不报警，结尾增加反斜杠 \，预想下行接着写

123　没写完接着续写，上下两行当 set f 123 一行处理。

返回 123。

2）换行 \n。返回时从 \n 处将字符串分割成两行，如：

puts abc\ndef，返回 abc、def 两行。

3）消除钱币符号 $ 的取值功能而成普通字符，如：

set f 123

puts \$f

返回 $f 字符串。

4）反斜杠 \ 匹配单——一个字符，如：

string match \d d，一样的返回 1。

string match \a a，不一样的返回 0。因为反斜杠 \ 有特殊作用，如 \a 响铃、\b 退格 \、f\ 换页、r\ 回车等。

5.2.21　# 号与；分号和 {} 大括号

（1）# 号　# 号置于行开头，表示注释，不执行此行命令，仅用于说明、介绍。英文注释，中文可能会乱码。

（2）；分号　分号；用于句尾，是换行的意思，一行中有几个分号就是几行的意思，但当一行用，书写时省位置。

（3）{} 大括号　在大括号中的所有语句，当前不执行，而作为一个原封不动的整体参数返回，等待下次执行。

在大括号中，所有特殊字符都将成为普通字符，失去其特殊意义，TCL 解释器不会对其做特殊处理。而双引号内是被解释执行的。如：

set y {/n$x [expr 10+100]}；返回 / n$x [expr 10+100]

例 5-20 大括号应用举例。

```
set d 1
proc xl {} {
global d
set d 123
}
```

第一次执行时，仅执行 set d 1，所以 puts $d 返回 1。

x1 表示调用一次 proc 子程序，第二次执行大括号中脚本 global d；set d 123，直接返回 set d 123 中 d 值 123，也可以用 puts $d 来验证，返回 123，再不是 set d 1 中的 1。

例 5-21 大括号应用又一例。

```
pro y {} {
global a
set a [expr 10+100]
}
```

回车后不返回任何内容。本来应该返回大括号中的 set a [expr 10+100]，但由于 proc 的作用，大括号中的 [expr 10+100] 尽管赋给了 a 但不返回。

y 表示调用一次 proc 子程序，第二次执行大括号内命令，返回 110。子程序利用了大括号的特点，在调用时才生效，符合实际。

5.2.22 字符串处理函数 append

append 将多个参数代表的字符串按顺序组合起来，形成一个新的字符串。append 命令属于字符串操作大类，指令格式：

append 变量 参数 1 参数 2 …… 参数 *n*

append 把参数中的内容添加到变量中，这有两种情况：如果变量已有值，就添加在这个值的后面；如果变量不存在，就直接保存在其中，创建这个变量。

示例 1：append 重新组合字符串。

set a 123

append a 456 789 x1

第二句 append 把后面的参数 1 "456"、参数 2 "789" 和参数 3 "x1" 添加到变量 a 的已有值 123 后面，即在 123 后添加 456、789 和 x1，现在变量 a 的值为 123456789x1，即返回 123456789x1。

示例 2：append 创建新变量。

set a 123

append b 456 789 x1

第一句与第二句无关，第二句创建 b 变量，且赋值 456789x1，类似于 set 命令比较灵活。这里返回 456789x1。

5.2.23 数组与 array

（1）数组的概念 数组是元素按一定顺序排列的集合，数组中每一个元素都有自己的名称和值的变量，即数组由数组名和数组中的元素名构成。指令格式：

数组名（元素名）

数组名：任意字符串。

元素名：任意字符串。

小括号：固定格式，元素名必须置于小括号（）内。

如 UG NX 后处理的坐标变量数组：

mom_pos(1)

mom_pos(2)

mom_pos(3)

分别表示 x、y、z 三个轴的坐标数据，mom_pos 是数组名，1、2 和 3 是元素名。

又如 UG NX FANUC 系统后处理 *.tc1 文件，刀具半径补偿代码就是由数组来定义的：

set mom_sys_cutcom_code(OFF)   "40"

set mom_sys_cutcom_code(LEFT)   "41"

set mom_sys_cutcom_code(RIGHT)   "42"

set mom_sys_cutcom_code 是数组名，OFF、LEFT、RIGHT 是元素名，"40""41""42" 是设定的值。

（2）数组的赋值 数组的赋值与变量的赋值一样，只是把数组当成变量即可，但值不能用双引号 "" 引起来，这点与上述 UG NX 数组的赋值不同，如图 5-14 所示。

```
set a(1) 123
set a(1) 456
set a(3) 789
puts $a(1)
set xl 1
set a($xl) zhou
puts $a(1)
```

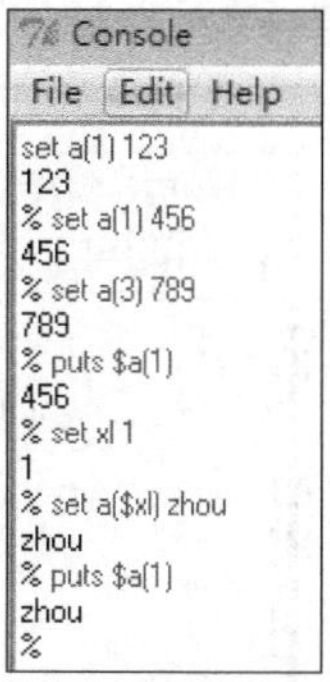

图 5-14 数组赋值

如果不存在数组 set 就会创建它并赋值，如果存在就是赋新的值，元素中可以用到变量置换，如上面的 xl 变量值是 1，下面直接用变量置换，a($xl) 就等于 a(1)，所以这里就赋新的值了，前面 a(1) 的值是 123，执行 set a($xl) zhou 后，它的值就变成 zhou。

用 global 可以直接声明数组名，不用声明数组元素。如 global a，下面就可直接用 a(1)、a(2)、a(3) 全局变量。

数组也可用 unset 命令删除，如 unset a(2)，这样只是删除元素 2，其他并不受影响，如果要删除全部就是删除它的数组名，即 unset a。

（3）array　array 不仅可以定义数组，还有一系列关于数组的操作命令。

1）array exists 判断数组命令。array exists 命令可判断 arr 是否为数组变量，指令格式：

array exists arr

判断 arr 是否为数组变量，是返回 1，否返回 0。

例 5-22 判断 mom_sys_cutcom_code(OFF)、mom_sys_cutcom_code(LEFT)、mom_sys_cutcom_code(RIGHT) 是否为数组变量。

```
set mom_sys_cutcom_code(OFF)        "40"
set mom_sys_cutcom_code(LEFT)       "41"
set mom_sys_cutcom_code(RIGHT)      "42"
array exists mom_sys_cutcom_code
```

判断数组 mom_sys_cutcom_code 的运行结果如图 5-15 所示，返回 1 说明 mom_sys_cutcom_code 是数组变量。

2）array names 返回索引命令。array names 命令可返回所有元素索引名或与模式 pattern 匹配的元素索引名列表。模式 pattern 和 string match 的格式相同。如果 pattern 没有指定，则返回所有数组元素索引名列表。指令格式：

array names arr pattern

例 5-23 array names 一个返回索引的简单例子。

```
array set b [list "School,BUPT" "BUPT" "School,NJU" "NJU" "School,NJUA" "NJUA"]  定义数组变量 b
parray b      打印出所有索引元素名和元素值
array names b "School,*" 返回与模型匹配的索引元素名
array names b "School,N*" 返回与模型匹配的索引元素名
array names b 返回所有索引元素名，注意索引元素名的次序
```

数组 b 定义 array set、数组 b 打印 parray、数组 b 返回索引 array names 的运行结果如

图 5-16 所示。

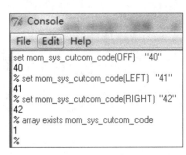

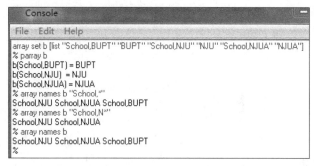

图 5-15　判断数组　　　　　　　图 5-16　定义、打印、返回数组 b 的索引

3）array get 提取数组信息命令。array get 命令可提取数组索引、元素值并将这些值成对组织成一个列表。而 array set 命令则将一个列表（数据要成对）转换成一个数组。array get 指令格式：

array get arr pattern

返回一个包含交替出现索引、元素值的列表。pattern 用于选择匹配索引。如果不指定 pattern，则返回所有的元素索引和值。

例 5-24 数组和列表互换。

array set arr [list a AAA b BBB c CCC d DDD]
array size arr 数组大小，指数组数量
parray arr
set ll [array get arr]

数组和列表互换结果如图 5-17 所示。

图 5-17　数组和列表互换

5.2.24　格式化命令 format

格式化命令 format 属于字符串操作大类。格式化命令 formt 用于指定数据的类型等，指令格式：

Format　格式要求　参数
格式要求：指定小数点的位数、对齐的方式、数值的宽度等。
参数：字符串。
按格式要求将参数代表的字符串格式化。

该命令可以指定小数点的位数、对齐的方式、数值的宽度等，但不改变被操作字符串的内容。如输出刀具直径大小和圆角大小中的语句就用到这个命令：

MOM_output_literal ″(D: [format ″%.2f″ $mom_tool_diameter])″

又如 ″%f″ 输出浮点小数：puts [format ″%f″ 12.3451]，得到的结果是 12.345100 后面很多个零。

又如 ″%.2f″ 输出 2 位浮点小数：puts [format ″%.2f″ 12.345]，得到的结果是 12.35（四舍五入保留两位小数）。

又如 %d 输出整数型：puts [format %d 12]，12 不能是小数，否则报警。返回 12，是整数型。

又如 %s 输出字符串：puts [format %s ″lao zhou″]，返回字符串 lao zhou。

又如 ″%x″ 输出十六进制数：puts [format ″%x″ 20]，返回十六进制数 14。

又如 %c 将整数映射到对应的 ASCII 字符、%e 科学记数法表示的浮点数：

set c [format %c%e%c 40 30000 41]，返回（3.000000e+004），%c 将整数转换为对应的 ASCII 字符，40 和 41 分别对应 ″(″ 和 ″)″；%e 将 30000 转化为科学记数法表示的浮点数 3.000000e+004。

又如 PB_CMD_init_tool_list 中的对齐方式：

″MILL″ {

set output [format ″%-20s %-20s %-10.4f %-10.4f %-10.4f %-10d″ \

$tool_name $template_subtype \

$mom_tool_diameter $mom_tool_corner1_radius \

$mom_tool_flute_length $mom_tool_length_adjust_register]

}

%-20s %-20s：刀具名称 $tool_name 和字节数 $template_subtype，输出字符串宽度 20 位，左对齐。

%-10.4f %-10.4f：刀具直径 $mom_tool_diameter 和圆角半径 $mom_tool_corner1_radius，输出 4 位浮点小数，宽度 10 位，左对齐。

%-10.4f %-10d：刀具长度 $mom_tool_flute_length 和刀具长度补偿存储器 $mom_tool_length_adjust_register，分别输出 4 位浮点小数、宽度 10 位、左对齐和 10 位整数型左对齐。

5.2.25　列表命令 list 与合并列表命令 concat

（1）列表命令 list　列表命令 list 可以把元素有序地集合在一起，列表中可以有列表嵌套，用于简单列表。如果列表太大，建议用数组处理。列表命令 list 是不破嵌套的列表命令，即把嵌套大括号整体作为一个元素列表。列表命令 list 属于列表操作大类，本身没有名称，返回的也仅是每个参数组成的横式列表，指令格式：

List 参数 1 参数 2 … 参数 n

每一个参数都是独立元素，不能再进一步分立。如：

list xl 123 a b {a5 B2 C3}

xl、123、a、b 和 {a5 B2 C3} 分别是独立参数 1、参数 2、参数 3、参数 4、参数 5，参数 5 是大括号嵌套整体作为一个独立元素，这个列表由五个参数组成，返回五个参数的列表 xl 123 a b {a5 B2 C3} 共一行。

又如：set x {a b}

　　　set l 123

　　　set p [list $x $l zhou866]

p 列表由 {a b}、123 和 zhou866 三个独立元素组成，返回三个参数的列表 {a b} 123 zhou866 共一行。

注意列表中的 {} 大括号、字符串 "" 应当作独立参数或独立元素看待，返回一律用大括号 {} 表示。

（2）合并列表命令 concat　合并列表命令 concat 可以把包括打开嵌套列表在内的每一个列表连接在一起，来创建成一个大列表。合并列表命令 concat 属于列表操作大类，指令格式：

concat 参数 1 参数 2 ⋯ 参数 *n*

尽管格式与 list 命令相同，但含义不同。这些参数组成新的大列表后，大括号嵌套被拆分出来的元素和其他独立元素都变成了大列表中新的独立元素。如：

set x {a b}

set l 123

set p [concat $x $l zhou866]

{a b} 嵌套在 concat 列表时拆分成 a、b 两个独立元素，p 列表是由 a、b、123 和 zhou866 四个元素创建的新列表，返回 a b 123 zhou866 一行列表，没有大括号了。

5.2.26　返回元素命令 lindex 与返回元素数量命令 llength

（1）返回元素命令 lindex　lindex 命令在指定的列表中提取指定索引号对应的元素或单词，空格不占索引号，这有点特殊。lindex 命令属于列表操作大类，指令格式：

lindex { 列表 } 索引号

如返回索引号元素：lindex {a b c 1 2 3 } 2

返回 c。

又如返回索引号单词：lindex {my name is lao zhou } 3

返回 lao，这里单词为一个独立元素。

（2）返回元素数量命令 llength　llength 命令可返回指定列表中的元素数量。llength 命令属于列表操作大类，指令格式：

llength { 列表 }

如返回列表元素数量：llength {a b c 1 2 3 }

返回 6。

又如大括号当作一个独立元素：llength {{a b} c 1 2 3 }

返回 5。

5.2.27　返回指定范围元素命令 lrange 与插入元素命令 linsert

（1）返回指定范围元素命令 lrange　lrange 命令可提取指定列表中指定范围的元素返回。返回指定范围元素命令 lrange 属于列表操作大类，指令格式：

lrange { 列表 } 开始索引号 结束索引号

如列表中是单个元素：lrange {a b c 1 2 3 } 2 4

返回 c 1 2。

又如列表中单词作为一个独立元素：lrange {my name is lao zhou } 2 end

返回 is lao zhou。

（2）插入元素命令 linsert　linsert 命令可向指定列表的指定位置插入指定元素，指定位置以后的原元素整体往后移动，获得新列表元素。插入元素命令 linsert 属于列表操作大类，指令格式：

> linsert { 列表 } 索引号 插入元素
>
> 如插入独立元素：linsert {a b c 1 2 3} 2 qq
>
> 返回 a b qq c 1 2 3。
>
> 又如插入当独立元素看待的单词：linsert {my name is lao zhou } 1 qq
>
> 返回 my qq name is lao zhou。
>
> 又如列表用变量值表示：
>
> set xl {a 1 2 3}
>
> linsert $xl 1 b c
>
> 返回 a b c 1 2 3 一行列表元素。
>
> 又如列表和插入元素都用变量值表示：
>
> set x {my name is zhou}
>
> set i lao
>
> linsert $x 3 $i
>
> 返回 my name is lao zhou 一行列表元素。

5.2.28　删除列表内容命令 lreplace 与给列表变量赋值命令 lappend

（1）删除列表内容命令 lreplace　lreplace 命令可删除列表中指定位置的内容，与添加命令正好相反。删除列表内容命令 lreplace 属于列表操作大类，指令格式：

> lreplace 列表 开始位置 结束位置

1）删除列表中指定范围的元素。如：

> lreplace {a b c 1 2 3} 2 4
>
> 返回 a b 3。

2）删除开始位置和结束位置相同的单个元素。如：

> lreplace {a b c 1 2 3} 2 2
>
> 返回 a b 1 2 3。删除一个元素。

3）不知道删除范围而报警。如：

> lreplace {a b c 1 2 3} 2
>
> 报警而不执行。

4）特殊指定范围。如：

> lreplace {a b c 1 2 3} 2 end-2
>
> 返回 a b 2 3。结束位置 end-2 指列表中倒数第二位索引号，删除 c 1。

（2）给列表变量赋值命令 lappend　lappend 命令将变量列表作为变量名，并向该变量名赋给指定内容的值。给列表变量赋值命令 lappend 属于列表操作大类，指令格式：

> lappend 变量名 指定内容

1）将变量列表赋值。如：

> lappend {a b c 1 2 3} QQ
>
> 返回 QQ。将列表 {a b c 1 2 3} 作为变量，并赋值 QQ。

2）给变量列表添加元素变成新的变量列表。如：

set xl {a b c 1 2 3}

lappend xl QQ

返回 a b c 1 2 3 QQ。添加的内容 QQ 成为新变量列表 a b c 1 2 3 QQ 的 QQ 元素。

5.2.29 列表检索命令 lsearch 与重序列表命令 lsort

（1）列表检索命令 lsearch 列表检索命令 lsearch 在列表中检索指定的元素，检索模式不同，返回的内容有所变化，需引起注意；如果没有查找到检索元素，返回 −1。带 l 的命令几乎都属于列表操作大类，故 lsearch 命令也属于列表操作大类，指令格式：

lsearch 检索模式 列表 检索元素

检索模式：

-glob 检索模式是可以省略的默认检索模式，常不写，检索列表中的第一个元素，返回查找到元素所在索引号。

-all 检索模式即查找列表中所有相同元素，返回各个相同元素所在索引号。

-inline 检索模式即查找列表中第一个相同元素，返回这个元素所在索引号。

-all -inline 检索模式即查找所有相关元素，返回查找到元素组成的新列表。

列表：置于大括号内的若干元素。列表可以先赋给变量，然后操作这个变量，书写形式更清晰，避免 lsearch 命令一行过长。

检索元素：要查找的元素。可以是独立元素、单词等，也可以用匹配符 *。

1）几种不同书写形式但意义相同的情况。

① 按部就班指令格式：

lsearch -glob {a b c 1 2 c 3} c

返回 2。-glob 检索第一个元素 c，所在索引号是 2。

② 省略默认检索模式 -glob：

lsearch {a b c 1 2 c 3} c

返回 2。省略了默认检索模式 -glob，还是检索第一个元素 c，所在索引号是 2。

③ 先把列表赋给变量，然后操作这个列表的变量值：

set x {a b c 1 2 c 3}

lsearch $x c

返回 2。列表中检索到第一个元素 c，所在索引号是 2。

2）用检索模式 -all 检索所有相同元素，返回各个相同元素所在索引号。如：

set x {a b c 1 2 c 3}

lsearch -all $x c

返回 2 5。第一个元素 c 的索引号 2，第二个元素 c 的索引号 5。

3）用检索模式 -inline 检索第一个元素，直接返回检索到的这个元素。如：

set x {my name is lao zhou}

lsearch -inline $x *m*

返回 my。尽管还有含 m 的单词 name，但它不是第一个元素，不在检索之列。同时说明检索元素可以用匹配符 *。

4）用检索模式 -all -inline 检索到所有相关元素，直接将它们返回成新的列表。如：

set x {my name is lao zhou}
lsearch -all -inline $x *m*
返回 my name。含有 m 的所有相关检索单词，都是被检索的对象并直接返回。

（2）重序列表命令 lsort　重序列表命令 lsort 可将列表中的元素重新排序后返回。指令格式：

lsort　排序方式　列表
排序方式：具体有多种排序方式。
-decreasing：把最大的排在前面，按字典方式从大到小排序。
-real：把列表元素看做实数后，从小到大排序。
-dictionary：不区分大小写并把元素嵌入的数字看作非负数处理排序。
-integer：把列表元素看作整数后，从小到大排序。
-unique：将列表中重复的元素只留一个、其他删除后，按字典方式从小到大排序。

① 按默认字典方式从小到大排序，如：

lsort {8 9 10 3 2 1}
返回 1 10 2 3 8 9。默认按字典方式排序，1 开始的在前面。

② 按字典方式 -decreasing 从大到小排序，如：

lsort -decreasing {8 9 10 3 2 1}
返回 9 8 3 2 10 1。把最大的放在前面，按字典方式从大到小排序，1 开始的在后面。

③ 按 -real 方式从小到大排序，如：

lsort -real {8 9 10 3 2 1}
返回 1 2 3 8 9 10。把列表元素看作实数后，从小到大排序。

④ 按不区分大小写 -dictionary 从小到大排序，如：

lsort -dictionary {8 9 10 3 2 1}
返回 1 2 3 8 9 10。

⑤ 把列表元素看作整数 -integer 后从小到大排序，如：

lsort -integer {8 9 10 3 2 1}
返回 1 2 3 8 9 10。

⑥ 将列表中重复的元素只留一个、其他删除后，按字典方式从小到大排序 _unique，如：

lsort -unique {8 9 10 3 2 1 9}
返回 1 10 2 3 8 9。

5.2.30　串转表命令 split 与表转串命令 join

（1）串转表命令 split　串转表命令 split 是把字符串转为列表的命令，即把字符串内容用指定的分隔符分开作为元素组成一个列表。指令格式：

split 字符串 分隔符
字符串：如果其中有空格分隔符，则保留空格及连接的字符，并置于大括号内作为一个独立元素，该大括号也是一个列表。
分隔符：是字符串中的一个字符，自己删除留下一个空格，从而把字符串割裂成列表的元素，返回列表。

① 字符串中无空格，如：

split abc2ef2g123 2

返回 abc ef g1 3。就是把字符串 abc2ef2g123 内容，用字符 2 被删除留下的空格分割开来，得到一个列表，就是返回结果。

② 字符串中有空格，如：

split {my name-is-lao-zhou} -

返回 {my name} is lao zhou。split 指令的字符串中需用大括号 {}，否则报警。{my name} 大括号，表示其内元素间原来就有空格，是一个列表独立元素。

又如：

set xl "ab, cd ef,g"

split $xl ,

返回 ab {cd ef} g。把字符串 ab, cd ef,g 设置为变量 x1 的值，用逗号分隔符分割这个变量值字符串。因 cd ef 中间有空格，返回时把它们放到大括号中作为一个独立元素，列表独立元素。

（2）表转串命令 join　表转串命令 join 将列表元素连接成字符串，与串转表命令 split 相反。指令格式：

join 列表 连接符

列表：含有元素的列表作为转换对象。

连接符：元素间的分隔符号。

示例 1：

join {C: ABC 123} /

返回 C:/ABC/123。列表有 C:、ABC 和 123 三个元素，连接符是 / 。

示例 2：

set xl {a b c 1 2 3}

join $xl =

返回 a=b=c=1=2=3。

示例 3：

set x {1 2 3}

set I [join $x +]

set xl [expr $I]

返回 6。给 x 变量赋值 {1 2 3}，把列表 {1 2 3} 用 + 号连接成字符串 1+2+3，计算字符串 1+2+3 等于 6 赋给变量 x1。

5.2.31　时间日期命令 clock 与时间日期变量 mom_date

（1）时间日期命令 clock　clock 命令是处理时间与日期的命令，以获取系统的当前时间与日期，且格式可以自己定义。

1）clock seconds。从新纪元开始一直到现在的时间，返回以秒为单位时间，这个时间因数字太大基本看不懂。

2）clock format。转换时间成想要的格式，指令格式：

clock format [clock seconds] 日期格式

clock format 把 [clock seconds] 时间转换成日期格式规定的方式表示时间，如年 - 月 - 日：

clock format [clock seconds] -format ″%y-%m-%d″

返回 22-06-16。日期格式还有很多：

%a：星期几，名字的缩写，如 Mon、Tue 等。

%A：完整的星期名，如 Monday、Tuesday 等。

%b：月份名字的缩写，如 Jan、Feb 等。

%B：完整的月份名字，如 January、February 等。

%d：日。

%j：一年中的第几天。

%m：月份，01-12。

%y：两位数字的年份，如 09。

%Y：四位数字的年份，如 2009。

%H： 24 小时制的时，00-23。

%I： 12 小时制的时，00-12。

%M：分，00-59。如：

clock format [clock seconds] -format ″%Y-%m-%d %H：%M″

返回 2022-06-16 20:09。

在 UG NX 后处理中可以定制 PB_CMD_date：

global a

set a [clock format [clock seconds] -format ″%Y-%m-%d %H：%M″]

MOM_ output_literal ″($a)″

后处理同样可得 2022-06-16 20:09。

%S：秒，00-59。

%nPM 或 AM：即 12 小时制的上午或下午。

%D：%m/%d/%y 日期，如 7/3/2015。

%r：%I：%M：%S %P 时间，如 09:45:30 am。

%R：H:M 时间，如 22:30。

%T：%H：%M：%S 时间。

%Z：时区，如＋0800。

（2）时间日期变量 mom_date mom_date 是 UG NX 后处理当前日期与时间的变量。可以写一个命令 PB_CMD_date：

global mom_date

MOM_output_literal ″($mom_date)″

得到的格式是：星期（英文缩写） 月（英文缩写） 日（数字） 时（24 小时制）:分：秒 年份（4 位数字），如：Fri Jun 17 04:10:41 2022

5.2.32 错误捕捉命令 catch 与错误产生命令 error

（1）错误捕捉命令 catch 错误捕捉命令 catch 用于捕捉错误，经常使用。如果脚本遇到错误，则 catch 将捕捉这个错误信息，但是不终止下面的命令执行。一般脚本发生错误后都会立即停止操作，可这个命令如果捕捉到错误就返回一个非 0 的整数值，如果没捕捉到错误就返回 0。

① 命令 unset 删除不存在的变量报警：

unset a

这是删除变量 a。如果变量 a 不存在，则出错报警 can't unset "a": no such variable a。

② 命令 catch 捕捉到错误信息返回 1：

catch {unset a}

返回 1。catch 命令捕捉到错误信息返回 1。

③ 命令 catch 没有捕捉到错误信息返回 0：

set a 123

catch {unset a}

返回 0。

④ 命令 catch 把捕捉到的错误信息存入变量：

catch {unset a} xl

puts $xl

返回 can't unset "a": no such variable a。变量 x1 存储捕捉到的错误信息中。x1 和 a 变量一样，不存在产生错误返回非 0 的数（可能是 1 也可能是 2，每个数都有对应的说明，见表 5-2），运行 puts $x1 输出 x1 的值就是得到的结果。这里变量 a 不存在，而变量 xl 存在不空保存着 can't unset "a": no such variable a，就是返回结果。

⑤ 命令 catch 没有捕捉到错误信息，存储变量 x1 空：

set a 123

catch {unset a} xl

puts $x1

返回 。返回空。

表 5-2　捕捉的返回值与捕捉错误命令

捕捉的返回值	说明	捕捉错误命令
0	正常，字符串给出返回值	不捕捉
1	错误。字符串给出错误描述	catch
2	return 命令被调用，字符串给出过程或 source 命令的返回值	catch, source, procedures
3	break 命令被调用，字符串为空	catch, for, for catch, while, procedures
4	continue 命令被调用，字符串为空	catch, for, for catch, while, procedures
其他	由用户或实用程序定义	catch

⑥ return 命令被调用返回字符串，catch 捕捉到字符串返回 2：

catch {return laozhou388} xl

返回 2。return 命令被调用返回 laozhou388；catch 捕捉到字符串 laozhou388 存入变量 xl，catch 命令返回 2。

⑦ return 命令被调用，catch 将 return 的返回值字符串存入变量：

catch {return laozhou388} xl

puts $xl

返回 laozhou388。catch {return laozhou388} xl 语句返回 2，puts $xl 语句返回 laozhou388，说明变量 xl 存储的是 laozhou388。

（2）错误产生命令 error　error 命令可产生一个错误。在脚本中如果想在某个位置终止操作并返回一个自己定义的错误信息，就可以用这个命令。如：

```
proc x1 {a b} {
set c [expr $a+$b]
if {$c>10} {error " 这两个数的和已经超过 10 了 "}
}
catch {x1 5 6} d
puts $d
```

返回 "这两个数的和已经超过 10 了"。x1 5 6 语句调用 proc 子程序，catch {x1 5 6} d 语句捕捉到错误信息返回 1，且将错误信息 "这两个数的和已经超过 10 了" 存储于变量 d 中，即是 puts $d 的输出结果。错误信息是由 if 语句中的 error 命令根据条件 {$c>10} 产生的。

5.2.33　打开命令 open 与关闭命令 close

（1）打开命令 open　打开命令 open 可打开一个文件或通道。如果文件名前的字符是 |，则打开通道，否则打开文件。open 命令打开文件时，返回供其他命令（gets、close 等）使用的文件标识。如果文件不存在，open 命令将新建文件并打开。指令格式：

```
open 文件名 方式
文件名：带路径带扩展名的打开或创建的文件名。
方式：有多种打开方式，如：
r：只读。不必写入即默认的打开方式。文件必须事先存在，如果不存在就报警。
r+：读写。这个文件必须事先存在，如果不存在就报警。
w：只写。如果有这个文件就打开且清空文件内容，如果没有就创建这个文件。
w+：读写。如果有这个文件就打开且清空文件内容，如果没有就创建这个文件。
a：只写。文件必须存在，并把指针指向文件尾。
a+：只读。如果文件存在，就把指针指向文件尾。如果文件不存在，就创建新的空文件。
RDONLY：用于变元 access 的 POSIX 的标志，打开用于读操作
```

open 命令返回一个字符串，用于标识打开的文件，如 filefea148。当调用别的命令（如 gets、puts、close) 对打开的文件进行操作时，可以使用这个文件标识符。此外，TCL 还有有三个特定的文件标识：stdin、stdout 和 stderr，分别对应标准输入、标准输出和错误通道，任何时候都可以使用这三个文件标识。

如命令 open 创建 / 修改文件：

```
set x1 [open E:/1.txt w]
puts $x1 zhou866
close $x1
```

打开 E:/1.txt 文件，如果不存在就创建这个文件，这里用了 w 只写的打开方式，但尚无文件内容。如果存在文件，TCL 显示标识。打开 E:/1.txt 文件后设为 x1 的值，puts 向 x1 变量（打开的文件）中写入 zhou866，无论是空白的还是原文件内容都写成了 zhou866；然后 close $x1 关闭这个文件，这一步必须有，否则内部打开文件关不掉。

结果：现在打开 E:/1.txt 文件，其内容就是 zhou866，表示已经把输出内容写到文件中

了，命令结束，不返回任何内容。

需要注意的是，定义变量 x1 是为了在打开的文件中 puts 写入内容、再 close 关闭文件。如果仅为了打开文件，执行 open E:/1.txt w 即可。

（2）关闭命令 close   关闭命令 close 可关闭 open 命令打开的文件，如果打开的文件不关闭，输出的内容就不会写入文件，也不能删除、重命名文件，因为它被软件占用，只有退出软件（如 tclsh）才能删除。open 命令打开的文件用 close 命令关闭后，才能正常操作。如：

> set x1 [open E:/1.txt w]：打开或创建文件 1.txt。
>
> close $x1：关闭文件 1.txt。

5.2.34　gets 命令

gets 命令是从通道读取一行内容。需先用 open 命令打开一个已知文件通道（通道指计算机内部打开，并非通常讲的用专业软件平台打开），然后用 gets 命令读取这个文件中的一行内容，且每执行一次 gets 命令就依次读取下一行内容。如果只指定一个参数，则只返回读取到的内容；如果还指定了第二个参数变量，则返回的是读取到的内容的字符总数，而把读取到的这行内容放在第二个参数变量中。指令格式：

> gets 参数
>
> gets 参数 变量
>
> 参数：打开着的文件，常为"open E:/ 带扩展名的文件名 w"，也可以把"open E:/ 带扩展名的文件名 w"作为一个变量的值进行读取。
>
> 变量：存储读取一行文件内容的变量。

例 5-25 已知一个文件及其存储路径 E:/1.txt，用 tcl 脚本工具测试 gets 命令读取该文件内容，但只能读取一行。

1）已知文件 E:/1.txt：

> qq
>
> 9451
>
> 49364

共有 3 行内容。

2）获取一行文件内容：

> gets [open E:/1.txt r]
>
> 返回 qq。无论执行多少次，每次都返回相同的第一行的内容，使用范围受到限制。

3）读取文件全部内容。参数"open E:/ 带扩展名的文件名 w"作为变量 a 的值进行 gets 读取，首先读取到第一行内容，返回第一行内容，以后每执行一次 gets 命令就依次读取下一行内容，需要的话读完为止，返回为空。

> set a [open E:/1.txt r]
>
> gets $a
>
> 返回 qq。用 open 命令打开 E 盘中的文件 1.txt 通道，用 set 命令赋给变量 a，自动返回一个 file…的字符串，然后用 gets 命令读取变量 a 的值 $a，首先读取到第一行 qq，所以返回的是 qq，以后每执行一次 gets 命令就依次读取下一行内容，需要的话读完为止，返回为空。

4）用两个参数读取文件内容。这时返回的意义完全不同，返回的是一行字符串的字符数量，不再是字符串内容。如这里返回 2，是 qq 字符串的两个字符数量，而不是 qq 了，不过 qq 将读取到的行内容存放到第二个参数变量 x1 中。

```
set a [open E:/1.txt r]
gets $a x1
puts $x1
```

返回 qq。gets 两个参数命令返回读取行的字符数量，执行一次返回下一行字符数量一次，同时第二个参数变量 x1 存储读取行的内容，与读取行的字符数量同时进行。必要时多次执行两个参数命令，直到读取完所有文件行为止。

例 5-26 已知文件 1.txt，从打开的文件 1.txt 中读取内容输出到另一个文件 2.txt 中。如果另一个文件 2.txt 不存在，则创建并写入内容；如果另一个文件 2.txt 已存在，则保留原内容，追加新内容。

```
set x [open E:/1.txt r]       ;# 打开 E 盘 1.txt
set m [open E:/2.txt w]       ;# 打开 E 盘 2.txt，没有就新建
while {[gets $x a] > 0} {puts $m $a}
close $x
close $m
```

返回：空。但原来没有文件 2.txt，现在创建了文件 2.txt，且内容同文件 1.txt。while 循环读取 1.txt 文件的内容，每循环一次就依次向下读取一行内容，然后将读取到的内容输出写入到 2.txt 文件中。这里 gets 命令读取 1.txt 文件的内容存放到变量 a 中，然后 puts 命令经通道 $m（即 open E:/2.txt w）输出 a 变量的值到 2.txt 文件中，直到读取内容完毕，也就是空为止。

5.2.35 命令列表命令 info commands 和变量列表命令 info globals

（1）命令列表命令 info commands   info commands 命令比较常用，它把当前所有的命令名作为一个列表返回，所有的命令指内部命令、扩展命令和 proc 创建的命令，这样就会返回很多别的地方执行过的命令名，也可以返回指定的命令名，便于观察。

1）返回所有命令格式：

```
info commands
返回：所有执行过的命令列表。
```

2）返回指定命令名格式：

```
info commands 命令名
如：info commands set
返回：存在 set 命令返回 set，不存在返回空。
```

3）返回匹配命令格式：

```
info commands *
* 可以匹配任何字符，所以 info commands * 和 info commands 返回内容相同，但 * 与指定字符匹配，
范围就小多了。
如：info commands i*
返回：存在以 i 开头的命令全部返回，不存在返回空。
```

4）llength 命令统计返回命令的种数。

统计返回所有命令名种数：llength [info commands]，存在返回种数，不存在返回空。

统计返回指定命令名：llength [info commands set]，存在返回 1，不存在返回空。

统计返回 * 匹配指定命令名种数：llength [info commands i*]，存在返回种数，不存在返回空。

（2）变量列表命令 info globals　info globals 命令与 info commands 命令的用法类似，只是前者返回全局变量列表。

5.2.36　列表循环赋值命令 foreach

foreach 命令是列表循环赋值命令，它把列表中的各个元素按顺序、一次赋给一个变量、执行一次脚本的模式，往复进行，直到列表中元素用完为止，命令结束。由于变量和列表的不同，foreach 有不同的指令格式。

（1）单列表给单变量循环赋值　指令格式：

> foreach 变量 列表 脚本
>
> 变量：单变量，即一个变量。
>
> 列表：带大括号的元素横式排列列表。
>
> 脚本：赋值后需要做后续事情的命令代码。
>
> 返回：回车一次，返回"行数＝列表中元素个数＝循环次数的竖式列表"。
>
> 如：foreach xy {a b c 1 2 3} {puts $xy}
>
> 六个元素依次"给变量 xy 赋值、执行 puts 脚本"六次连续循环，依次返回 a、b、c、1、2、3 六行竖式列表。
>
> 又如：foreach xy {″a b c″ ″1 2 3″} {puts $xy}
>
> 返回 a b c、1 2 3 两竖行，系 a b c、1 2 3 各循环一次所得。

（2）多列表给多变量循环赋值　指令格式：

> foreach 变量 1 列表 1 变量 2 列表 2 脚本
>
> 变量 1：第一个单变量。
>
> 列表 1：对应变量 1 的列表。
>
> 变量 2：第二个单变量。
>
> 列表 2：对应变量 2 的列表。
>
> 脚本：赋值后需要做后续事情的命令代码。
>
> 返回：循环一次，列表 1 按其元素先后次序赋一个元素给对应变量 1，列表 2 按其元素先后次序赋一个元素给对应变量 2，执行一次脚本，依次循环，直到最多的列表元素用完为止，命令循环，一次返回"行数＝循环次数的竖式列表"。如果列表元素数量不够给对应变量赋值，则相应的变量没值为空。
>
> 如：foreach x {a b c} y {1 2 3} {puts xy}
>
> 返回：第一次循环，列表 1{a b c} 中第一个元素 a 赋给变量 1 "x"，列表 2{1 2 3} 中第一个元素 1 赋给变量 2 "y"，执行脚本 puts xy，以此类推循环三次，一次返回 a1、b2、c3 共三行的竖式列表。
>
> 如：foreach x {a b c} y {1 2} {puts xy}
>
> 一次返回 a1、b2、c 共三行竖式列表。第三次循环，变量 y 没有得到赋值为空，保留列表 1 中的 c。

（3）列表给列表变量循环赋值　指令格式：

foreach 列表变量 列表 脚本

列表变量：第一个大括号中的列表元素都是变量，个数可以是一个或几个，一个变量时可以省略大括号，与上述相同成单变量。

列表：第二个大括号中的列表元素，是对应变量的值，数量不够分配时，相应变量为空。

脚本：赋值后需要做后续事情的命令代码。

返回：循环一次，列表元素分别给对应列表变量元素同时赋值，执行脚本一次，列表元素数量不够分配时，相应变量为空，共一次返回，且只返回一行，这一行是列表变量的值。如：

foreach {a b c} {1 2 3} {puts ab$c}，返回 123 一行，1、2、3 分别是变量 a、b、c 的值。

foreach {a b c} {1 2} {puts ab$c}，返回 12 一行，1、2 分别是变量 a、b 的值，变量 c 的值为空。

foreach {a b c} 1 {puts ab$c}，返回 1 一行。

foreach {a b c} {puts ab$c}，无列表，格式错误，发生报警。

foreach {a b c} {1 2} {puts $c}，返回空一行。1、2 分别赋给了变量 a、b，变量 c 空，故返回空行。

5.2.37 当前层号命令 info level 与外部程序调用命令 exec

图 5-18 子程序层级

（1）当前层号命令 info level   info level 属于返回 TCL 解释器状态的特殊命令之一，返回当前其他命令所处层号。

1）层。层有很多叫法，层栈、栈桢、栈桢层、框架 frame 等，层类似于手工编程的子程序嵌套。有了 proc 命令之后，才有分层的概念，层号越大，嵌套越多，层级越深。

2）返回当前层号。info level 命令可返回当前 proc 命令所处的层号，不带 # 号，最顶层返回 0，实际上指绝对 #0 层，是 proc 命令的上一层，即 proc 命令之外的所有代码。

例 5-27 三个命令 a、b、c 各处不同层级，如图 5-18 所示。

puts [info level] 读取本层层号后，puts 输出这个层号，返回 0 表示 puts 是顶层

proc a { } {

puts [info level] 脚本读取本层层号后，puts 输出这个层号，调用 a 返回 1，表示 proc 命令处于 1 层

}

proc b { } {

puts [info level] 脚本读取本层层号后，puts 输出这个层号 1，调用 b 返回 1

a   在 b 过程中调用 a 过程，a 在 b 之内调用，即 proc 内的 proc，处在第 2 层，调用 b 返回 2

c   在 b 过程中调用 c 过程，c 与 a 处于同一层（第 2 层），调用 b 返回 2。说明脚本也可以在调用命令之后。

}

proc c { } {

puts [info level] 脚本读取本层层号后，puts 输出这个层号 1，调用 c 返回 1

}

调用说明：

a：调用 a，返回 1。

b：调用 b，返回：

1：b 过程处在当前层层号 1，返回 1。

2：b 中调用 a，a 要求输出当前层层号 2，返回 2。

2：b 中调用 c，c 要求输出当前层层号 2，返回 2，与 a 处于同一层。

c：调用 c，返回 1。

（2）外部程序调用命令 exec　exec 属于系统相关命令，用来打开外部软件或软盘文件。外部软件指现操作软件之外的其他软件，如计算器、记事本等。指令格式：

盘符 / 路径文件夹…/ 文件名 . 扩展名

①打开计算器：

exec C:/Windows/system32/calc.exe

返回：打开计算机计算器。

②打开记事本：

exec C:/Windows/system32/notepad.exe

返回：打开计算机记事本。

③打开记事本文件 1：

exec C:/Windows/system32/notepad.exe C:/1.txt

返回：打开记事本文件 1。1.txt 文件事先存储在 C 盘根目录。

④UG NX 后处理完自动打开 VERICUT 仿真软件：

exec C:\Program Files\CGTech\VERICUT 8.2.1\windows64\commands\vericut.bat

5.2.38　层变量赋值命令 upvar 与层脚本命令 uplevel

（1）层变量赋值命令 upvar　层变量赋值命令 upvar 在函数外部可改变函数内部变量的值或者说函数内部可以访问或链接函数外部变量的值，这种穿透式的给不同层次上变量赋值的方法，非常灵活、方便，能达到随时调用不同层次上 proc 过程的目的。

具体的说，upvar 命令将 proc 过程中的变量与过程外的全局变量链接起来，以在过程外通过操控过程外的全局变量来间接操控过程内的局部变量，达到预期调用不同层次上过程的目的。upvar 命令有其复杂的指令样式：

```
…
set 过程外全局变量、过程外参数或其他 proc 过程的 { 其他过程局部变量 } set 参数
…
proc 本过程名称 { 本过程内局部变量 } {
upvar 层号 参数 局部变量
…
}
```

调用：

本过程名称　调用参数变量 = 过程外全局变量

过程外全局变量 / 过程外参数 / 其他过程局部变量：本 proc 过程外的全局变量等。

set 参数：过程外全局变量的值。

本过程名称：本 proc 过程名称。

本过程内局部变量：本 proc 过程第一对大括号中的变量。

层号：指定链接变量所在的层号。默认 1 层，即相对本 proc 过程的上一层，常省略不写。本例指 set 层即绝对 #0，绝对层号前要添加 #。层号必须有目的地选择，这里顺便强调一下绝对层和相对层的划分：

① 绝对层号 #。绝对层号 # 与调用 proc 子程序的指令无关，但与层级有关。

#0 层是绝对层号的顶层，是 proc 命令之外的所有代码行或者说没有用 proc 命令的代码行，全部是顶层 #0。

#1 绝对第一层，是第一级 proc 命令所处的层级，#1 绝对第一层由处在 #0 层的调用命令调用。

#2 绝对第二层，是第一级 proc 命令内调用的下级 proc 命令，#2 绝对第二层由处在 #1 绝对第一层的调用命令调用。

依次类推，proc 命令调用下一个 proc 命令越深即嵌套越多，绝对 # 层号越大，层级越低，绝对 # 层级表示从全局作用域向当前作用域下溯。

如主程序调用过程 proc C、proc C 调用 proc B、proc B 调用 proc A，这就组成了一个调用层次，对过程 proc A 来说，主程序是绝对 #0 层、过程 proc C 是绝对 #1 层、过程 proc B 是绝对 #2 层、过程 proc A 是绝对 #3 层（即脚本），如图 5-19 所示。

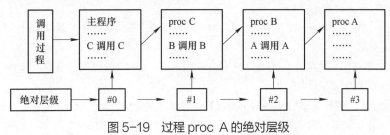

图 5-19 过程 proc A 的绝对层级

② 相对层号是数字。相对层号与当前 proc 命令所处层级比较，规定当前 proc 命令所处层级是相对 0 层。

1：上一层，是 proc 命令所处层的前一层，如本 proc 命令所处层是相对 0 层，它的上一层或前一层是相对 1 层，相对 1 层的 1 默认省略。

2：上二层。如 proc 1 调用 proc 2，proc 2 调用 proc 3，对 proc 3 来说，相对 2 层是调用 proc 1 这一层。

依此类推……可见相对层号表示从当前作用域上溯到相对层号指定的作用域。

如上述过程 proc A、proc B、proc C 调用层级的相对层级如图 5-20 所示。

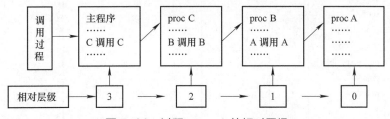

图 5-20 过程 proc A 的相对层级

参数：过程外全局变量给本过程内局部变量赋值的方法或本过程内局部变量链接过程

外全局变量的方法，这是 upvar 命令的关键。设定参数的方法：$ 本过程内局部变量。只有如此设定参数，upvar 命令内的局部变量才能自动接收到过程外全局变量的值，达到穿透赋值的目的。本 proc 过程中的本过程内局部变量作用就此结束，本 proc 过程脚本换用含有 upvar 命令行的局部变量才有意义。

局部变量：本 proc 过程内 upvar 行中的局部变量，局部变量不需要什么特殊字符，能作为变量的字符即可。

调用参数变量：与一般的 proc 过程调用参数不同，这里的调用参数必须是变量，而不能是数值，如果是数值参数会报警，且变量只能是过程外全局变量名称，这样就完全实现了通过操控过程外全局变量的值来穿透改变本过程内局部变量值的目的。

或者说，upvar 命令可以在过程中对全局变量或其他过程中的局部变量进行访问。upvar 命令的第一个参数是以引用方式访问的参数的名字，第二个参数是这个过程中局部变量的名称，一旦使用 upvar 命令把参数和局部变量绑定，那么在过程中对局部变量的读写就相当于对这个过程的调用参数变量所代表的局部变量的读写。图 5-21 所示为 upvar 命令概念性应用示例。

> set e 1 ；e 是过程外全局变量，1 是 set 参数。处于绝对 #0 层、相对 1 层
>
> set f 9 ；与本 proc 过程无关
>
> proc xl {v} { ；xl 是本 proc 过程名称，v 是本过程内局部变量。该命令及其脚本内的所有命令均处于绝对 #1 层、相对 0 层
>
> upvar $v b ；省略了相对层号 1，即与绝对 #0 建立联系，$v 是参数，b 是局部变量，自动取 e 的值即 $b=1，而不是 $b=$e=1，因为这个 e 是过程外的 e
>
> puts [expr $b+9] ；本 proc 过程脚本的主要内容，务必注意变量由 v 换成了 b
>
> puts $v ；输出 v 的值，用来检验 v 是什么？应该是过程外全局变量 e
>
> puts $b ；输出 b 的值，用来检验 b 是什么？应该是过程外全局变量 e 的 set 参数值 1
>
> } ；本 proc 过程第二对大括号的右括号。
>
> xl e ；这是调用本 proc 过程语句，e 是调用参数变量，是过程外全局变量。过程外全局变量不止一个，用哪个由用户根据需要选择。
>
> 返回 10、e 和 1 共 3 行。10 是 puts [expr $b+9] 的输出值，e 是 puts $v 的输出值，1 是 puts $b 的输出值。说明 v 链接了 e 即把 e 传给了 v，b 链接了 e 的值 1，达到了过程外全局变量 e 向 proc 过程内本过程内局部变量 v 赋值的目的。

如果调用语句改为"xl f"，其他都不变，返回结果如图 5-22 所示。

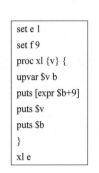

图 5-21　upvar 命令概念性应用示例　　　　图 5-22　更换调用参数变量

例 5-28 upvar 命令应用举例，如图 5-23 所示。

```
set a aa      ; #0 层
set b bb      ; #0 层
proc 2 {b} {  ; proc 2 过程，#1 层
upvar #1 $b c ; #1 层，转入操作 #1 层的 proc 2
puts [info level] ; proc 2 的脚本，输出当前层号，指 proc 2 所处
层号
puts $c  ; proc 2 的脚本，输出 $c，看看它与谁对应？proc 2 的脚
本或过程结束
proc 1 {a} {  ; proc 1 过程，#1 层
puts [info level] ; proc 1 过程脚本，输出 proc 1 过程当前层号
set b 123 ; proc 1 过程脚本，设定 #1 层内过程内局部变量 b，与 #0
层 set b bb 中的 b 不同层
2 b} ; 在 proc 1 中调用 proc 2，进入更深一层，即 #2 层，proc 1 结束
调用：
1 a ; #0 层，调用 proc 1 过程，用 set a aa 中的 a
```

图 5-23　1 a 调用 proc 1

一次返回 3 行结果，如图 5-23 所示。

1 ；执行 puts [info level]，输出 proc 1 过程所处层号 #1，注意 info level 表示绝对层号但不带 #，切忌不能与 upvar 的层号混淆，upvar 中的绝对层号必须带 #

2 ；第二层 proc 2 中，执行 puts [info level]，输出第二层层号。这个过程比较复杂，首先在 #1 层内定义了 set b 123，然后在 #1 层（proc 1）调用下一层即 #2 层 proc 2 且调用参数变量是 b，这个 b 就是由 upvar #1 确定的 set b 123 中的 b

若改为 #0 层，同样调用时用 1 a，则返回结果如图 5-24 所示。若改为 2 层，同样调用时用 1 a，则返回结果同图 5-25 所示。

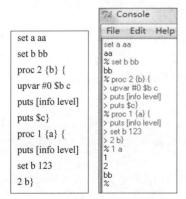

图 5-24　层号变为 #0，1 a 调用 proc 1

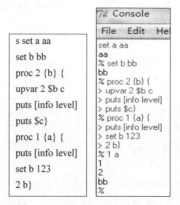

图 5-25　层号变为 2，1 a 调用 proc 1

例 5-29 upvar 命令应用又一例，upvar "绑定" 说法如图 5-26 所示。这个例子中，upvar 把 $arg（实际上是过程 myexp 中的变量 a）和过程 temp 中的变量 b 绑定，对 b 的读写就相当于对 a 的读写。

```
proc temp { arg } {
        upvar $arg b
        set b [expr $b+2]
}
proc myexp { var } {
        set a 4
temp a
        return [expr $var+$a]
}
myexp 7
```

图 5-26 upvar "绑定" 说法

（2）层脚本命令 uplevel 层脚本命令 uplevel 比较常用，属于控制结构命令之一，uplevel 可以在本层和不同的堆栈层中执行脚本命令，并不是传递参数。

要在上层（号小层）执行下层（号大层）的脚本，可以用 uplevel 命令，否则不可以直接调用下层里的脚本在上层执行。注意这里说的是层次，而不是当前层。具体的说，层脚本 uplevel 把脚本命令整体移入指定层号的层内执行。指令格式：

uplevel 层号 { 脚本命令 }
层号：移入的目标层号，1 可省略。
脚本命令：完整的具体 TCL 语句行。

例 5-30 上层 proc 1 调用下层 proc 2 的脚本命令 {set b 123}，如图 5-27 所示。

```
set b bb
proc 2 {b} {
uplevel #1 {set b 123}
puts [info level]}
proc 1 {a} {puts [info level]
2 b
puts $b}
1 a
```

图 5-27 层脚本命令 uplevel 应用举例

set b bb ；顶层 #0
proc 2 {b} {；proc 2 命令，处于 #1 层
uplevel #1 {set b 123} ；#1 绝对目标层号，这里就是本层即 proc 2 层，{set b 123} 脚本命令，传给本层 "proc 2" 使用
puts [info level]}；输出当前层号，返回 1，注意 info level 指当前绝对层号。命令 proc 2 结束
proc 1 {a} {puts [info level]   ；proc 1，处于 #1 层
2 b；proc 1 中调用 proc 2，深入 #2 层
puts $b} ；处于 #1 层，变量 b 是 {set b 123} 脚本命令中的 b，输出 $b 即 123，proc 1 结束
1 a; 调用
返回 1、2、123 共三行。

上例中，若删除 uplevel 命令行，即没有 uplevel 命令传递脚本命令，proc 1 中又没有定

义 b 变量，执行输出 b 变量的值时因找不到 b 而报警，如图 5-28 所示。

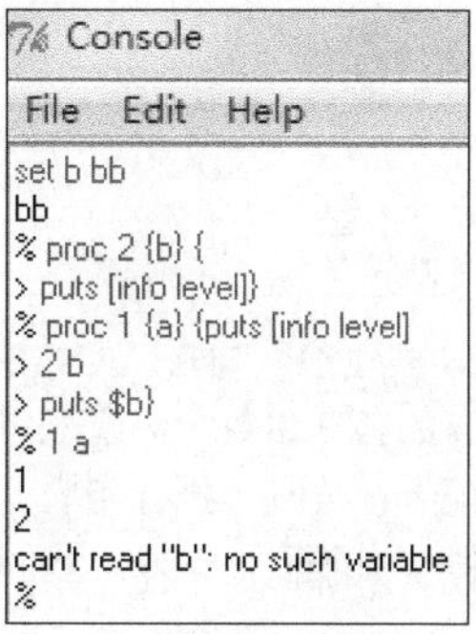

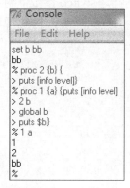

图 5-28　无层脚本命令 uplevel 时会报警

当然，如果在 puts $b 前增加 global b 就不会报警，如图 5-29 所示，但返回内容不同了。由于在顶层 #0 定义了 b 变量其值是 bb，在 #1 层 puts $b 前用的 global 声明了 b 变量是全局变量，就可以读出顶层 #0 变量 b 的定义值 bb，所以输出是 bb。

图 5-29　global 的作用

5.2.39　时间命令 time　和退出命令 exit

（1）时间命令 time　time 属于系统相关的命令，计算脚本运算次数的平均时间，单位为微秒。为达到同样的目的，每个人编写代码的方式可能不同，time 命令可以比较脚本执行的快慢，如加工时间等。指令格式：

time 脚本 次数

若不给次数，则默认 1 次。即用 time 命令测试脚本的运行速度。

如：time {expr 5*2+3} 100000

返回 0.18711 microseconds per iteration，即运行 100000 次，平均每次运行的时间和每执行一次命令返回的时间均不同，单位实在小。

（2）退出命令 exit　exit 也属于系统相关的命令，用它可关闭应用程序而退出。即在应用程序窗口，输入 exit →回车，关闭该应用程序窗口。

5.2.40　变量值匹配循环命令 switch

switch 属于系统相关的控制结构命令，是变量值匹配循环命令，匹配就是根据一个特定的参数，指定几个其他参数中的一个，执行指定参数中的脚本，返回这个脚本中最后一个命令的结果。switch 命令经常使用，如数学的多解题选一个答案。指令格式：

```
switch 参数 {
参数 1 { 脚本 1}
参数 2 { 脚本 2}
参数 3 { 脚本 3}
}
参数：要匹配的对象，其他参数与它匹配，它不变。
参数 n：提供给参数 n 的若干参数，但匹配得上的只有一个。
脚本 n：当参数 n 匹配上参数时，执行相应的脚本 n 命令。
```

注意：提供的参数 n 和脚本 n 在一对大括号内，每个脚本 n 又在自己的大括号内。switch 命令一般不会单独使用，常用于 proc 命令之中，以建立 proc 命令参数。proc 参数常是变量，如 x，switch 参数应该是 proc 参数（变量）的值 $x，switch 参数 n 应该是 n 个变量 a、b、c、…。选择 switch 参数 n 中任一个变量（如 a）作为 proc 命令调用参数 a，有 proc 命令参数 a、switch 参数 $a、switch 参数 n=a 的状态，不同地方的 a，实际上是同一个 a，这就是匹配。匹配的结果就是 switch 参数 n 对应脚本 n 的返回值。

例如，从 a、b、c 中选择一个，将其脚本返回结果作为变量 x 的值。

```
proc qq {x} {
switch $x {
a {set p 1}
b {set q 2}
c {set r 3}
}
}
```

proc qq 过程中有一个参数即变量 x，switch 命令要获得它的值 $x，提供了 a、b、c 三个参数及其脚本选项，若匹配得上，则其脚本返回值作为 $x；如果匹配不上，switch 命令结束，也不返回任何代码。这里用调用 qq 过程的参数来匹配，该参数直接用 a、b、c 中的一个即可，可见匹配是由调用参数决定的。

qq a 调用，参数 $x=$a，找到参数 1 "a" 变量，a 变量与 x 变量匹配，对应脚本 {set p 1} 的返回值 1 就是 $x=$a 的值，由于是脚本的返回值，所以脚本中变量 p 用何名称表示均可。

同理 qq b，返回 q 的值 2；qq c，返回 r 的值 3；qq d，找不到 d 不匹配，switch 命令结束，不返回任何代码。

应该说明，变量 a、b、c 即 switch 命令提供的参数 n，还可以用不同的匹配方式表示，如字符匹配 *、匹配一个字符 ?、任意通配字符 -glob，默认匹配方式 -exact（常省略）等。如：

1）* 仅当一个字符使用。

```
proc qq {x} {
switch $x {
a* {set p 1}
b* {set q 2}
cd {set r 3}
}
}
```

qq a 调用，$x=$a，参数 a*≠ 变量 a，故不匹配，* 只是一个字符，switch 命令结束，不返回任何代码。qq b、qq c 同理。

而 qq a* 调用，$x=$a*，调用参数 a*= 提供 a*（即参数 n），故匹配，执行对应脚本 set p 1，返回 p 的值 1。

2）-glob 当通配符使用而不是具体字符。

```
proc qq {x} {
switch -glob $x {
a* {set p 1}
b* {set q 2}
c {set r 3}
}
}
```

-glob 使其后各个参数 n 中的 * 成通配符，可以代替任意多少个任意字符，没有 -glob，* 仅代表一个任意字符。

qq a，$x=$a*，通配符 -glob 使 a* 成 a 开头的任意字符，故匹配，返回 1。

qq abc，$x=$abc，通配符 -glob 使 a* 成 a 开头的任意字符，有 abc=a*，故匹配，返回 1。

qq c，$x=$c，匹配，执行 set r 3，返回 r 的值 3。

qq b123，$x=$b123，通配符 -glob 使 b* 成 b 开头的任意字符，有 b123=b*，故匹配，返回 q 的值 2。

5.2.41　重新命名命令 rename

rename 命令用来更改命令名，这些命令包括 TCL 自带的内建命令和读者自定义的过程。指令格式：

```
rename 旧名称  新名称
旧名称：现用的命令名。
新名称：由原来的命令名称改成了新命令名称。
```

运行 rename，就将旧名称改成了新名称。以后再调用原来的命令就不能用旧名称，而应该用新名称。如果新名称是空字符串 {}，则 rename 取消这个旧命令，这一点需引起注意。如：

```
proc old {} {
puts "This is old function."
}
old；调用 old，返回 This is old function.
rename old new；将现用命令名 old 改成新命令名 new
old；试图再次调用 old，rename 命令失效，返回：invalid command name "old"
new；如果用新名称 new 调用，则返回正确：This is old function.
rename new {}；通过 rename 命令取消现用名表示的命令，这里现用名是 new，即 proc new {} { 命令
new；现用名 new 调用 proc new {} { 命令，已经不存在了，调用失效，返回：invalid command name
"new"
```

5.2.42　file 命令集

file 命令集用来检测文件系统中的文件信息和状态，有很多选项，这里仅介绍在程序名

中可能用到的两个组合选项。

（1）file rootname 命令组合选项　file rootname 命令用于返回不带扩展名的文件名，指令格式：

file rootname 文件名

（2）file tail 命令组合选项　file tail 命令用于返回最后一个路径组成部分，指令格式：

file tail 文件名

路径由盘符、若干文件夹、文件名称组成，最后一个组成部分指文件名称。

（3）file exists 命令组合选项　file exists 命令用于测试文件是否存在，指令格式：

file exists 文件名

如果存在文件名指定的文件，返回 1，否则返回 0。

（4）file rename 命令组合选项　file rename 命令用于修改文件名，指令格式：

File rename 文件名 1 文件名 2

把文件名 1 更名为文件名 2。

5.2.43　puts 打印输出

puts 用于打印输出指定内容，指令格式：

puts nonewline channelld 字符串

puts 将字符串输出到标准输出 channelld，且输出不换回 nonewline。nonewline 和 channelld 是选项。

5.2.44　regsub 字符串匹配和替换

把一个变量值中指定的字符串，替换成指定的另一个字符串，再将未替代部分和替代部分组成的新字符串全部存放到另一个变量之中，指令格式：

regsub 字符串1 $变量 1 字符串2 变量 2

字符串 1：被替换的、指定的字符串。

$ 变量 1：被替换的字符串所处的变量值之中。

字符串 2：指定的、要替换成的字符串，即用字符串 2 替换字符串 1，所谓的替换模式。

变量 2：存放变量 1 值中未替代部分和替代部分组成的新字符串的变量名。

例 5-31 用 regsub 进行字符串替换的简单例子。

set sample "Where there is a will,There is a way."

regsub "way" $sample "lawsuit" sample2

puts "New: $sample2"

返回：New：Where there is a will,There is a way.，如图 5-30 所示。

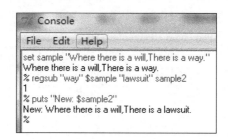

图 5-30　用 regsub 进行字符串替换举例

第6章

FANUC 系统随机换刀双转台五轴加工中心后处理

6.1.1 主体结构

（1）结构组成　主体结构主要指机床的机械结构，同一种主体结构可以选配多种数控系统。双转台五轴加工中心多是 X、Y、Z 三个直线轴加上 A、C 或 B、C 两个回转轴的五轴联动随机换刀加工中心。双转台中的一个是摆台即第四轴，绕 X 轴转动的是 A 轴、绕 Y 轴转动的是 B 轴，之所以称为摆台，因其旋转角度小于 270°；另一个是转台即第五轴，常是绕 Z 轴转动的 C 轴，可以整周旋转。五轴机床结构型式很多，双转台（摇篮式）是小型机床常见的结构型式之一。立式双转台五轴数控机床主体结构及坐标系统如图 6-1 所示。

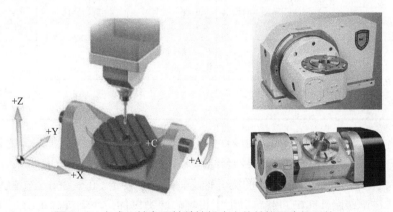

图 6-1　立式双转台五轴数控机床主体结构及坐标系统

（2）三个零点

1）机床零点。机床零点是机床坐标系的原点，常在三直线坐标行程极限处时的主轴端面回转中心（测量基点即双转台五轴控制点）上，若在转台台面中心更方便。机床零点是固定点，由机床厂设定。

2）四轴零点。四轴零点是第四轴摆台回转中心线和第五轴转台回转中心线的交点，四轴零点偏置值指四轴零点在机床坐标系中的三个直线坐标值。由于出厂装配调整精度等因素，必须实测四轴零点偏置值，然后在后处理时补偿，否则会造成系统加工误差。

3）五轴零点。五轴零点在第五轴转台台面回转中心，五轴零点偏置值指五轴零点在四轴坐标系中的三个直线坐标值，是五轴零点相对于四轴零点的偏置值。五轴零点位置也由机床厂精准装配确定，一般用户不能改变，但会有出厂误差，同样对加工精度有很大影响，需精准测量后在后处理时补偿。

（3）回转坐标轴锁紧功能　双转台旋转运动，或多或少都有间隙存在，刚度较差。定向加工时，最好有锁紧功能夹紧双转台固定不动，以提高加工精度；联动加工前，能自动松开。锁紧与松开，常用专门的 M 代码指令编程。

6.1.2　技术参数

机床主要技术参数决定其加工能力，也是定制后处理的数据资料。随机换刀双转台五轴加工中心主要技术参数见表 6-1。双转台五轴加工中心是在三轴的基础上，增加了四轴摆台和五轴转台。

表 6-1　随机换刀双转台五轴加工中心主要技术参数

项目	参数	项目	参数	项目	参数
转台	300mm×300mm	最小分度数	0.001°	第 4 轴中心到第 5 轴中心偏置	X/Y/Z：0
线性行程	X：720mm Y：510mm Z：460mm	快速移动速度	30m/min	进给速度	50 ～ 15000mm/min
角度行程	A：-120°～30° C：0°～360°	回转轴方向设定	正向（CCW）	旋转属性	A：线性旋转台型 C：EIA-360 绝对旋转台型，最短捷径
快速旋转速度	20000°/min	换刀装置	左侧挂盘式刀库机械手24把刀具	转台位置	居中
主轴转速	60 ～ 12000r/min			机床零点	X 最小行程极限位置，Y、Z 最大行程极限位置

仔细分析表 6-1 可能有误。如果角度行程 C 为 0～360°，则除不能加工长螺旋线类零件外，可能转台结构上还存在绞线问题；如果转台结构上不存在绞线问题，那么从机床研发角度来说，转台行程应为 ±9999… 形式、后处理的第五轴【轴限制】设定 C0～360° 与 EIA（360 绝对）旋转、最短捷径旋转属性匹配，就可以加工长螺旋线类零件，经调查确实如此且 C±99999.999 行程，A 也是 EIA（360 绝对）旋转。

双转台五轴机床是中小型机床的首选结构，工件沿两个方向旋转，主要加工小零件。5_axis 联动和 3+2_axis 定向加工是主要加工方式，5_axis 联动加工有两个目的：一是必须用5 个自由度（五轴）联动合成复杂的零件形状；二是为了改善切削性能，如避开球铣刀刀尖的零线速切削状态等。3+2_axis 定向加工是两个回转轴固定在所需空间方位不动，像三轴机床那样加工零件。

6.2　旋转轴超程处理

转台一般都能单方向无限旋转，常不存在超程问题，而摆台和摆头都在结构上有行程限制，故转不了 360°。后处理输出的程序，总是在【轴限制】设定的范围之内，但旋转轴不像线性轴那样超程报警就中断后处理，而是能继续完成后处理，但在即将要超程的临界程序段后，生成了一个突变逆转大角度的程序段，使刀具贴着工件大跨度旋转到行程范围之内，下一程序段才恢复正常程序状态，这是极其危险的，这样的程序切削工件时必出现质量、安全事故。如摆台的【轴限制】行程设定为 –120°～30°的 AC 双转台五轴铣床，在球体毛坯上加工螺旋线，后处理输出的一部分程序：

G90 … F250;

N75 X12.344 Y0.0　Z71.74　A29.588 C90;　　摆台 A 正转……

N76 X12.284 Y-1.946 Z71.687 A29.835 C81;　摆台 A 正转 0.247°，即将要超程 (超 A30) 的临界程序段，Z71.687 是超程临界点高度

N77 X11.917 Y-3.872 Z71.633 A-30.081 C252;　　刀具贴着工件，摆台 A 突变反转 59.916°大角度，旋转到行程范围之内，是极其危险的程序段

N78 X11.248 Y-5.731 Z71.579 A-30.328 C243;　摆台 A 反转 0.247°，反方向正常运行

N79 X10.288 Y-7.475 Z71.524 A-30.574 C234;　摆台 A 反转 0.246°，反方向正常运行

N80 X9.057　Y-9.057 Z71.469 A-30.821 C225;　摆台 A 反转 0.247°，反方向正常运行

……

后处理回转轴的配置对话框中的【轴限制违例处理】，如图 6-2 所示，不仅能自动提示旋转轴超程、输出报警信息，还有警告、退刀 / 重新进刀和用户定义三种处理超程的具体方法，从而使旋转轴在达到临界行程时能安全返回到行程范围内继续正常加工。

图 6-2　轴限制违例处理

6.2.1　警告

【警告】需与【输出设置】→【其他选项】→【输出警告信息】→【Warning File】/【NC Output】匹配才起作用，如图 6-3 所示。选择【Warning File】，后处理输出的程序没有变化，但多了一个与 NC 程序文件同时出现的报警文件 *warning.out，其中显示超程的详细报警信息供查看，空文件表示没有报警信息。

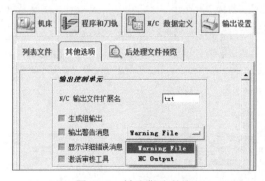

图 6-3　输出警告信息

高版本还可选择【NC Output】，在程序的超程位置直接显示报警信息。

上述两种警告方式都仅仅显示报警信息，并无具体处理办法，程序还是不能用于加工。

6.2.2 退刀/重新进刀

选择【退刀/重新进刀】，自动调用默认的 PB_CMD_init_rotary 命令，如图 6-4 所示。该命令在将要超程的临界程序段后，先以退刀移动速度沿刀轴方向退刀到设定的安全高度，后快速反转到行程范围内，再以逼近速度沿着新刀轴的相反方向逼近到进刀点，最后以进刀速度继续沿着新刀轴的相反方向工进到与工件接触，即重新定位到超程临界点，继续正常加工，这一系列都是自动动作。这里还以上面的刀轨为例，后处理选中【退刀/重新进刀】，输出程序：

G90···F250;

N75 X12.344 Y0.0 Z71.74 A29.588 C90; 同上 N75

N76 X12.284 Y-1.946 Z71.687 A29.835 C81; 临界程序段（超程临界点 Z71.687），同上 N76

N77 G00 Z81.687 M08; 新增程序段，沿刀轴方向快速退刀至安全高度 81.687= 原坐标高度 71.687+ 设定退刀安全高度 10

N78 G00 A-29.835 C261; 新增程序段，摆台 A 突变反转

N79 G01 Z71.887 F9999; 新增程序段，以逼近速度 F9999 沿新刀轴相反方向逼近到进刀安全高度 71.887= 原坐标高度 71.687+ 设定进刀安全高度 0.2

N80 Z71.687 F250; 新增程序段，以工进速度 F250 继续沿新刀轴相反方向进刀到原来高度 71.687，重新接触工件即重新定位到超程临界点 Z71.687

N81 X11.917 Y-3.872 Z71.633 A-30.081 C252; 恢复正常运行，同上 N77

N82 X11.248 Y-5.731 Z71.579 A-30.328 C243; 同上 N78

N83 X10.288 Y-7.475 Z71.524 A-30.574 C234; 同上 N79

N84 X9.057 Y-9.057 Z71.469 A-30.821 C225; 同上 N80

```
proc  PB_CMD_init_rotary  { }  {

#  mom_kin_retract_type -------- specifies the method used to
#                                calculate the retract point.
#                                The method can be of
#
#   DISTANCE : The retract will be to a point at a fixed distance
#              along the spindle axis.
#
#   SURFACE  : For a 4-axis rotary head machine, the retract will
#              be to a cylinder. For a 5-axis dual heads machine,
#              the retract will be to a sphere. For machine with
#              only rotary table(s), the retract will be to a plane
#              normal & along the spindle axis.
#
#  mom_kin_retract_distance --- specifies the distance or radius for
#                               defining the geometry of retraction.
#
#  mom_kin_reengage_distance -- specifies the re-engage point above
#                               the part.
#

set mom_kin_retract_type          "DISTANCE"
set mom_kin_retract_distance      10.0  ←退刀高度
set mom_kin_reengage_distance     .20   ←进刀高度
```

图 6-4 PB_CMD_init_rotary 命令一角

并且根据需要还可以在【程序和刀轨】的任意节点调用 PB_CMD_init_rotary 命令，修改参数值，mom_kin_retract_type 设定退刀类型（默认 DISTANCE）、mom_kin_retract_distance 设定退刀高度（默认 10）、mom_kin_reengage_distance 设定进刀高度（默认 0.2），然后关闭保存即可。退刀类型 DISTANCE 表示新的退刀高度 = 原坐标高度 + 设定退刀高度、新的进刀高度 = 原坐标高度 + 设定进刀高度，另一种退刀类型是 SURFACE，读者可以自行测试读解。

6.2.3　用户定义

选择【用户定义】后，【处理程序】亮显，才可以定制所要求的任意程序行，选择【用户定义】代替【警告】具有很多优势。

6.2.4　转台定位器偏置 G54.2 P*n*

所谓转台定位器偏置，是 FANUC 高版本特为四轴转台机床、五轴双转台机床设计的动态工件坐标系，即在转台所处的位置将工件的位置设为基准定位器偏置值，转台旋转后用其旋转角度自动计算出旋转后的定位器偏置值，并基于该值建立工件坐标系。这样无论转台处在哪个位置，都可以对应于该位置而动态地保持工件坐标系。在定位器偏置值上加上工件原点偏置值的位置，就成为工件坐标原点。后处理构造器中的 Fanuc_30i 以上系统才有转台定位器偏置功能，指令格式：

> G54.2 P*n*
> 其中，*n* 为基准定位器偏置值的编号，1 ～ 8 共 8 组。当 *n*=0 时，取消定位器偏置。

6.3　无 RPCP 功能随机换刀双转台五轴后处理器定制

对于同一台机床能达到后处理目的的具体方式因人而异，其定制方案多种多样，但基本架构还是比较接近的。

6.3.1　后处理器定制方案

1）用数字程序组名称表示程序号，限于用 4 位数表示程序号的 FANUC-0iF 系统前版。

2）自动判断是 3+2_axis 定向加工方式还是 5_axis 联动加工方式。

3）3+2_axis 定向加工时，夹紧双转台用 M10、M68 代码；5_axis 联动加工时，松开双转台用 M11、M69 代码。

4）随机省时换刀方式要求 T 代码选刀、M06 换刀，换刀条件是 G91 G28 Z0、M05、M09，换刀后立即加切削液，T 代码带刀具名称信息注释。

5）每一道工序的工序头为工序名称注释、输出动态工件坐标系 G54.2 P1、G90 绝对尺寸编程、松开双转台初始化分度回零、XY 自动初始化、自动判断 3+2_axis 定向加工夹紧双转台与自动判断 5_axis 联动加工松开双转台、无 RPCP 功能刀具长度补偿 Z 轴及主轴旋转初始化。

6）每一道工序结束时，Z 轴返回参考点、松开双转台分度回零、夹紧双转台。

7）添加程序尾：主轴停转、关闭切削液、主轴刀具换回刀库、在程序开头前显示加工时间。

8）刀轨中不用主从坐标系，而把加工坐标系 XM-YM-ZM 设置成局部坐标系，夹紧偏置的设置不做要求，输出及对刀仅用一个动态工件坐标系 G54.2 P1，并建立在转台台面中心适当高度位置。

9）刀轨中排布规律的工序，采用【变换】方式阵列，NC 程序中不用倾斜面加工指令。

10）更换刀具后不需要重新后处理，刀具补偿用 G43 H，定向加工的刀具半径补偿由【非切削移动】→【更多】→【刀具半径补偿】来控制。

6.3.2 新建后处理器文件

进入后处理构造器界面，单击【文件】→【新建】，填写【新建后处理器】对话框，如图 6-5 所示。FANUC-18iM 数控系统选用【FANUC-Fanuc_30i】，描述尽量详细些，在【文件】→【后处理属性】中也能看见。单击【确定】→【文件】→【保存】，保存为 5TTAC_F30_360G02_ran。选用 Fanuc_30i 的理由是，尽管 FANUC-18iM 没有 RTCP 功能，但有五轴计算功能、一些多轴加工 G 代码，这些功能在 Fanuc_6M 以下系统是没有的。

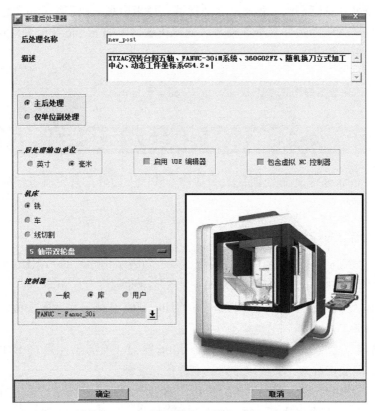

图 6-5　设置【新建后处理器】对话框

6.3.3 设置机床参数

（1）设置一般参数　单击【机床】→【一般参数】，设置【线性轴行程限制】为 X720/

Y510/Z460 →【移刀进给率】最大值为 30000，其余采用默认选项，如图 6-6 所示。

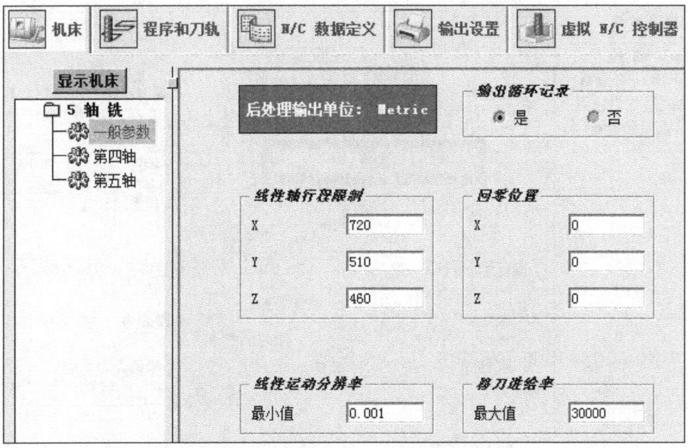

图 6-6　设置【一般参数】

（2）设置第四轴　单击【机床】→【第四轴】，【轴限制（度）】设为最小值 –120/
最大值 30，其余采用默认选项，【轴旋转】选择【法向】→【轴方向】选择【幅值决定方
向】→【机床零到第 4 轴中心】设为 X/Y/Z 偏置 0.0 →【旋转运动分辨率（度）】设为 0.001 →
【角度偏置（度）】设为 0.0 →【旋转轴可以是递增的】不勾选，如图 6-7 所示。

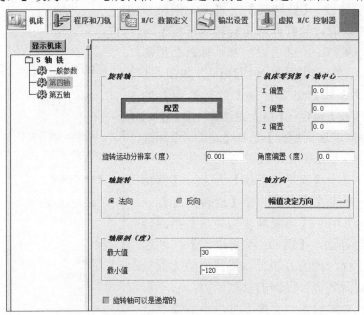

图 6-7　设置【第四轴】

（3）设置第五轴　单击【机床】→【第五轴】，【轴限制（度）】设为最小值 0/ 最大
值 360，【第 4 轴中心到第 5 轴中心】设为 X/Y/Z 偏置 0.0，其余采用默认选项，同【第四轴】
的设置，如图 6-8 所示。【第 4 轴中心到第 5 轴中心】偏置指五轴零点在以四轴零点为坐标
原点的坐标系中的坐标值，Z 轴偏置不影响，一般不需要设定；X 和 Y 轴偏置由制造误差
或碰撞干涉所致，需要设置。

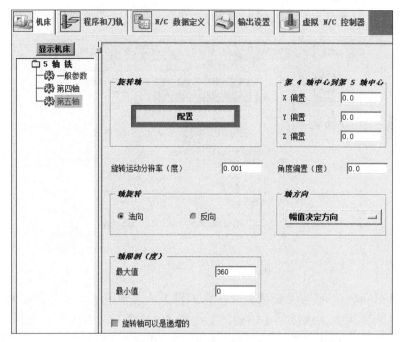

图6-8 设置【第五轴】

（4）配置旋转轴 【旋转轴】配置在第四轴、第五轴对话框中均有，且打开的【旋转轴配置】对话框是同一个，从哪一个进去设定都一样，公用部分意味着第四轴、第五轴的设定内容相同，如图6-9所示。设置【第5轴】加工台→【旋转平面】为XY→【文字指引线】为C→【最大进给率（度/分）】为20000→【轴限制违例处理】选择【退刀/重新进刀】，其余采用默认选项，即【第4轴】加工台→【旋转平面】为YZ→【文字指引线】为A→【枢轴距离】为0.0→【线性插值】选择【旋转角度】→【默认公差】为0.01。【轴限制违例处理】指旋转轴超程后的处理办法，【退刀/重新进刀】指超程后先退刀、后返程、再进刀加工。双转台的【枢轴距离】指主轴端面到转台台面的垂直距离，它不影响后处理，故没必要设定。更换刀具后不需要重新后处理。

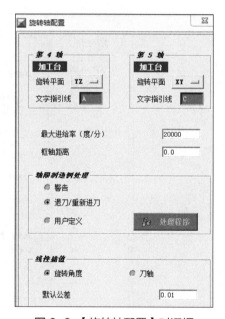

图6-9 【旋转轴配置】对话框

6.3.4 设置程序开始

设置程序开始，主要设定程序号。单击【程序和刀轨】→【程序起始序列】→【程序开始】，新增程序号命令PB_CMD_pro_number，用程序组名作为程序号，要求程序组名用小于9999的数字表示，其余两个都是保留的默认PB_CMD命令，设置结果如图6-10

所示。mom_attr_PROGRAMVIEW_PROGRAM_NUMBER 是纯数字值的程序组名作为程序号的变量。

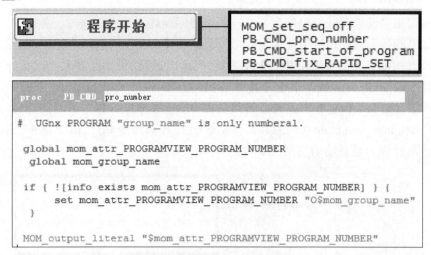

图 6-10　设置【程序开始】

6.3.5　设置刀轨开始

单击【工序起始序列】→【刀轨开始】，仅保留两个默认的 PB_CMD 命令，新增加工方式判断命令 PB_CMD_mfg_mode，目的是在 3+2_axis 定向加工、5_axis 联动加工前，输出双转台夹紧、松开指令，以提高定向加工刚度，如图 6-11 所示。

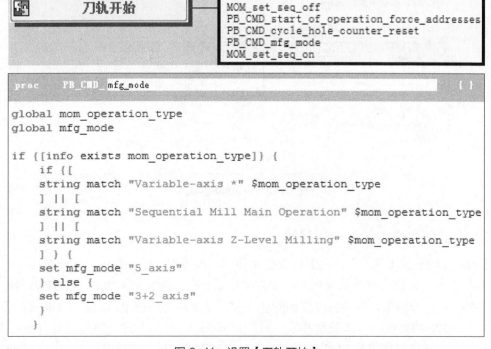

图 6-11　设置【刀轨开始】

6.3.6 设置随机换刀

随机换刀主要设置省时随机换刀方式，即在刀库预选下一把刀具时，主轴上的当前刀具可以正常加工的换刀方式。这牵扯【第一个刀具】和【自动换刀】两个标签，全部采用新命令，删除没有实际意义的【手工换刀】中的程序行，设置结果如图 6-12 所示。预选刀具命令 PB_CMD_pre_tool_number、下把刀具命令 PB_CMD_next_tool_number，两种刀具号后均带刀具名称备注信息（因创建刀具时，刀具名称中含有主要参数标志），换刀条件命令 PB_CMD_tool_exchange_condition（同前）、强制输出 H 代码命令 PB_CMD_tool_change_force_address，M06 换新刀后就输出切削液 M08。

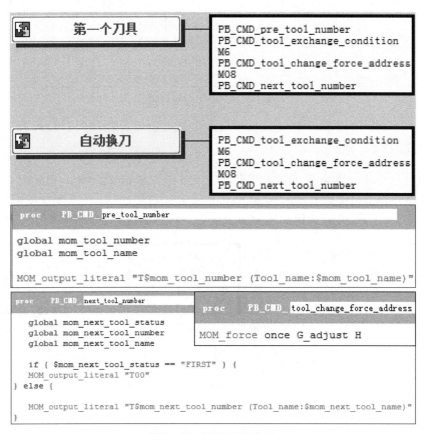

图 6-12 设置随机换刀

6.3.7 设置初始移动／第一次移动

【初始移动】和【第一次移动】内容完全相同，要设置初始化程序行的所有内容，包括工序名称注释（可提前到刀轨开始），工件坐标系代码，防止换刀条件中 G91 影响绝对编程的 G90，松开双转台，双转台分度初始化（前提是上道工序结束，刀具在 G91 G28 Z0 最高位置），XY 初始化，刀具长度补偿，判断定向／联动加工方式，输出双转台相应夹紧／松开指令，设置结果如图 6-13 所示。新增了工序名称【运算程序消息】（$mom_operation_ name）、动态工件坐标系代码 G54.2 P1、强制输出绝对尺寸编程 G90、夹紧松开命令 PB_CMD_output_machin，保留了四个默认 PB_CMD 命令和一个默认无 RPCP 功能的刀具长度补偿 G00 G43 H Z S M，分别是机床模式命令 PB_CMD_output_machine_mode、双转台松开命令 PB_CMD_output_unclamp_code(MOM_do_template caxis_unclamp 输出 M11、MOM_do_template caxis_unclamp_1 输出 M69)、强制输出刀长补 G 代码命令 PB_CMD_force_output 和初始位置命令 PB_CMD_output_init_position，将 G00 G43 H Z S M 程序行中任选 M、G43 和 H 修改成强制输出，防止加工不同工序时模态不输出转向指令，相同刀具加工不同工序也有完整的刀具长度补偿，这样尽管增加了程序长度，但各工序程序格式相同，十分清晰。注意 PB_CMD_output_machine_mode 中选择【MACHINE】方式是假五轴 G43 H Z 刀长补，选择【PART】方式是真五轴 G43.4 H Z 刀长补。

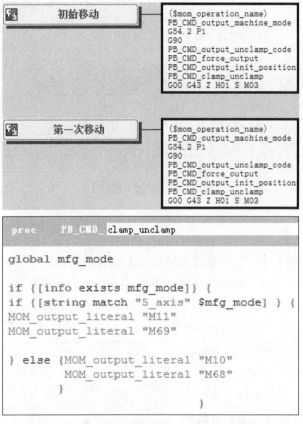

图 6-13　设置【初始移动】/【第一次移动】

6.3.8　设置运动

初始化程序段已经在【初始移动】/【第一次移动】中设定，在【运动】中设置所有切削程序段。删除【线性移动】中的 M08、增加 M03，并将 S 和 M03 两者任选；在【圆周移动】中增加 M03，并和 S 两者任选，特别强制输出 IJK，防止无效圆弧出现，本不应该强制，这可能是软件问题；包括【快速移动】在内，其他保持默认，设置结果如图 6-14 所示。

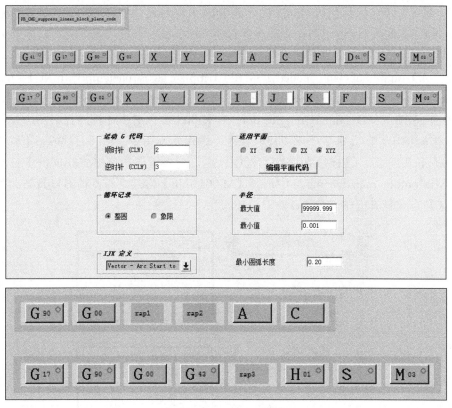

图 6-14 设置【运动】

6.3.9 设置刀轨结束

在【工序结束序列】中，仅设定【刀轨结束】标签，其他标签均保持默认空白状态，设置结果如图 6-15 所示。在【刀轨结束】中设定工序完成时的程序状态等，除默认刀轨结束命令 PB_CMD_end_of_path 和所有运动变量复位成零命令 PB_CMD_reset_all_motion_variables_to_

zero 外，先增加 G91 G28 Z0 返回参考点抬刀到最高位置，后增加 PB_CMD_clamp_unclamp_ude 判断是否要松开双转台，再将双转台旋转回零，最后输出双转台夹紧命令行 PB_CMD_output_clamp_code，并将其中默认的 PART 改成 AUTO，以输出 M10/M68。应该说明，在【刀轨结束】中，添加 PB_CMD_clamp_unclamp_ude 判断是否要松开双转台、G90 G00 A0.0 C0.0 为下道工序做准备，这样可靠性好，但弊端是可能会增加工序间不必要的双转台回零，造成出现多余动作，严重影响加工效率。

```
刀轨结束          PB_CMD_end_of_path
                  PB_CMD_reset_all_motion_variables_to_zero
                  G91 Z0.0 G28
                  PB_CMD_clamp_unclamp_ude
                  G90 G00 A0.0 C0.0
                  PB_CMD_output_clamp_code

proc     PB_CMD_clamp_unclamp_ude

global mfg_mode

if {[info exists mfg_mode]} {
if {[string match "5_axis" $mfg_mode] } {
return

} else {MOM_output_literal "M11"
        MOM_output_literal "M69"
  }
}
```

图 6-15 设置【刀轨结束】

6.3.10　设置程序结束

工序结束时，刀具已经在 G91 G28 Z0 位置，主轴停转 M05、关闭切削液 M09、主轴上的刀具换回刀库 M06、程序停止 M30，加工时间显示在程序号上一行，设置结果如图 6-16 所示。

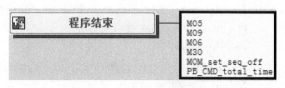

图 6-16　设置【程序结束】

6.3.11　其他设置

序列号开始值、增量值均设为 1，NC 输出文件扩展名设为 txt。

6.3.12　后处理验证

（1）后处理要求　5TTAC_F30_360G02_ran 后处理器，要求刀轨文件的加工坐标系 XM-YM-ZM 是除 CSYS 旋转外的任何坐标系，不设置夹具偏置；待后处理的工序必须在以纯数字命名的程序组名下，程序组名就是不带字母 O 的程序号，这样使用比较方便；刀轨中可以含有【变换】阵列刀轨，以简化、加快刀轨创建。以多形态复合体 .prt 刀轨文件后处理为例，如图 6-17 所示，专门为五轴加工而设计，含有二轴平面铣、三轴型腔铣、四轴径向环槽铣、五轴曲面铣、一轴孔加工固定循环等五轴加工所有刀轨，内容宽泛、代表性极强。如果定制的后处理器输出这类刀轨的 NC 程序没有问题，而且机床参数与现场具体机床一致，后处理器就应该正确无误，这也是本书的终极目标。

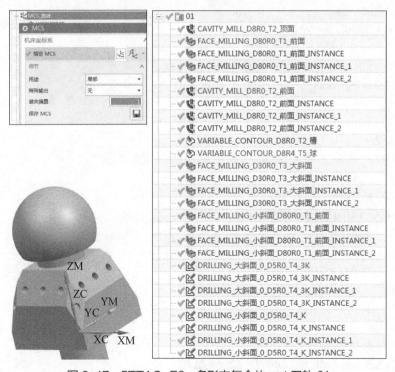

图 6-17　5TTAC_F6_ 多形态复合体 .prt 刀轨 01

（2）后处理与程序分析 【程序组】01，5TTAC_F30_360G02_ran 后处理器，得 5TTAC_F30_360G02_ran_G542 多形态复合体 01_ 变换程序：

(Total Machining Time : 133.51 min)

O01　01 程序号

N1 T2 (Tool_name:MILL_D8R0_Z2_T2)　选 ϕ8mm 键槽铣刀 T2

N2 G91 G28 Z0　换刀条件

N3 M09　换刀条件

N4 M05　换刀条件

N5 M6　换刀

N6 M08　工序开始，加切削液

N7 T1 (Tool_name:MILL_D80R0_Z8_T1)　预选 ϕ80mm 盘刀 T1

N8 (CAVITY_MILL_D8R0_T2_ 顶面)　工序名称

N9 G54.2 P1　动态工件坐标系，在转台中心适当高度，不能用 G54 等代替

N10 G90　绝对值编程

N11 M11　松开摆台

N12 M69　松开转台

N13 G00 A0.0 C0.0　双转台回零

N14 G90 X-28.064 Y-41.　XY 初始化

N15 M10　定向加工，夹紧摆台

N16 M68　定向加工，夹紧转台

N17 G43 H02 Z103. S3000 M03　无 RTCP 刀具长度补偿，Z 轴等初始化

N18 G17　G17 加工平面

N19 Z101.　安全平面

N20 G01 Z98. F300.　第一层进刀深度

……

N1724 G02 I-13.216 J29.691 K0.0

N1725 G01 X14.843 Y-33.346

N1726 Y-41.

N1727 Z73.

N1728 G00 Z103.

N1729 G91 Z0.0 G28　Z 向抬刀回零，准备结束定向加工工序

N1730 M11　松开摆台，准备回零

N1731 M69　松开转台，准备回零

N1732 G90 A0.0 C0.0　双转台回零

N1733 M10　夹紧摆台

N1734 M68　夹紧转台，第一道定向加工工序结束

N1735 G91 G28 Z0　换刀条件

N1736 M09　换刀条件

N1737 M05　换刀条件

N1738 M6　换刀

N1739 M08　第二道定向加工工序开始

N1740 T2 (Tool_name:MILL_D8R0_Z2_T2)　预选刀具

N1741 (FACE_MILLING_D80R0_T1_ 前面)　定向加工铣前面

N1742 G54.2 P1
N1743 G90
N1744 M11
N1745 M69
N1746 G00 A-90. C180.
N1747 G90 X0.0 Y46.4
N1748 M10
N1749 M68
N1750 G43 H01 Z36. S600 M03
N1751 Z33.
N1752 G01 Z30. F300.
N1753 Y40.
N1754 Y-70.
N1755 Y-76.4
N1756 Z33.
N1757 G00 Z36.
N1758 G91 Z0.0 G28
N1759 M11
N1760 M69
N1761 G90 A0.0 C0.0
N1762 M10
N1763 M68　定向加工铣前面结束
N1764 (FACE_MILLING_D80R0_T1_ 前面 _INSTANCE) 同一把刀具定向铣前面 INSTANCE
N1765 G54.2 P1
N1766 G90
N1767 M11
N1768 M69
N1769 G00 A-90. C270.
N1770 G90 X0.0 Y46.4
N1771 M10
N1772 M68
N1773 G43 H01 Z36. S600 M03
N1774 Z33.
N1775 G01 Z30. F300.
N1776 Y40.
N1777 Y-70.
N1778 Y-76.4
N1779 Z33.
N1780 G00 Z36.
N1781 G91 Z0.0 G28
N1782 M11
N1783 M69
N1784 G90 A0.0 C0.0

N1785 M10

N1786 M68　同一把刀具定向铣前面 INSTANCE 结束

N1787 (FACE_MILLING_D80R0_T1_ 前面 _INSTANCE_1)　同一把刀具定向铣前面 INSTANCE_1

⋮

N1810 (FACE_MILLING_D80R0_T1_ 前面 _INSTANCE_2)　同一把刀具定向铣前面 INSTANCE_2

⋮

N1826 G00 Z36.　工序结束，抬刀

N1827 G91 Z0.0 G28　工序结束

N1828 M11　工序结束

N1829 M69　工序结束

N1830 G90 A0.0 C0.0

N1831 M10　工序结束

N1832 M68　同一把刀具定向铣前面 INSTANCE_2 结束

N1833 G91 G28 Z0　换刀条件

N1834 M09　换刀条件

N1835 M05　换刀条件

N1836 M6　换刀条件

N1837 M08　加工开始

N1838 T5 (Tool_name:BALL_MILL_D8R4_T5)　预选刀具

N1839 (CAVITY_MILL_D8R0_T2_ 前面)　型腔定向铣前面

N1840 G54.2 P1

N1841 G90

N1842 M11

N1843 M69

N1844 G00 A-90. C180.

N1845 G90 X17.302 Y-51.362

N1846 M10

N1847 M68

N1848 G43 H02 Z33. S3000 M03

N1849 G01 Z31.059 F500.

N1850 Z28.059 F300.

N1851 X12.736 Y-51.361

N1852 X9.664

N1853 G02 X12.041 Y-52.8 I-9.664 J-18.639 K0.0

⋮

N2615 G02 X29.198 Y-55.826 I.225 J-4.847 K0.0

N2616 X30.43 Y-58.681 I-29.101 J-14.259 K0.0

N2617 G01 X31.838 Y-62.425

N2618 X35.487 Y-61.544

N2619 Z0.0

N2620 G00 Z33.

N2621 G91 Z0.0 G28

N2622 M11

N2623 M69

N2624 G90 A0.0 C0.0

N2625 M10

N2626 M68　型腔定向铣前面结束

N2627 (CAVITY_MILL_D8R0_T2_ 前面 _INSTANCE)　同一把刀具型腔定向铣前面 INSTANCE

N2628 G54.2 P1

N2629 G90

N2630 M11

N2631 M69

N2632 G00 A-90. C270.

N2633 G90 X17.302 Y-51.362

N2634 M10

N2635 M68

N2636 G43 H02 Z33. S3000 M03

N2637 G01 Z31.059 F500.

N2638 Z28.059 F300.

N2639 X12.736 Y-51.361

N2640 X9.664

N2641 G02 X12.041 Y-52.8 I-9.664 J-18.639 K0.0

⋮

N3403 G02 X29.198 Y-55.826 I.225 J-4.847 K0.0

N3404 X30.43 Y-58.681 I-29.101 J-14.259 K0.0

N3405 G01 X31.838 Y-62.425

N3406 X35.487 Y-61.544

N3407 Z0.0

N3408 G00 Z33.

N3409 G91 Z0.0 G28

N3410 M11

N3411 M69

N3412 G90 A0.0 C0.0

N3413 M10

N3414 M68

N3415 (CAVITY_MILL_D8R0_T2_ 前面 _INSTANCE_1)　同一把刀具型腔定向铣前面 INSTANCE_1

⋮

N4203 (CAVITY_MILL_D8R0_T2_ 前面 _INSTANCE_2)　同一把刀具型腔定向铣前面 INSTANCE_2

N4204 G54.2 P1

N4205 G90

N4206 M11

N4207 M69

N4208 G00 A-90. C90.

N4209 G90 X17.302 Y-51.362

N4210 M10

N4211 M68

N4212 G43 H02 Z33. S3000 M03

N4213 G01 Z31.059 F500.

N4214 Z28.059 F300.

N4215 X12.736 Y-51.361

N4216 X9.664

N4217 G02 X12.041 Y-52.8 I-9.664 J-18.639 K0.0

N4218 G01 X15.38 Y-55.138

⋮

N4984 G00 Z33. 同一把刀具型腔定向铣前面 INSTANCE_2 结束，抬刀

N4985 G91 Z0.0 G28　工序结束

N4986 M11　工序结束

N4987 M69　工序结束

N4988 G90 A0.0 C0.0　工序结束

N4989 M10　工序结束

N4990 M68　工序结束

N4991 (VARIABLE_CONTOUR_D8R0_T2_槽) 同一把刀具四轴联动加工槽开始

N4992 G54.2 P1

N4993 G90

N4994 M11

N4995 M69

N4996 G00 A-90. C180.

N4997 G90 X-3.839 Y-54.

N4998 M11　松开摆台，准备四轴联动加工

N4999 M69　松开转台，准备四轴联动加工

N5000 G43 H02 Z32.03 S0 M03

N5001 Z27.155

N5002 G01 X-3.774 Z26.262 F250.

N5003 X-3.512 Z25.405

N5004 X-3.065 Z24.628

N5005 X-2.458 Z23.971

N5006 X-1.719 Z23.464

N5007 X-.885 Z23.135

N5008 X0.0 Z23.

N5009 C175.47

N5010 C170.871

⋮

N5666 C184.442

N5667 C180.

N5668 X.886 Z15.135

N5669 X1.719 Z15.463

N5670 X2.458 Z15.969

N5671 X3.067 Z16.626

N5672 X3.513 Z17.402

N5673 X3.776 Z18.259

N5674 X3.842 Z19.152

N5675 Z20.83

N5676 G00 Z32.03

N5677 G91 Z0.0 G28

N5678 G90 A0.0 C0.0　四轴联动加工双转台一直处于松开状态，双转台直接回零

N5679 M10

N5680 M68　四轴联动加工槽结束

N5681 G91 G28 Z0　换刀条件

N5682 M09　换刀条件

N5683 M05　换刀条件

N5684 M6　换刀

N5685 M08　五轴加工球开始

N5686 T3 (Tool_name:T_CUTTER_D40R0_T3)

N5687 (VARIABLE_CONTOUR_D8R4_T5_ 球)

N5688 G54.2 P1

N5689 G90

N5690 M11

N5691 M69

N5692 G00 A0.0 C0.0

N5693 G90 X-3.227 Y2.344

N5694 M11

N5695 M69

N5696 G43 H05 Z104.53 S4000 M03

N5697 Z101.511

N5698 G01 X-3.148 Y2.287 Z100.621 F400.

N5699 X-2.91 Y2.114 Z99.775

N5700 X-2.527 Y1.836 Z99.015

N5701 X-2.016 Y1.464 Z98.38

N5702 X-1.403 Y1.019 Z97.901

N5703 X-.72 Y.523 Z97.603

N5704 X0.0 Y0.0 Z97.5

N5705 Y.403 Z97.499 A.33 C53.999

⋮

N8391 X-3.856 Y-63.05 Z1.093

N8392 G00 Z14.088

N8393 G91 Z0.0 G28

N8394 G90 A0.0 C0.0

N8395 M10

N8396 M68

N8397 G91 G28 Z0

N8398 M09

N8399 M05

N8400 M6

N8401 M08　定向面铣大斜面开始

N8402 T1 (Tool_name:MILL_D80R0_Z8_T1)

N8403 (FACE_MILLING_D30R0_T3_大斜面)　定向面铣大斜面

N8404 G54.2 P1

N8405 G90

N8406 M11

N8407 M69

N8408 G00 A-60. C180.

N8409 G90 X-44.112 Y-13.493

N8410 M10

N8411 M68

N8412 G43 H03 Z65.5 S800 M03

N8413 Z43.981

N8414 G01 Z40.981 F200.

N8415 X-40.912

N8416 X40.912

N8417 X44.112

N8418 Z43.981

N8419 G00 Z65.5

N8420 G91 Z0.0 G28

N8421 M11

N8422 M69

N8423 G90 A0.0 C0.0

N8424 M10

N8425 M68

N8426 (FACE_MILLING_D30R0_T3_大斜面_INSTANCE)　同一把刀具定向面铣大斜面 INSTANCE

N8427 G54.2 P1

N8428 G90

N8429 M11

N8430 M69

N8431 G00 A-60. C270.

N8432 G90 X-44.112 Y-13.493

N8433 M10

N8434 M68

N8435 G43 H03 Z65.5 S800 M03

N8436 Z43.981

N8437 G01 Z40.981 F200.

N8438 X-40.912

N8439 X40.912

N8440 X44.112

N8441 Z43.981

N8442 G00 Z65.5

N8443 G91 Z0.0 G28

N8444 M11

N8445 M69

N8446 G90 A0.0 C0.0

N8447 M10

N8448 M68

　N8449 (FACE_MILLING_D30R0_T3_ 大 斜 面 _INSTANCE_1)　 同 一 把 刀 具 定 向 面 铣 大 斜 面 INSTANCE_1

　　⋮

　N8472 (FACE_MILLING_D30R0_T3_ 大 斜 面 _INSTANCE_2)　 同 一 把 刀 具 定 向 面 铣 大 斜 面 INSTANCE_2

　　⋮

　N8488 G00 Z65.5　同一把刀具定向面铣大斜面 INSTANCE_2 结束，抬刀

　N8489 G91 Z0.0 G28　工序结束

　N8490 M11　工序结束

　N8491 M69　工序结束

　N8492 G90 A0.0 C0.0　工序结束

　N8493 M10　工序结束

　N8494 M68　工序结束

　N8495 G91 G28 Z0　换刀条件

　N8496 M09　换刀条件

　N8497 M05　换刀条件

　N8498 M6　换刀

　N8499 M08　工序开始

　N8500 T4 (Tool_name:MILL_D5R0_Z2_T4)　预选刀具

　N8501 (FACE_MILLING_ 小斜面 _D80R0_T1_ 前面)　定向铣小斜面 _ 前面

　N8502 G54.2 P1

　N8503 G90

　N8504 M11

　N8505 M69

　N8506 G00 A-70.529 C135.

　N8507 G90 X82.921 Y7.048

　N8508 M10

　N8509 M68

　N8510 G43 H01 Z53.833 S600 M03

N8511 Z47.

N8512 G01 Z44. F300.

N8513 X40.441

N8514 X-40.441

N8515 X-82.921

N8516 Z47.

N8517 G00 Z53.833

N8518 G91 Z0.0 G28

N8519 M11

N8520 M69

N8521 G90 A0.0 C0.0

N8522 M10

N8523 M68

N8524 (FACE_MILLING_ 小斜面 _D80R0_T1_ 前面 _INSTANCE)   同一把刀具定向铣小斜面 _ 前面 _INSTANCE

⋮

N8547 (FACE_MILLING_ 小斜面 _D80R0_T1_ 前面 _INSTANCE_1)   同一把刀具定向铣小斜面 _ 前面 _INSTANCE_1

⋮

N8570 (FACE_MILLING_ 小斜面 _D80R0_T1_ 前面 _INSTANCE_2)   同一把刀具定向铣小斜面 _ 前面 _INSTANCE_2

⋮

N8586 G00 Z53.833   同一把刀具定向铣小斜面 _ 前面 _INSTANCE_2 结束，抬刀

N8587 G91 Z0.0 G28   工序结束

N8588 M11   工序结束

N8589 M69   工序结束

N8590 G90 A0.0 C0.0   工序结束

N8591 M10   工序结束

N8592 M68   工序结束

N8593 G91 G28 Z0   换刀条件

N8594 M09   换刀条件

N8595 M05   换刀条件

N8596 M6   换刀

N8597 M08   工序开始

N8598 T00   预选 T00，最后一道工序

N8599 (DRILLING_ 大斜面 _0_D5R0_T4_3K)   钻大斜面 _3 孔

N8600 G54.2 P1

N8601 G90

N8602 M11

N8603 M69

N8604 G00 A-60. C180.

N8605 G90 X15. Y-20.981　第一孔

N8606 M10

N8607 M68

N8608 G43 H04 Z43.981 S4000 M03

N8609 G99 G81 Z25.981 F300. R43.981

N8610 X0.0　第二孔

N8611 X-15.　第三孔

N8612 G80

N8613 G91 Z0.0 G28　工序结束

N8614 M11　工序结束

N8615 M69　工序结束

N8616 G90 G00 A0.0 C0.0　工序结束

N8617 M10　工序结束

N8618 M68　工序结束

N8619 (DRILLING_ 大斜面 _0_D5R0_T4_3K_INSTANCE)　同一把刀具钻大斜面 _3 孔 _INSTANCE

$\vdots$

N8639 (DRILLING_ 大斜面 _0_D5R0_T4_3K_INSTANCE_1)　同一把刀具钻大斜面 _3 孔 _INSTANCE_1

N8659 (DRILLING_ 大斜面 _0_D5R0_T4_3K_INSTANCE_2)　同一把刀具钻大斜面 _3 孔 _INSTANCE_2

N8660 G54.2 P1

N8661 G90

N8662 M11

N8663 M69

N8664 G00 A-60. C90.

N8665 G90 X15. Y-20.981

N8666 M10

N8667 M68

N8668 G43 H04 Z40.981 S4000 M03

N8669 G99 G81 Z25.981 F300. R43.981

N8670 X0.0

N8671 X-15.

N8672 G80

N8673 G91 Z0.0 G28　工序结束

N8674 M11　工序结束

N8675 M69　工序结束

N8676 G90 G00 A0.0 C0.0　工序结束

N8677 M10　工序结束

N8678 M68　工序结束

N8679 (DRILLING_ 小斜面 _0_D5R0_T4_K)　钻小斜面 _ 孔

N8680 G54.2 P1

N8681 G90

N8682 M11

N8683 M69

N8684 G00 A-70.529 C135.

N8685 G90 X0.0 Y-14.142

N8686 M10

N8687 M68

N8688 G43 H04 Z50. S4000 M03

N8689 G99 G81 Z35. F300. R53.

N8690 G80

N8691 G91 Z0.0 G28

N8692 M11

N8693 M69

N8694 G90 G00 A0.0 C0.0

N8695 M10

N8696 M68

N8697 (DRILLING_ 小斜面 _0_D5R0_T4_K_INSTANCE)　同一把刀具钻小斜面 _ 孔 _INSTANCE

⋮

N8715 (DRILLING_ 小斜面 _0_D5R0_T4_K_INSTANCE_1)　同一把刀具钻小斜面 _ 孔 _INSTANCE_1

⋮

N8733 (DRILLING_ 小斜面 _0_D5R0_T4_K_INSTANCE_2)　同一把刀具钻小斜面 _ 孔 _INSTANCE_2

⋮

N8745 G91 Z0.0 G28　工序结束

N8746 M11　工序结束

N8747 M69　工序结束

N8748 G90 G00 A0.0 C0.0　工序结束

N8749 M10　工序结束

N8750 M68　工序结束

N8751 M05　程序结束

N8752 M09　程序结束

N8753 M06　主轴刀具换回刀库

N8754 M30　程序结束

不同刀具定向加工不同工序、相同刀具定向加工不同工序、不同刀具五轴加工不同工序、相同刀具五轴加工不同工序程序的每个连接环节，均符合设计要求。至于程序中个别文字位置可在【文字排序】中调整。

这里不用主从坐标系，而用一个工件坐标系编程，尽管程序的可读性差，但其优势在于，对于规律工序的【变换】阵列，其速度比用从坐标系创建工序快得多。

FANUC-6M 系统没有倾斜面功能，如果需要，用高版本定制工作量要少得多。

（3）VERICUT 仿真加工验证　在 VERICUT 环境下，制造规定参数的双转台随机换刀加工中心机床，选用 fan30im 数控系统（VERICUT 自带很多，可以直接调用），设定机床行程和干涉条件等，双转台选择 EIA 绝对旋转台型。导入程序，创建加工刀具，毛坯（与设计重合）安装在转台回转中心，即 XM-YM-ZM 坐标必须与转台回转中心重合，而高度方向不受影响。如果毛坯装偏，则必须实测偏心距，修改刀轨的 XM-YM-ZM 位置，重新后处理才能对刀（设计用于对刀，毛坯用于加工），【G- 代码偏置】为 1：工作偏置 -1- 从 Spindle 到 G54，仿真加工验证如图 6-18 所示，验证后处理程序完全正确。这里再强调一下，无 RPCP 功能的假五轴，XM-YM-ZM 坐标必须与转台回转中心在 XY 平面上重合，否则影响后处理，而刀具更换不影响后处理，VERICUT 仿真加工与在线实际操作加工成果相同。

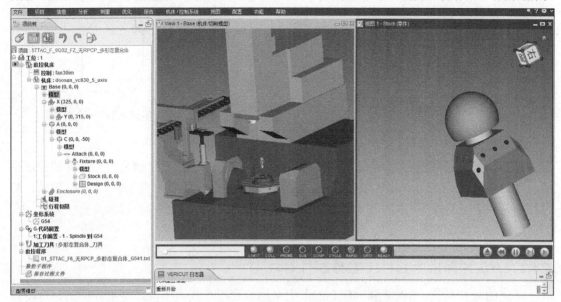

图 6-18　VERICUT 仿真加工验证

6.4　多轴加工数控功能

数控功能主要由数控系统决定，对多轴加工后处理来说，必须掌握数控系统的编程功能，特别是一些关于五轴编程的功能。

6.4.1　RPCP/RTCP 刀尖跟踪

RPCP 和 RTCP 都是刀尖跟踪编程功能。所谓刀尖跟踪（跟随），就是工件旋转、刀具旋转或工件和刀具都旋转各自角度后，为了维持与工件上旋转之前的接触点不变，必须自动计算三个线性坐标方向上的偏移量并进行补偿，使原来球刀接触点的刀位数据变成球刀刀位点的刀位数据。

如图 6-19 所示转台机床加工工件上的点 P，刀位点按直线坐标定位后，同时伴随工件旋转插补，即 A 轴旋转 θ 角。若工件旋转中心在刀位点 T_0，则不会引起偏移，如图中细双点画线所示；但若机床实际旋转中心在点 A_0，则会产生刀位偏移 Y_0 和 Z_0。

再如图 6-20 所示摆头机床加工工件上的 P 点，线性坐标定位伴随摆头矢量旋转 θ 角，刀位点到达 Q 点，让 Q 点加工 P 点（保持接触点相同），刀具绕球刀球心旋转 θ 角后产生偏移 Y_0 和 Z_0。

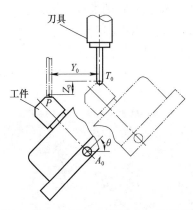

图 6-19　转台机床 RPCP 加工原理

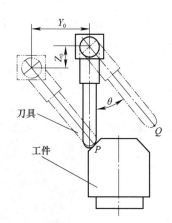

图 6-20　摆头机床 RTCP 加工原理

转台摆头机床的转台、摆头各自都会产生偏移 Y_0 和 Z_0。

RPCP 功能会自动计算和补偿转台机床的偏移 Y_0 和 Z_0，RTCP 功能会自动计算和补偿摆头机床的偏移 Y_0 和 Z_0，RPCP 和 RTCP 功能会计算和补偿转台摆头机床的偏移 Y_0 和 Z_0。补偿后与三轴机床的操作相同，简单方便，且程序中点的 X、Y、Z 坐标与刀位文件中的 X、Y、Z 坐标相同，直观清晰。

6.4.2　刀尖跟踪指令 G43.4/G43.5 与 G43

不同的数控系统，RPCP 和 RTCP 的刀尖跟踪编程指令代码不同，本章介绍的指令均指 FANUC 系统的。

后处理构造器中的 Fanuc_30i 以上系统才有 RPCP/RTCP 功能。刀具前端点控制 I 型是角度编程指令 G43.4，II 型是矢量编程指令 G43.5。指令格式与无刀尖跟踪刀具长度补偿指令 G43 类似：

> G00/G01 G43/G43.4/G43.5 H Z

其中，H 是刀具长度补偿代码，G43.4/G43.5 通过刀具长度补偿实现 RPCP/RTCP 功能。

顺便总结一下，G43 用于四轴以下、正交和非正交双转台假五轴联动刀具长度补偿；G43.4/G43.5 用于真五轴刀尖跟踪的刀具长度补偿，且 G43.4 比 G43.5 用得多，包括正交和非正交所有五轴机床，刀具补偿生效后，刀尖跟踪功能同时生效。车铣复合数控系统比较特殊，要看具体指令说明。

6.4.3　特性坐标系选择指令 G68.2 与刀具轴向控制指令 G53.1

这也是后处理构造器中 Fanuc_30i 以上系统才有的功能。特性坐标系选择指令 G68.2，就是通常讲的倾斜面加工指令，与刀具轴向控制指令 G53.1 联合使用，用于 3+2_axis 定向加工，使刀轴垂直于任意倾斜加工平面，形成类似于三轴加工姿态，这时不仅可以夹紧双转台提高刚度，还可以将特性坐标系原点与零件图样设计基准重合。在特性坐标系中，直接用图样尺寸编程，NC 程序的可读性好，程序校对十分方便，特别是孔位坐标与三轴程序一样，一目了然，这是 G68.2、G53.1 的最大好处。G68.2、G53.1 常用于 3+2_axis 定向加工，在主坐标系下建立从坐标系，从坐标系就用特性坐标系，从坐标系即局部坐标系，【特殊输出】

设置成【CSYS】，【夹具偏置】与主坐标系一样，无论设置成多少，都不再输出。

G68.2 是非运动性 G 代码，仅计算存储。这样指令：

创建特性坐标系：G68.2 X*x* Y*y* Z*z* I*α* J*β* K*γ*

刀轴控制：G53.1

取消特性坐标系：G69

取消刀轴控制：G53

x、*y*、*z*：特性坐标系原点在主坐标系中的绝对坐标值。如果省略 X、Y、Z，特性坐标系的原点即为主坐标系的原点。

α、*β*、*γ*：特性坐标系的欧拉角。规定旋转轴顺序为 Z、X、Z，即主坐标系绕 Z 轴转 *α* 角，转后结果再绕 X 轴转 *β* 角，转后结果再绕 Z 轴转 *γ* 角。如果省略了 I、J、K，则 *α*、*β*、*γ* 视为 0，特性坐标系与主坐标系同方向平移了 *x*、*y*、*z*，没有旋转。

G53.1：刀轴控制指令、单程序段指令，必须位于 G68.2 下一行，不能隔行编程。G53.1 是运动指令，自动控制刀轴原地转动到与特性坐标系平面 XY 垂直，成为 +Z 方向，即 +Z 轴为特性坐标系编程的刀轴方向。G53.1 转动刀轴时，可能需要大回转空间，要特别防止碰撞干涉。

6.4.4 坐标旋转变换方式 G68 ～ G69

G68 是坐标旋转变换指令，在三轴加工中，G68 可实现二维坐标变换；在多轴加工中，G68 可实现坐标旋转和平移的三维变换，在工件的任意平面上能轻松运用 G02、G03、钻循环等命令，用于定向加工，指令格式：

G68 X Y Z I J K R

I/J/K：分别代表绕 X/Y/Z/ 轴旋转的矢量，没有 I/J/K/ 二维坐标变换。

R：旋转角度。

G69 可取消 G68。

G68 不控制刀轴，不及 G68.2 功能强大，但可以简化编程，坐标旋转后，可以在平面上编程。手工编程用得多，多轴加工用得不多。

6.5 有 RPCP 功能双转台五轴后处理器定制

有 RPCP 功能即真五轴双转台机床后处理，工件无论安装在转台的什么位置，都不需要重新后处理，其操作同三轴机床，这是它的最大优点或存在的目的。

6.5.1 后处理器定制方案

1）用数字程序组名称表示程序号，限于用 4 位数表示程序号的 FANUC 系统。

2）自动判断是 3+2_axis 定向加工方式还是 5_axis 联动加工方式。

3）3+2_axis 定向加工时，夹紧双转台用 M10、M68 代码；5_axis 联动加工时，松开双转台用 M11、M69 代码。

4）随机省时换刀方式，要求同无 RPCP 功能。

5）每一道工序添加工序头：工序名称注释、输出动态工件坐标系 G54.2 P1、G90 绝对尺寸编程、松开双转台初始化分度回零、XY 自动初始化、自动判断 3+2_axis 定向加工夹紧双转台与自动判断 5_axis 联动加工松开双转台。同前，初始化分度回零可以不添加。

6）有 RPCP 功能输出刀具长度补偿 G43.4 H Z 或 G43.5 H Z 及主轴旋转初始化。

7）刀轨中用主从坐标系，夹紧偏置的设置不做要求，输出及对刀仅用一个动态工件坐标系 G54.2 P1，从坐标系用局部坐标系旋转 CSYS 的定向加工，工件坐标系用 G68.2、G53.1，刀具长度补偿用 G43 H Z。

8）主从坐标系中可以【变换】阵列工序，从坐标系中不可以。

9）每一道工序添加工序尾：Z 轴返回参考点、松开双转台分度回零、夹紧双转台。同前，初始化分度回零可以不添加。

10）添加程序尾：主轴停转、关闭切削液、主轴刀具换回刀库、在程序开头前显示加工时间。这里也可以添加初始化分度回零，取代在工序结束中添加。

6.5.2 FANUC-30i-advanced 后处理器定制架构分析

弄清楚 UG NX 对 FANUC-30i-advanced 系统后处理器定制架构，对其他系统、其他主体结构机床的五轴后处理也十分有益。

（1）判断是 5_axis 联动加工还是 3+2_axis 定向加工的变量 dpp_ge(toolpath_axis_num)

1）当变量 dpp_ge(toolpath_axis_num) 的值为 5 时，是 5_axis 联动加工。

2）当变量 dpp_ge(toolpath_axis_num) 的值为 3 时，是 3+2_axis 定向加工。

这两个变量在 proc DPP_GE_DETECT_TOOL_PATH_TYPE 的 set 中，而 proc DPP_GE_DETECT_TOOL_PATH_TYPE 是在【初始移动】/【第一次移动】的 PB_CMD_detect_tool_path_type 中调用的。

首先看主程序 PB_CMD_detect_tool_path_type，如图 6-21 所示。

```
proc      PB_CMD_detect_tool_path_type                                    { } {

# Detect tool path type, assign value for dpp_ge(toolpath_axis_num), it can be "3" or "5"
 DPP_GE_DETECT_TOOL_PATH_TYPE

# If user use UDE to define tool path type, reassign the dpp value according to the ude variable.
 if {[info exists mom_ude_5axis_tool_path] && $mom_ude_5axis_tool_path == "YES"} {
    set dpp_ge(toolpath_axis_num) "5"
 } elseif {[info exists mom_ude_5axis_tool_path] && $mom_ude_5axis_tool_path == "NO"} {
    set dpp_ge(toolpath_axis_num) "3"
```

图 6-21　判断是 5_axis 还是 3+2_axis 变量设定

其次从 *.tcl 中看 proc DPP_GE_DETECT_TOOL_PATH_TYPE 脚本：

```
#=================================================
proc DPP_GE_DETECT_TOOL_PATH_TYPE { } {
#=================================================
# This procedure is used to set dpp_ge(toolpath_axis_num)
global dpp_ge
if {[DPP_GE_DETECT_5AXIS_TOOL_PATH]} {
set dpp_ge(toolpath_axis_num) 5
} else {
set dpp_ge(toolpath_axis_num) 3
}
}
```

从脚本来看，变量 dpp_ge(toolpath_axis_num) 的值实际由判断是否为 5_axis 联动加工的重要命令 DPP_GE_DETECT_5AXIS_TOOL_PATH 的返回值决定。返回值是 1，变量值是 5；返回值是 0，变量值是 3。

再从 *.tcl 中看 proc DPP_GE_DETECT_5AXIS_TOOL_PATH 命令脚本：

```
#=======================================
proc DPP_GE_DETECT_5AXIS_TOOL_PATH { } {
#=======================================
global mom_tool_axis_type
global mom_tool_path_type
global mom_operation_type
if { ![info exists mom_tool_axis_type] } {
set mom_tool_axis_type 0
}
if {![info exists mom_tool_path_type]} {
set mom_tool_path_type "undefined"
}
if {[DPP_GE_DETECT_HOLE_CUTTING_OPERATION]} {
return 0
} elseif { ($mom_tool_axis_type >=2 && [string match "Variable-axis *" $mom_operation_type]) ||\
![string compare "Sequential Mill Main Operation" $mom_operation_type] || \
([string compare "variable_axis" $mom_tool_path_type] && ![string match "Variable-axis *" $mom_operation_type])} {
return 1
} else {
return 0
}
}
```

这个脚本首先判断工序是否为孔系加工 DPP_GE_DETECT_HOLE_CUTTING_OPERATION，如果是孔系加工，则立刻返回 0。因为孔系加工一定是定向加工，不可能是五轴联动加工。如果不是孔系加工，则依据 UG NX 的工序名称判断：如果 UG NX 工序是可变轴轮廓铣（Variable-axis）、顺序铣（Sequential Mill）等，返回值就是 1，否则是 0。

（2）设定三个重要参数　当判断出工序是 5_axis 联动加工还是 3+2_axis 定向加工之后，需设定 dpp_ge 三个重要参数：

```
dpp_ge(sys_coord_rotation_output_type)
dpp_ge(sys_tcp_tool_axis_output_mode)
dpp_ge(sys_output_coord_mode)
```

这三个参数关系到 5_axis 联动加工还是 3+2_axis 定向加工的编程方式，在【程序开始】的第一行，用 PB_CMD_customize_output_mode 命令设定，如图 6-22 所示。

```
proc   PB_CMD_customize_output_mode                                        { }   {

## dpp_ge(sys_coord_rotation_output_type)
## "WCS_ROTATION"  G68
## "SWIVELING"     G68.2

## dpp_ge(sys_tcp_tool_axis_output_mode)
## "AXIS"    output the rotation angle of axis (G43.4)
## "VECTOR"  output tool axis vector(G43.5)

## dpp_ge(sys_output_coord_mode)
## "TCP_FIX_TABLE"    use a coordinate system fixed on the table as the programming coordinate system
## "TCP_FIX_MACHINE"  use workpiece coordinate system fixed on machine as the programming coordinate system

# Do customization here to get different output
  set dpp_ge(sys_coord_rotation_output_type) "SWIVELING"
  set dpp_ge(sys_tcp_tool_axis_output_mode) "AXIS"
  set dpp_ge(sys_output_coord_mode) "TCP_FIX_TABLE"; #this variable will be force changed to "TCP_FIX_TABLE"
                                           in postprocessor if dpp_ge(sys_tcp_tool_axis_output_mode) is set to "VECTOR"
  global mom_kin_read_ahead_next_motion
  set mom_kin_read_ahead_next_motion TRUE
  MOM_reload_kinematics
```

图 6-22　设定 dpp_ge 三个重要参数

dpp_ge(sys_coord_rotation_output_type) 是 3+2_axis 定向加工代码 G68 和 G68.2 的设置参数，其值是 SWIVELING 表示使用 G68.2，其值是 WCS_ROTATION 表示使用 G68。

dpp_ge(sys_tcp_tool_axis_output_mode) 是 5_axis 联动加工代码 G43.4 和 G43.5 的设置参数，其值是 AXIS 表示使用 G43.4，其值是 VECTOR 表示使用 G43.5。

dpp_ge(sys_output_coord_mode) 是编程坐标系的设置参数，其值是 TCP_FIX_TABLE 表示用工件坐标系作为编程坐标系，其值是 TCP_FIX_MACHINE 表示用机床坐标系作为编程坐标系。

（3）定向加工的源代码分析　在判断出工序是 3+2_axis 定向加工之后，FANUC 系统的倾斜面定位的程序格式是：

G68.2 X Y Z I J K
G53.1

完成这个旋转角度 IJK 计算的核心函数是 DPP_GE_COOR_ROT，该函数有一个输入参数和三个输出参数。

一个输入参数是 ang_mode，表示三个旋转角度的旋转方式，其中"ZXY"表示先绕 Z 轴旋转，再绕 X 轴旋转，最后绕 Y 轴旋转。ang_mode 变量值见表 6-2。

表 6-2　ang_mode 变量值

数控系统	ang_mode 变量值	角度属性
FANUC	ZXY	欧拉角
西门子	XYZ	空间角
海德汉	ZYX	空间角

三个输出参数分别是 rot_angle、coord_offset 和 pos：

rot_angle 表示旋转角度数值，即 G68.2 代码行中的 IJK 数值。

coord_offset 表示线性轴的偏置值，即 G68.2 代码行中的 XYZ 数值。

pos 表示当前编程坐标系原点在机床坐标系下的坐标值。

这些参数最终被封装在重要命令 PB_CMD_check_block_swiveling_coord_rot 中，单击【初始移动】/【第一次移动】→双击【G68.2…】→右击蓝框，然后单击【输出条件】→【编辑…】，进行查阅，如图 6-23 所示。

```
proc    PB_CMD__check_block swiveling_coord_rot                              [ ]  {

  global dpp_ge
  global mom_pos

  if {$dpp_ge(toolpath_axis_num)=="3" && $dpp_ge(sys_coord_rotation_output_type)=="SWIVELING"} {
    set dpp_ge(coord_rot) [DPP_GE_COOR_ROT "ZXZ" angle offset pos]
    if {[string compare "NONE" $dpp_ge(coord_rot)]} {
      for {set i 0} {$i<3} {incr i} {
        if {[info exists offset]} {
          set dpp_ge(coord_offset,$i) $offset($i)
        }
        if {[info exists angle]} {
          set dpp_ge(coord_rot_angle,$i) $angle($i)
          set dpp_ge(prev_coord_rot_angle,$i) $angle($i)
        }
        if {[info exists pos]} {
          set mom_pos($i) $pos($i)
        }
      }
      MOM_reload_variable -a mom_pos

      # Generate rotary axis angle, but don't output to file. Hence, if tool axis doesn't change, rotary axis
      # won't output. It has the same effect as MOM_disable_address under 3+2 condition.
      MOM_do_template three_plus_two_suppress CREATE
      return 1
    } else {
      return 0
    }
  } else {
    return 0
  }
```

图 6-23　设定一个输入参数和三个输出参数

（4）五轴联动加工的源代码分析　在判断出工序为 5_axis 联动加工之后，即支持 RTCP 功能。FANUC 系统的 RTCP 功能代码格式：

G43.4 H 或者 G43.5 H　（H 为刀具长度补偿代码）

前面已用变量 dpp_ge（toolpath_axis_num)=5 来表示工序为 5_axis 联动加工。在 5_axis 联动加工模式下，机床并不需要进行加工平面的重定位，所有的坐标都是实时变动的，以支持 RTCP 功能。FANUC 系统会以 G43.4（角度编程）或者 G43.5（矢量编程）代码开通联动功能，由【初始移动】/【第一次移动】中的 PB_CMD_set_tcp_code 命令设定，其详细源代码如图 6-24 所示。

首先进行机床类型判断，必须是多轴加工中心（MILL），才有可能实现五轴联动加工。

其次利用变量 dpp_ge(toolpath_axis_num) 的值进行判断：如果其值是 5，就使用联动功能 G43.4；如果其值是 3，就使用 G43 代码，这就是定向加工模式。

在 dpp_ge（toolpath_axis_num) 的值是 5 的前提下，判断变量 dpp_ge(sys_tcp_tool_axis_output_mode) 的取值情况：如果其值为 AXIS，则使用 G43.4 开通 RTCP 功能；如果其值为 VECTOR，则使用 G43.5 开通 RTCP 功能，并将变量 dpp_ge(sys_output_coord_mode) 的值设置成 TCP_FIX_TABLE，即使用编程坐标系而不是机床坐标系。

```
proc        PB_CMD  set_tcp_code                                                    { }   {

 global dpp_ge
 global mom_machine_mode
 global mom_sys_adjust_code
 global mom_mcs_goto mom_pos mom_prev_mcs_goto mom_prev_pos mom_arc_center mom_pos_arc_center

## return if NOT need output TCP code
 if {[string compare $mom_machine_mode "MILL"]} {
return
 }

 if {[string match $dpp_ge(sys_tcp_tool_axis_output_mode) "AXIS"] && $dpp_ge(toolpath_axis_num)=="5"} {
    set mom_sys_adjust_code 43.4
 } elseif {[string match $dpp_ge(sys_tcp_tool_axis_output_mode) "VECTOR"] && $dpp_ge(toolpath_axis_num)=="5"} {
    set mom_sys_adjust_code 43.5
    set dpp_ge(sys_output_coord_mode) "TCP_FIX_TABLE"
 } else {
    set mom_sys_adjust_code 43
 }

 if {[string match $dpp_ge(sys_output_coord_mode) "TCP_FIX_TABLE"]&& $dpp_ge(toolpath_axis_num)=="5"} {
    VMOV 3 mom_mcs_goto mom_pos
    VMOV 3 mom_prev_mcs_goto mom_prev_pos
    VMOV 3 mom_arc_center mom_pos_arc_center
 }
```

图 6-24　五轴联动加工的源代码

6.5.3　新建后处理器文件

进入后处理构造器界面，单击【文件】→【新建】，填写【新建后处理器】对话框，参数设置为【主后处理】→【毫米】→勾选【启用 UDE 编辑器】→【铣】选择【5 轴带双轮盘】→【库】→【FANUC-30i-advanced】，单击【确定】→【文件】→【保存】，保存为 5TTAC_F30ad_360G02_ran_RPCP。

6.5.4　设置机床参数

（1）设置一般参数　单击【机床】→【一般参数】，【线性轴行程限制】设为 X720/Y510/Z460→【移刀进给率】最大值设为 30000，其余采用默认选项，【输出循环记录】选择【是】→【线性运动分辨率】最小值设为 0.001→【初始主轴】设为 K1.0→【回零位置】设为 X0Y0Z0→【直径编程】不勾选→【镜像输出】不勾选。

（2）设置第四轴　单击【机床】→【第四轴】，【轴限制（度）】设为最小值 –120/ 最大值 30，其余采用默认选项，【轴旋转】选择【法向】→【轴方向】选择【幅值决定方向】→【机床零到第 4 轴中心】设为 X 偏置 0.0/ Y 偏置 0.0/ Z 偏置 0.0→【旋转运动分辨率（度）】设为 0.001→【角度偏置（度）】设为 0.0→【旋转轴可以是递增的】不勾选。四轴行程的正值不要设定太大，否则工件朝里看不见加工。

（3）设置第五轴　单击【机床】→【第五轴】，【轴限制（度）】设为最小值 0/ 最大值 360，【第 4 轴中心到第 5 轴中心】设为 X 偏置 0.0/ Y 偏置 0.0/ Z 偏置 0.0，其余采用默认选项，同【第四轴】的设置。【第 4 轴中心到第 5 轴中心】偏置指五轴零点在以四轴零点为坐标原点的坐标系中的坐标值，Z 轴偏置不影响，一般不需要设定；X 和 Y 轴偏置由制造误差或碰撞干涉所致，需要设置。

（4）配置旋转轴　【旋转轴】配置在第四轴、第五轴对话框中均有，且打开的【旋转轴配置】对话框是同一个，从哪一个进去设定都一样。设置【第 5 轴】加工台→【旋转平面】

为 XY →【文字指引线】为 C →【最大进给率（度 / 分）】为 20000 →【轴限制违例处理】
选择【退刀 / 重新进刀】，其余采用默认选项，即设置【第 4 轴】加工台→【旋转平面】
为 YZ →【文字指引线】为 A →【枢轴距离】为 0.0 →【线性插值】选择【旋转角度】→
【默认公差】为 0.01。【轴限制违例处理】指旋转轴超程后的处理办法，【退刀 / 重新进刀】
指超程后先退刀、后返程、再进刀加工。双转台的【枢轴距离】指主轴端面到转台台面的
垂直距离，它不影响后处理，故没必要设定，刀具长度补偿同三轴机床。【轴限制违例处理】
设为【退刀 / 重新进刀】，超程后先退刀是非常重要的。

6.5.5　设置程序开始

设置程序开始，主要设定变量 dpp_ge(sys_output_coord_mode)。单击【程序和刀轨】→
【程序起始序列】→【程序开始】，设置结果如图 6-25 所示。将 PB_CMD_customize_output_
mode 中的 set dpp_ge(sys_output_coord_mode) "TCP_FIX_MACHINE " 改为 set dpp_ge(sys_output_
coord_mode) "TCP_FIX_TABLE "，用工件坐标系编程，不用机床坐标系编程。删除 % 和 MOM_
set_seq_off，PB_CMD_program_header 中默认的程序号是 O0001，防止与其他 NC 程序混淆。添
加（程序开始）为了学习提示，添加 G91 G28 Z0、M11、M69、G90 G00 G53 A0. C0.、M10、
M68，防止工件装夹等影响双转台初始条件而发生碰撞干涉。其余全部默认。

图 6-25　设置【程序开始】

6.5.6　设置刀轨开始

单击【工序起始序列】→【刀轨开始】，保留默认 PB_CMD_reset_auto_detected_parameter，

添加 5_axis 和 3+2_axis 加工方式判断命令 PB_CMD_mfg_mode，为双转台松夹做准备，设置结果如图 6-26 所示。判断加工方式的命令不止系统自带的一种，这里用工序类型作为判断条件，其可读性比较好。

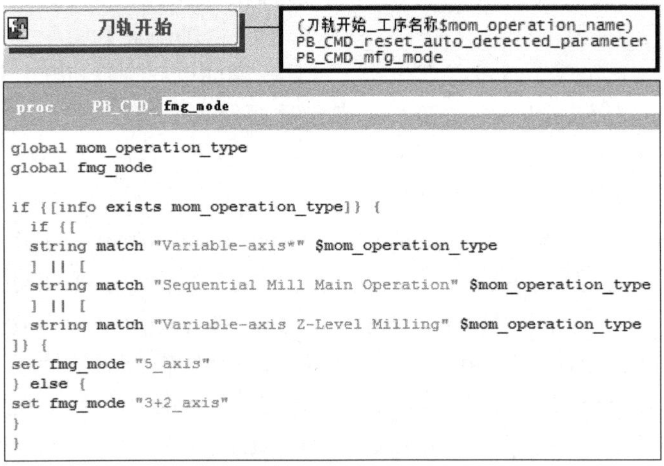

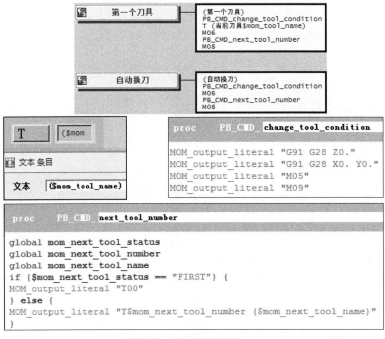

图 6-26　设置【刀轨开始】

6.5.7　设置随机换刀

基本思路和方法同前，设置结果如图 6-27 所示。删除【手工换刀】中的程序行。刀具信息的备注形式由创建刀具时的具体情况而决定，因人而异，不过省时随机换刀的后处理基本框架的通用性极强，可以当作模板应用。注意，当前刀具 T 代码必须是刀具号，不能是文本。

图 6-27　设置随机换刀

6.5.8　设置初始移动/第一次移动

【初始移动】和【第一次移动】内容基本相同，【初始移动】仅比【第一次移动】少最后一个默认命令 PB_CMD_position_tool_to_R_point_with_no_clearance_plane，在【第一次移动】不调用 MOM_rapid_move 的情况下，如果没有安全平面或起点，则在"AUTO_3D"和"LOCAL"条件下调用循环之前必须将刀具定位到 R 点。设置结果如图 6-28 所示。删除了 G17 G97 G90 G 块。添加创建动态工件坐标系 G54.2 P1 块。在转台旋转前，添加摆台、转台松开命令 M11 块、M69 块，强制输出地址命令 PB_CMD_init_force_address，并添加四轴、五轴地址，否则在多轴加工的双转台定位 G90 G00 A C 中可能会遗漏旋转地址，从而出现大问题。在默认 G43 块上方添加双转台松夹命令 PB_CMD_clamp_1，定向加工锁紧双转台，四轴、五轴联动加工松开双转台。

图 6-28　设置【初始移动】/【第一次移动】

6.5.9　设置运动

单击【刀轨】→【运动】→【圆周移动】，勾选【工作平面更改】，使 XY 平面和转角定位后，再刀具长度补偿下刀，这样更安全，其他运动保留默认。

6.5.10 设置刀轨结束

单击【工序结束序列】→【刀轨结束】，在 PB_CMD_reset_output_mode_1 中第一个 MOM 命令前添加 #，添加 G91 G28 Z0.、M11、M69、G90 G53 G00 A0. C0.、M10、M68 程序行，保留 PB_CMD_ unset_parameter 程序行，设置结果如图 6-29 所示。如果转台不回零，则多轴到定向加工的坐标输出可能会发生错乱。

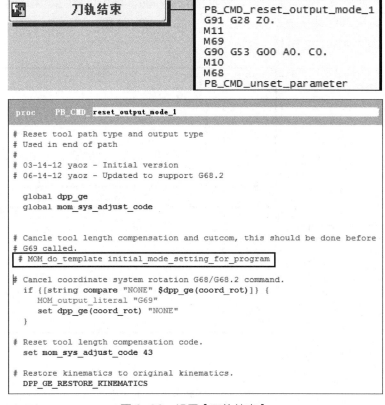

图 6-29 设置【刀轨结束】

6.5.11 设置程序结束

单击【程序结束序列】→【程序结束】，删除 %，为装卸工件方便，添加 G91 G28 Y0.，程序结束添加 M05、M09、M06、PB_CMD_total_time，加工时间显示在程序号上一行，M06 将主轴刀具换回刀库，设置结果如图 6-30 所示。

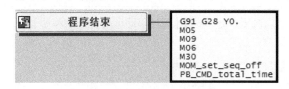

图 6-30 设置【程序结束】

6.5.12　设置序列号

单击【N/C 数据定义】→【其他数据单元】→【序列号】，设置【序列号开始值】为 1 →【序列号增量值】为 1。

6.5.13　设置 NC 输出文件扩展名

单击【输出设置】→【其他选项】→【输出控制单元】，设置【N/C 输出文件扩展名】为 txt。

6.5.14　后处理验证

（1）设计编程宽泛的典型零件刀轨　这里还选用多形态复合体模型，包含变换阵列、主从坐标 CSYS 旋转混合刀轨、多刀具，一轴、两轴、三轴、四轴、五轴刀轨，如图 6-31 所示。

图 6-31　多形态复合体刀轨及模型

（2）后处理输出程序及分析　用后处理器 5TTAC_F30ad_360G02_ran_RPCP，后处理多形态复合体，输出程序 5TTAC_360F30ad_ran_RTCP_复合多面体_变换 CSYS 旋转混合刀轨 02，并分析：

(Total Machining Time : 118.41 min)

O0001

N1（程序开始）

N2 G91 G28 Z0.

N3 M11

N4 M69

N5 G90 G00 G53 A0. C0.

N6 M10

N7 M68

N8（刀轨开始 _ 工序名称 CAVITY_MILL_D8R0_T2_ 顶面 _ 主从）

N9（第一个刀具）

N10 G91 G28 Z0.

N11 G91 G28 X0. Y0.

N12 M05

N13 M09

N14 T2（当前刀具 MILL_D8R0_Z2_T2）

N15 M06

N16 T1（预选刀具 MILL_D80R0_Z8_T1）

N17 M08

N18（初始移动）

N19 G54.2 P1

N20 M11

N21 M69

N22 G90 G00 A0.0 C0.0

N23 M10

N24 M68

N25 G43 H02 S4000 M03

N26 G94 X-28.064 Y-41.

N27 Z103.

N28（逼近）

N29 Z101.

N30（进刀）

N31 G01 Z98. F400.

…… 定向型腔铣

N2760（退刀）

N2761 Z73.

N2762 G00 Z103.

N2763（刀轨结束）

N2764 G91 G28 Z0.

N2765 M11

N2766 M69

N2767 G90 G53 G00 A0.0 C0.0

N2768 M10

N2769 M68

N2770（刀轨开始 _ 工序名称 FACE_MILLING_D80R0_T1_ 前面 _0 主从）

N2771（自动换刀）

N2772 G91 G28 Z0.

N2773 G91 G28 X0. Y0.

N2774 M05

N2775 M09

N2776 M06

N2777 T2（预选刀具 MILL_D8R0_Z2_T2）

N2778 M08

N2779（初始移动）

N2780 G54.2 P1

N2781 M11

N2782 M69

N2783 G68.2 X-30. Y-30. Z0.0 I0.0 J90. K0.0

N2784 G53.1

N2785 M10

N2786 M68

N2787 G00 G43 H01 S500 M03

N2788 G90 X30. Y-46.4

N2789 Z6.

N2790（逼近）

N2791 Z3.

N2792（进刀）

N2793 G01 Z0.0 F250.

…… 换刀定向平面铣

N2799（退刀）

N2800 Z3.

N2801 G00 Z6.

N2802（刀轨结束）

N2803 G69

N2804 G91 G28 Z0.

N2805 M11

N2806 M69

N2807 M10

N2808 M68

N2809（刀轨开始 _ 工序名称 FACE_MILLING_D80R0_T1_ 前面 _90 主从）

N2810（第一次移动）

N2811 G54.2 P1

N2812 M11

N2813 M69

N2814 G68.2 X30. Y-30. Z0.0 I90. J90. K0.0

N2815 G53.1

N2816 M10

N2817 M68

N2818 G00 G43 H01 S500 M03

N2819 G90 X30. Y-46.4

N2820 Z6.

N2821（逼近）

N2822 Z3.

N2823（进刀）

N2824 G01 Z0.0 F250.

······ 同刀定向平面铣

N2830（退刀）

N2831 Z3.

N2832 G00 Z6.

N2833（刀轨结束）

N2834 G69

N2835 G91 G28 Z0.

N2836 M11

N2837 M69

N2838 M10

N2839 M68

······ 同刀定向平面铣剩余两面

N2903（刀轨开始 _ 工序名称 CAVITY_MILL_D8R0_T2_ 前面 _ 主从）

N2904（自动换刀）

N2905 G91 G28 Z0.

N2906 G91 G28 X0. Y0.

N2907 M05

N2908 M09

N2909 M06

N2910 T5（预选刀具 BALL_MILL_D8R4_T5）

N2911 M08

N2912（初始移动）

N2913 G54.2 P1

N2914 M11

N2915 M69

N2916 G68.2 X0.0 Y0.0 Z0.0 I0.0 J90. K180.

N2917 G53.1

N2918 M10

N2919 M68

N2920 G00 G43 H02 S4000 M03

N2921 G90 X-31.292 Y-36.304

N2922 Z36.

N2923（逼近）

N2924 G01 Z30. F250.

…… 换刀定向型腔铣

N4037（退刀）

N4038 Z0.0

N4039 G00 Z36.

N4040（刀轨结束）

N4041 G69

N4042 G91 G28 Z0.

N4043 M11

N4044 M69

N4045 M10

N4046 M68

N4047（刀轨开始 _ 工序名称 CAVITY_MILL_D8R0_T2_ 前面 _ 主从 _INSTANCE)

N4048（第一次移动）

N4049 G54.2 P1

N4050 M11

N4051 M69

N4052 G68.2 X0.0 Y0.0 Z0.0 I90. J90. K180.

N4053 G53.1

N4054 M10

N4055 M68

N4056 G00 G43 H02 S4000 M03

N4057 G90 X-31.292 Y-36.304

N4058 Z36.

N4059（逼近）

N4060 G01 Z30. F250.

…… 同刀定向型腔铣

N5173（退刀）

N5174 Z0.0

N5175 G00 Z36.

N5176（刀轨结束）

N5177 G69

N5178 G91 G28 Z0.

N5179 M11

N5180 M69

N5181 M10

N5182 M68

…… 同刀定向型腔铣剩余两面

N7455（刀轨开始 _ 工序名称 VARIABLE_CONTOUR_D8R0_T2_ 槽 _ 主从）

N7456（第一次移动）

N7457 G54.2 P1

N7458 M11

N7459 M69

N7460 G90 G00 A-90. C180.

N7461 G43.4 H02 S4000 M03

N7462 X3.921 Y-32.03

N7463 Z54.

N7464 (逼近)

N7465 Y-26.078

N7466 (进刀)

N7467 G01 X3.838 Y-25.186 F250.

N7480 X-.866 Y-21.983 C177.745

…… 同刀四轴铣槽

N8147 (退刀)

N8148 Y-22.43

N8149 G00

N8150 Y-32.03

N8151 (刀轨结束)

N8152 G91 G28 Z0.

N8153 M11

N8154 M69

N8155 G90 G53 G00 A0.0 C0.0

N8156 M10

N8157 M68

N8158 (刀轨开始 _ 工序名称 VARIABLE_CONTOUR_D8R4_T5_ 球 _ 主从)

N8159 (自动换刀)

N8160 G91 G28 Z0.

N8161 G91 G28 X0. Y0.

N8162 M05

N8163 M09

N8164 M06

N8165 T3 (预选刀具 T_CUTTER_D40R0_T3)

N8166 M08

N8167 (初始移动)

N8168 G54.2 P1

N8169 M11

N8170 M69

N8171 G90 G00 A0.0 C0.0

N8172 G43.4 H05 S5000 M03

N8173 X-2.339 Y3.22

N8174 Z104.53

N8175 (逼近)

N8176 Z101.52

N8177 (进刀)

N8178 G01 X-2.283 Y3.142 Z100.63 F500.

N8191 X.163 Y-.225 Z97.499 A.579 C35.999

…… 换刀五轴加工球

N8916 X7.646 Y-23.533 Z58. A-115.872 C198.

N8917 X9.469 Y-22.86 C202.5

…… 继续五轴加工球

N9009（退刀）

N9010 X12.473 Y-25.91 Z56.253

N9011 G00 Z50.583

N9012 X16.086 Y-37.03

N9013（刀轨结束）

N9014 G91 G28 Z0.

N9015 M11

N9016 M69

N9017 G90 G53 G00 A0.0 C0.0

N9018 M10

N9019 M68

N9020（刀轨开始 _ 工序名称 FACE_MILLING_D80R0_T3_0_ 大斜面 _ 主从）

N9021（自动换刀）

N9022 G91 G28 Z0.

N9023 G91 G28 X0. Y0.

N9024 M05

N9025 M09

N9026 M06

N9027 T1（预选刀具 MILL_D80R0_Z8_T1）

N9028 M08

N9029（初始移动）

N9030 G54.2 P1

N9031 M11

N9032 M69

N9033 G68.2 X0.0 Y-25. Z38.66 I0.0 J60. K0.0

N9034 G53.1

N9035 M10

N9036 M68

N9037 G00 G43 H03 S1000 M03

N9038 G90 X-61.258 Y-7.488

N9039 Z24.519

N9040（逼近）

N9041 Z3.

N9042（进刀）

N9043 G01 Z0.0 F250.

…… 换刀定向铣大斜面

N9049（退刀）

N9050 Z3.

N9051 G00 Z24.519

N9052（刀轨结束）

N9053 G69

N9054 G91 G28 Z0.

N9055 M11

N9056 M69

N9057 M10

N9058 M68

N9059（刀轨开始 _ 工序名称 FACE_MILLING_D80R0_T3_90_ 大斜面 _ 主从）

N9060（第一次移动）

N9061 G54.2 P1

N9062 M11

N9063 M69

N9064 G68.2 X25. Y0.0 Z38.66 I90. J60. K0.0

N9065 G53.1

N9066 M10

N9067 M68

N9068 G00 G43 H03 S1000 M03

N9069 G90 X-61.258 Y-7.488

N9070 Z24.519

N9071（逼近）

N9072 Z3.

N9073（进刀）

N9074 G01 Z0.0 F250.

……同刀定向铣大斜面

N9080（退刀）

N9081 Z3.

N9082 G00 Z24.519

N9083（刀轨结束）

N9084 G69

N9085 G91 G28 Z0.

N9086 M11

N9087 M69

N9088 M10

N9089 M68

……同刀定向铣剩余两大斜面

N9153（刀轨开始 _ 工序名称 FACE_MILLING_D80R0_T1_0_ 小斜面 _ 主从）

N9154（自动换刀）

N9155 G91 G28 Z0.

N9156 G91 G28 X0. Y0.

N9157 M05

N9158 M09

N9159 M06

N9160 T4（预选刀具 MILL_D5R0_Z2_T4)

N9161 M08

N9162（初始移动）

N9163 G54.2 P1

N9164 M11

N9165 M69

N9166 G68.2 X-26. Y-26. Z28. I-45. J70.529 K1.24

N9167 G53.1

N9168 M10

N9169 M68

N9170 G00 G43 H01 S500 M03

N9171 G90 X-83.36 Y-19.391

N9172 Z9.833

N9173（逼近）

N9174 Z3.

N9175（进刀）

N9176 G01 Z0.0 F250.

······ 换刀定向铣小斜面

N9182（退刀）

N9183 Z3.

N9184 G00 Z9.833

N9185（刀轨结束）

N9186 G69

N9187 G91 G28 Z0.

N9188 M11

N9189 M69

N9190 M10

N9191 M68

N9192（刀轨开始 _ 工序名称 FACE_MILLING_D80R0_T1_90_ 小斜面 _ 主从）

N9193（第一次移动）

N9194 G54.2 P1

N9195 M11

N9196 M69

N9197 G68.2 X26. Y-26. Z28. I45. J70.529 K0.0

N9198 G53.1

N9199 M10

N9200 M68

N9201 G00 G43 H01 S500 M03

N9202 G90 X-82.921 Y-21.19

N9203 Z9.833

N9204（逼近）

N9205 Z3.

N9206（进刀）

N9207 G01 Z0.0 F250.

······ 同刀定向铣小斜面

N9213（退刀）

N9214 Z3.

N9215 G00 Z9.833

N9216（刀轨结束）

N9217 G69

N9218 G91 G28 Z0.

N9219 M11

N9220 M69

N9221 M10

N9222 M68

……同刀定向铣剩余两小斜面

N9286（刀轨开始_工序名称 DRILLING_ 大斜面 _0_D5R0_T4_3K_ 主从）

N9287（自动换刀）

N9288 G91 G28 Z0.

N9289 G91 G28 X0. Y0.

N9290 M05

N9291 M09

N9292 M06

N9293 T00

N9294 M08

N9295（初始移动）

N9296 G54.2 P1

N9297 M11

N9298 M69

N9299 G68.2 X0.0 Y-25. Z38.66 I0.0 J60. K0.0

N9300 G53.1

N9301 M10

N9302 M68

N9303 G00 G43 H04 S3000 M03

N9304 G90 X-15. Y0.0

N9305 Z3.

N9306 G99 G81 X-15. Y0.0 Z-15. F250. R3.

N9307 X0.0

N9308 X15.

N9309 G80

N9310（刀轨结束）

N9311 G69

N9312 G91 G28 Z0.

N9313 M11

N9314 M69

N9315 M10

N9316 M68

N9317（刀轨开始 _ 工序名称 DRILLING_ 大斜面 _90_D5R0_T4_3K_ 主从）

N9318（第一次移动）

N9319 G54.2 P1

N9320 M11

N9321 M69

N9322 G68.2 X25. Y0.0 Z38.66 I90. J60. K0.0

N9323 G53.1

N9324 M10

N9325 M68

N9326 G00 G43 H04 S3000 M03

N9327 G90 X-15. Y0.0

N9328 G43 Z0.0 H04

N9329 G99 G81 X-15. Y0.0 Z-15. F250. R3.

N9330 X0.0

N9331 X15.

N9332 G80

N9333（刀轨结束）

N9334 G69

N9335 G91 G28 Z0.

N9336 M11

N9337 M69

N9338 M10

N9339 M68

……同刀钻剩余两大斜面 3 孔

N9386（刀轨开始 _ 工序名称 DRILLING_ 小斜面 _0_D5R0_T4_K_ 主从）

N9387（第一次移动）

N9388 G54.2 P1

N9389 M11

N9390 M69

N9391 G68.2 X-26. Y-26. Z28. I-45. J70.529 K1.24

N9392 G53.1

N9393 M10

N9394 M68

N9395 G00 G43 H04 S3000 M03

N9396 G90 X0.0 Y0.0

N9397 G43 Z6. H04

N9398 G99 G81 X0.0 Y0.0 Z-9. F250. R9.

N9399 G80

N9400（刀轨结束）

N9401 G69

N9402 G91 G28 Z0.

N9403 M11

N9404 M69

N9405 M10

N9406 M68

N9407（刀轨开始 _ 工序名称 DRILLING_ 小斜面 _90_D5R0_T4_K_ 主从）

N9408（第一次移动）

N9409 G54.2 P1

N9410 M11

N9411 M69

N9412 G68.2 X26. Y-26. Z28. I45. J70.529 K0.0

N9413 G53.1

N9414 M10

N9415 M68

N9416 G00 G43 H04 S3000 M03

N9417 G90 X0.0 Y0.0

N9418 G43 Z0.0 H04

N9419 G99 G81 X0.0 Y0.0 Z-15. F250. R3.

N9420 G80

N9421（刀轨结束）

N9422 G69

N9423 G91 G28 Z0.

N9424 M11

N9425 M69

N9426 M10

N9427 M68

…… 同刀钻剩余两小斜面孔

N9471（程序结束）

N9472 G91 G28 Y0.

N9473 M05

N9474 M09

N9475 M06

N9476 M30

　　不同刀具定向加工不同工序、相同刀具定向加工不同工序、不同刀具五轴加工不同工序、相同刀具五轴加工不同工序、定向工序与联动工序切换、主坐标系下【变换】阵列工序、从坐标系下【旋转 CSYS】工序的衔接等全部正确。双转台转动回零前要松开、联动加工前保持松开、定向加工前要锁紧，逻辑正确。换刀条件及随机换刀逻辑正确。程序开始、程序结束、工序开始、工序结束正确。主坐标系下【变换】阵列工序定向加工、从坐标系下【旋转 CSYS】工序定向加工采用倾斜面功能编程，均正确。

（3）VERICUT 仿真加工验证　双转台设置成 EIA 绝对旋转台型，【G- 代码偏置】设置成 1: 工作偏置 -1-Tool 到 G54，采用刀具长度编程方式，VERICUT 仿真加工验证如图 6-32 所示，结果正确无误。

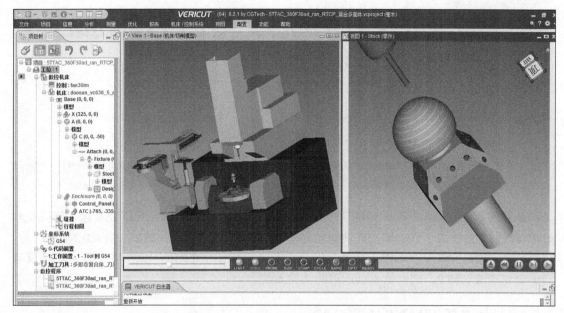

图 6-32　VERICUT 仿真加工验证

第7章

西门子系统双转台五轴加工中心后处理

7.1 数控功能

不同的数控系统，实现同一后处理目标的架构基本相同，但编程代码及其指令格式差异较大，特别是一些关于五轴编程的功能差异更大，如 FANUC、SIEMENS、HEIDENHAIN 等，也有相近的如 FANUC、华中、广数、北京雕刻等。SINUMERIK_840D 以上版本，都具有刀尖跟踪功能 RTCP，这也是本章选用的数控系统。

7.1.1 坐标平移 TRANS/ATRANS

坐标平移是将工件坐标系平移到某一位置点，建立以该点为原点的编程坐标系的坐标变换形式之一，不过它们是存储型、非运动指令，定位与后面运动指令一并完成，而对刀还是在原工件坐标系下进行，类似于 FANUC 系统的可编程坐标系 G52。由于平移后可能与图样设计基准重合，故常用于 3+2_axis 定向加工来简化编程计算，提高 NC 程序的可读性。

（1）TRANS 即可编程绝对零点偏移，是当前可设定工件零点 G54 ～ G57 以及 G505 ～ G599 的绝对平移，指令格式：

生效：TRANS X Y Z

X/Y/Z：各轴指定的平移坐标值，是当前可设定工件零点 G54 ～ G57 以及 G505 ～ G599 中的绝对坐标值。

（2）ATRANS 即可编程增量零点偏移，是当前激活的可设定工件零点或当前已经激活的可编程工件零点的叠加平移，指令格式：

生效：ATRANS X Y Z

X/Y/Z：各轴指定的平移坐标值，是当前激活的可设定工件零点或当前已经激活的可编程工件零点中的增量坐标值。

取消坐标平移，同时取消之前编程的所有可编程框架，指令格式：

取消：TRANS

7.1.2 坐标旋转 ROT/AROT

坐标旋转是工件坐标系原点不动，坐标系绕坐标轴整体旋转某一角度来建立可编程坐标系的坐标变换形式之一，旋转角度是空间角不是欧拉角，且旋转顺序为 X → Y → Z，不过它们也是存储型、非运动指令，对刀还是在原工件坐标系下进行，定位与之后运动指令一并完成，类似于 FANUC 系统的坐标系旋转 G68。由于旋转后可能与图样设计基准重合，故常用于 3+2_axis 定向加工来简化编程，提高 NC 程序的可读性。

（1）ROT　即可编程绝对坐标旋转，是对当前可设定工件坐标系 G54 ～ G57 以及 G505 ～ G599 的绝对旋转，指令格式：

生效：ROT X Y Z

X/Y/Z：指定需要旋转的坐标轴及其旋转角度，是工件坐标系 G54 ～ G57 以及 G505 ～ G599 中的绝对角度坐标。

（2）AROT　即可编程增量坐标旋转，是当前激活的可设定工件坐标系或当前已经激活的可编程工件坐标系的叠加旋转，指令格式：

生效：AROT X Y Z

X/Y/Z：指定需要旋转的坐标轴及其旋转角度，是当前激活的可设定工件坐标系或当前已经激活的可编程工件坐标系中的增量角度坐标。

取消坐标旋转，同时取消之前编程的所有可编程框架，指令格式：

取消：ROT

取消的作用与 TRANS 等效。

坐标平移和坐标旋转联合使用用于定向加工，与图样基准重合的可能性更大，简化和提高程序的可读性也会更好。

7.1.3　刀尖跟踪功能 TRAORI/TRAFOOF

SIEMENS 系统的刀尖跟踪功能代码是 TRAORI/TRAFOOF，TRAORI 是开启刀尖跟踪功能，在轴向进行刀具长度补偿，TRAFOOF 用于关闭 TRAORI。TRAORI/TRAFOOF 指令有直接编程和刀轴矢量编程两种方法。

（1）直接编程　直接编程就是用 TRAORI 直接指令坐标轴旋转使刀轴定向并进行刀具长度补偿的编程方式。直接在程序中填写旋转角度，比较直观，但更换另外一种主体结构五轴机床时，该程序不可用，即该程序不通用。指令格式：

生效：TRAORI

取消：TRAFOOF

（2）刀轴矢量编程　为了使带有 TRAORI 指令的程序在任何一种主体结构五轴机床上通用，需要使用刀轴矢量编程方式。刀轴矢量编程是通过 A3、B3、C3 来描述 X、Y、Z 三个坐标方向单位矢量的分量（i, j, k）形式来确定刀轴方向，刀轴方向从当前刀尖沿刀具轴线指向主轴端面。刀轴矢量编程指令与运动指令一起使用。

直线插补指令格式：

G01 X. Y. Z. A3=. B3=. C3=. F.

圆锥插补指令格式：

$$\begin{cases} \text{ORICONCW} \\ \text{ORICONCCW} \end{cases}$$

$$G17\begin{Bmatrix} G02 \\ G03 \end{Bmatrix} X..\ Y..\ CR=..\ A3=..\ B3=..\ C3=..\ NUT=..\ F..$$

其中，ORICONCW 为顺时针圆弧插补，ORICONCCW 为逆时针圆弧插补，G02 为圆锥底部圆弧顺时针插补，G03 为圆锥底部圆弧逆时针插补，X 和 Y 为圆锥底部圆弧终点坐标值，A3、B3 和 C3 为圆锥底部圆弧终点位置时刀轴矢量的分量，NUT 为圆锥曲面的包角角度。

可见数控系统为了实现五轴控制，需要知道第五轴控制点与第四轴控制点之间的关系，即初始状态（如机床 B 轴、C 轴位于 0° 位置）下第四轴控制点（第四轴旋转坐标系原点）、第四轴与第五轴之间的距离、第五轴控制点的位置矢量（i, j, k）。

例 7-1 如图 7-1 所示，要加工圆锥曲面外轮廓，圆锥底部圆弧半径为 50mm，起点为 E，终点为 M，圆心点为 O，圆锥角度为 75°，要加工的圆锥包角为 90°。

刀具加工圆锥曲面后刀轴刚好处在 YZ 平面内，则刀轴矢量分量 A3=0，由于刀轴矢量分量 B3 与坐标系 Y 轴方向相反，假设 B3=−1，所以 C3=1×tan75° = 3.732051，编写此圆锥插补程序：

ORICONCW

G17 G02 X0 Y50 CR=50 A3=0 B3=−1 C3=3.732051 NUT=90 F200

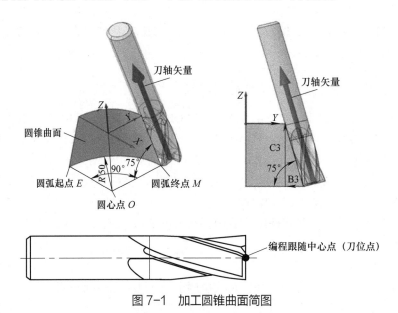

图 7-1　加工圆锥曲面简图

7.2　有 RPCP 功能坐标平移旋转双转台五轴后处理器定制

用西门子 SINUMERIK 840D 创建无 RPCP 功能后处理器的意义不大，这里创建有 RPCP 功能、坐标平移、坐标旋转、顺序换刀双转台五轴加工中心后处理器，用于 VERICUT 仿真机床 doosan_vc630_5_axis。

7.2.1　制订后处理方案

1）适用范围。用于【变换】阵列刀轨、主从坐标系特殊输出【CYCS 旋转】刀轨等所有刀轨的后处理。

2）3+2_axis 定向加工。用 G00 A0 C0、TRANS X Y Z、AROT X、AROT Y 和 AROT Z 五行表现形式定制 3+2_axis 定向加工方式。

3）5_axis 联动加工。刀尖跟踪功能 RTCP 用 TRAORI 开启，工件坐标系可建立在任意位置，操作方法同三轴机床，更换刀具后不需要重新后处理（双转台五轴本身也不需要）。

4）加工方式判别。能自动判断是 3+2_axis 定向加工方式还是 5_axis 联动加工方式，按要求实现双转台夹紧与松开。

5）刀具补偿。刀具半径、长度补偿用 T 的 D 代码，D1 也要指令。

6）换刀方式。顺序换刀，但选刀 T 和换刀 M6 各占一行，在 Z 轴参考点固定位置换刀。允许程序开始时主轴上装有刀具，但程序结束后主轴上刀具应换回刀库。

7）圆弧插补编程。用 IJK 编程，可缩减程序量。需要说明的是，圆弧插补编程有可能会出现个别无效圆弧。

8）固定循环。采用孔加工固定循环等标准循环。

9）旋转轴属性。幅值决定转向，180°时最短捷径旋转，即 EIA360 绝对旋转台型、角度绝对值编程。

7.2.2　创建后处理器

（1）新建后处理器文件　双击后处理快捷图标，进入 UG NX 后处理构造器环境→打开安装目录下自带模板【mill_5axis_actt_Sinumerik_840D_mm】，进行修改。单击【文件】→【另存为】，不设定密码，单击【确定】，寻找存储路径，输入【文件名】为 5TT_AC_S840D_360G02_FZ_seq_ROT，意为双转台 AC 五轴、S840D 五轴轴限制 0°～360°、圆弧插补、幅值决定转向、顺序换刀、平移旋转定向加工。

（2）设置机床参数

1）设置一般参数。单击【机床】→【一般参数】，【输出循环记录】选择【是】→【线性轴行程限制】设为 X720/Y510/Z460 →【移刀进给率】最大值为 24000。

2）设置第四轴。单击【机床】→【第四轴】，设置【轴限制】最大值为 120/ 最小值为 −120。

3）配置旋转轴。打开【旋转轴配置】对话框，【轴限制违例处理】选择【退刀 / 重新进刀】。

（3）设置程序开始　单击【程序起始序列】→【程序开始】，共 12 个程序行全部默认，不做修改，如图 7-2 所示。

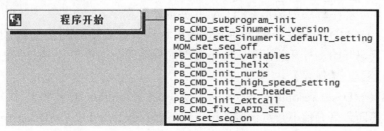

图 7-2　设置【程序开始】

1）PB_CMD_subprogram_init 子程序触发命令。允许从 UG NX 直接输出叶轮模块。

2）PB_CMD_set_Sinumerik_version 西门子系统设定后处理版本命令。这里设定的是 V7 版。

3）PB_CMD_set_Sinumerik_default_setting 西门子系统默认设定命令。这里注意查看 V7 版的默认设置，特别是 set mom_siemens_5axis_mode "TRAORI"；#TRAORI/SWIVELING/TRAFOOF 设定坐标变换方式 ROT/AROT。

4）PB_CMD_init_variables 初始化变量命令。这里初始化五轴加工变量。

5）PB_CMD_init_helix 初始化螺旋线命令。在程序开始时自动执行此命令，且在任何时候都可以作为主、副后处理加载。

6）PB_CMD_init_nurbs 初始化样条线输出类型命令。一定要放置在【程序开始】标签中，需要在机床控制下激活 nurbs 运动，从而生成 nurbs 事件。

7）PB_CMD_init_high_speed_setting 初始化高速设置命令。请不要删除此命令。

8）PB_CMD_init_dnc_header 初始化程序头命令。用于设置输出 NC 程序名称。

9）PB_CMD_init_extcall 初始化外部呼叫命令。此命令将为每个工序生成单独的子程序，并使用 EXTCALL 调用子程序生成主程序文件。此命令用于 PB_CMD_start_of_extcall_operation、PB_CMD_end_of_extcall_operation 和 PB_CMD_ end_of_textcall_program。必须将 Sinumerik 程序控制 UDE 附加到程序组才起作用。

10）PB_CMD_fix_RAPID_SET 固定快速设置命令。此命令置于【程序开始】标签覆盖系统 RAPID_SET（在 ugpost_base.tcl 中定义），以纠正工作平面更改不考虑沿 X 或 Y 主轴的 +/- 方向问题和修复了第一步从未正确识别以强制输出第一点的问题。

（4）设置刀轨开始　单击【程序和刀轨】→【程序】→【工序起始序列】→【刀轨开始】，结果如图 7-3 所示。

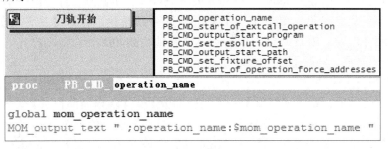

图 7-3　设置【刀轨开始】

1）在第一行增加工序名称 PB_CMD_operation_name，给工序一个清晰分界，便于观察阅读。

2）保留 PB_CMD_start_of_extcall_operation 外部呼叫工序开始命令。此命令置于【刀轨开始】顶部，用于在主程序中输出 EXTCALL 并创建子程序。

3）修改 PB_CMD_output_start_program 输出程序开始命令。用于输出 Sinumerik 840D 系统 NC 程序代码开始。打开此命令，在不需要的程序段前加 "#"，共 10 处，如图 7-4 所示，单击【确定】→【保存】。

4）将 PB_CMD_set_resolution 改为 PB_CMD_set_resolution_1，并将其中 X、Y、Z 小数点设成 3 位，第四、第五轴小数点设成 4 位，注意保存原命令 PB_CMD_set_resolution。PB_CMD_set_resolution 可设置小数点位数且优先于【文字汇总】和【N/C 数据定义】。

```
proc       PB_CMD_output_start_program                                    {} {

# This command is used to output start of program NC codes for sinumerik 840D!
#
  global mom_date
  global mom_part_name
  global mom_definition_file_name
  global start_output_flag
  global mom_sys_leader
  global mom_kin_machine_type

  if { ![info exists start_output_flag] || $start_output_flag == 0 } {
    set start_output_flag 1
#MOM output_literal ";Start of Program"
#MOM output_literal ";"
#MOM output_literal ";PART NAME    :$mom_part_name"
#MOM output_literal ";DATE TIME    :$mom_date"
#MOM output_literal ";"
#MOM output_literal "DEF REAL _camtolerance"
    set fourth_home ""
    set fifth_home ""
    if {[string compare "3_axis_mill" $mom_kin_machine_type]} {
      set mom_sys_leader(fourth_axis_home) "_[set mom_sys_leader(fourth_axis)]_HOME"
      set fourth_home ", $mom_sys_leader(fourth_axis_home)"
      if {[string match "5_axis*" $mom_kin_machine_type]} {
        set mom_sys_leader(fifth_axis_home) "_[set mom_sys_leader(fifth_axis)]_HOME"
        set fifth_home ", $mom_sys_leader(fifth_axis_home)"
      }
    }
#MOM output_literal "DEF REAL _X_HOME, _Y_HOME, _Z_HOME$fourth_home$fifth_home"
#MOM output_literal "DEF REAL _F_CUTTING, _F_ENGAGE, _F_RETRACT"
#MOM output_literal ";"
    MOM force Once G_cutcom G_plane G F_control G_stopping G_feed G_unit G_mode
#MOM do_template start_of_program
  }
```

图 7-4　屏蔽输出程序开始命令中不需要的程序段

5）修改 PB_CMD_output_start_path 输出路径开始命令。从工序中输出刀具、方法、公差等信息。打开此命令，在不需要的程序段前加 "#"，共 14 处，如图 7-5 所示，单击【确定】→【保存】。

6）保留 PB_CMD_set_fixture_offset 设定夹紧偏置命令。用于设置夹具偏移输出值，可以是 G500/G54～G57/G505～G599 中任意一个。

7）保留 PB_CMD_start_of_operation_force_addresses 工序开始强制输出地址命令。这里强制输出一次 X、Y、Z、F 和 S。

（5）设置顺序换刀

1）默认自动换刀。默认【自动换刀】如图 7-6 所示，选刀 T 和换刀 M6 尽管分两行设置，但没有预选刀设置，就不具备省时随机换刀作用。

2）设置自动换刀。这里清空【第一个刀具】和【手工换刀】中所有程序行，设置成顺序换刀方式，强制输出 M5 M9、T D1，如图 7-7 所示。注意，这里需要 D1 长度补偿，G53 G90 G00 Z300. 依具体机床而定。

（6）设置初始移动　单击【工序起始序列】→【初始移动】，设置结果如图 7-8 所示。

1）修改 PB_CMD_define_feed_variable_value 定义进给变量值命令，打开此命令，将最后一个 MOM_output_literal 命令改为 return 命令，如图 7-9 所示，单击【确定】→【保存】。

2）保留 PB_CMD_detect_5axis_mode 检测五轴加工模式命令。用于在【初始移动】和【第一次移动】时检测输出五轴模式 TRAORI。

3）修改 PB_CMD_output_Sinumerik_setting 西门子系统输出设定命令，用于输出 Sinumerik 840D 系统高速加工和 5 轴加工代码。打开此命令，将 MOM_output_literal ";" 改为 return 命令，如图 7-10 所示，单击【确定】→【保存】。

4）删除原第 3 行初始移动注释【；Initial Move】。

5）保留 PB_CMD_reset_output_digits 重置输出数据单位格式命令，根据不同设置，重置地址的输出单位。

6）保留 PB_CMD_auto_3D_rotation 自动 3D 旋转命令，用于通过刀具轴矢量获得自动三维坐标旋转。

```
proc    PB_CMD output_start_path                                          { }
  #MOM output_literal ";"
  if {[info exists mom_oper_method]} {
    #MOM output_literal ";TECHNOLOGY: $mom_oper_method"
  }
  if {[info exists mom_tool_name]} {
    #MOM output_literal ";TOOL NAME : $mom_tool_name"
  }
  if {[info exists mom_tool_type]} {
    #MOM output_literal ";TOOL TYPE : $mom_tool_type"
  }
  if {[info exists mom_tool_diameter]} {
    #MOM output_literal ";TOOL DIAMETER      : [format "%.6f" $mom_tool_diameter]"

  }
  if {[info exists mom_tool_length]} {
    #MOM output_literal ";TOOL LENGTH        : [format "%.6f" $mom_tool_length]"
  }
  if {[info exists mom_tool_corner1_radius]} {
    #MOM output_literal ";TOOL CORNER RADIUS: [format "%.6f" $mom_tool_corner1_radius]"
  }

  if {[info exists mom_inside_outside_tolerances] && [info exists mom_stock_part]} {
    set tol [expr $mom_inside_outside_tolerances(0)+$mom_inside_outside_tolerances(1)]
    set tol [format "%.6f" $tol]
    set intol [format "%.6f" $mom_inside_outside_tolerances(0)]
    set outtol [format "%.6f" $mom_inside_outside_tolerances(1)]
    set stock [format "%.6f" $mom_stock_part]

    #MOM output_literal ";"
    MOM_output_literal ";Intol      : $intol"
    MOM_output_literal ";Outtol     : $outtol"
    MOM_output_literal ";Stock      : $stock"
    MOM_output_literal "_camtolerance=$tol"

    #MOM do_template home_position
    #MOM do_template home_position_rotary

    global mom_siemens_feed_output_block
    global mom_seqnum
    set mom_siemens_feed_output_block [expr int($mom_seqnum)]
    #MOM output_literal ";"

    # For Sinumerik version 5, output compressor tolerance in main program
    if {[info exists sinumerik_version] && [string match "V5" $sinumerik_version]} {
      PB_CMD_output_V5_compressor_tol
    }
  }
  # Output reference radius of rotary axis
  if {[info exists sinumerik_version] && ([string match "V5" $sinumerik_version] || [string ma
    if {[string match "*4*" $mom_kin_machine_type] || [string match "3_axis_mill_turn" $mom_k
      MOM_output_literal "FGREF\[$mom_kin_4th_axis_leader\]=10"
    }
    if {[string match "*5*" $mom_kin_machine_type]} {
      MOM_output_literal "FGREF\[$mom_kin_4th_axis_leader\]=10 FGREF\[$mom_kin_5th_axis_lead
    }
  }
  #MOM output_literal ";"
  #MOM output_literal ";Operation : $mom_operation_name"
  #MOM output_literal ";"
```

图 7-5　屏蔽输出路径开始命令中不需的程序段

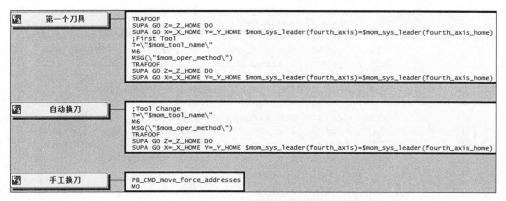

图 7-6　默认【自动换刀】

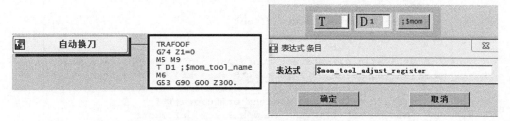

图 7-7　设置【自动换刀】

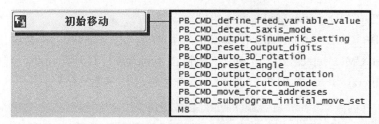

图 7-8　设置【初始移动】

```
proc    PB_CMD_define_feed_variable_value                              [ ]    {

  global mom_siemens_feed_value
  global mom_siemens_feed_definition
  global mom_seqnum
  global mom_siemens_feed_block_num
  global mom_siemens_feed_block
  global mom_siemens_feed_output_block
  global mom_siemens_feed_output_seqnum
  global feed_definition

  if { [info exists mom_siemens_feed_definition] && $mom_siemens_feed_definition == "ON"
    if {![info exists mom_siemens_feed_block_num]} {set mom_siemens_feed_block_num 0}
    PB_CMD_get_feed_value
    incr mom_siemens_feed_block_num
    set mom_siemens_feed_block($mom_siemens_feed_block_num) "_F_CUTTING=$mom_siemens_fee
    set mom_siemens_feed_output_seqnum($mom_siemens_feed_block_num) $mom_siemens_feed_ou
    MOM_output_literal "$mom_siemens_feed_block($mom_siemens_feed_block_num)"
    set feed_definition 1
  } else {
    MOM_output_literal ";"  return
  }
```

图 7-9　返回定义进给变量值命令中的 ; 号

```
proc    PB_CMD_ output_Sinumerik_setting

        if {[info exists mom_siemens_feedforward] && [string com
            MOM_output_to_listing_device "Warning in $mom_operati
            MOM_output_to_listing_device "$mom_siemens_feedforwar
            MOM_output_literal "$mom_siemens_feedforward"
        }
        if {[info exists mom_siemens_compressor] && [string comp
            MOM_output_to_listing_device "Warning in $mom_operati
            MOM_output_to_listing_device "$mom_siemens_compressor
            MOM_output_literal "$mom_siemens_compressor"
        }
    } else {
        MOM_output_literal "G60"
    }
    MOM_output_literal "$mom_siemens_5axis_output"
    MOM_force once G_offset
    MOM_do_template fixture_offset
 }

# Output 5 axis orientation coordinate and interpolation mode
 if {![string match "3_axis_mill*" $mom_kin_machine_type] && ![
    MOM_output_literal ";"  return
    if {[info exists mom_siemens_ori_coord]} {
        MOM_output_literal "$mom_siemens_ori_coord"
```

图 7-10　返回西门子系统输出设定命令中的 ; 号

7）保留 PB_CMD_preset_angle 预置角度命令。

8）修改 PB_CMD_output_coord_rotation 输出坐标旋转命令，用于输出坐标旋转代码，如果与 PB_CMD_set_csys 一起使用，则输出 cycle800。打开此命令，屏蔽框出的两个 MOM_output_literal 命令，如图 7-11 所示，单击【确定】→【保存】。

```
proc    PB_CMD_ output_coord_rotation

            } else {
                global mom_warning_info
                set mom_warning_info "$mom_operation_name: Wrong rotary
                MOM_catch_warning
                # MOM output_literal "ORIWKS"
            }
        }
    } else {
        if { [string match "*head_table*" $mom_kin_machine_type] } {
            if { $mom_siemens_5axis_output_mode == 1 } {
                global save_mom_kin_machine_type
                set save_mom_kin_machine_type $mom_kin_machine_type
                set mom_pos(3) $mom_init_pos(3)
                set mom_pos(4) $mom_init_pos(4)
                MOM_reload_variable -a mom_pos
                set mom_kin_machine_type "5_axis_dual_table"
            } else {
                global mom_warning_info
                set mom_warning_info "$mom_operation_name:Wrong rotary
                MOM_catch_warning
                # MOM output_literal "ORIMKS"
```

图 7-11　屏蔽输出坐标旋转命令中不需要的两个程序段

9）保留 PB_CMD_output_cutcom_mode 输出刀具半径补偿方式命令。

10）保留 PB_CMD_move_force_addresses 强制输出地址命令。

11）保留 PB_CMD_subprogram_initial_move_set 子程序初始移动设置命令。

12）在最后一行增加 M8 强制输出。

（7）设置第一次移动　单击【工序起始序列】→【第一次移动】，删除没用的两行，增加最后一行 M8 强制输出，设置结果如图 7-12 所示。

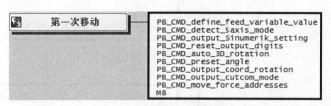

图 7-12　设置【第一次移动】

（8）设置逼近移动 / 进刀移动　单击【工序起始序列】→【逼近移动】，打开默认的 PB_CMD 命令，将第一个 MOM 命令改为 return 命令，不输出无用的注释且保持条件语句的完整性；用 # 屏蔽第二个 MOM 命令，设置结果如图 7-13 所示。

```
proc      PB_CMD_output_motion_message                          { }

# This command is used to output motion type before movements.
 global mom_motion_type
 global mom_siemens_pre_motion

 if { ![info exists mom_siemens_pre_motion] || ![info exists mom_motion_type] }
return
 }
 if { ![string match $mom_motion_type $mom_siemens_pre_motion] } {
    switch $mom_motion_type {
      "FIRSTCUT" -
      "STEPOVER" -
      "CUT" {
         if { ![string match "FIRSTCUT" $mom_siemens_pre_motion] && ![string mat
           MOM_output_literal ";Cutting"  return
         }
         set mom_siemens_pre_motion $mom_motion_type
      }
      default {
         set motion_type_first [string toupper [string index $mom_motion_type 0]
         set motion_type_end [string tolower [string range $mom_motion_type 1 en
         set motion_type $motion_type_first$motion_type_end
        #MOM_output_literal ";$motion_type Move"
         set mom_siemens_pre_motion $mom_motion_type
      }
```

图 7-13　设置【逼近移动】/【进刀移动】

（9）设置机床控制　单击【机床控制】→【刀具补偿关闭】，删除 G40。单击【机床控制】→【刀具补偿打开】，在后面添加一个自定义命令 PB_CMD_force_D，在命令中输入 MOM_force once D。

（10）设置快速移动　单击【运动】→【快速移动】，添加刀具半径补偿 G41 任选。注意，【运动】中的 D1 是刀具半径补偿 D 代码。

（11）设置退刀移动 / 返回移动　【退刀移动】和【返回移动】设置相同，打开 PB_

CMD_output_motion_message 命令，用 # 屏蔽 MOM_output_literal ";$motion_type Move"。

（12）设置刀轨结束　单击【工序结束序列】→【刀轨结束】，默认如图 7-14 所示，设置结果如图 7-15 所示。

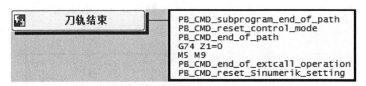

图 7-14　默认【刀轨结束】

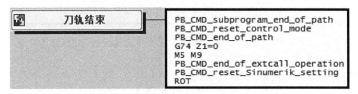

图 7-15　设置【刀轨结束】

1）保留 PB_CMD_subprogram_end_of_path 子程序刀轨结束命令。

2）保留 PB_CMD_reset_control_mode 复位控制模式命令。用于重置坐标旋转，但没有 ROT 或 AROT。

3）修改 PB_CMD_end_of_path 刀轨结束命令，打开此命令，在第一个 MOM_output 命令前面添加 "#"，不输出无用的分号，如图 7-16 所示

```
proc    PB_CMD_end_of_path                                          { }

   global sinumerik_version
   global mom_operation_type
   global mom_next_oper_has_tool_change
   global mom_current_oper_is_last_oper_in_program
   global mom_operation_type

   PB_CMD_reset_all_motion_variables_to_zero

   if { [info exists sinumerik_version] && [string match "V5" $sinumerik_version]
      #MOM_output_literal ";"
      MOM_output_literal "FFWOF"
      MOM_output_literal "UPATH"
      MOM_output_literal "SOFT"
      MOM_output_literal "COMPOF"
      MOM_output_literal "G64"
   } else {
      if { ![string match "Point to Point" $mom_operation_type] && ![string match
         MOM_output_literal "CYCLE832()"
      }
   }
```

图 7-16　屏蔽刀轨结束中的 ; 号

4）添加刀轨结束换刀条件两程序行 G74 Z1=0、M5 M9，为下一个工序开始的程序段初始化做好准备。

5）默认最后两个 PB_CMD 命令。

6）添加最后一行 ROT。最后一行添加 ROT 以删除整个框架。

（13）设置程序结束　单击【程序结束序列】→【程序结束】，默认如图 7-17 所示，设置结果如图 7-18 所示。

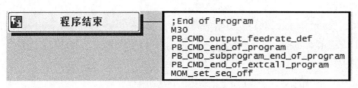

图 7-17　默认【程序结束】

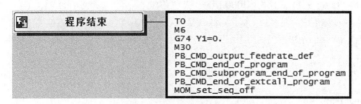

图 7-18　设置【程序结束】

1）添加 T0、M6 两行，将主轴上的最后一把刀具换回刀库。

2）添加 Y 轴回零 G74 Y1=0. 程序行，便于装卸工件。

（14）设置序列号　单击【N/C 数据定义】→【其他数据单元】→【序列号】，设置【序列号开始值】为 1 →【序列号增量】为 1，其他默认，特别是【序列号最大值】为 999999999，比 FANUC 系统大得多。

应该说明，西门子系统后处理的注释非常详细，特别是对于【工序起始序列】黄色标签的注释每个都有，对初学者来说很有参考价值，但对熟练者来说有些冗余，可依习惯删减，删减的办法是用 # 屏蔽或备份修改，有益于重新快速恢复。

7.2.3　分析 NC 程序验证后处理

（1）程序分析　这里还用多形态复合体刀轨，但由于存在干涉，所以需要对刀轨做一些避让处理，重命名为 S840D_ 多形态复合体 _ROT。对于变换阵列刀轨 01 和变换阵列与主从坐标旋转刀轨 02，采用这里定制的 5TT_AC_S840D_360G02_FZ_seq_ROT 后处理器进行后处理，分别得程序多形态复合体 _01BH_S840D_360_seq_ROT，多形态复合体 _02ZC_ S840D_360_seq_ROT，并分析：

1）多形态复合体 _01BH_S840D_360_seq_ROT。

```
;operation_name:CAVITY_MILL_D8R0_T2_ 顶面　在 G17 平面换刀三轴定向型腔铣

N1 ;Intol      : 0.080000      工序开始

N2 ;Outtol     : 0.080000      工序开始

N3 ;Stock      : 1.000000      工序开始

N4 _camtolerance=0.160000       工序开始

N5 TRAFOOF 换刀

N6 G74 Z1=0 换刀

N7 M5 M9 换刀
```

N8 T2 D2 ;MILL_D8R0_Z2_T2   换刀

N9 M6   换刀

N10 G53 G90 G00 Z300.   初始移动

N11 G17   初始移动

N12 CYCLE832(_camtolerance,0,1)   初始移动

N13 TRAORI   初始移动

N14 G54   初始移动

N15 G0 A0.0 C0.0   初始移动

N16 M8   初始移动

N17 G0 G90 X-28.064 Y-41. Z103. S3000 M3   快速移动

N18 Z101.   快速移动

N19 G1 Z98. F300.   加工

N20 X-32.603 Y-37.   加工

……   加工

N3746 X14.843 Y-33.346   加工

N3747 Y-41.   加工

N3748 Z73.   加工

N3749 G0 Z103.   加工结束

N3750 TRAFOOF   工序结束

N3751 CYCLE832()   工序结束

N3752 G74 Z1=0   工序结束

N3753 M5 M9   工序结束

N3754 ROT   工序结束

;operation_name:FACE_MILLING_D80R0_T1_ 前面   在其他平面换刀三轴定向平面铣

N3755 ;Intol   : 0.030000   工序开始

N3756 ;Outtol   : 0.030000   工序开始

N3757 ;Stock   : 0.000000   工序开始

N3758 _camtolerance=0.060000   工序开始

N3759 TRAFOOF   换刀

N3760 G74 Z1=0   换刀

N3761 M5 M9   换刀

N3762 T1 D1 ;MILL_D80R0_Z8_T1   换刀

N3763 M6   换刀

N3764 G53 G90 G00 Z300.   初始移动

N3765 CYCLE832(_camtolerance,0,1)   初始移动

N3766 TRAORI   初始移动

N3767 G54   初始移动

N3768 G0 A90. C0.0   初始移动

N3769 AROT X90.   初始移动

N3770 M8   初始移动

N3771 G0 X0.0 Y-46.4 Z50. S600 M3   快速移动

N3772 Z33.   快速移动

N3773 G1 Z30. F300.　加工

N3774 Y-40.　加工

……　加工

N3777 Z33.　加工

N3778 G0 Z50.　加工结束

N3779 TRANS X0 Y0 Z0　工序结束

N3780 TRAFOOF　工序结束

N3781 CYCLE832()　工序结束

N3782 G74 Z1=0　工序结束

N3783 M5 M9　工序结束

N3784 ROT　工序结束

;operation_name:FACE_MILLING_D80R0_T1_前面_INSTANCE　同一把刀在其他平面三轴定向平面铣

N3785 ;Intol　: 0.030000　工序开始

N3786 ;Outtol　: 0.030000　工序开始

N3787 ;Stock　: 0.000000　工序开始

N3788 _camtolerance=0.060000　工序开始

N3789 G53 G90 G00 Z300.　第一次移动

N3790 CYCLE832(_camtolerance,0,1)　第一次移动

N3791 TRAORI　第一次移动

N3792 G54　第一次移动

N3793 G0 A90. C90.　第一次移动

N3794 AROT X90.　第一次移动

N3795 AROT Y90.　第一次移动

N3796 M8　第一次移动

N3797 G0 X0.0 Y-46.4 Z50. S600 M3　快速移动

N3798 Z33.　快速移动

N3799 G1 Z30. F300.　加工

N3800 Y-40.　加工

……　加工

N3804 G0 Z50.　加工结束

N3805 TRANS X0 Y0 Z0　工序结束

N3806 TRAFOOF　工序结束

N3807 CYCLE832()　工序结束

N3808 G74 Z1=0　工序结束

N3809 M5 M9　工序结束

N3810 ROT　工序结束

⋮

;operation_name:CAVITY_MILL_D8R0_T2_前面　换刀三轴定向型腔铣

N3862 ;Intol　: 0.080000　工序开始

N3863 ;Outtol　: 0.080000　工序开始

N3864 ;Stock　: 1.000000　工序开始

N3865 _camtolerance=0.160000　工序开始

N3866 TRAFOOF　换刀

N3867 G74 Z1=0　换刀

N3868 M5 M9　换刀

N3869 T2 D2 ;MILL_D8R0_Z2_T2　换刀

N3870 M6　换刀

N3871 G53 G90 G00 Z300.　初始移动

N3872 CYCLE832(_camtolerance,0,1)　初始移动

N3873 TRAORI　初始移动

N3874 G54　初始移动

N3875 G0 A90. C0.0　初始移动

N3876 AROT X90.　初始移动

N3877 M8　初始移动

N3878 G0 X0.0 Y200. Z230. S3000 M3　快速移动

N3879 G1 X-17.302 Y51.362 Z46.911 F500.　加工

······　加工

N5183 X-35.487 Y61.544　加工

N5184 Z0.0　加工

N5185 G0 Z35.223　加工

N5186 X0.0 Y200. Z230.　加工结束

N5187 TRANS X0 Y0 Z0　工序结束

N5188 TRAFOOF　工序结束

N5189 CYCLE832()　工序结束

N5190 G74 Z1=0　工序结束

N5191 M5 M9　工序结束

N5192 ROT　工序结束

;operation_name:CAVITY_MILL_D8R0_T2_前面_INSTANCE　同一把刀三轴定向型腔铣

N5193 ;Intol　: 0.080000　工序开始

N5194 ;Outtol　: 0.080000　工序开始

N5195 ;Stock　: 1.000000　工序开始

N5196 _camtolerance=0.160000　工序开始

N5197 G53 G90 G00 Z300.　第一次移动

N5198 CYCLE832(_camtolerance,0,1)　第一次移动

N5199 TRAORI　第一次移动

N5200 G54　第一次移动

N5201 G0 A90. C90.　第一次移动

N5202 AROT X90.　第一次移动

N5203 AROT Y90.　第一次移动

N5204 M8　第一次移动

N5205 G0 X0.0 Y200. Z230. S3000 M3　快速移动

N5206 G1 X-17.302 Y51.362 Z46.911 F500.　加工

N5207 Z31.059　加工

N5208 Z28.059 F300.　加工

N5209 X-12.736 Y51.361　加工

…… 加工

N5216 X-10.348 Y55.137 Z48.917　加工

…… 加工

N9166 X0.0 Y-200. Z230.　　加工结束

N9167 TRANS X0 Y0 Z0　工序结束

N9168 TRAFOOF　工序结束

N9169 CYCLE832()　工序结束

N9170 G74 Z1=0　工序结束

N9171 M5 M9　工序结束

N9172 ROT　工序结束

;operation_name:VARIABLE_CONTOUR_D8R0_T2_ 槽　同一把刀曲线驱动四轴平面铣槽

N9173 ;Intol　: 0.030000

N9174 ;Outtol　: 0.030000

N9175 ;Stock　: 0.000000

N9176 _camtolerance=0.060000

N9177 G53 G90 G00 Z300.

N9178 CYCLE832(_camtolerance,0,1)

N9179 TRAORI

N9180 G54

N9181 G0 A90. C0.0

N9182 M8

N9183 G0 X0.0 Y-130. Z100. S2000 M3

N9184 X3.839 Y-32.03 Z54.

N9185 Y-27.155

N9186 G1 X3.774 Y-26.262 F250.

N9187 X3.512 Y-25.405

N9188 X3.065 Y-24.628

N9189 X2.458 Y-23.971

N9190 X1.719 Y-23.464

N9191 X.885 Y-23.135

N9192 X0.0 Y-23.

N9193 X-1.816 Y-22.928 C355.4703

⋮

N9859 X1.162 Y-14.955 C4.4422

N9860 X0.0 Y-15. C0.0

N9861 X-.886 Y-15.135

⋮

N9867 X-3.842 Y-19.152

N9868 Y-20.83

N9869 G0 Y-32.03

N9870 X0.0 Y-130. Z100.

N9871 TRAFOOF

N9872 CYCLE832()

N9873 G74 Z1=0

N9874 M5 M9

N9875 ROT

 ;operation_name:VARIABLE_CONTOUR_D8R4_T5_球　　换刀五轴铣球

N9876 ;Intol 　　: 0.030000

N9877 ;Outtol 　: 0.030000

N9878 ;Stock 　　: 0.000000

N9879 _camtolerance=0.060000

N9880 TRAFOOF

N9881 G74 Z1=0

N9882 M5 M9

N9883 T5 D5 ;BALL_MILL_D8R4_T5

N9884 M6

N9885 G53 G90 G00 Z300.

N9886 CYCLE832(_camtolerance,0,1)

N9887 TRAORI

N9888 G54

N9889 G0 A0.0 C0.0

N9890 M8

N9891 G0 X0.0 Y0.0 Z150. S4000 M3

N9892 X-3.227 Y2.344 Z104.53

N9893 Z101.511

N9894 G1 X-3.148 Y2.287 Z100.621 F400.

N9895 X-2.91 Y2.114 Z99.775

N9896 X-2.527 Y1.836 Z99.015

N9897 X-2.016 Y1.464 Z98.38

N9898 X-1.403 Y1.019 Z97.901

N9899 X-.72 Y.523 Z97.603

N9900 X0.0 Y0.0 Z97.5

N9901 X.128 Y-.093 A.3299 C53.9993

N9902 X.317 Y0.0 Z97.498 A.6598 C89.9999

⋮

N12496 X7.646 Y-23.533 Z58. A115.8721 C17.9997

N12497 X9.469 Y-22.86 C22.4997

⋮

N12566 X-11.234 Y-22.047 C332.9997

N12567 X-9.469 Y-22.86 C337.4997

⋮

N12583 X12.473 Y-25.91 Z56.253

N12584 G0 X16.095 Y-37.06 Z50.568

N12585 TRAFOOF

N12586 CYCLE832()

N12587 G74 Z1=0

N12588 M5 M9

N12589 ROT

　⋮

;operation_name:FACE_MILLING_ 小斜面 _D80R0_T1_ 前面　　　换刀定向平面铣削

N12697 ;Intol　　: 0.030000

N12698 ;Outtol　: 0.030000

N12699 ;Stock　　: 0.000000

N12700 _camtolerance=0.060000

N12701 TRAFOOF

N12702 G74 Z1=0

N12703 M5 M9

N12704 T1 D1 ;MILL_D80R0_Z8_T1

N12705 M6

N12706 G53 G90 G00 Z300.

N12707 CYCLE832(_camtolerance,0,1)

N12708 TRAORI

N12709 G54

N12710 G0 A70.5288 C315.

N12711 AROT X63.435

N12712 AROT Y-41.8103

N12713 AROT Z-18.4349

N12714 M8

N12715 G0 X-82.921 Y-7.048 Z47. S600 M3

N12716 G1 Z44. F300.

N12717 X-40.441

N12718 X40.441

N12719 X82.921

N12720 Z47.

N12721 TRANS X0 Y0 Z0

N12722 TRAFOOF

N12723 CYCLE832()

N12724 G74 Z1=0

N12725 M5 M9

N12726 ROT

;operation_name:FACE_MILLING_ 小斜面 _D80R0_T1_ 前面 _INSTANCE　　同一把刀定向平面铣削

N12727 ;Intol　　: 0.030000

N12728 ;Outtol　: 0.030000

N12729 ;Stock　　: 0.000000

N12730 _camtolerance=0.060000

N12731 G53 G90 G00 Z300.

N12732 CYCLE832(_camtolerance,0,1)

N12733 TRAORI

N12734 G54

N12735 G0 A70.5288 C45.

N12736 AROT X63.435

N12737 AROT Y41.8103

N12738 AROT Z18.4349

N12739 M8

N12740 G0 X-82.921 Y-7.048 Z47. S600 M3

N12741 G1 Z44. F300.

N12742 X-40.441

N12743 X40.441

N12744 X82.921

N12745 Z47.

N12746 TRANS X0 Y0 Z0

N12747 TRAFOOF

N12748 CYCLE832()

N12749 G74 Z1=0

N12750 M5 M9

N12751 ROT

⋮

;operation_name:DRILLING_ 大斜面 _0_D5R0_T4_3K   换刀钻孔

N12802 ;Intol   : 0.030000   工序开始

N12803 ;Outtol   : 0.030000   工序开始

N12804 ;Stock   : 0.000000   工序开始

N12805 _camtolerance=0.060000   工序开始

N12806 TRAFOOF   换刀

N12807 G74 Z1=0   换刀

N12808 M5 M9   换刀

N12809 T4 D4 ;MILL_D5R0_Z2_T4   换刀

N12810 M6   换刀

N12811 G53 G90 G00 Z300.   初始移动

N12812 G60   初始移动

N12813 TRAORI   初始移动

N12814 G54   初始移动

N12815 G0 A60. C0.0   初始移动

N12816 AROT X60.   初始移动

N12817 M8   初始移动

N12818 G0 X-15. Y20.981 Z40.981 S4000 M3   快速移动

N12819 G94 F300.   孔加工

N12820 MCALL CYCLE81(43.9808,40.9808,3.,25.9808)   孔加工

N12821 X-15. Y20.981　第一孔

N12822 X0.0　第二孔

N12823 X15.　第三孔

N12824 MCALL　取消孔加工

N12825 TRANS X0 Y0 Z0　工序结束

N12826 TRAFOOF　工序结束

N12827 G74 Z1=0　工序结束

N12828 M5 M9　工序结束

N12829 ROT　工序结束

;operation_name:DRILLING_ 大斜面 _0_D5R0_T4_3K_INSTANCE　　同一把刀钻孔

N12830 ;Intol　 : 0.030000　工序开始

N12831 ;Outtol　 : 0.030000　工序开始

N12832 ;Stock　 : 0.000000　工序开始

N12833 _camtolerance=0.060000　工序开始

N12834 G53 G90 G00 Z300.　第一次移动

N12835 G60　第一次移动

N12836 TRAORI　第一次移动

N12837 G54　第一次移动

N12838 G0 A60. C90.　第一次移动

N12839 AROT Y60.　第一次移动

N12840 AROT Z90.　第一次移动

N12841 M8　第一次移动

N12842 MCALL　孔加工定向

N12843 TRANS X0 Y0 Z0　孔加工定向

N12844 AROT Y60.　孔加工定向

N12845 AROT Z90.　孔加工定向

N12846 M3 F300.　孔加工

N12847 MCALL CYCLE81(43.9808,40.9808,3.,-25.9808)　孔加工

N12848 X-15. Y20.981　第一孔

N12849 X0.0　第二孔

N12850 X15.　第三孔

N12851 MCALL　孔加工结束

N12852 TRANS X0 Y0 Z0　工序结束

N12853 TRAFOOF　工序结束

N12854 G74 Z1=0　工序结束

N12855 M5 M9　工序结束

N12856 ROT　工序结束

⋮

;operation_name:DRILLING_ 小斜面 _0_D5R0_T4_K　　同一把刀钻孔

N12909 ;Intol　 : 0.030000　工序开始

N12910 ;Outtol　 : 0.030000　工序开始

N12911 ;Stock　 : 0.000000　工序开始

N12912 _camtolerance=0.060000 　工序开始

N12913 G53 G90 G00 Z300. 　第一次移动

N12914 G60 　第一次移动

N12915 TRAORI 　第一次移动

N12916 G54 　第一次移动

N12917 G0 A70.5288 C315. 　第一次移动

N12918 AROT X63.435 　第一次移动

N12919 AROT Y-41.8103 　第一次移动

N12920 AROT Z-18.4349 　第一次移动

N12921 M8 　第一次移动

N12922 MCALL 　第一次移动

N12923 TRANS X0 Y0 Z0

N12924 AROT X63.435

N12925 AROT Y-41.8103

N12926 AROT Z-18.4349

N12927 M3 F300. 　孔加工

N12928 MCALL CYCLE81(53.,50.,3.,35.) 　孔加工

N12929 X0.0 Y14.142 　孔加工

N12930 MCALL 　孔加工结束

N12931 TRANS X0 Y0 Z0 　工序结束

N12932 TRAFOOF 　工序结束

N12933 G74 Z1=0 　工序结束

N12934 M5 M9 　工序结束

N12935 ROT 　工序结束

⋮

N13017 T0 　程序结束

N13018 M6 　程序结束

N13019 G74 Y1=0. 　程序结束

N13020 M30 　程序结束

2）多形态复合体 _02ZC_S840D_360_seq_ROT。

;operation_name:CAVITY_MILL_D8R0_T2_ 顶面 _ 主从 　　换刀三轴定向型腔铣

N1 ;Intol 　: 0.080000

N2 ;Outtol 　: 0.080000

N3 ;Stock 　: 1.000000

N4 _camtolerance=0.160000

N5 TRAFOOF

N6 G74 Z1=0

N7 M5 M9

N8 T2 D2 ;MILL_D8R0_Z2_T2

N9 M6

N10 G53 G90 G00 Z300.

N11 G17

N12 CYCLE832(_camtolerance,0,1)

N13 TRAORI

N14 G54

N15 G0 A0.0 C0.0

N16 M8

N17 G0 G90 X-28.064 Y-41. Z103. S4000 M3

N18 Z101.

N19 G1 Z98. F400.

N20 X-32.603 Y-37.

⋮

N4796 X38.481 Y33.011

N4797 Z0.0

N4798 G0 Z36.

N4799 X0.0 Y200. Z230.

N4800 TRANS X0 Y0 Z0

N4801 TRAFOOF

N4802 CYCLE832()

N4803 G74 Z1=0

N4804 M5 M9

N4805 ROT

;operation_name:CAVITY_MILL_D8R0_T2_ 前面 _ 主从 _INSTANCE　　同一把刀三轴定向型腔铣

N4806 ;Intol　　: 0.080000

N4807 ;Outtol　 : 0.080000

N4808 ;Stock　　: 1.000000

N4809 _camtolerance=0.160000

N4810 G53 G90 G00 Z300.

N4811 CYCLE832(_camtolerance,0,1)

N4812 TRAORI

N4813 G54

N4814 G0 A90. C90.

N4815 AROT X90.

N4816 AROT Y90.

N4817 M8

N4818 G0 X0.0 Y200. Z230. S4000 M3

N4819 G1 X-21.861 Y49.196 Z36. F250.

N4820 Z30.

N4821 Z27.

N4822 X-17.222

N4823 X-3.663

N4824 X-7.74 Y50.259

N4825 X-11.497 Y52.183

⋮

N5731 X38.481 Y33.011

N5732 Z0.0

N5733 G0 Z36.

N5734 X0.0 Y200. Z230.

N5735 TRANS X0 Y0 Z0

N5736 TRAFOOF

N5737 CYCLE832()

N5738 G74 Z1=0

N5739 M5 M9

N5740 ROT

⋮

;operation_name:VARIABLE_CONTOUR_D8R0_T2_槽_主从　　同一把刀曲线驱动四轴平面铣槽

N7610 ;Intol : 0.030000 工序开始

N7611 ;Outtol : 0.030000 工序开始

N7612 ;Stock : 0.000000 工序开始

N7613 _camtolerance=0.060000 工序开始

N7614 G53 G90 G00 Z300. 第一次移动

N7615 CYCLE832(_camtolerance,0,1) 第一次移动

N7616 TRAORI 第一次移动

N7617 G54 第一次移动

N7618 G0 A90. C0.0 第一次移动

N7619 M8 第一次移动

N7620 G0 X0.0 Y-130. Z100. S4000 M3 快速移动

N7621 X3.921 Y-32.03 Z54. 快速移动

N7622 Y-26.078 快速移动

N7623 G1 X3.838 Y-25.186 F250. 加工

N7624 X3.559 Y-24.335 加工

…… 加工

N7628 X.888 Y-22.118 加工

N7629 X0.0 Y-22. 加工

N7630 X-.866 Y-21.983 C357.7452 加工

…… 加工

N8241 X-3.842 Y-19.152 加工

N8242 Y-22.43 加工

N8243 G0 Y-32.03 加工

N8244 TRAFOOF 工序结束

N8245 CYCLE832() 工序结束

N8246 G74 Z1=0 工序结束

N8247 M5 M9 工序结束

N8248 ROT 工序结束

;operation_name:VARIABLE_CONTOUR_D8R4_T5_球_主从　　换刀五轴铣球

N8249 ;Intol : 0.030000 工序开始

N8250 ;Outtol : 0.030000 工序开始

N8251 ;Stock : 0.000000 工序开始

N8252 _camtolerance=0.060000 工序开始

N8253 TRAFOOF 换刀

N8254 G74 Z1=0　换刀

N8255 M5 M9　换刀

N8256 T5 D5 ;BALL_MILL_D8R4_T5　换刀

N8257 M6　换刀

N8258 G53 G90 G00 Z300.　初始移动

N8259 CYCLE832(_camtolerance,0,1)　初始移动

N8260 TRAORI　初始移动

N8261 G54　初始移动

N8262 G0 A0.0 C0.0　初始移动

N8263 M8　初始移动

N8264 G0 X0.0 Y0.0 Z150. S5000 M3　快速移动

N8265 X-2.339 Y3.22 Z104.53　快速移动

N8266 Z101.52　快速移动

N8267 G1 X-2.283 Y3.142 Z100.63 F500.　加工

N8268 X-2.112 Y2.906 Z99.783　加工

……　加工

N8272 X-.523 Y.72 Z97.605　加工

N8273 X0.0 Y0.0 Z97.5　加工

N8274 X.163 Y-.225 Z97.499 A.5794 C35.9994　加工

……　加工

N8995 X7.646 Y-23.533 Z58. A115.8721 C17.9997　加工

N8996 X9.469 Y-22.86 C22.4997　加工

……　加工

N9070 X-1.942 Y-24.667 C355.4997　加工

N9071 X0.0 Y-24.744 C359.9997　加工

……　加工

N9083 G0 X16.095 Y-37.06 Z50.568　加工

N9084 TRAFOOF　工序结束

N9085 CYCLE832()　工序结束

N9086 G74 Z1=0　工序结束

N9087 M5 M9　工序结束

N9088 ROT　工序结束

;operation_name:FACE_MILLING_D40R0_T3_0_ 大斜面 _ 主从　　　换刀三轴定向平面铣

N9089 ;Intol　　: 0.030000

N9090 ;Outtol　　: 0.030000

N9091 ;Stock　　: 0.000000

N9092 _camtolerance=0.060000

N9093 TRAFOOF

N9094 G74 Z1=0

N9095 M5 M9

N9096 T3 D3 ;T_CUTTER_D40R0_T3

N9097 M6

N9098 G53 G90 G00 Z300.

N9099 CYCLE832(_camtolerance,0,1)

```
N9100 TRAORI
N9101 G54
N9102 G0 A60. C0.0
N9103 TRANS X0.0 Y-25. Z38.66
N9104 AROT X60.
N9105 M8
N9106 G0 X0.0 Y18.923 Z189.904 S1000 M3
N9107 X-61.258 Y-7.488 Z24.519
N9108 Z3.
N9109 G1 Z0.0 F250.
N9110 X-40.912
N9111 X40.912
N9112 X61.258
N9113 Z3.
N9114 G0 Z24.519
N9115 X0.0 Y18.923 Z189.904
N9116 TRANS X0 Y0 Z0
N9117 TRAFOOF
N9118 CYCLE832()
N9119 G74 Z1=0
N9120 M5 M9
N9121 ROT
;operation_name:FACE_MILLING_D40R0_T3_90_大斜面_主从      同一把刀三轴定向平面铣
N9122 ;Intol    : 0.030000
N9123 ;Outtol   : 0.030000
N9124 ;Stock    : 0.000000
N9125 _camtolerance=0.060000
N9126 G53 G90 G00 Z300.
N9127 CYCLE832(_camtolerance,0,1)
N9128 TRAORI
N9129 G54
N9130 G0 A60. C90.
N9131 TRANS X25. Y0.0 Z38.66
N9132 AROT Y60.
N9133 AROT Z90.
N9134 M8
N9135 G0 X-61.258 Y-7.488 Z24.519 S1000 M3
N9136 Z3.
N9137 G1 Z0.0 F250.
N9138 X-40.912
N9139 X40.912
N9140 X61.258
N9141 Z3.
```

N9142 G0 Z24.519
N9143 TRANS X0 Y0 Z0
N9144 TRAFOOF
N9145 CYCLE832()
N9146 G74 Z1=0
N9147 M5 M9
N9148 ROT
⋮
;operation_name:FACE_MILLING_D80R0_T1_0_ 小斜面 _ 主从　　换刀平面铣小斜面
N9203 ;Intol　　: 0.030000
N9204 ;Outtol　 : 0.030000
N9205 ;Stock　　: 0.000000
N9206 _camtolerance=0.060000
N9207 TRAFOOF
N9208 G74 Z1=0
N9209 M5 M9
N9210 T1 D1 ;MILL_D80R0_Z8_T1
N9211 M6
N9212 G53 G90 G00 Z300.
N9213 CYCLE832(_camtolerance,0,1)
N9214 TRAORI
N9215 G54
N9216 G0 A70.5288 C315.
N9217 TRANS X-26. Y-26. Z28.
N9218 AROT X63.4349
N9219 AROT Y-41.8103
N9220 AROT Z-17.195
N9221 M8
N9222 G0 X-83.36 Y-19.391 Z9.833 S500 M3
N9223 Z3.
N9224 G1 Z0.0 F250.
N9225 X-40.89 Y-20.31
N9226 X39.973 Y-22.06
N9227 X82.443 Y-22.98
N9228 Z3.
N9229 G0 Z9.833
N9230 TRANS X0 Y0 Z0
N9231 TRAFOOF
N9232 CYCLE832()
N9233 G74 Z1=0
N9234 M5 M9
N9235 ROT
⋮

;operation_name:DRILLING_ 大斜面 _0_D5R0_T4_3K_ 主从　　换刀钻三孔

N9320 ;Intol　: 0.030000

N9321 ;Outtol　: 0.030000

N9322 ;Stock　: 0.000000

N9323 _camtolerance=0.060000

N9324 TRAFOOF

N9325 G74 Z1=0

N9326 M5 M9

N9327 T4 D4 ;MILL_D5R0_Z2_T4

N9328 M6

N9329 G53 G90 G00 Z300.

N9330 G60

N9331 TRAORI

N9332 G54

N9333 G0 A60. C0.0

N9334 TRANS X0.0 Y-25. Z38.66

N9335 AROT X60.

N9336 M8

N9337 G0 X-15. Y0.0 Z3. S3000 M3

N9338 G94 F250.

N9339 MCALL CYCLE81(3.,0.,3.,-15.)

N9340 X-15. Y0.0

N9341 X0.0

N9342 X15.

N9343 MCALL

N9344 TRANS X0 Y0 Z0

N9345 TRAFOOF

N9346 G74 Z1=0

N9347 M5 M9

N9348 ROT

;operation_name:DRILLING_ 大斜面 _90_D5R0_T4_3K_ 主从　　同一把刀钻三孔

N9349 ;Intol　: 0.030000

N9350 ;Outtol　: 0.030000

N9351 ;Stock　: 0.000000

N9352 _camtolerance=0.060000

N9353 G53 G90 G00 Z300.

N9354 G60

N9355 TRAORI

N9356 G54

N9357 G0 A60. C90.

N9358 TRANS X25. Y0.0 Z38.66

N9359 AROT Y60.

N9360 AROT Z90.

N9361 M8

N9362 M3 F250.

N9363 MCALL CYCLE81(3.,-0.,3.,-15.)

N9364 X-15. Y0.0

N9365 X0.0

N9366 X15.

N9367 MCALL

N9368 TRANS X0 Y0 Z0

N9369 TRAFOOF

N9370 G74 Z1=0

N9371 M5 M9

N9372 ROT

⋮

;operation_name:DRILLING_ 小斜面 _0_D5R0_T4_K_ 主从　　 同一把刀钻一孔

N9421 ;Intol　 : 0.030000　工序开始

N9422 ;Outtol　: 0.030000　工序开始

N9423 ;Stock　 : 0.000000　工序开始

N9424 _camtolerance=0.060000　 工序开始

N9425 G53 G90 G00 Z300. 第一次移动

N9426 G60 第一次移动

N9427 TRAORI 第一次移动

N9428 G54 第一次移动

N9429 G0 A70.5288 C315. 第一次移动

N9430 TRANS X-26. Y-26. Z28. 第一次移动

N9431 AROT X63.4349 第一次移动

N9432 AROT Y-41.8103 第一次移动

N9433 AROT Z-17.195 第一次移动

N9434 M8 第一次移动

N9435 MCALL 钻孔

N9436 Z9. 钻孔

N9437 M3 F250. 钻孔

N9438 MCALL CYCLE81(9.,6.,3.,-9.) 钻孔

N9439 X0.0 Y0.0 钻孔

N9440 MCALL 钻孔

N9441 TRANS X0 Y0 Z0 工序结束

N9442 TRAFOOF 工序结束

N9443 G74 Z1=0 工序结束

N9444 M5 M9 工序结束

N9445 ROT 工序结束

⋮

N9517 T0 程序结束

N9518 M6 程序结束

N9519 G74 Y1=0. 程序结束

N9520 M30 程序结束

分析对比，用同一后处理器处理同一工件不同的刀轨，程序都正确，但坐标变换刀轨需要的加工空间小，而主从坐标旋转刀轨需要的加工空间相对变大，应注意避让干涉碰撞。除刀轨妥善避让外，还应将后处理器【自动换刀】中的 G53 G90 G00 Z300. 移至【初始移动】和【第一次移动】的第一行，这样不仅换刀加工初始化快速定位安全可靠，而且使用同一把刀加工也可靠。当然这与具体机床换刀点位置也有关系。

（2）VERICUT 仿真加工验证　用 doosan_vc630_5_axis 机床 VERICUT 仿真加工，A、C 两轴都是 EIA360 绝对旋转台型，180°最短捷径反转，刀具长度补偿开启。两种程序仿真加工结果相同，工件形状正确，如图 7-19 所示。

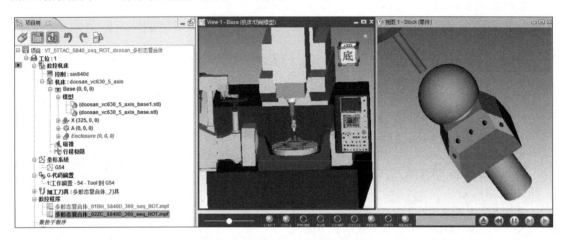

图 7-19　VERICUT 仿真加工结果

7.3　有 RPCP 功能 CYCLE800 双转台五轴后处理器定制

7.3.1　制订后处理方案

1）为 VERICUT 仿真机床 sin840d_hermle_c42_srt_440 定制后处理器。

2）用速度插补成组指令 FGROUP 均化坐标值进给速度，实现平稳加工。

3）用摆动 / 回转循环 CYCLE800 实现 3+2_axsi 定向加工方式。

4）用高速设定循环 CYCLE832 实现高速、高质量加工。

其余同前。

7.3.2　速度插补成组指令 FGROUP

（1）进给速度分配方式　多轴加工有三种进给速度分配方式。

1）线性轴插补进给速度会分配给较长余程的轴。任意两个线性轴插补，如 G91 G01 X10 Y1000 F100，进给速度会分配给较长余程的轴，即 Y 轴进给速度 F100，而 X 轴移动缓慢，只要 F100 不超过最大进给速度，就不会出现危险。

2）线性轴与旋转轴混合插补进给速度会分配给较长余程的线性轴。任意线性轴与旋转轴混合插补，如 G91 G01 X10 A1000 F100，进给速度会分配给较长余程的线性轴，即 X 轴进给速度 F100。A 轴需要移动很长的距离，为了完成插补，A 轴要按照很快的进给速度移动，有可能超过规定的最大进给速度，这是非常危险的。

3）旋转轴插补进给速度会分配给较长余程的轴。任意两个旋转轴插补，进给速度会分配给较长余程的旋转轴。

（2）速度插补成组指令 FGROUP 均化进给速度　速度插补成组指令 FGROUP 可将进给速度分配给指定插补轴中最长余程的轴（在指令轴地址中自动判断），从而使各指令轴进给速度均衡化。指令格式：

生效：FGROUP（用逗号分开的指令轴地址）

取消：FGROUP（）

例如，让进给速度分配给较长余程的 A 轴，不至于转速太快而飞车。

FGROUP（X,A）

G91 G01 X10 A1000 F100　进给速度 F100 分配给余程最长的旋转轴 A。

7.3.3　摆动／回转循环 CYCLE800

（1）坐标系转换的循环编程功能　CYCLE800 可以快速将刀具轴线自动摆动（或工件回转）到与空间内任意倾斜平面相垂直的状态，与此同时自动转换刀具长度和半径补偿的方向，变成三轴加工姿态，实现 3+2_axis 定向加工，或者说是 3+2_axis 定向加工的另一种编程方式，使程序更简单、可读性更好。摆动／回转循环类似于 FANUC 系统的特性坐标系 G68.2 与刀轴控制 G53.1 合用的效果。

（2）CYCLE800 的特点

1）在工件坐标系中，可以方便地实现对倾斜平面加工的快速编程，不需要特别计算旋转轴位置，手工编程也方便。

2）在回转模式不使用直接回转轴的情况下，可以实现独立于五轴机床结构运动系统的编程，摆动循环程序可以在任何结构类型的 SINUMERIK 五轴机床中运行。

3）在 CAM 软件上进行编程时，不需要在后处理器中再设置特定的五轴运动结构。

4）刀具参数和零点偏移可以随时在机床上通过刀具表和零偏表进行设置和修改，而不用修改 NC 程序。

5）回转平面时刀具与被加工表面自动保持垂直，可以直接使用平面加工中可用的所有钻削、铣削以及测量循环。

6）回转前刀具沿刀轴的回退会自动考虑机床软限位，有多种回退策略可供选择。

7）数控系统复位或掉电后也可保持回转框架，便于从倾斜平面中沿刀轴方向退回刀具。

（3）指令格式　CYCLE800 功能强大，指令格式中的参数设定比较复杂，幸亏自动编程可自动生成，手工编程有人机对话窗口图示设定，如图 7-20 所示，指令格式：

生效：CYCLE800(PL,TC,ST,…)

取消：CYCLE800（）

1）加工平面。设定加工所在平面，虽然五轴加工中加工平面是经常切换的，但是在使用摆动 / 回转循环 CYCLE800 指令的加工中，通常选择 G17 平面，即坐标系旋转后，与该加工平面垂直。

2）回转数据组名称。可以为不同的 CYCLE800 数据组设置不同的名称，选择不同的名称即可切换相应的参数。在调用 CYCLE800 指令时，回转平面对话框中 TC 项中的名称必须与当前数控机床所设定的回转数据组名称一致，否则程序无法运行。

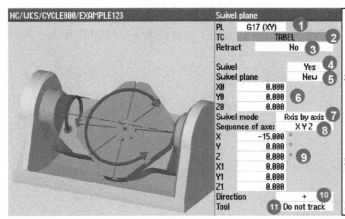

NC/WKS/CYCLE800/EXAMPLE123	Swivel plane	
	PL	G17 (XY) ①
	TC	TABEL ②
	Retract	No ③
	Swivel	Yes ④
	Swivel plane	New ⑤
	X0	0.000 ⑥
	Y0	0.000
	Z0	0.000
	Swivel mode	Axis by axis ⑦
	Sequence of axes	X Y Z ⑧
	X	−15.000 °
	Y	0.000 °
	Z	0.000 ° ⑨
	X1	0.000
	Y1	0.000
	Z1	0.000
	Direction	+ ⑩
	Tool	⑪ Do not track

1）加工平面：选择被回转的加工平面。
2）回转数据名称：选择回转数据记录的名称。
3）回退模式：选择回转前 / 后的回退模式。
4）是否自动回转旋转轴：是否实施真正的回转运动。
5）回转平面方式：平面回转的方式。
6）回转基准：指定回转的参考点。
7）回转模式：平面回转的模式。
8）回转顺序：角度回转的顺序。
9）回转角度 + 回转后的平移：先回转角度后平移坐标。
10）回转方向：旋转轴定位方向。
11）是否刀尖跟踪：在平面回转运动过程中决定刀具是如何运动的。

图 7-20　CYCLE800 参数设定对话框

3）回退模式。在回转旋转轴到新加工平面之前，从工件加工位置回退刀具以避免与工件碰撞，选择回转数据组中相应的回退类型。通常选择 ZXY 方式，先 Z 退刀，后 XY 平移到指定位置，还有几种回退方式，如图 7-21 所示。

沿 "Z" 回退。
沿 Z 轴的回退位置参考 MCS 定义。回退只在 Z 轴发生。

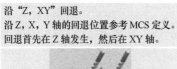
沿 "Z, XY" 回退。
沿 Z, X, Y 轴的回退位置参考 MCS 定义。回退首先在 Z 轴发生，然后在 XY 轴。

沿 "最大刀具方向" 回退。
沿参考 WCS 的刀具方向回退，直至达到软件限制。在机床结构类型为 T 和 M 的情况下，多轴同时移动。

图 7-21　回退方式

4）是否自动回转旋转轴。如果旋转轴是伺服轴，选择"是"，系统会自动让加工平面按要求进行回转。如果旋转轴是手动控制轴，选择"否"，系统会在这里自动生成一个进给保持的状态，并提示各个旋转轴应该转到的位置。

5）回转平面方式　通常选择【新建】来创建新的坐标平面，很少采用附加方式。

①新建。参考初始的坐标系原点建立一个新的坐标平面。

②附加。在已变换角度或位移的平面上，继续累加旋转或平移。

6）回转基准。在平面回转之前，将当前工件坐标系的原点（X0、Y0、Z0）平移到坐标旋转的基准点，如图 7-22 所示。

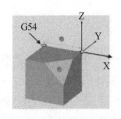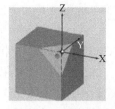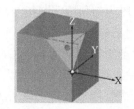

图 7-22　回转基准

7）回转模式。有四种回转模式供选用。

① 缺省回转模式 - 逐轴。加工平面围绕直角坐标系的各个几何轴依次进行回转。后一个轴的旋转将叠加在前一个轴旋转的基础之上，旋转顺序可自由选择。

② 可选回转模式 1- 直接回转轴。加工平面的回转位置由具体的机床轴回转位置决定，需要直接对实际存在的旋转轴进行编程。最终的平面回转方向是两个旋转轴各自到位后合成的结果。

③ 可选回转模式 2- 投影角。回转平面的角度值被投影至直角坐标系的两个坐标轴上，然后再围绕第三坐标轴进行叠加旋转。以 G17 平面为例，先围绕着 X 和 Y 轴进行旋转，之后再围绕新的 Z 轴进行旋转。

④ 可选回转模式 3- 立体角。这是与投影角类似的一种特殊回转模式，回转的依据是几何轴。首先围绕 Z 轴旋转 α，然后再围绕新的 Y 轴旋转 β。

8）回转顺序。同回转模式的四种选项。

9）回转角度 + 回转后的平移。

① 回转角度。回转角度的项目和顺序，由前面选择的回转模式以及回转顺序所决定。

② 回转后的平移。平面回转后，可以重新指定工件坐标系的原点位置。但这时指定的位置基准是回转后的新坐标系。

10）回转方向。当加工平面在空间倾斜后，所对应的旋转轴的回转方案往往不止一种。这就需要在这里指定第一回转轴的旋转方向，为系统指定唯一的回转方案。有 +、- 两种选择。

11）是否刀尖跟踪。在平面回转运动过程中决定刀具是如何运动的。五轴机床一般分为五轴四联动和五轴全联动两种。对于五轴全联动并且带有五轴跟踪选项的五轴机床，可以选择刀具带跟踪模式。但是对于两个旋转轴不能同时参与插补运动的五轴机床，就只能选择刀具不带跟踪模式。

7.3.4　高速设定循环 CYCLE832

（1）系列高速加工指令　西门子 840D 数控系统为满足高速、高精度及高表面质量加工的要求，提供了一系列高级指令。

1）压缩器功能 COMPCAD/COMPCURV/COMPOF。压缩器功能 COMPCAD/COMPCURV 连接一系列 G1 指令，并将其压缩形成样条曲线，使坐标轴更加平衡协调运动并消除共振，加工表面更加平滑。根据不同加工情况选择压缩器功能指令，COMPCAD 适合自由形状曲面铣削，COMPCURV 适合圆周铣削，COMPOF 为关闭压缩器功能。

2）角度倒圆连续路径方式 G642/G643/G644。插入一个样条单元，可使程序段过渡处曲率连续，从而减小机械冲击，使速度变化更加平滑。G642 是带有轴向公差的角度倒圆指令，

G643 是程序段内部角度倒圆指令，G644 是速度和加速度优化的角度倒圆指令。一般在模具加工中建议用 G642。

3）进给前馈控制功能 FFWON/FFWOF。FFWON 指令避免在程序段过渡位置的减速，以平滑最大轮廓速度，更快地完成零件加工。FFWOF 用于关闭 FFWON。

4）不带突变限制功能 BIRSK/ 突变限制功能 SOFT。不带突变限制功能 BRISK，坐标轴以最大加速度加速至程序进给率，可缩短加工时间，但加速度变化较大，无法保证工件表面质量。突变限制功能 SOFT，坐标轴以恒定加速度加速到程序进给率，可保证工件表面质量，减少机床机械磨损。

（2）高速设定循环 CYCLE832 指令格式　对于配有 CYCLE832 高速设定循环功能的数控系统，可通过调用 CYCLE832 打开和关闭上述诸多高级功能。对于未配置 CYCLE832 高速设定循环功能的数控系统，只能在工件程序头根据加工情况手动添加。无论哪种情况，CYCLE832 的指令格式是一样的。指令格式：

CYCLE832（_TOL,_TOLM,1）

_TOL：轮廓公差。

_TOLM：公差方式，如图 7-23 所示。设置的灵活性较大，要注意在线机床设定或适当修改。

CYCLE832 后处理默认宏设置如图 7-24 所示，默认指令格式：

CYCLE832（_TOL,_TOLM,_V832）

_TOL：轮廓公差。

_TOLM：公差方式。

_V832：版本号，常设为 1。

宏中参数 _TOL 的表达式是 _camtolerance，不是变量值，需要在 NC 程序中手动修改；_TOLM 的变量也需要根据加工工艺来设定，灵活性较大，全部自动赋值会比较麻烦，用户可以根据实际情况自己设置。

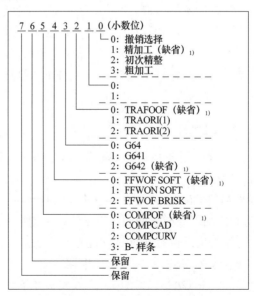

图 7-23　TOLM 参数设定

图 7-24　CYCLE832 后处理默认宏设置

7.3.5　创建后处理器

（1）新建后处理器文件　进入后处理构造器界面，【后处理输出单位】选择【毫米】→选择 5 轴带双转台的铣床→ Sinumerik_840D_basic，单击【确定】，保存为 5TT_AC_S840D_360G02_seq_CYCLE800。

（2）设置机床各轴运动学参数　根据机床实际情况，设置第 4 轴为摆动轴、在 YZ 平面旋转、轴名称为 A，第 5 轴为旋转轴、在 XY 平面旋转、轴名称为 C，各轴的行程限制等均同前设定。

（3）设置程序开始　虽然选用了 Siemens 840D_basic 标准控制器，但是输出的程序比较混乱，不符合机床正常运行要求，需要修改相关设置才能满足使用要求。

1）【程序开始】第二行 PB_CMD_set_Sinumerik_default_setting 西门子系统默认设定命令中，包括 3+2_axis、5_axis 等重要参数设定，将 set dpp_coord_rotation_output_type "TRAORI" 中的 TRAORI 改为 SWIVELING，即 SWIVELING 是输出 CYCLE800 的 3+2_axis 方式，如图 7-25 所示。其他行默认不变。

2）打开后处理的 TCL 文件，如图 7-26 所示，找到：

Please set your swivel data record

set cycle800_tc"\"R_DATA\"";

将 R_DATA 更改为机床对应的摆动数据组名称，如 TC1，否则发生报警或不能运行。

```
程序开始
PB_CMD_set_Sinumerik_version
PB_CMD_set_Sinumerik_default_setting
MOM_set_seq_off
PB_CMD_init_ini_files
PB_CMD_init_variables
PB_CMD_init_helix
PB_CMD_init_nurbs
PB_CMD_init_high_speed_setting
PB_CMD_init_extcall
PB_CMD_fix_RAPID_SET
PB_CMD_spindle_orient
PB_CMD_uplevel_ROTARY_AXIS_RETRACT
MOM_set_seq_on
```

```
proc   PB_CMD_ set_Sinumerik_default_setting   { }

# This command is the default Sinumerik milling settings for Mold&Die and Aerospa
#
# 22-Dec-2016 shuai - CYCLE832 enhancement.
#                     Update the description for this command.
#

  # To set default coordinate rotation output mode for 3+2 operations.
  global dpp_coord_rotation_output_type
  set dpp_coord_rotation_output_type "SWIVELING" ; # SWIVELING / TRAORI (+AROT)
```

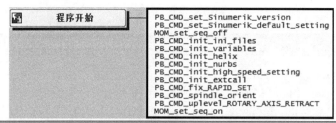

图 7-25　设置【程序开始】

```
#-----------------------------------------------------------
#Please set your swivel data record
#-----------------------------------------------------------
   set cycle800_tc "\"R_DATA\"" ;# For example,please put your data here
```

图 7-26　设定数据组名称

（4）设置刀轨开始　【刀轨开始】默认设置如图 7-27 所示，【刀轨开始】设定结果共八行，如图 7-28 所示。

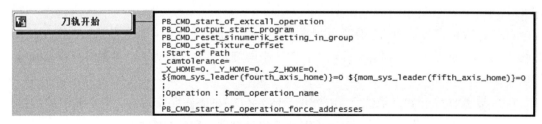

```
刀轨开始
PB_CMD_start_of_extcall_operation
PB_CMD_output_start_program
PB_CMD_reset_sinumerik_setting_in_group
PB_CMD_set_fixture_offset
;Start of Path
_camtolerance=
_X_HOME=0. _Y_HOME=0. _Z_HOME=0.
${mom_sys_leader(fourth_axis_home)}=0 ${mom_sys_leader(fifth_axis_home)}=0
;
;Operation : $mom_operation_name
;
PB_CMD_start_of_operation_force_addresses
```

图 7-27 【刀轨开始】默认设置

```
刀轨开始
;Operation : $mom_operation_name
PB_CMD_fmg_mode
PB_CMD_start_of_extcall_operation
PB_CMD_reset_sinumerik_setting_in_group
; _camtolerance=
PB_CMD_output_start_program
PB_CMD_set_fixture_offset
PB_CMD_start_of_operation_force_addresses
```

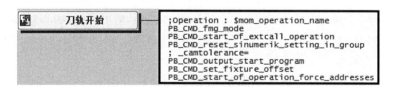

图 7-28　设置【刀轨开始】

1）工序开始注释。用工序名提示工序开始，调整至第一行。

2）加工方式。新增第二行 PB_CMD_fmg_mode，用工序子类型名称定义 3+2_axis 定向加工方式和 5_axis 联动加工方式，为双转台松夹做准备，不至于修改默认的定义方式。

3）第三、四行默认保留。

4）内外误差。第五行是内外误差之和，供设定 CYCLE832 参考，段首添加注释分号"；"。

5）屏蔽无用功能。打开第六行 PB_CMD_output_start_program 输出程序开始命令，如图 7-29 所示，用 # 屏蔽用处不大的 MOM 命令 6 处（框格表示），MOM_do_template start_of_program 程序开始模板，默认输出 G40 G17 G710 G94 G90 G60 G601 FNORM 程序段。

6）工件坐标系。第七行 PB_CMD_set_fixture_offset 设定 G500、G54 ～ G57 和 G505 ～ G599 三类工件坐标系 G 代码，可打开查看。

7）第八行默认保留。

```
proc    PB_CMD_output_start_program                              { } {

# This command is used to output start of program NC codes for sinumerik 840D!
#
 global mom_date
 global mom_part_name
 global mom_definition_file_name
 global start_output_flag
 global mom_sys_leader
 global mom_kin_machine_type

 if { ![info exists start_output_flag] || $start_output_flag == 0 } {
   set start_output_flag 1
   #MOM output_literal ";Start of Program"
#  MOM output_literal ";"
#  MOM output_literal ";PART NAME    :$mom_part_name"
#  MOM output_literal ";DATE TIME    :$mom_date"
   #MOM output_literal ";"
   #MOM output_literal "DEF REAL _camtolerance"
   set fourth_home ""
   set fifth_home ""
   if {[string compare "3_axis_mill" $mom_kin_machine_type]} {
     set mom_sys_leader(fourth_axis_home) "_[set mom_sys_leader(fourth_axis)]_HOME"
     set fourth_home ", $mom_sys_leader(fourth_axis_home)"
     if {[string match "5_axis*" $mom_kin_machine_type]} {
       set mom_sys_leader(fifth_axis_home) "_[set mom_sys_leader(fifth_axis)]_HOME"
       set fifth_home ", $mom_sys_leader(fifth_axis_home)"
     }
   }
   #MOM output_literal "DEF REAL _X_HOME, _Y_HOME, _Z_HOME$fourth_home$fifth_home"
   #MOM output_literal "DEF REAL _F_CUTTING, _F_ENGAGE, _F_RETRACT"
   #MOM output_literal ";"
   MOM_force Once G_cutcom G_plane G F_control G_stopping G_feed G_unit G_mode
   MOM_do_template start_of_program
 }
```

图 7-29　屏蔽输出程序开始命令中不需要的 MOM 命令

（5）设置顺序换刀

1）默认状态。换刀涉及【第一个刀具】【自动换刀】和【手工换刀】三个标签，默认换刀设置如图 7-30 所示。

2）设置。根据正常工作情况，顺序换刀设置如图 7-31 所示，仅设置【自动换刀】，【第一个刀具】和【手工换刀】中程序行应全部清空。D1 与 T 的对应关系影响随机省时换刀方式，有兴趣的读者可试一下。

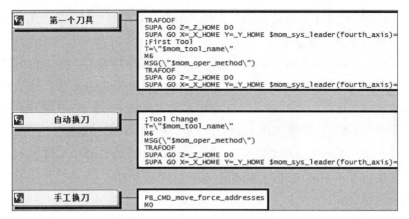

图 7-30　默认换刀设置

（6）设置初始移动 / 第一次移动

1）默认状态。【初始移动】和【第一次移动】默认设置基本相同，只不过【第一次移动】比【初始移动】多了第三行 MSG(\"\$mom_oper_method\") 信息显示文本，【第一次移动】默认设置如图 7-32 所示。

图 7-31　顺序换刀设置

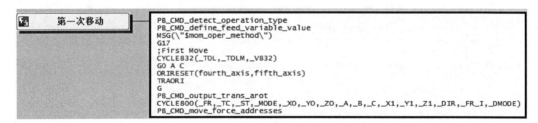

图 7-32　【第一次移动】默认设置

2）设置。设置【初始移动】如图 7-33 所示。

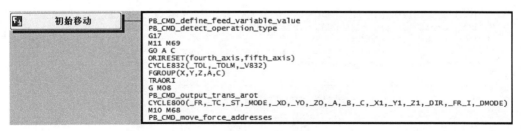

图 7-33　设置【初始移动】

① 用 # 屏蔽定义进给变量值命令 PB_CMD_define_feed_variable_value 中三个 MOM 命令，如图 7-34 所示。

② 保留默认检测操作类型命令 PB_CMD_detect_operation_type。

③ 在 G0 A C 的前一行添加双转台松开命令 M11 M69。

④ CYCLE832 指令的设置比较烦琐，但可根据 CAM 软件编程的轮廓公差和余量来判断输出粗加工、半精加工和精加工类型。这里 _TOL 参数设为轮廓内外偏差之和的五分之一，_TOLM 设为 202001 文本，如图 7-35 所示。可以打开封存的输出条件 PB_CMD_check_block_CYCLE830，查看什么情况下输出 CYCLE830 命令等。

```
proc        PB_CMD_define_feed_variable_value                                    { }  {

#This command is used to get feed value and define feed rate in variables.
#and PB_CMD_define_feedrate_format which is called from PB_CMD_before_motion.
 global mom_siemens_feed_value
 global mom_siemens_feed_definition
 global mom_seqnum
 global mom_siemens_feed_block
 global mom_siemens_feed_output_block
 global mom_siemens_feed_output_seqnum
 global feed_definition

 if { [info exists mom_siemens_feed_definition] && $mom_siemens_feed_definition == "ON" } {
   PB_CMD_get_feed_value
   #MOM output_literal ";"
   #MOM output_literal " _F_CUTTING=$mom_siemens_feed_value(cut) _F_ENGAGE=$mom_siemens_feed_
   #MOM output_literal ";"
 }
```

图 7-34　屏蔽定义进给变量值命令中三个 MOM 命令

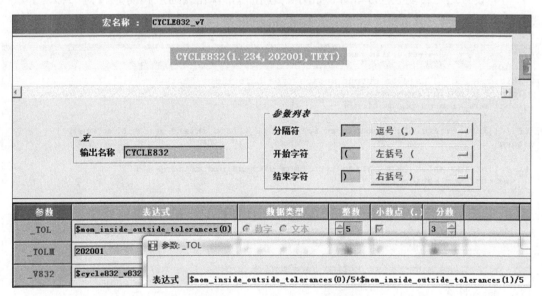

图 7-35　CYCLE832 的设定

⑤ 在 TRAORI 前面添加五轴匀速位移指令 FGROUP(X,Y,Z,A,C) 文本。

⑥ 在工件坐标系 G 行添加切削液 M08 文本，并强制输出。

⑦ 将 CYCLE800 中的 _TC 参数由默认的 $cycle800_tc 改为 "HERMLE"，使之与机床一致。

⑧ 在 CYCLE800 的下一行添加双转台夹紧命令 M10 M68，并添加输出条件 PB_CMD_initial_move_1_1，如图 7-36 所示。

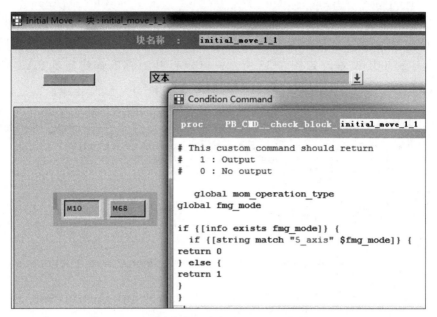

图 7-36 双转台夹紧命令 M10 M68 的输出条件

（7）设置逼近移动 / 进刀移动 如图 7-37 所示，保留【逼近移动】/【进刀移动】默认
设置，但用 # 屏蔽 PB_CMD_output_motion_message 中两个 MOM 命令。

```
proc      PB_CMD_ output_motion_message                              { }      {

# This command is used to output motion type before movements.
 global mom_motion_type
 global mom_siemens_pre_motion

 if { ![info exists mom_siemens_pre_motion] || ![info exists mom_motion_type] } {
return
 }
 if { ![string match $mom_motion_type $mom_siemens_pre_motion] } {
    switch $mom_motion_type {
      "FIRSTCUT" -
      "STEPOVER" -
      "CUT" {
         if { ![string match "FIRSTCUT" $mom_siemens_pre_motion] && ![string match "CUT
         # MOM  output_literal ";Cutting"
         }
         set mom_siemens_pre_motion $mom_motion_type
      }
      default {
         set motion_type_first [string toupper [string index $mom_motion_type 0]]
         set motion_type_end [string tolower [string range $mom_motion_type 1 end]]
         set motion_type $motion_type_first$motion_type_end
         # MOM  output_literal ";$motion_type Move"
         set mom_siemens_pre_motion $mom_motion_type
      }
    }
 }
```

图 7-37 设置【逼近移动】/【进刀移动】

（8）设置刀具半径补偿 刀具半径补偿涉及【机床控制】【快速移动】和【线性移动】

三个标签。

1）单击【机床控制】→【刀具补偿关闭】，删除 G40。

2）单击【机床控制】→【刀具补偿打开】，在后面添加一个自定义命令 PB_CMD_force_D，在命令中输入 MOM_force once D。

3）单击【运动】→【圆周移动】，删除 G41。

4）单击【运动】→【快速移动】，添加 G41，注意 D1 是刀具半径补偿存储器。

5）单击【运动】→【线性移动】，添加 G41，注意 D1 是刀具半径补偿存储器。

（9）设置退刀移动 / 返回移动　【退刀移动】/【返回移动】保留默认设置，实际上与【逼近移动】/【进刀移动】的设置相同。

（10）设置刀轨结束　【刀轨结束】默认设置如图 7-38 所示，设置结果如图 7-39 所示。

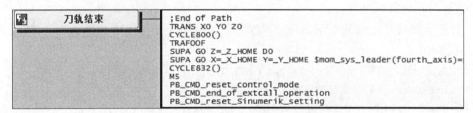

图 7-38　【刀轨结束】默认设置

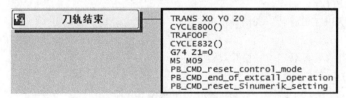

图 7-39　设置【刀轨结束】

（11）设置程序结束　单击【程序结束序列】→【程序结束】，默认设置如图 7-40 所示，设置结果如图 7-41 所示。增加了 T00、M6，强制输出 M11 M69、G0 G90 G C0 A0、M10 M68、G74 Y1=0 程序段，其他默认。选 T00、M6 将主轴上的最后一把刀具换回刀库；G74 Y1=0 便于装卸工件。

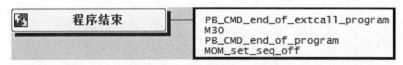

图 7-40　【程序结束】默认设置

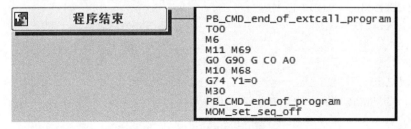

图 7-41　设置【程序结束】

（12）设置序列号　单击【N/C 数据定义】→【其他数据单元】→【序列号】，设置【序列号开始值】为 1 →【序列号增量】为 1，其他默认。

（13）设置 NC 输出文件扩展名　单击【输出设置】→【其他选项】→【输出控制单元】，设置【N/C 输出文件扩展名】为 MPF。

7.3.6　分析 NC 程序验证后处理

（1）程序分析　这里还是对多形态复合体 _S840 的刀轨进行后处理，只是把补偿号都设为 D1，不需要对刀轨做避让处理，01 刀轨保留所有变换阵列刀轨，将 02 中的变换阵列刀轨修改成主从坐标旋转刀轨，即 02 刀轨全部成主从坐标旋转刀轨，所以名称改为 S840D_多形态复合体 _CYCLEB00。采用这里定制的 5TT_AC_S840D_360G02_seq_CYCLE800 后处理器对两种刀轨进行后处理。

1）对变换阵列刀轨 01 进行后处理，得程序多形态复合体 _01BH_5TT_AC_S840D_360G02_seq_CYCLE800：

N1 ;Start of Path　工序开始—换刀定向加工 CAVITY_MILL_D8R0_T2_ 顶面

N2 ;_camtolerance=.16　工序开始—轮廓内外公差

N3 G40 G17 G710 G94 G90 G60 G601 FNORM　工序开始—关键 G 代码初始化

N4 T2 D1　换刀—选刀 T2、定刀补数据 D1

N5 G74 Z1=0　换刀—Z 回零、换刀点

N6 M5 M9　换刀—主轴停转、关闭切削液

N7 M6　换刀

N8 M11 M69　工作台旋转定位—松开双转台

N9 G0 A0.0 C0.0　工作台旋转定位

N10 COMPOF　设置 CYCLE832—COMPOF 关闭压缩器功能

N11 CYCLE832(0.032,202001,1)　设置 CYCLE832

N12 FGROUP(X,Y,Z,A,C)　设置速度插补成组指令 FGROUP

N13 TRAFOOF　关闭五轴功能

N14 G54 M08　建立工件坐标系 G54，加切削液

N15 M10 M68　夹紧双转台，准备定向加工

N16 G0 X-28.064 Y-41. Z103. S3000 D1 M3　初始化到初始平面

N17 Z101.　安全平面

N18 G1 Z98. F300.　进刀

N19 X-32.603 Y-37.

N20 G2 X-37. Y-32.603 I32.603 J37.

…… CAVITY_MILL_D8R0_T2_ 顶面主要程序

N1722 G2 X13.216 Y-29.691 I-13.216 J29.691

N1723 G1 X14.843 Y-33.346

N1724 Y-41.

N1725 Z73.

N1726 G0 Z103.

N1727 CYCLE832()　工序结束—关闭 CYCLE832

N1728 G74 Z1=0　工序结束—Z 回零抬刀

N1729 M5 M09　工序结束—主轴停转、关闭切削液

N1730 ;Start of Path　工序开始—换刀定向加工 FACE_MILLING_D80R0_T1_ 前面

N1731 ;_camtolerance=.06 工序开始

N1732 T1 D1　工序开始—选刀

N1733 G74 Z1=0　工序开始—换刀点、安全高度

N1734 M5 M9　　　工序开始

N1735 M6　工序开始—换刀

N1736 M11 M69　工序开始—松开双转台

N1737 COMPOF　设置 CYCLE832—COMPOF 关闭压缩器功能

N1738 CYCLE832(0.012,202001,1)　设置 CYCLE832

N1739 FGROUP(X,Y,Z,A,C)　设置速度插补成组指令 FGROUP

N1740 TRAFOOF　关闭五轴功能

N1741 G54 M08　建立工件坐标系，加切削液

N1742 CYCLE800(1,"HERMLE",0,57,0.,0.,0.,90.,0.,0.,0.,0.,0.,1,1.) 双转台定向

N1743 M10 M68　夹紧双转台

N1744 G0 X0.0 Y-46.4 Z36. S600 D1 M3　初始化

N1745 Z33.　FACE_MILLING_D80R0_T1_ 前面

N1746 G1 Z30. F300.

N1747 Y-40.

N1748 Y70.

N1749 Y76.4

N1750 Z33.

N1751 G0 Z36.

N1752 CYCLE800()　关闭 CYCLE800

N1753 CYCLE832()　关闭 CYCLE832

N1754 G74 Z1=0　工序结束

N1755 M5 M09　工序结束

N1756 ;Start of Path　同一把刀具定向加工 FACE_MILLING_D80R0_T1_ 前面 _INSTANCE

N1757 ;_camtolerance=.06

N1758 M11 M69

N1759 COMPOF

N1760 CYCLE832(0.012,202001,1)

N1761 FGROUP(X,Y,Z,A,C)

N1762 TRAFOOF

N1763 G54 M08

N1764 CYCLE800(1,"HERMLE",0,57,0.,0.,0.,-0.,90.,90.,0.,0.,0.,1,1.)

N1765 M10 M68

N1766 G0 X0.0 Y-46.4 Z36. S600 D1 M3

N1767 Z33.

N1768 G1 Z30. F300.

N1769 Y-40.

N1770 Y70.

N1771 Y76.4

N1772 Z33.

N1773 G0 Z36.

N1774 CYCLE800()

N1775 CYCLE832()

N1776 G74 Z1=0

N1777 M5 M09

…… 省略同一把刀具定向加工另两面

N1822 ;Start of Path   换刀定向加工 CAVITY_MILL_D8R0_T2_ 前面

N1823 ;_camtolerance=.16

N1824 T2 D1

N1825 G74 Z1=0

N1826 M5 M9

N1827 M6

N1828 M11 M69

N1829 COMPOF

N1830 CYCLE832(0.032,202001,1)

N1831 FGROUP(X,Y,Z,A,C)

N1832 TRAFOOF

N1833 G54 M08

N1834 CYCLE800(1,″HERMLE″,0,57,0.,0.,0.,90.,0.,0.,0.,0.,0.,1,1.)

N1835 M10 M68

N1836 G0 X-15.38 Y55.138 Z33. S3000 D1 M3

N1837 G1 Z31.059 F500.

N1838 Z28.059 F300.

N1839 X-12.041 Y52.8

N1840 G3 X-9.664 Y51.361 I12.041 J17.2

⋮

N2493 G2 X-29.198 Y55.826 I-.225 J4.847

N2494 X-30.43 Y58.681 I29.101 J14.259

N2495 G1 X-31.838 Y62.425

N2496 X-35.487 Y61.544

N2497 Z0.0

N2498 G0 Z33.

N2499 CYCLE800()

N2500 CYCLE832()

N2501 G74 Z1=0

N2502 M5 M09

N2503 ;Start of Path   同一把刀具定向加工 CAVITY_MILL_D8R0_T2_ 前面 _INSTANCE

N2504 ;_camtolerance=.16

N2505 M11 M69

N2506 COMPOF

N2507 CYCLE832(0.032,202001,1)

N2508 FGROUP(X,Y,Z,A,C)

N2509 TRAFOOF

N2510 G54 M08

N2511 CYCLE800(1,"HERMLE",0,57,0.,0.,0.,-0.,90.,90.,0.,0.,0.,1,1.)

N2512 M10 M68

N2513 G0 X-15.38 Y55.138 Z33. S3000 D1 M3

N2514 G1 Z31.059 F500.

N2515 Z28.059 F300.

N2516 X-12.041 Y52.8

N2517 G3 X-9.664 Y51.361 I12.041 J17.2

⋮

N3170 G2 X-29.198 Y55.826 I-.225 J4.847

N3171 X-30.43 Y58.681 I29.101 J14.259

N3172 G1 X-31.838 Y62.425

N3173 X-35.487 Y61.544

N3174 Z0.0

N3175 G0 Z33.

N3176 CYCLE800()

N3177 CYCLE832()

N3178 G74 Z1=0

N3179 M5 M09

……　省略同一把刀具定向加工另两面

N4534 ;Start of Path　　　同一把刀具四轴加工 VARIABLE_CONTOUR_D8R0_T2_ 槽

N4535 ;_camtolerance=.06

N4536 M11 M69

N4537 G0 A90. C0.0

N4538 COMPOF

N4539 CYCLE832(0.012,202001,1)

N4540 FGROUP(X,Y,Z,A,C)

N4541 TRAORI

N4542 G54 M08

N4543 G0 X3.839 Y-32.03 Z54. S3000 D1 M3

N4544 Y-27.155

N4545 G1 X3.774 Y-26.262 F300.

N4546 X3.512 Y-25.405

N4547 X3.065 Y-24.628

N4548 X2.458 Y-23.971

N4549 X1.719 Y-23.464

N4550 X.885 Y-23.135

N4551 X0.0 Y-23.

N4552 X-1.816 Y-22.928 C355.47

⋮

N5218 X1.162 Y-14.955 C4.442

N5219 X0.0 Y-15. C0.0

N5220 X-.886 Y-15.135

N5221 X-1.719 Y-15.463

N5222 X-2.458 Y-15.969

N5223 X-3.067 Y-16.626

N5224 X-3.513 Y-17.402

N5225 X-3.776 Y-18.259

N5226 X-3.842 Y-19.152

N5227 Y-20.83

N5228 G0 Y-32.03

N5229 TRAFOOF

N5230 CYCLE832()

N5231 G74 Z1=0

N5232 M5 M09

N5233 ;Start of Path   换刀五轴加工 VARIABLE_CONTOUR_D8R4_T5_ 球

N5234 ;_camtolerance=.06

N5235 T5 D1

N5236 G74 Z1=0

N5237 M5 M9

N5238 M6

N5239 M11 M69

N5240 G0 A0.0 C0.0

N5241 COMPOF

N5242 CYCLE832(0.012,202001,1)

N5243 FGROUP(X,Y,Z,A,C)

N5244 TRAORI

N5245 G54 M08

N5246 G0 X0.0 Y0.0 Z150. S4000 D1 M3

N5247 X-3.227 Y2.344 Z104.53

N5248 Z101.511

N5249 G1 X-3.148 Y2.287 Z100.621 F200.

⋮

N5257 X.317 Y0.0 Z97.498 A.66 C90.

N5258 X.384 Y.279 Z97.496 A.99 C125.999

⋮

N7851 X7.646 Y-23.533 Z58. A115.872 C18.

N7852 X9.469 Y-22.86 C22.5

⋮

N7931 X7.646 Y-23.533 C18.

N7932 X8.527 Y-23.378 Z57.956

⋮

N7939 G0 X16.095 Y-37.06 Z50.568

N7940 TRAFOOF

N7941 CYCLE832()

N7942 G74 Z1=0

N7943 M5 M09

N7944 ;Start of Path　换刀定向加工 FACE_MILLING_D40R0_T3_ 大斜面

N7945 ;_camtolerance=.06

N7946 T3 D1

N7947 G74 Z1=0

N7948 M5 M9

N7949 M6

N7950 M11 M69

N7951 COMPOF

N7952 CYCLE832(0.012,202001,1)

N7953 FGROUP(X,Y,Z,A,C)

N7954 TRAFOOF

N7955 G54 M08

N7956 CYCLE800(1,"HERMLE",0,57,0.,0.,0.,0.,60.,0.,0.,0.,0.,0.,-1,1.)

N7957 M10 M68

N7958 G0 X44.112 Y13.493 Z65.5 S800 D1 M3

N7959 Z43.981

N7960 G1 Z40.981 F200.

N7961 X40.912

N7962 X-40.912

N7963 X-44.112

N7964 Z43.981

N7965 G0 Z65.5

N7966 CYCLE800()

N7967 CYCLE832()

N7968 G74 Z1=0

N7969 M5 M09

N7970 ;Start of Path　　同一把刀具定向加工 FACE_MILLING_D40R0_T3_ 大斜面 _INSTANCE

N7971 ;_camtolerance=.06

N7972 M11 M69

N7973 COMPOF

N7974 CYCLE832(0.012,202001,1)

N7975 FGROUP(X,Y,Z,A,C)

N7976 TRAFOOF

N7977 G54 M08

N7978 CYCLE800(1,"HERMLE",0,57,0.,0.,0.,0.,60.,90.,0.,0.,0.,0.,-1,1.)

N7979 M10 M68

N7980 G0 X44.112 Y13.493 Z65.5 S800 D1 M3

N7981 Z43.981

N7982 G1 Z40.981 F200.

N7983 X40.912

N7984 X-40.912

N7985 X-44.112

N7986 Z43.981

N7987 G0 Z65.5

N7988 CYCLE800()

N7989 CYCLE832()

N7990 G74 Z1=0

N7991 M5 M09

…… 省略同一把刀具定向加工另两大斜面

N8036 ;Start of Path   换刀定向加工 FACE_MILLING_ 小斜面 _D80R0_T1_ 前面

N8037 ;_camtolerance=.06

N8038 T1 D1

N8039 G74 Z1=0

N8040 M5 M9

N8041 M6

N8042 M11 M69

N8043 COMPOF

N8044 CYCLE832(0.012,202001,1)

N8045 FGROUP(X,Y,Z,A,C)

N8046 TRAFOOF

N8047 G54 M08

N8048 CYCLE800(1,″HERMLE″,0,57,0.,0.,0.,63.43523,-41.81038,-18.43476,0.,0.,0.,1,1.)

N8049 M10 M68

N8050 G0 X-82.921 Y-7.048 Z53.833 S600 D1 M3

N8051 Z47.

N8052 G1 Z44. F300.

N8053 X-40.441

N8054 X40.441

N8055 X82.921

N8056 Z47.

N8057 G0 Z53.833

N8058 CYCLE800()

N8059 CYCLE832()

N8060 G74 Z1=0

N8061 M5 M09

N8062 ;Start of Path   同一把刀具定向加工 FACE_MILLING_ 小斜面 _D80R0_T1_ 前面 _INSTANCE

N8063 ;_camtolerance=.06

N8064 M11 M69

N8065 COMPOF

N8066 CYCLE832(0.012,202001,1)

N8067 FGROUP(X,Y,Z,A,C)

N8068 TRAFOOF

N8069 G54 M08

N8070 CYCLE800(1,″HERMLE″,0,57,0.,0.,0.,63.43523,41.81038,18.43476,0.,0.,0.,1,1.)

N8071 M10 M68

N8072 G0 X-82.921 Y-7.048 Z53.833 S600 D1 M3

N8073 Z47.

N8074 G1 Z44. F300.

N8075 X-40.441

N8076 X40.441

N8077 X82.921

N8078 Z47.

N8079 G0 Z53.833

N8080 CYCLE800()

N8081 CYCLE832()

N8082 G74 Z1=0

N8083 M5 M09

······ 省略同一把刀具定向加工另两小斜面

N8128 ;Start of Path 换刀钻孔 DRILLING_ 大斜面 _0_D5R0_T4_3K

N8129 ;_camtolerance=.06

N8130 T4 D1

N8131 G74 Z1=0

N8132 M5 M9

N8133 M6

N8134 M11 M69

N8135 FGROUP(X,Y,Z,A,C)

N8136 TRAFOOF

N8137 G54 M08

N8138 CYCLE800(1,″HERMLE″,0,57,0.,0.,0.,60.,0.,0.,0.,0.,0.,-1,1.)

N8139 M10 M68

N8140 G0 X-15. Y20.981 Z43.981 S4000 D1 M3

N8141 F300.

N8142 MCALL CYCLE81(43.9808,40.9808,3.,25.9808)

N8143 X-15. Y20.981

N8144 X0.0

N8145 X15.

N8146 MCALL

N8147 CYCLE800()

N8148 G74 Z1=0

N8149 M5 M09

N8150 ;Start of Path　　同一把刀具钻孔 DRILLING_ 大斜面 _0_D5R0_T4_3K_INSTANCE

N8151 ;_camtolerance=.06

N8152 M11 M69

N8153 FGROUP(X,Y,Z,A,C)

N8154 TRAFOOF

N8155 G54 M08

N8156 CYCLE800(1,″HERMLE″,0,57,0.,0.,0.,0.,0.,60.,90.,0.,0.,0.,-1,1.)

N8157 M10 M68

N8158 G0 X-15. Y20.981 Z43.981

N8159 M3 F300.

N8160 MCALL CYCLE81(43.9808,40.9808,3.,25.9808)

N8161 X-15. Y20.981

N8162 X0.0

N8163 X15.

N8164 MCALL

N8165 CYCLE800()

N8166 G74 Z1

N8167 M5 M09

……　省略同一把刀具另两面钻孔

N8204 ;Start of Path　　同一把刀具钻孔 DRILLING_ 小斜面 _0_D5R0_T4_K

N8205 ;_camtolerance=.06

N8206 M11 M69

N8207 FGROUP(X,Y,Z,A,C)

N8208 TRAFOOF

N8209 G54 M08

N8210 CYCLE800(1,″HERMLE″,0,57,0.,0.,0.,63.43523,-41.81038,-18.43476,0.,0.,0.,1,1.)

N8211 M10 M68

N8212 G0 X0.0 Y14.142 Z53.

N8213 M3 F300.

N8214 MCALL CYCLE81(52.9999,49.9999,3.,34.9999)

N8215 X0.0 Y14.142

N8216 MCALL

N8217 CYCLE800()

N8218 G74 Z1=0

N8219 M5 M09

N8220 ;Start of Path　　同一把刀具钻孔 DRILLING_ 小斜面 _0_D5R0_T4_K_INSTANCE

N8221 ;_camtolerance=.06

N8222 M11 M69

N8223 FGROUP(X,Y,Z,A,C)

N8224 TRAFOOF

N8225 G54 M08

N8226 CYCLE800(1,″HERMLE″,0,57,0.,0.,0.,63.43523,41.81038,18.43476,0.,0.,0.,1,1.)

N8227 M10 M68

N8228 G0 X0.0 Y14.142 Z53.

N8229 M3 F300.

N8230 MCALL CYCLE81(52.9999,49.9999,3.,34.9999)

N8231 X0.0 Y14.142

N8232 MCALL

N8233 CYCLE800()

N8234 G74 Z1=0　工序结束

N8235 M5 M09　工序结束

……　省略同一把刀具另两面钻孔

N8268 T00　程序结束—刀库不动

N8269 M6　程序结束—主轴最后一把刀换回刀库

N8270 M11 M69　程序结束—松开双转台

N8271 G90 G54 C0 A0　程序结束—双转台回零

N8272 M10 M68　程序结束—夹紧双转台

N8273 G74 Y1=0　程序结束—Y 轴回零，便于装卸工具

N8274 M30　程序结束

2）对主从坐标旋转刀轨 02 进行后处理，得程序多形态复合体 _02ZC_5TT_AC_S840D_360G02_seq_CYCLE800：

N1 ;Start of Path(CAVITY_MILL_D8R0_T2_ 顶面 _ 主从) 换刀三轴定向型腔铣工序开始

N2 ;_camtolerance=.16　刀轨开始

N3 G40 G17 G710 G94 G90 G60 G601 FNORM　刀轨开始

N4 T2 D1　换刀

N5 G74 Z1=0　换刀

N6 M5 M9　换刀

N7 M6　换刀

N8 M11 M69　初始移动

N9 G0 A0.0 C0.0　初始移动

N10 COMPOF　初始移动

N11 CYCLE832(0.032,202001,1)　初始移动

N12 FGROUP(X,Y,Z,A,C)　初始移动

N13 TRAFOOF　初始移动

N14 G54 M08　初始移动

N15 M10 M68　初始移动

N16 G0 X-28.064 Y-41. Z103. S4000 M3　快速移动

N17 Z101.　快速移动

N18 G1 Z98. F400.　加工开始

N19 X-32.603 Y-37.　加工

N20 G2 X-37. Y-32.603 I32.603 J37.　加工

……　加工

N1722 G2 X13.216 Y-29.691 I-13.216 J29.691　加工

N1723 G1 X14.843 Y-33.346　加工

N1724 Y-41.　加工

N1725 Z73.　加工

N1726 G0 Z103.　加工结束

N1727 CYCLE832()　刀轨结束

N1728 G74 Z1=0　刀轨结束

N1729 M5 M09　刀轨结束

N1730 ;Start of Path(FACE_MILLING_D80R0_T1_前面_0主从)　换刀三轴定向平面铣工序开始

N1731 ;_camtolerance=.06　刀轨开始

N1732 T1 D1　换刀

N1733 G74 Z1=0　换刀

N1734 M5 M9　换刀

N1735 M6　换刀

N1736 M11 M69　初始移动

N1737 COMPOF　初始移动

N1738 CYCLE832(0.012,202001,1)　初始移动

N1739 FGROUP(X,Y,Z,A,C)　初始移动

N1740 TRAFOOF　初始移动

N1741 G54 M08　初始移动

N1742 CYCLE800(1,"HERMLE",0,57,-30.,-30.,0.,0.,90.,0.,-0.,0.,0.,1,1.)　初始移动

N1743 M10 M68　初始移动

N1744 G0 X30. Y-52. Z6. S500 M3　快速移动

N1745 Z3.　快速移动

N1746 G1 Z0.0 F250.　加工开始

N1747 Y-40.　加工

……　加工

N1751 G0 Z6.　加工结束

N1752 CYCLE800()　刀轨结束

N1753 CYCLE832()　刀轨结束

N1754 G74 Z1=0　刀轨结束

N1755 M5 M09　刀轨结束

N1756 ;Start of Path(FACE_MILLING_D80R0_T1_前面_90主从)　同一把刀具三轴定向平面铣工序开始

N1757 ;_camtolerance=.06　刀轨开始

N1758 M11 M69　第一次移动

N1759 COMPOF　第一次移动

N1760 CYCLE832(0.012,202001,1)　第一次移动

N1761 FGROUP(X,Y,Z,A,C)　第一次移动

N1762 TRAFOOF　第一次移动

N1763 G54 M08　第一次移动

N1764 CYCLE800(1,"HERMLE",0,57,30.,-30.,0.,-0.,90.,90.,0.,0.,0.,1,1.)　第一次移动

N1765 M10 M68　第一次移动

N1766 G0 X30. Y-52. Z6. S500 M3　快速移动

N1767 Z3.　快速移动

N1768 G1 Z0.0 F250.　加工开始

N1769 Y-40.　加工

……　加工

N1773 G0 Z6.　加工结束

N1774 CYCLE800()　刀轨结束

N1775 CYCLE832()　刀轨结束

N1776 G74 Z1=0　刀轨结束

N1777 M5 M09　刀轨结束

……　　同一把刀具三轴定向平面铣剩余两个面

N1822 ;Start of Path(CAVITY_MILL_D8R0_T2_ 前面 _ 主从 _270)　换刀三轴定向型腔铣工序开始

N1823 ;_camtolerance=.16　刀轨开始

N1824 T2 D1　换刀

N1825 G74 Z1=0　换刀

N1826 M5 M9　换刀

N1827 M6　换刀

N1828 M11 M69　初始移动

N1829 COMPOF　初始移动

N1830 CYCLE832(0.032,202001,1)　初始移动

N1831 FGROUP(X,Y,Z,A,C)　初始移动

N1832 TRAFOOF　初始移动

N1833 G54 M08　初始移动

N1834 CYCLE800(1,"HERMLE",0,57,0.,-0.,0.,-90.,0.,-180.,0.,0.,0.,1,1.)　初始移动

N1835 M10 M68　初始移动

N1836 G0 X31.184 Y36.167 Z43. S4000 M3　快速移动

N1837 G1 Z30.176 F250.　加工开始

N1838 Z27.176　加工

N1839 X28.391 Y34.77　加工

N1840 X29.191 Y30.851　加工

N1841 G2 X29.279 Y29.648 I-4.598 J-.939　加工

……　加工

N2480 X-30.382 Y58.461 I29.984 J12.539　加工

N2481 G1 X-31.803 Y62.2　加工

N2482 X-35.449 Y61.306　加工

N2483 Z3.　加工

N2484 G0 Z43.　加工结束

N2485 CYCLE800()　刀轨结束

N2486 CYCLE832()　刀轨结束

N2487 G74 Z1=0　刀轨结束

N2488 M5 M09　刀轨结束

N2489 ;Start of Path(CAVITY_MILL_D8R0_T2_ 前面 _ 主从 _180)同一把刀具三轴定向型腔铣工序开始

N2490 ;_camtolerance=.16　刀轨开始

N2491 M11 M69　第一次移动

N2492 COMPOF　第一次移动

N2493 CYCLE832(0.032,202001,1)　第一次移动

N2494 FGROUP(X,Y,Z,A,C)　第一次移动

N2495 TRAFOOF　第一次移动

N2496 G54 M08　第一次移动

N2497 CYCLE800(1,″HERMLE″,0,57,0.,-0.,0.,-0.,90.,90.,0.,0.,0.,1,1.)　第一次移动

N2498 M10 M68　第一次移动

N2499 G0 X-35.638 Y27.26 Z43. S4000 M3　快速移动

N2500 G1 Z30.176 F250.　加工开始

N2501 Z27.176　加工

N2502 X-32.842 Y25.861　加工

N2503 X-30.189 Y28.855　加工

N2504 G2 X-29.281 Y29.648 I3.535 J-3.132　加工

……　加工

N3140 X-30.382 Y58.461 I29.984 J12.539　加工

N3141 G1 X-31.803 Y62.2　加工

N3142 X-35.449 Y61.306　加工

N3143 Z3.　加工

N3144 G0 Z43.　加工结束

N3145 CYCLE800()　刀轨结束

N3146 CYCLE832()　刀轨结束

N3147 G74 Z1=0　刀轨结束

N3148 M5 M09　刀轨结束

……　同一把刀具三轴定向型腔铣剩余两个面

N4477 ;Start of Path(VARIABLE_CONTOUR_D8R4_T5_球_主从)　换刀五轴铣削工序开始

N4478 ;_camtolerance=.06　刀轨开始

N4479 T5 D1　换刀

N4480 G74 Z1=0　换刀

N4481 M5 M9　换刀

N4482 M6　换刀

N4483 M11 M69　初始移动

N4484 G0 A0.0 C0.0　初始移动

N4485 COMPOF　初始移动

N4486 CYCLE832(0.012,202001,1)　初始移动

N4487 FGROUP(X,Y,Z,A,C)　初始移动

N4488 TRAORI　初始移动

N4489 G54 M08　初始移动

N4490 G0 X-3.227 Y2.344 Z104.53 S5000 M3　快速移动

N4491 Z101.511　快速移动

N4492 G1 X-3.148 Y2.287 Z100.621 F500.　加工开始

……　加工

N4500 X.317 Y0.0 Z97.498 A.66 C90.　加工

N4501 X.384 Y.279 Z97.496 A.99 C125.999　加工

······ 加工

N7182 G0 X16.086 Y-37.03 Z50.583　加工结束

N7183 TRAFOOF　刀轨结束

N7184 CYCLE832()　刀轨结束

N7185 G74 Z1=0　刀轨结束

N7186 M5 M09　刀轨结束

N7187 ;Start of Path(VARIABLE_CONTOUR_D8R0_T2_ 槽 _ 主从)　换刀四轴铣槽工序开始

N7188 ;_camtolerance=.06

N7189 T2 D1

N7190 G74 Z1=0

N7191 M5 M9

N7192 M6

N7193 M11 M69

N7194 G0 A90. C0.0

N7195 COMPOF

N7196 CYCLE832(0.012,202001,1)

N7197 FGROUP(X,Y,Z,A,C)

N7198 TRAORI

N7199 G54 M08

N7200 G0 X3.921 Y-32.03 Z54. S4000 M3

N7201 Y-26.078

N7202 G1 X3.838 Y-25.186 F250.　加工开始

······ 加工

N7211 X-3.491 Y-21.721 C350.871　加工

······ 加工

N7820 X-3.842 Y-19.152　加工

N7821 Y-22.43　加工

N7822 G0 Y-32.03　加工结束

N7823 TRAFOOF　刀轨结束

N7824 CYCLE832()　刀轨结束

N7825 G74 Z1=0　刀轨结束

N7826 M5 M09　刀轨结束

N7827 ;Start of Path(FACE_MILLING_D40R0_T3_0_ 大斜面 _ 主从)　换刀三轴定向平面铣大斜面工序开始

N7828 ;_camtolerance=.06　刀轨开始

N7829 T3 D1　换刀

N7830 G74 Z1=0　换刀

N7831 M5 M9　换刀

N7832 M6　换刀

N7833 M11 M69　初始移动

N7834 COMPOF　初始移动

N7835 CYCLE832(0.012,202001,1)　初始移动

N7836 FGROUP(X,Y,Z,A,C)　初始移动

N7837 TRAFOOF　初始移动

N7838 G54 M08　初始移动

N7839 CYCLE800(1,″HERMLE″,0,57,-0.,-25.,38.660254,60.,-0.,-0.,0.,0.,0.,-1,1.)　初始移动

N7840 M10 M68　初始移动

N7841 G0 X-61.258 Y-7.488 Z24.519 S1000 M3　快速移动

N7842 Z3.　快速移动

N7843 G1 Z0.0 F250.　加工开始

N7844 X-40.912　加工

N7845 X40.912　加工

N7846 X61.258　加工

N7847 Z3.　加工

N7848 G0 Z24.519　加工结束

N7849 CYCLE800()　刀轨结束

N7850 CYCLE832()　刀轨结束

N7851 G74 Z1=0　刀轨结束

N7852 M5 M09　刀轨结束

N7853 ;Start of Path(FACE_MILLING_D40R0_T3_90_大斜面_主从)　同一把刀具三轴定向平面铣另一大斜面工序开始

N7854 ;_camtolerance=.06　刀轨开始

N7855 M11 M69　第一次移动

N7856 COMPOF　第一次移动

N7857 CYCLE832(0.012,202001,1)　第一次移动

N7858 FGROUP(X,Y,Z,A,C)　第一次移动

N7859 TRAFOOF　第一次移动

N7860 G54 M08　第一次移动

N7861 CYCLE800(1,″HERMLE″,0,57,25.,-0.,38.660254,0.,60.,90.,0.,0.,0.,-1,1.)　第一次移动

N7862 M10 M68　第一次移动

N7863 G0 X-61.258 Y-7.488 Z24.519 S1000 M3　快速移动

N7864 Z3.　快速移动

N7865 G1 Z0.0 F250.　加工开始

N7866 X-40.912　加工

N7867 X40.912　加工

N7868 X61.258　加工

N7869 Z3.　加工

N7870 G0 Z24.519　加工结束

N7871 CYCLE800()　刀轨结束

N7872 CYCLE832()　刀轨结束

N7873 G74 Z1=0　刀轨结束

N7874 M5 M09　刀轨结束

……　同一把刀具三轴定向平面铣剩余两大斜面

N7919 ;Start of Path(FACE_MILLING_D80R0_T1_0_ 小斜面 _ 主从)　换刀三轴定向平面铣小斜面工序开始

N7920 ;_camtolerance=.06　刀轨开始

N7921 T1 D1　换刀

N7922 G74 Z1=0　换刀

N7923 M5 M9　换刀

N7924 M6　换刀

N7925 M11 M69　初始移动

N7926 COMPOF　初始移动

N7927 CYCLE832(0.012,202001,1)　初始移动

N7928 FGROUP(X,Y,Z,A,C)　初始移动

N7929 TRAFOOF　初始移动

N7930 G54 M08　初始移动

N7931 CYCLE800(1,"HERMLE",0,57,-26.,-26.,28.,63.43495,-41.81031,-17.19502,0.,0.,0.,-1,1.)　初始移动

N7932 M10 M68　初始移动

N7933 G0 X-83.36 Y-19.391 Z9.833 S500 M3　快速移动

N7934 Z3.　快速移动

N7935 G1 Z0.0 F250.　加工开始

N7936 X-40.89 Y-20.31　加工

N7937 X39.973 Y-22.06　加工

N7938 X82.443 Y-22.98　加工

N7939 Z3.　加工

N7940 G0 Z9.833　加工结束

N7941 CYCLE800()　刀轨结束

N7942 CYCLE832()　刀轨结束

N7943 G74 Z1=0　刀轨结束

N7944 M5 M09　刀轨结束

N7945 ;Start of Path(FACE_MILLING_D80R0_T1_90_ 小斜面 _ 主从)　同一把刀具三轴定向平面铣另一小斜面工序开始

N7946 ;_camtolerance=.06　刀轨开始

N7947 M11 M69　第一次移动

N7948 COMPOF　第一次移动

N7949 CYCLE832(0.012,202001,1)　第一次移动

N7950 FGROUP(X,Y,Z,A,C)　第一次移动

N7951 TRAFOOF　第一次移动

N7952 G54 M08　第一次移动

N7953 CYCLE800(1,"HERMLE",0,57,26.,-26.,28.,63.43495,41.81031,18.43495,0.,0.,0.,-1,1.)　第一次移动

N7954 M10 M68　第一次移动

N7955 G0 X-82.921 Y-21.19 Z9.833 S500 M3　快速移动

N7956 Z3.　快速移动

N7957 G1 Z0.0 F250.　加工开始

N7958 X-40.441　加工

N7959 X40.441　加工

N7960 X82.921　加工

N7961 Z3.　加工

N7962 G0 Z9.833　加工结束

N7963 CYCLE800()　刀轨结束

N7964 CYCLE832()　刀轨结束

N7965 G74 Z1=0　刀轨结束

N7966 M5 M09　刀轨结束

……　同一把刀具三轴定向平面铣剩余两小斜面

N8011 ;Start of Path(DRILLING_ 大斜面 _0_D5R0_T4_3K_ 主从)　换刀钻大斜面孔工序开始

N8012 ; _camtolerance=.06　刀轨开始

N8013 T4 D1　换刀

N8014 G74 Z1=0　换刀

N8015 M5 M9　换刀

N8016 M6　换刀

N8017 M11 M69　初始移动

N8018 FGROUP(X,Y,Z,A,C)　初始移动

N8019 TRAFOOF　初始移动

N8020 G54 M08　初始移动

N8021 CYCLE800(1,″HERMLE″,0,57,-0.,-25.,38.660254,60.,-0.,-0.,0.,0.,0.,-1,1.)　初始移动

N8022 M10 M68　初始移动

N8023 G0 X-15. Y0.0 Z3. S3000 M3　快速移动

N8024 F250.　孔加工准备

N8025 MCALL CYCLE81(3.,0.,3.,-15.)　孔加工准备

N8026 X-15. Y0.0　加工第一孔

N8027 X0.0　加工第二孔

N8028 X15.　加工第三孔

N8029 MCALL　孔加工结束

N8030 CYCLE800()　刀轨结束

N8031 G74 Z1=0　刀轨结束

N8032 M5 M09　刀轨结束

N8033 ;Start of Path(DRILLING_ 大斜面 _90_D5R0_T4_3K_ 主从)同一把刀具钻另一大斜面孔工序开始

N8034 ; _camtolerance=.06　刀轨开始

N8035 M11 M69　第一次移动

N8036 FGROUP(X,Y,Z,A,C)　第一次移动

N8037 TRAFOOF　第一次移动

N8038 G54 M08　第一次移动

N8039 CYCLE800(1,″HERMLE″,0,57,25.,-0.,38.660254,0.,60.,90.,0.,0.,0.,-1,1.)　第一次移动

N8040 M10 M68　第一次移动

N8041 M3 F250.　孔加工准备

N8042 MCALL CYCLE81(3.,-0.,3.,-15.)　孔加工准备

N8043 X-15. Y0.0　加工第一孔

N8044 X0.0　加工第二孔

N8045 X15.　加工第三孔

N8046 MCALL　　孔加工结束

N8047 CYCLE800()　刀轨结束

N8048 G74 Z1=0　刀轨结束

N8049 M5 M09　刀轨结束

……　同一把刀具钻剩余两大斜面孔

N8084 ;Start of Path(DRILLING_ 小斜面 _0_D5R0_T4_K_ 主从)　　同一把刀具钻小斜面孔工序开始

N8085 ;_camtolerance=.06　刀轨开始

N8086 M11 M69　第一次移动

N8087 FGROUP(X,Y,Z,A,C)　第一次移动

N8088 TRAFOOF　第一次移动

N8089 G54 M08　第一次移动

N8090 CYCLE800(1,"HERMLE",0,57,-26.,-26.,28.,63.43495,-41.81031,-17.19502,0.,0.,0.,-1,1.)　第一次移动

N8091 M10 M68　第一次移动

N8092 Z9.　快速移动

N8093 M3 F250.　孔加工准备

N8094 MCALL CYCLE81(9.,6.,3.,-9.)　孔加工准备

N8095 X0.0 Y0.0　钻孔

N8096 MCALL　孔加工结束

N8097 CYCLE800()　刀轨结束

N8098 G74 Z1=0　刀轨结束

N8099 M5 M09　刀轨结束

……　同一把刀具钻剩余三小斜面孔

N8145 T00　程序结束

N8146 M6　程序结束

N8147 M11 M69　程序结束

N8148 G0 G90 G54 C0 A0　程序结束

N8149 M10 M68　程序结束

N8150 G74 Y1=0　程序结束

N8151 M30　程序结束

CYCLE800 同一后处理器处理变换阵列和主从坐标旋转两种刀轨时,后者程序小于前者,有可取之处,但含有 CYCLE800 的后处理器目前只能后处理变换阵列或主从坐标旋转其中任一种刀轨,不能后处理变换阵列和主从坐标旋转混合刀轨。

ROT 同一后处理器可以处理变换阵列刀轨、主从坐标旋转刀轨和变换阵列与主从坐标旋转混合刀轨三种,且后处理变换阵列刀轨的程序空程范围远小于主从坐标旋转刀轨。

CYCLE800 后处理器与 ROT 后处理器相比,后处理同一刀轨时,前者比后者程序空程范围小得多,这是 CYCLE800 后处理器的最大特点。

(2)VERICUT 仿真加工验证　用 sin840d_hermle_c42_srt_440 机床 VERICUT 仿真加工,A 轴线性、C 轴 EAI360 旋转台型、刀具长度补偿编程方式、G54 工作偏置从 Tool 到 G54,

VERICUT 仿真加工结果如图 7-42 所示，正确无误。

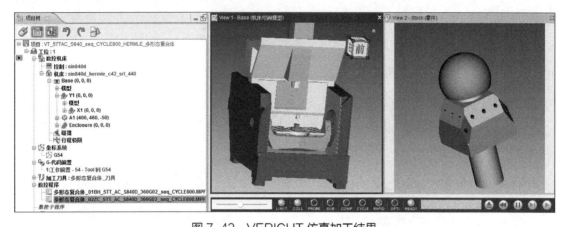

图 7-42　VERICUT 仿真加工结果

## 第 8 章

海德汉系统随机换刀双转台五轴加工中心后处理

8.1 几个专门编程代码

海德汉系统 HEIDENHAIN 的编程代码，尽管可以转换成 G 代码格式，但是一般不转换，因为转换后多字母指令比 SIEMENS 系统还多，而且指令本身也比较多，特别是有些数控系统功能用编程实现，需要花费时间来熟悉。HEIDENHAIN 系统的 RTCP 功能用得多，很少看到不用的机床。

8.1.1 公差循环 32

公差循环 32 中的信息影响高速加工（HSC）中有关精度、表面粗糙度和速度指标。该指令可保证数控系统自动地将两个路径之间的轮廓平滑过渡（无论补偿与否），也影响圆弧路径上的运动，主要用于曲面加工。

平滑轮廓导致轮廓有一定偏差，轮廓误差的公差值大小由机床制造商用机床参数设定。循环 32 可以修改预设公差值并选择不同设置。如果公差值很小，机床将加速切削轮廓。这些加速运动不是数控系统处理能力不足造成的，而是为了准确加工轮廓过渡部分需要大幅降低速度所致。

CAM 系统后处理输出程序的最大点距是用弦误差 S 定义的。如果循环 32 中定义的公差值 T 大于或等于 CAM 弦误差 S，数控系统就可以平滑轮廓点。如果循环 32 中定义的公差值 T 在 CAM 弦误差 S 的 110% ~ 200% 之间，则可以实现最佳平滑过渡。

（1）指令格式

CYCL DEF 32.0 TOLERANCE	激活公差循环
CYCL DEF 32.1 T	定义轮廓公差
CYCL DEF 32.2 HSC-MODE:HSC 加工方式 TA_	定义更高的轮廓精度

公差值 T：允许的轮廓偏差，单位为后处理单位。T=[（内公差＋外公差）/2]×（110% ~ 200%）。

加工方式：精加工 =0，粗加工 =1，精加工用更高轮廓精度铣削，粗加工用更高进给速度铣削，数控系统用轮廓点最佳平滑方法加工，能缩短加工时间。

旋转轴公差 TA：当 M128 有效时，旋转轴位置误差以度为单位。如果移动一轴以上，数控系统将以最慢轴的最大进给速度降低进给速度。通常旋转轴要比线性轴慢很多，如果对一个以上轴输入较大公差值（如 10°），则可以显著缩短加工时间。这里有个加工经验，多轴加工中球刀的公差在 0.1°～2°之间最佳，值太大没有意义，而且 TA 不会影响曲面轮廓，只会让机床更顺畅，非球刀的公差在 0.1°最佳。

（2）后处理

1）定义 T 公差。

```
# 定义 T 公差
set tolerance [expr ($mom_inside_outside_tolerances(0)+$mom_inside_outside_tolerances(1))/2*1.2]
# 可以给出一个判断，当公差大于 $a，模式为 1 开粗，如 $a=0.02=（内公差＋外公差）/2*（110%-200%）
# 读取加工方法，设置公差大小
switch $mom_oper_method {
"METHOD" {set hsc_mode 0; set cycle32_t $tolerance }
"MILL_FINISH" { set hsc_mode 0; set cycle32_t $tolerance}
"MILL_ROUGH" { set hsc_mode 1; set cycle32_t $tolerance}
"MILL_SEMI_FINISH" { set hsc_mode 0; set cycle32_t $tolerance}
default { set hsc_mode 0; set cycle32_t 0.01 }
}
```

2）TA 旋转轴公差。

```
# 判断刀具类型，与刀具类型有关
[string match "Milling Tool-BALL Mill" $mom_tool_type]
# 判断直径 / 圆角
[expr $mom_tool_diameter / 2 > $mom_tool_corner1_radius ]
```

3）判断是否为 5_axis，而 3+2_axis 不需要。

```
# 方法 1
[string match "M128" $TNC_output_mode]
# 方法 2
[string match "AUTO" $mom_5axis_control_mode]
# 方法 3
[$dpp_ge(toolpath_axis_num)=="5" ]
```

方法多种多样，可根据习惯选择。也可以判断工序类型，只有 5 轴模式需要输出 TA，没有旋转轴不需要。孔加工固定循环自然不需要 CYCL DEF 32。

8.1.2 最短捷径旋转 M126/M127

旋转轴是否具有最短捷径旋转功能，由数控系统参数 7682 设定。有最短捷径旋转功能时，用 M126 调用，用 M127 取消。有无最短捷径旋转功能，转过的角度大不相同，见表 8-1。

表 8-1 旋转轴有无最短捷径对比

起点位置	程序	无最短捷径转过角度	有最短捷径转过角度
350°	10°	−340°	20°
10°	340°	330°	−30°

M126 在程序段开始处生效,在程序结束时,自动取消。

8.1.3　沿刀具轴退离轮廓 M140

用 M140 MB 功能,可以指令沿刀轴方向离开轮廓的距离或最大行程极限。对带倾斜主轴头的机床,按倾斜坐标系移动刀具。主要用于抬刀、换刀条件。两种指令格式:

(1) M140 MB <u>距离</u>

(2) M140 MB MAX

还可以指令进给速速度。如果不输入进给速度,数控系统将沿输入路径以快速移动速度移动刀具。M140 MB MAX 只能沿正向退刀。M140 是非模态 M 代码,在程序段开始处生效。例如:

```
250 L X+0 Y+38.5 F125 M140 MB 50 F750      由轮廓退刀 50mm
251 L X+0 Y+38.5 F125 M140 MB MAX      将刀具移至行程范围的正向最大极限位置
```

8.1.4　相对机床原点 M91/ 附加机床原点 M92

(1) 相对机床原点 M91　如果要在定位程序段中使用相对机床原点的坐标,在程序段结束处用 M91。

如果在 M91 程序段中用增量坐标编程,那么输入相对上一个 M91 编程位置的增量坐标。如果当前 NC 程序段中没有 M91 编程位置,那么输入相对当前刀具位置的坐标。

(2) 附加机床原点 M92　如果要在定位程序段中使用基于附加机床原点的坐标,在程序段结束处用 M92。

刀具半径补偿在 M91 或 M92 所在程序段中保持不变,但是不补偿刀具长度。

M91 和 M92 是非模态 M 代码,且在程序段开始处生效。

8.1.5　循环调用 M99/M89

M99 是非模态 M 代码,调用固定循环一次。M99 可与定位程序段编在一起连用,如 L X Y M99 R0 FMAX 定位后自动调用固定循环,如果已在位,仅用 L M99 FMAX 调用即可。

如果需要模态调用,用 M89 调用第一次,中途调用仅写定位程序段,最后一次调用用 M99、CYCL CALL POS 程序段或者用 CYCL DEF(循环定义)定义一个新固定循环来取消 M89。

8.2　自动换刀

8.2.1　换刀

换刀要求自动取消刀具长度补偿、刀具半径补偿,换刀程序不再考虑这两个换刀条件。换刀指令格式:

```
TOOL CALL 刀具号 Z S
```

刀具号：不用 T 代码，直接用数字表示换刀刀具号。

Z：刀具轴。

S：主轴转速。

换刀指令先选刀、后换刀。如果刀具已在换刀位置，就直接换刀。

8.2.2　选刀

选刀指令格式：

TOOL DEF 下一刀具号

下一刀具号：不用 T 代码，直接用数字表示下一刀具号。

选刀指令使刀库转动选刀，同时主轴可以正常加工，即省时随机换刀。

8.2.3　同一把刀具转速不同指令

同一把刀具加工不同工序的转速不同时，转速指令格式：

TOOL CALL Z S

8.3　工件坐标系与坐标系平移

8.3.1　工件坐标系 CYCL DEF 247

工件坐标系指令 CYCL DEF 247 类似于 G54 等代码，指令格式：

生效：CYCL DEF 247 Q339= 或
　　　CYCL DEF 247
　　　Q339=
取消：CYCL DEF 247 Q339=0

采用两行程序不报警，采用一行程序有时会报警。Q339 参数是原点编号，Q339 等于几就是几号工件坐标系，Q339=0 取消工件坐标系。后处理可以让 Q339 自动识别和选取刀轨中的夹具偏置号。

8.3.2　坐标系平移 CYCL DEF 7

坐标系平移指令 CYCL DEF 7，同方向平移工件坐标系 CYCL DEF 247 或建立新的坐标系，它复位当前原点而后才平移生效，有两种指令格式。

（1）四行格式　用四行程序段平移工件坐标系，指令格式：

建立：CYCL DEF 7.0
　　　CYCL DEF 7.1 X
　　　CYCL DEF 7.2 Y
　　　CYCL DEF 7.3 Z

```
取消：CYCL DEF 7.0
     CYCL DEF 7.1 X0.0
     CYCL DEF 7.2 Y0.0
     CYCL DEF 7.3 Z0.0
```

X/Y/Z：坐标偏置值，可以是绝对值，也可以是增量值。

（2）原点表格式　用符号 # 表示坐标系编号，指令格式：

```
CYCL DEF 7.0
CYCL DEF 7.1 #
```

符号 # 后是几就表示几号坐标系，如 #1 表示 1 号坐标系。

8.3.3　工件坐标系与坐标系平移后处理

新创建的默认后处理，工件坐标系和坐标系平移都在【程序开始】的 PB_CMD_customize_output_mode 命令中，通过设定变量 mom_ude_datom_option 来输出工件坐标系的四种形式之一。

（1）输出工件坐标系 CYCL DEF 247　输出工件坐标系 CYCL DEF 247，这样设定变量：

```
set mom_ude_datom_option "CYCL 247"
```

这样就可输出工件坐标系 CYCL DEF 247。

（2）默认设定输出四行格式坐标系平移　这是系统默认的设定：

```
set mom_ude_datom_option "CYCL 7 XYZ"
```

这样就可输出四行格式坐标系平移，不再输出工件坐标系 CYCL DEF 247，输出的平移坐标系就是工件坐标系：

```
CYCL DEF 7.0
CYCL DEF 7.1 X0.0
CYCL DEF 7.2 Y0.0
CYCL DEF 7.3 Z0.0
```

（3）输出原点表格式坐标系平移　输出原点表格式坐标系平移，这样设定变量：

```
set mom_ude_datom_option "CYCL 7 #"
```

这样就可输出原点表格式坐标系平移，# 号与夹具偏置号对应。

（4）不输出坐标系　不想输出任何坐标系，这样设定变量：

```
set mom_ude_datom_option "CYCL 7 #"
set mom_ude_datom_option "NONE"
```

这样不会输出任何坐标系。

（5）三种类型与夹具偏置的关系　上述前三种输出类型与夹具偏置的关系等，由【初始移动】中的 PB_CMD_define_fixture_csys 命令设定，分别判断 $mom_ude_datom_option 是指定的类型时，输出相应的 MOM 字符串命令程序行。例如，$mom_ude_datom_option 是"CYCL 247"时：

输出一行，这样设定：

```
MOM_output_literal " CYCL DEF 247 Q339=$mom_fixture_offset_value"
```

输出两行，这样设定：

```
MOM_output_literal "CYCL DEF 247"
MOM_output_literal "Q339=$mom_fixture_offset_value"
```

（6）偏置值的计算　坐标系平移 CYCL DEF 7 的偏置值 dpp_TNC_fixture_origin 的计算由【程序和刀轨】→【定制命令】左栏中的坐标变换命令 PB_CMD_set_csys 来实现，它先计算：

```
set local_csys_origin(0) [expr $operation_csys_origin(0)-$main_mcs_origin(0)]
```

后赋值：

```
set dpp_TNC_fixture_origin(0) [format %.3f "$local_csys_origin(0)"]
```

8.4　3+2_axis 定向输出方式

坐标系旋转 CYCL DEF 19.0 和倾斜面功能 PLANE SPATIAL 这两个指令都可实现 3+2_axis 定向。

8.4.1　坐标系旋转 CYCL DEF 19

坐标系旋转 CYCL DEF 19 指令是非运动性存储指令，使用空间角 A、B、C 设置倾斜加工面，后跟运动指令才旋转定位。A、B、C 分别是绕 X、Y、Z 轴旋转的空间角。指令格式：

```
生效：CYCL DEF 19.0
      CYCL DEF 19.1 A_ B_ C_
      L A_ B_ C_ R0 FMAX
取消：CYCL DEF 19.1
      L A0 B0 C0 R0 FMAX
```

HEIDENHAIN 自动计算空间角 A、B、C 并分别保存在 Q120、Q121、Q122 参数中，上面的定位运动指令常写成：

```
L A+Q120 B+Q121 C+Q122 R0 FMAX
```

用坐标系旋转 CYCL DEF 19 实现 3+2_axis 定向，常与坐标系平移 CYCL DEF 7 联合使用，更有可能与零件图样设计基准重合，使程序更加清晰、可读。

8.4.2　倾斜面功能 PLANE SPATIAL

倾斜面功能 PLANE SPATIAL，基于当前原点旋转，旋转后成三轴加工姿态，刀轴总是垂直于任意倾斜加工面，刀具长度补偿和刀具半径补偿相应变为三轴情况，输出程序变为三轴程序。如果与坐标系平移联合使用，坐标系原点与零件图样设计基准重合的可能性更高，程序的可读性更好。PLANE SPATIAL 定义方式有如空间角、欧拉角、矢量等多种，这里用空间角定义。空间角 A、B、C 分别是绕 X、Y、Z 轴的旋转角度，旋转顺序是 ZYX，正负方向用右手螺旋法则判断。

（1）指令格式

生效：PLANE SPATIAL SPA SPB SPC TURN FMAX SEQ+
取消：PLANE RESET STAY

先定义角度 A、B、C，然后 TURN 启动机床旋转定位，它是运动指令，要注意防撞。
如果输出一行会报警，则应改为两行：

PLANE SPATIAL SPA SPB SPC STAY SEQ+
L AQ+120 CQ+122 FMAX

这是 A、C 轴，如果是 B、C 轴就是 Q+121 Q+122。

SEQ 这个参数是可选的，它是控制旋转方向的。

（2）3+2_axis 定向程序段样式　采用 PLANE SPATIAL 功能或 CYCLE DEF 19 循环实现 3+2 加工，先用 CYCL DEF 7 平移定义旋转中心，后用 PLANE SPATIAL 或 CYLE DEF 19 旋转坐系，具体样式：

CYCL DEF 7.0　　变换阵列刀轨不需要
CYCL DEF 7.1 X　变换阵列刀轨不需要
CYCL DEF 7.2 Y　变换阵列刀轨不需要
CYCL DEF 7.3 Z　变换阵列刀轨不需要
PLANE SPATIAL SPA SPB SPC TRUN FMAX SEQ 或
CYLE DEF 19.1 SPA SPB SPC L Q120 Q121 Q122 FMAX

高版本用倾斜面功能 PLANE SPATIAL，低版本用 CYLE DEF 19.1。

（3）空间角后处理

1）输出程序块。倾斜面功能 NC 程序段 PLANE SPATIAL SPA SPB SPC TRUN FMAX SEQ 因软件版本不同，有 $plane_positioning 和 TURN 两种后处理程序块格式。

$plane_positioning 格式倾斜面功能 PLANE SPATIAL 程序块如图 8-1 所示，SPA 是 $dpp_ge(coord_rot_angle,0), $plane_positioning $seq 是文字，输出条件是 PB_CMD_check_block_plane_spatial。输出条件判断五轴时不输出该程序块功能，三轴时输出该程序块。

图 8-1　$plane_positioning 格式倾斜面功能 PLANE SPATIAL 程序块

TURN 格式倾斜面功能 PLANE SPATIAL 程序块如图 8-2 所示，需添加 FMAX，SPA、SPB 和 SPC 与 $plane_positioning 格式的相同，TURN 是 TURN FMAX $seq 文字，输出条件也与 $plane_positioning 格式相同。

图 8-2　TURN 格式倾斜面功能 PLANE SPATIAL 程序块

如果输出一行会报警，则应改为两行：

PLANE SPATIAL SPA SPB SPC STAY SEQ+
L AQ+120 CQ+122 FMAX

STAY 有保留存储之意，不变动，B 轴是 BQ + 121。新增行 L AQ+120 CQ+122 FMAX
旋转定位行用文本，输出条件与从分离的母行程序块一样即可。

2）角度计算。这里 A、B、C 是用空间角定义的旋转角度，旋转顺序为 ZYX。【初始移动】
默认 PB_CMD_detece_csys_rotation 中：

① 通过变量 DPP_GE_COOR_ROT（包含多种旋转顺序）设置旋转顺序 "ZYX"：

set dpp_ge(coord_rot) [DPP_GE_COOR_ROT "ZYX" coord_rot_angle coord_offset pos]

② 通过变量 mom_motion_type 自动选择计算角度方式。【CSYS 旋转】主从坐标系刀
轨的角度计算用 "CYCLE" 方式：

if {[info exists mom_motion_type] && $mom_motion_type == "CYCLE" &&\
[info exists mom_current_motion] && $mom_current_motion == "initial_move"} {

【对象】→【变换】阵列刀轨的角度计算用 "AUTO_3D" 方式：

if { $dpp_ge(coord_rot) == "AUTO_3D" } {

3）$seq。$seq 在输出条件 PB_CMD_check_block_plane_spatial 中设置，由它自动断定
旋转方向。

8.5 5_axis 联动输出方式

海德汉的刀尖跟踪功能 RTCP 是刀具中心点管理（TCPM）具体是 M128 代码。

8.5.1 指令格式

生效：L M128 F 或
　　　 M128
取消：M129

HEIDENHAIN 用进给速度 F 沿线性轴上执行补偿运动，进给速度 F 的表达式是 $dpp_
TNC_feed_value，由【程序开始】PB_CMD_customize_output_mode 中的 set dpp_TNC_m128_
feed_value 1000 设定。一般来讲，五轴联动加工时应该在换刀前用 M129 指令使各回转轴复
位，换刀后执行 M128。

在 M91、M92 定位之前和 TOOL CALL（刀具调用）之前，要取消 M128。

8.5.2 后处理

直接定制程序块 L M128 F 或 M128，并添加执行条件 PB_CMD__check_block _output_
m128，控制是否输出 L M128 F 或 M128，如图 8-3 所示，如果是五轴加工则返回 1 输出程
序块，否则返回 0 不输出程序块，同时设定圆弧和螺旋线加工用线性插补。这里要注意三个

数组循环赋值 VMOV 命令和一个 MOM_reload_kinematics 刷新模板。至于判断是 5_axis 还是 3+2_axis 方式，已经在【工序起始序列】→【初始移动】PB_CMD_check_tool_path_type 中通过检测五轴刀轨命令 DPP_GE_DETECT_5AXIS_TOOL_PATH 和刀轨轴数变量 dpp_ge(toolpath_axis_num) 完成，这里不再重复说明。

```
proc     PB_CMD__check_block output_m128

if { $dpp_ge(toolpath_axis_num)=="5" } {
    MOM_force Once fourth_axis fifth_axis
    VMOV 3 mom_mcs_goto mom_pos
    VMOV 3 mom_prev_mcs_goto mom_prev_pos
    VMOV 3 mom_arc_center mom_pos_arc_center
    set mom_kin_arc_output_mode "LINEAR"
    set mom_kin_helical_arc_output_mode "LINEAR"
    MOM_reload_kinematics
return 1
} else {
return 0
}
```

图 8-3　L M128 F 或 M128 输出条件

8.6　有 RPCP 功能倾斜面双转台五轴随机换刀后处理器定制

8.6.1　新建文件

依次单击【主后处理】→【毫米】→【启用 UDE 编辑器】→【铣】→【5 轴带双转台】→【Heidenhain_Conversationnal_Advanced】，保存为 5TTAC_H530_360G02_ran_M128。

8.6.2　设置机床参数

（1）设置一般参数　单击【一般参数】，【输出循环记录】选择【是】→【线性轴行程限制】设为 X720/Y510/Z460→【回零位置】为 X0/Y0/Z0→【移刀进给率】最大值为 24000，其他默认。

（2）设置第四轴　单击【第四轴】，设置【轴限制】为最大值 50/ 最小值 –120，其他默认。

（3）配置旋转轴　打开【旋转轴配置】对话框，设置【最大进给率】为 10000→【轴限制违例处理】选择【退刀 / 重新进刀】；单击【第 5 轴】，设置【旋转平面】为 XY→【文字指引线】为 C，其他默认，单击【确定】，保存文件。

8.6.3　设置程序开始

单击【程序起始序列】→【程序开始】，共 12 行默认程序，如图 8-4 所示。

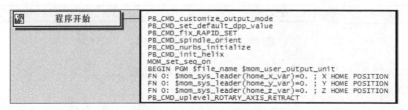

```
程序开始      PB_CMD_customize_output_mode
              PB_CMD_set_default_dpp_value
              PB_CMD_fix_RAPID_SET
              PB_CMD_spindle_orient
              PB_CMD_nurbs_initialize
              PB_CMD_init_helix
              MOM_set_seq_on
              BEGIN PGM $file_name $mom_user_output_unit
              FN O: $mom_sys_leader(home_x_var)=0. ; X HOME POSITION
              FN O: $mom_sys_leader(home_y_var)=0. ; Y HOME POSITION
              FN O: $mom_sys_leader(home_z_var)=0. ; Z HOME POSITION
              PB_CMD_uplevel_ROTARY_AXIS_RETRACT
```

图 8-4　默认【程序开始】

1）删除倒数第 2～第 4 行。

2）修改第一行 PB_CMD_customize_output_mode。打开 PB_CMD_customize_output_mode 命令，将 set mom_ude_datum_option″CYCL 7 XYZ″ 中的 CYCL 7 XYZ 改为 CYCL 247，用 Q339 识别夹具偏置号，建立工件坐标系。

需要说明的是，PB_CMD_customize_output_mode 中有一个预读变量 mom_kin_read_ahead_next_motion，它定义 post 是否将为下一个动作预读。这里用 set mom_kin_read_ahead_next_motion TRUE（或用 ″YES″）打开预读变量并进行预读，如图 8-5 所示，预读还将跟踪预读时遇到的所有后处理命令。

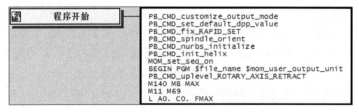

```
global mom_kin_read_ahead_next_motion
set mom_kin_read_ahead_next_motion TRUE
MOM_reload_kinematics
```

图 8-5　打开预读变量 mom_kin_read_ahead_next_motion

下一行是 MOM_reload_kinematics，用所有运动学变量的当前值刷新事件生成器，后续需要时，再具体设置其他相关程序块。

3）其他默认。

4）第 8 行是程序头。样式是：BEGIN PGM <u>NC 文件名 单位制</u>。NC 文件名就是输出的 NC 程序文件名，单位制的公制显示 MM，英制显示 IN。这里的 NC 文件名是 $file_name，单位制是 $mom_user_output_unit，由控制条件 PB_CMD__check_block_begin_program 决定 NC 文件名和单位制。

5）最后增加三行。最后增加 M140 MB MAX、M11 M69 和 L A0. C0. FMAX 三行，双转台回零，防止工件装卸工位未复位出现错误。

【程序开始】设置结果如图 8-6 所示。

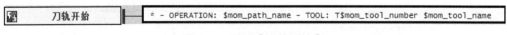

```
程序开始        PB_CMD_customize_output_mode
               PB_CMD_set_default_dpp_value
               PB_CMD_fix_RAPID_SET
               PB_CMD_spindle_orient
               PB_CMD_nurbs_initialize
               PB_CMD_init_helix
               MOM_set_seq_on
               BEGIN PGM $file_name $mom_user_output_unit
               PB_CMD_uplevel_ROTARY_AXIS_RETRACT
               M140 MB MAX
               M11 M69
               L A0. C0. FMAX
```

图 8-6　【程序开始】设置结果

8.6.4　设置刀轨开始

单击【工序起始序列】→【刀轨开始】，默认【刀轨开始】如图 8-7 所示。

```
刀轨开始        * - OPERATION: $mom_path_name - TOOL: T$mom_tool_number $mom_tool_name
```

图 8-7　默认【刀轨开始】

1）工序头样式。工序头样式改为 ;start operation:<u>工序名</u>，为多工序程序设定一个清晰分界，便于观察阅读。

2）添加加工方式定义命令 PB_CMD_mfg_mode。为了不影响默认加工方式定义命令，还要方便随时根据加工方式做出判断，如双转台松夹、旋转轴公差输出等做准备，特别增加加工方式定义命令 PB_CMD_mfg_mode，【刀轨开始】设置结果如图 8-8 所示。

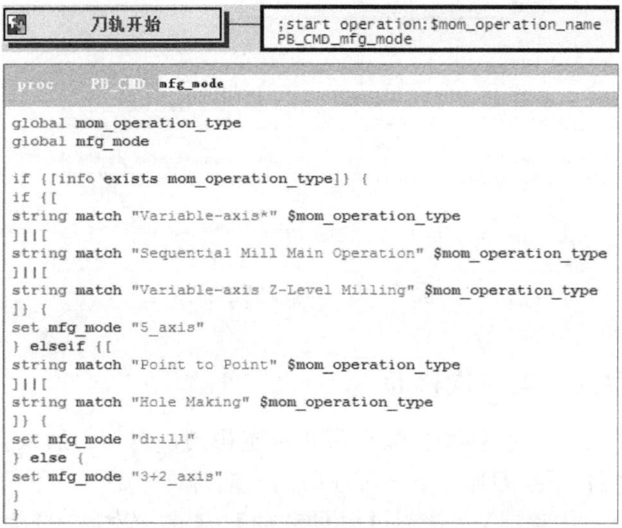

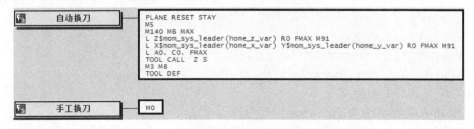

図 8-8　【刀轨开始】设置结果

8.6.5　设置随机换刀

要省时随机换刀、显示刀具信息，便于操作者观看主轴上的刀具是否正确；同一把刀具加工不同工序的转速不同时，用 TOOL CALL Z S 指令，防止出现转速错误编程，这由 PB_CMD_ verify_RPM 设定。主轴上的最后一把刀具换回刀库，在【程序结束】中设定。随机换刀程序样式：

```
1; change tool
2 PLANE RESET STAY    换刀条件
3 M129    换刀条件
4 M5 M9    换刀条件
5 M140 MB MAX    换刀条件
6 TOOL CALL 刀具号 Z S    换刀
7; tool name: 刀具名称    注释提醒
8 TOOL DEF 下一刀具号    选刀
9; next tool name: 下一刀具名称    注释提醒
```

单击【工序起始序列】→【自动换刀】，默认换刀设置如图 8-9 所示，保持【第一个刀具】空，清空【手工换刀】，设置随机换刀如图 8-10 所示。

図 8-9　默认换刀设置

图 8-10　设置随机换刀

8.6.6　设置初始移动 / 第一次移动

【初始移动】和【第一次移动】输出格式基本相同，但换刀后仅执行【初始移动】、不执行【第一次移动】；不换刀加工下一工序即同一把刀具加工下一不同工序时，不执行【初始移动】而执行【第一次移动】，默认【初始移动】/【第一次移动】如图 8-11 所示。【初始移动】和【第一次移动】，因是否换刀、是否同一把刀具加工不同工序、是否同一把刀具加工不同工序时转速不同、孔加工不需要输出 CYCL DEF 32、定向加工不需要输出旋转轴公差等，程序样式各不相同，主要有以下四种：

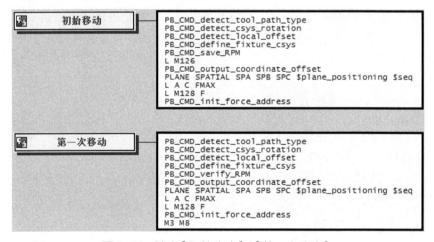

图 8-11　默认【初始移动】/【第一次移动】

（1）换刀后 3+2_axi【初始移动】程序样式

1 ; init move

2 CYCL DEF 32.0 TOLERANCE　　孔加工没有

3 CYCL DEF 32.1 T_　　孔加工没有

4 CYCL DEF 247　　建立工件坐标系

5 Q339=　　建立工件坐标系

6 L M126　　旋转轴最短捷径旋转

7 CYCL DEF 7.0　　平移坐标系，变换阵列刀轨不需要

8 CYCL DEF 7.1 X　平移坐标系，变换阵列刀轨不需要

9 CYCL DEF 7.2 Y　平移坐标系，变换阵列刀轨不需要

10 CYCL DEF 7.3 Z　平移坐标系，变换阵列刀轨不需要

11 PLANE SPATIAL SPA SPB SPC TURN FMAX SEQ　双转台旋转定位

12 M10 M68　锁紧双转台

13 M3 M8　主轴转、加切削液

14 L X　Y　Z FMAX　三轴定位

15 L Z　FMAX　Z 轴下刀

（2）换刀后 5_axis【初始移动】程序样式

1 ; init move

2 CYCL DEF 32.0 TOLERANCE　孔加工没有

3 CYCL DEF 32.1 T_　孔加工没有

4 CYCL DEF 32.2 HSC-MODE:_ TA_　孔加工没有

5 CYCL DEF 247

6 Q339=

7 L M126

8 L A C 0 F MAX　双转台旋转定位

9 L M128 F　开启 RPCP

10 M3 M8　主轴转、加切削液

11 L X Y Z A C FMAX　五轴加工

（3）同一把刀具 3+2_axis 加工不同工序【第一次移动】程序样式

1 ; first move

2 CYCL DEF 32.0 TOLERANCE　孔加工没有

3 CYCL DEF 32.1 T_　孔加工没有

4 CYCL DEF 7.0　平移坐标系回零

5 CYCL DEF 7.1 X+0.0　X 轴平移回零，变换阵列刀轨不需要

6 CYCL DEF 7.2 Y+0.0　Y 轴平移回零，变换阵列刀轨不需要

7 CYCL DEF 7.3 Z+0.0　Z 轴平移回零，变换阵列刀轨不需要

8 CYCL DEF 247

9 Q339=

10 L M126

11 CYCL DEF 7.0　平移坐标系，变换阵列刀轨不需要

12 CYCL DEF 7.1 X　平移坐标系，变换阵列刀轨不需要

13 CYCL DEF 7.2 Y　平移坐标系，变换阵列刀轨不需要

14 CYCL DEF 7.3 Z　平移坐标系，变换阵列刀轨不需要

15 PLANE SPATIAL SPA SPB SPC TURN FMAX SEQ　双转台旋转定位

16 M10 M68　锁紧双转台

17 TOOL CALL Z S　转速改变时有，转速不变时无

18 M3 M8　主轴转、加切削液

19 L X　Y　Z FMAX　三轴定位

20 L Z　FMAX　Z 轴下刀

（4）同一把刀具 5_axis 加工不同工序【第一次移动】程序样式

```
1 ; first move
2 CYCL DEF 32.0 TOLERANCE    孔加工没有
3 CYCL DEF 32.1 T_    孔加工没有
4 CYCL DEF 32.2 HSC-MODE:_ TA_    孔加工没有
5 CYCL DEF 247
6 Q339=
7 L M126
8 L A C 0 F MAX    双转台旋转定位
9 L M128 F    开启 RPCP
17 TOOL CALL Z S    转速改变时有，转速不变时无
10 M3 M8    主轴转、加切削液
11 L X Y Z A C FMAX    五轴加工
```

根据这些格式要求，【初始移动】/【第一次移动】设置结果如图 8-12 所示。

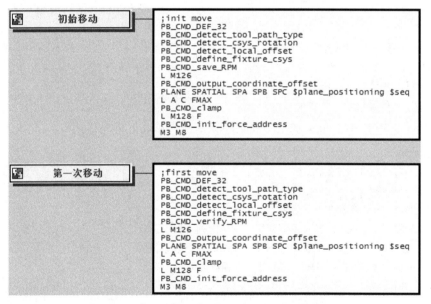

图 8-12 【初始移动】/【第一次移动】设置结果

新增的 PB_CMD_DEF_32 公差循环 32 如图 8-13 所示，钻削加工时不输出，其他加工时自动取内、外轮廓误差为公差 T，T>0.05 时，输出 HSC-MODE:1 粗加工，否则输出 HSC-MODE:0 精加工。仅 5_axis 加工时，输出转角公差 TA，数值取 10 倍的内外轮廓公差 T。应该说明，T 和 TA 的数值与具体机床等有关，可根据实情相应修改。

新增的 PB_CMD_clamp 双转台夹紧命令如图 8-14 所示，3+2_axis 或孔加工分度到位后，输出 M10 M68 夹紧双转台，5_axis 加工不输出。

【初始移动】最后新增 M3 M8，即旋转主轴、加切削液。

保留默认的 PB_CMD_verify_RPM 命令，同一把刀具加工不同工序的主轴转速不同时，在【第一次移动】时，必须输出格式为 TOOL CALL Z S 的主轴转速。

```
proc    PB_CMD DEF_32                                              { } {

global mom_inside_outside_tolerances
global mom_operation_type
global tol_temp
global mfg_mode
global mom_cycle_status
if {[string match "drill" $mfg_mode
  #string match "drill cycle" $mom_operation_type
  #string match "drill cycle" $mom_cycle_status
  #]||[
  # string match "Hole Making" $mom_operation_type
  ]} {
  return 0}
  #set intol [format "%.4f" $mom_inside_outside_tolerances(0)]
  #set outtol [format "%.4f" $mom_inside_outside_tolerances(1)]
  set tol [expr $mom_inside_outside_tolerances(0)+$mom_inside_outside_tolerances(1)]
  set tol [format "%.3f" $tol]
  set tol_a [expr $tol*10]
  set tol_a [format "%.2f" $tol_a]
  if {$tol > 0.05} {set hsc "HSC-MODE:1"} else {set hsc "HSC-MODE:0"}
  # if {$tol == $tol_temp} {return}
  # set tol_temp $tol
  MOM_output_literal "CYCL DEF 32.0 TOLERANCE"
  MOM_output_literal "CYCL DEF 32.1 T$tol"

  if {[info exists mfg_mode]} {
      if {[string match "3+2_axis" $mfg_mode]} {
  MOM_output_literal "CYCL DEF 32.2 $hsc"}
  } else {return 1}

  if {[info exists mfg_mode]} {
      if {[string match "5_axis" $mfg_mode]} {
  MOM_output_literal "CYCL DEF 32.2 $hsc TA$tol_a"}
  } else {return 1}
```

图 8-13　公差循环 32

```
proc    PB_CMD clamp                                              { } {

global mfg_mode

if {[info exists mfg_mode]} {
  if {[string match "3+2_axis" $mfg_mode] || [string match "drill" $mfg_mode] } {
  MOM_output_literal "M10 M68"
} else {
  return
}
}
```

图 8-14　双转台夹紧命令

保留默认的 PB_CMD_output_coordinate_offset 命令，在 3+2_axis 加工时，输出坐标平移指令 CYCL DEF 7。

8.6.7　设置现成循环

孔常是一个孔或多个相同孔的图样形式，程序格式需与此对应。

（1）多个相同孔加工

1）换刀加工第一孔程序样式：

```
9  ; init move
10 CYCL DEF 7.0
11 CYCL DEF 7.1 X+0.0
12 CYCL DEF 7.2 Y+0.0
13 CYCL DEF 7.3 Z+0.0
14 CYCL DEF 247
```

15 Q339=1
16 L M126
17 CYCL DEF 7.0
18 CYCL DEF 7.1 X
18 CYCL DEF 7.2 Y
19 CYCL DEF 7.3 Z
20 PLANE SPATIAL SPA SPB SPC TURN FMAX SEQ
21 M10 M68
22 M3 M8
23 L X Y Z FMAX
25 CYCL DEF 200 Q200= Q201= Q206= Q202= Q210= Q203= Q204= Q211=
25 L R0 FMAX M99　　加工第一孔
26 L X Y R0 FMAX M99　　加工第一孔
⋮

2）相同刀具加工不同工序孔程序样式：

28 ; first move
29 CYCL DEF 7.0
30 CYCL DEF 7.1 X+0.0
31 CYCL DEF 7.2 Y+0.0
32 CYCL DEF 7.3 Z+0.0
33 CYCL DEF 247
34 Q339=1
35 L M126
36 CYCL DEF 7.0
37 CYCL DEF 7.1 X
38 CYCL DEF 7.2 Y
39 CYCL DEF 7.3 Z
40 PLANE SPATIAL SPA SPB SPC TURN FMAX SEQ
41 M10 M68
42 M3 M8
43 CYCL DEF 200 Q200= Q201= Q206= Q202= Q210= Q203= Q204= Q211=
44 L X Y R0 FMAX M99　　加工不同工序第一孔
45 L X Y R0 FMAX M99　　加工不同工序第二孔
⋮

（2）单个孔加工　换刀加工单个孔与相同刀具加工不同工序单个孔，程序样式相同：

1 ; first move
2 CYCL DEF 7.0
3 CYCL DEF 7.1 X+0.0
4 CYCL DEF 7.2 Y+0.0
5 CYCL DEF 7.3 Z+0.0
6 CYCL DEF 247

```
7 Q339=1
8 L M126
9 CYCL DEF 7.0
10 CYCL DEF 7.1 X
11 CYCL DEF 7.2 Y
12 CYCL DEF 7.3 Z
13 PLANE SPATIAL SPA SPB SPC TURN FMAX SEQ
14 M10 M68
15 M3 M8
16 L Z  R0 FMAX
17 CYCL DEF 200 Q200= Q201= Q206= Q202= Q210= Q203= Q204= Q211=
18 L X Y R0 FMAX M99
```

在【现成循环】中，默认【公共参数】，如图 8-15 所示。在孔心定位程序段后添加 M99，并删除 CYCL CALL 程序块，在 M3 后添加 M8 并强制输出，【公共参数】设置结果如图 8-16 所示。

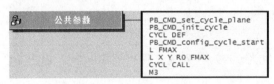

图 8-15　默认【公共参数】

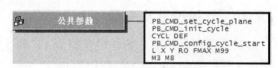

图 8-16　【公共参数】设置结果

M99 是非模态 M 代码。在孔循环定义下一段，常与孔的定位尺寸连用，如 L X+50 M99 FMAX，完成定位和调用孔加工循环一次。若孔位在循环定义前已有，则仅用 L M99 R0 FMAX 调用孔加工循环一次。

8.6.8　设置刀轨结束

单击【工序结束序列】→【刀轨结束】，默认如图 8-17 所示，设置结果如图 8-18 所示。PB_CMD_reset_output_mode 根据具体情况输出 PLANE RESET STAY 取消 PLANE SPATIAL 倾斜面功能、输出 M129 取消 M128 刀尖跟踪功能 RPCP，停止主轴同时关闭切削液，工序结束松开双转台并旋转回零。

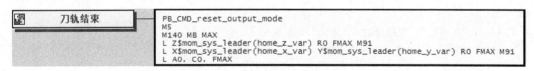

图 8-17　默认【刀轨结束】

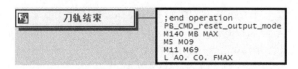

图 8-18　设置【刀轨结束】

8.6.9　设置程序结束

单击【程序结束序列】→【程序结束】，默认如图 8-19 所示，设置结果如图 8-20 所示。

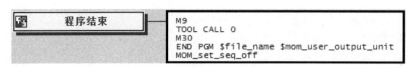

图 8-19　默认【程序结束】

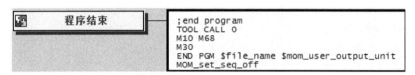

图 8-20　设置【程序结束】

主轴已在最高位置等符合安全换刀条件，主轴上的最后一把刀具换回刀库 TOOL CALL 0，M10 M68 夹紧双转台，准备卸工件。

8.6.10　其他设置及说明

默认序列号从 1 开始，增量值为 1，最大值为 99999。列表文件扩展名 *.lpt，输出 NC 程序文件扩展名 *.h，均是默认设定。

5TTAC_H530_360G02_ran_M128 后处理器，对变换阵列刀轨和 CSYS 旋转主从坐标刀轨以及它们的混合刀轨均适用。

8.7　程序分析论证

8.7.1　变换阵列刀轨程序

后处理变换阵列刀轨——多形态复合体 _H530，用后处理器 5TTAC_H530_360G02_ran_M128，获得 NC 程序 5TTAC_H_ 多形态复合体 01_360G02_ran_M128.h:

1 BEGIN PGM 5TTAC_H_ 多形态复合体 _01_360G02_RAN_M128_CYSY MM　　程序开始—程序名、公制

2 M140 MB MAX　程序开始—Z 轴抬刀到最高位置

3 M11 M69　程序开始—松开双转台

4 L A+0.0 C+0.0 FMAX　程序开始—双转台旋转回零

5 ; start operation:CAVITY_MILL_D8R0_T2_ 顶面　工序开始—3+2_axis 型腔铣

6 ; change tool　换刀

7 PLANE RESET STAY　换刀条件，取消倾斜面功能

8 M129　换刀条件，取消 M128

9 M5 M9　换刀条件，主轴停转、关闭切削液

10 M140 MB MAX　换刀条件，Z 轴抬刀到最高位置

11 TOOL CALL 2 Z S3000 换 2 号刀，指令主轴转速 S

12 ; tool name:MILL_D8R0_Z2_T2 2 号刀是 D8R0_Z2 键槽铣刀

13 TOOL DEF 1 预选下把刀具 1 号

14 ; next tool name:MILL_D80R0_Z8_T1 下把刀具 1 号是 D80R0_Z8 盘刀

15 ; init move 初始移动

16 CYCL DEF 32.0 TOLERANCE 公差循环 32

17 CYCL DEF 32.1 T0.160 公差循环 32

18 CYCL DEF 32.2 HSC-MODE:1 公差循环 32，粗加工

19 CYCL DEF 247 工件坐标系

20 Q339=1 工件坐标系

21 L M126 旋转轴最短捷径旋转

22 M10 M68 3+2_axis 零位定向加工已到位，夹紧双转台

23 M3 M8 主轴转、加切削液

24 L X-28.064 Y-41. Z103. FMAX 三轴定位到初始位置

25 L Z101. FMAX Z 轴下刀定位

26 L Z98. F300. Z 轴工进加工

······ 两轴型腔铣

1979 L Z103. FMAX

1980 ; end operation 工序结束

1981 M140 MB MAX 工序结束

1982 M5 M09 工序结束

1983 M11 M69 工序结束

1984 L A+0.0 C+0.0 FMAX 工序结束

1985 ; start operation:FACE_MILLING_D80R0_T1_ 前面 换刀 3+2_axis 定向平面铣

1986 ; change tool

1987 PLANE RESET STAY

1988 M129

1989 M5 M9

1990 M140 MB MAX

1991 TOOL CALL 1 Z S600

1992 ; tool name:MILL_D80R0_Z8_T1

1993 TOOL DEF 2

1994 ; next tool name:MILL_D8R0_Z2_T2

1995 ; init move

1996 CYCL DEF 32.0 TOLERANCE

1997 CYCL DEF 32.1 T0.060

1998 CYCL DEF 32.2 HSC-MODE:1

1999 L M126

2000 PLANE SPATIAL SPA-90. SPB+0.0 SPC+180. TURN FMAX SEQ- 倾斜面定位

2001 M10 M68 夹紧双转台

2002 M3 M8

2003 L X+0.0 Y46.4 Z36. FMAX 三轴定位

2004 L Z33. FMAX

2005 L Z43. F300.

2006 L Z36. FMAX

2007 L Z33.2 F24000.

2008 L Z33. F300.　　Z 轴下刀

2009 L Z30.

2010 L Y40.

2011 L Y-70.

2012 L Y-76.4

2013 L Z33.

2014 L Z36. FMAX　　抬刀

2015 ; end operation

2016 PLANE RESET STAY

2017 M140 MB MAX

2018 M5 M09

2019 M11 M69

2020 ; start operation:FACE_MILLING_D80R0_T1_ 前面 _INSTANCE　　同刀铣不同工序

2021 ; first move

2022 CYCL DEF 32.0 TOLERANCE

2023 CYCL DEF 32.1 T0.060

2024 CYCL DEF 32.2 HSC-MODE:1

2025 L M126

2026 PLANE SPATIAL SPA-90. SPB+0.0 SPC-90. TURN FMAX SEQ-

2027 M10 M68

2028 M3 M8

2029 L X+0.0 Y46.4 Z36. FMAX

2030 L Z33. FMAX

2031 L Z30. F300.

2032 L Y40.

2033 L Y-70.

2034 L Y-76.4

2035 L Z33.

2036 L Z36. FMAX

2037 ; end operation

2038 PLANE RESET STAY

2039 M140 MB MAX

2040 M5 M09

2041 M11 M69

　⋮

2064 ; start operation:FACE_MILLING_D80R0_T1_ 前面 _INSTANCE_2　　同刀铣最后不同工序

2065 ; first move

2066 CYCL DEF 32.0 TOLERANCE

2067 CYCL DEF 32.1 T0.060

2068 CYCL DEF 32.2 HSC-MODE:1

2069 L M126

2070 PLANE SPATIAL SPA-90. SPB+0.0 SPC+90. TURN FMAX SEQ-

2071 M10 M68

2072 M3 M8

2073 L X+0.0 Y46.4 Z36. FMAX

2074 L Z33. FMAX

2075 L Z30. F300.

2076 L Y40.

2077 L Y-70.

2078 L Y-76.4

2079 L Z33.

2080 L Z36. FMAX

2081 ; end operation

2082 PLANE RESET STAY

2083 M140 MB MAX

2084 M5 M09

2085 M11 M69

2086 L A+0.0 C+0.0 FMAX　　同刀定向铣不同工序结束

2087 ; start operation:CAVITY_MILL_D8R0_T2_ 前面　　换刀定向开粗

2088 ; change tool

2089 PLANE RESET STAY

2090 M129

2091 M5 M9

2092 M140 MB MAX

2093 TOOL CALL 2 Z S3000

2094 ; tool name:MILL_D8R0_Z2_T2

2095 TOOL DEF 5

2096 ; next tool name:BALL_MILL_D8R4_T5

2097 ; init move

2098 CYCL DEF 32.0 TOLERANCE

2099 CYCL DEF 32.1 T0.160

2100 CYCL DEF 32.2 HSC-MODE:1

2101 L M126

2102 PLANE SPATIAL SPA-90. SPB+0.0 SPC+180. TURN FMAX SEQ-

2103 M10 M68

2104 M3 M8

2105 L X15.38 Y-55.138 Z33. FMAX

2106 L Z31.059 F500.　　逼近

2107 L Z28.059 F300.　　进刀

2108 L X12.041 Y-52.8

2109 CC X+0.0 Y-70.

2110 C X9.664 Y-51.361 DR+

⋮

2919 L X35.487 Y-61.544

2920 L Z+0.0

2921 L Z33. FMAX

2922 ; end operation

2923 PLANE RESET STAY

2924 M140 MB MAX

2925 M5 M09

2926 M11 M69

2927 ; start operation:CAVITY_MILL_D8R0_T2_ 前面 _INSTANCE   同刀铣不同工序

2928 ; first move

2929 CYCL DEF 32.0 TOLERANCE

2930 CYCL DEF 32.1 T0.160

2931 CYCL DEF 32.2 HSC-MODE:1

2932 L M126

2933 PLANE SPATIAL SPA-90. SPB+0.0 SPC-90. TURN FMAX SEQ-

2934 M10 M68

2935 M3 M8

2936 L X15.38 Y-55.138 Z33. FMAX

2937 L Z31.059 F500.

2938 L Z28.059 F300.

2939 L X12.041 Y-52.8

2940 CC X+0.0 Y-70.

2941 C X9.664 Y-51.361 DR+

⋮

3751 L Z+0.0

3752 L Z33. FMAX

3753 ; end operation

3754 PLANE RESET STAY

3755 M140 MB MAX

3756 M5 M09

3757 M11 M69

⋮

4589 ; start operation:CAVITY_MILL_D8R0_T2_ 前面 _INSTANCE_2   同刀铣最后不同工序

4590 ; first move

4591 CYCL DEF 32.0 TOLERANCE

4592 CYCL DEF 32.1 T0.160

4593 CYCL DEF 32.2 HSC-MODE:1

4594 L M126

4595 PLANE SPATIAL SPA-90. SPB+0.0 SPC+90. TURN FMAX SEQ-

4596 M10 M68

4597 M3 M8

4598 L X15.38 Y-55.138 Z33. FMAX

4599 L Z31.059 F500.

4600 L Z28.059 F300.

4601 L X12.041 Y-52.8

4602 CC X+0.0 Y-70.

4603 C X9.664 Y-51.361 DR+

⋮

5409 CC X.097 Y-70.085

5410 C X30.43 Y-58.681 DR-

5411 L X31.838 Y-62.425

5412 L X35.487 Y-61.544

5413 L Z+0.0

5414 L Z33. FMAX

5415 ; end operation

5416 PLANE RESET STAY

5417 M140 MB MAX

5418 M5 M09

5419 M11 M69

5420 ; start operation:VARIABLE_CONTOUR_D8R0_T2_ 槽　　同刀四轴加工

5421 ; first move

5422 CYCL DEF 32.0 TOLERANCE

5423 CYCL DEF 32.1 T0.060

5424 CYCL DEF 32.2 HSC-MODE:1 TA0.60

5425 L M126

5426 L C180. FMAX

5427 L M128 F1000.

5428 M3 M8

5429 L X3.839 Y-32.03 Z54. A-90. C180. FMAX

5430 L Y-27.155 FMAX

5431 L X3.774 Y-26.262 F300.

5432 L X3.512 Y-25.405

⋮

5438 L X-1.816 Y-22.928 C175.47

⋮

6104 L X1.162 Y-14.955 C184.442

6105 L X+0.0 Y-15. C180.

6106 L X-.886 Y-15.135

⋮

6112 L X-3.842 Y-19.152

6113 L Y-20.83

6114 L Y-32.03 FMAX

6115 ; end operation

6116 PLANE RESET STAY

6117 M129

6118 M140 MB MAX

6119 M5 M09

6120 M11 M69

6121 L A+0.0 C+0.0 FMAX

6122 ; start operation:VARIABLE_CONTOUR_D8R4_T5_ 球　　换刀五轴加工

6123; change tool

6124 PLANE RESET STAY

6125 M129

6126 M5 M9

6127 M140 MB MAX

6128 TOOL CALL 5 Z S4000

6129 ; tool name:BALL_MILL_D8R4_T5

6130 TOOL DEF 3

6131 ; next tool name:T_CUTTER_D40R0_T3

6132 ; init move

6133 CYCL DEF 32.0 TOLERANCE

6134 CYCL DEF 32.1 T0.060

6135 CYCL DEF 32.2 HSC-MODE:1 TA0.60

6136 L M126

6138 L M128 F1000.

6139 M3 M8

6140 L X+0.0 Y+0.0 Z150. A+0.0 C+0.0 FMAX

6141 L X-3.227 Y2.344 Z104.53 FMAX

6142 L Z101.511 FMAX

6143 L X-3.148 Y2.287 Z100.621 F200.

6144 L X-2.91 Y2.114 Z99.775

　⋮

6149 L X+0.0 Y+0.0 Z97.5

6150 L X.128 Y-.093 A.33 C53.999 F400.

　⋮

8749 L X7.646 Y-23.533 Z58. A-115.872 C198.

　⋮

8836 L X12.473 Y-25.91 Z56.253

8837 L X16.095 Y-37.06 Z50.568 FMAX

8838 ; end operation

8839 M129

8840 M140 MB MAX

8841 M5 M09

8842 M11 M69

8843 L A+0.0 C+0.0 FMAX

8844 ; start operation:FACE_MILLING_D40R0_T3_ 大斜面　　换刀定向铣第一大斜面

8845 ; change tool

8846 PLANE RESET STAY

8847 M129

8848 M5 M9

8849 M140 MB MAX

8850 TOOL CALL 3 Z S800

8851 ; tool name:T_CUTTER_D40R0_T3

8852 TOOL DEF 1

8853 ; next tool name:MILL_D80R0_Z8_T1

8854 ; init move

8855 CYCL DEF 32.0 TOLERANCE

8856 CYCL DEF 32.1 T0.060

8857 CYCL DEF 32.2 HSC-MODE:1

8858 L M126

8859 PLANE SPATIAL SPA-60. SPB+0.0 SPC+180. TURN FMAX SEQ-

8860 M10 M68

8861 M3 M8

8862 L X-44.112 Y-13.493 Z65.5 FMAX

8863 L Z43.981 FMAX

8864 L Z40.981 F200.

8865 L X-40.912

8866 L X40.912

8867 L X44.112

8868 L Z43.981

8869 L Z65.5 FMAX

8870 ; end operation

8871 PLANE RESET STAY

8872 M140 MB MAX

8873 M5 M09

8874 M11 M69

8875 ; start operation:FACE_MILLING_D40R0_T3_ 大斜面 _INSTANCE　　 同刀定向铣第二大斜面

8876 ; first move

8877 CYCL DEF 32.0 TOLERANCE

8878 CYCL DEF 32.1 T0.060

8879 CYCL DEF 32.2 HSC-MODE:1

8880 L M126

8881 PLANE SPATIAL SPA-60. SPB+0.0 SPC-90. TURN FMAX SEQ-

8882 M10 M68

8883 M3 M8

8884 L X-44.112 Y-13.493 Z65.5 FMAX

8885 L Z43.981 FMAX

8886 L Z40.981 F200.

8887 L X-40.912

8888 L X40.912

8889 L X44.112

8890 L Z43.981

8891 L Z65.5 FMAX

8892 ; end operation

8893 PLANE RESET STAY

8894 M140 MB MAX

8895 M5 M09

8896 M11 M69

⋮

8919 ; start operation:FACE_MILLING_D40R0_T3_ 大斜面 _INSTANCE_2   同刀定向铣最后一个大斜面

8920 ; first move

8921 CYCL DEF 32.0 TOLERANCE

8922 CYCL DEF 32.1 T0.060

8923 CYCL DEF 32.2 HSC-MODE:1

8924 L M126

8925 PLANE SPATIAL SPA-60. SPB+0.0 SPC+90. TURN FMAX SEQ-

8926 M10 M68

8927 M3 M8

8928 L X-44.112 Y-13.493 Z65.5 FMAX

8929 L Z43.981 FMAX

8930 L Z40.981 F200.

8931 L X-40.912

8932 L X40.912

8933 L X44.112

8934 L Z43.981

8935 L Z65.5 FMAX

8936 ; end operation

8937 PLANE RESET STAY

8938 M140 MB MAX

8939 M5 M09

8940 M11 M69

8941 L A+0.0 C+0.0 FMAX   同刀定向铣最后一个大斜面结束

8942 ; start operation:FACE_MILLING_ 小斜面 _D80R0_T1_ 前面   换刀铣第一个小斜面

8943 ; change tool

8944 PLANE RESET STAY

8945 M129

8946 M5 M9

8947 M140 MB MAX

8948 TOOL CALL 1 Z S600

8949 ; tool name:MILL_D80R0_Z8_T1

8950 TOOL DEF 4

8951 ; next tool name:MILL_D5R0_Z2_T4

8952 ; init move

8953 CYCL DEF 32.0 TOLERANCE

8954 CYCL DEF 32.1 T0.060

8955 CYCL DEF 32.2 HSC-MODE:1

8956 L M126

8957 PLANE SPATIAL SPA-70.529 SPB+0.0 SPC+135. TURN FMAX SEQ-

8958 M10 M68

8959 M3 M8

8960 L X82.921 Y7.048 Z53.833 FMAX

8961 L Z47. FMAX

8962 L Z44. F300.

8963 L X40.441

8964 L X-40.441

8965 L X-82.921

8966 L Z47.

8967 L Z53.833 FMAX

8968 ; end operation

8969 PLANE RESET STAY

8970 M140 MB MAX

8971 M5 M09

8972 M11 M69

8973 ; start operation:FACE_MILLING_ 小斜面 _D80R0_T1_ 前面 _INSTANCE　　同刀铣第二个小斜面

8974 ; first move

8975 CYCL DEF 32.0 TOLERANCE

8976 CYCL DEF 32.1 T0.060

8977 CYCL DEF 32.2 HSC-MODE:1

8978 L M126

8979 PLANE SPATIAL SPA-70.529 SPB+0.0 SPC-135. TURN FMAX SEQ-

8980 M10 M68

8981 M3 M8

8982 L X82.921 Y7.048 Z53.833 FMAX

8983 L Z47. FMAX

8984 L Z44. F300.

8985 L X40.441

8986 L X-40.441

8987 L X-82.921

8988 L Z47.

8989 L Z53.833 FMAX

8990 ; end operation

8991 PLANE RESET STAY

8992 M140 MB MAX

8993 M5 M09

8994 M11 M69

⋮

9017 ; start operation:FACE_MILLING_ 小斜面 _D80R0_T1_ 前面 _INSTANCE_2　　同刀铣最后一个小斜面

9018 ; first move

9019 CYCL DEF 32.0 TOLERANCE

9020 CYCL DEF 32.1 T0.060

9021 CYCL DEF 32.2 HSC-MODE:1

9022 L M126

9023 PLANE SPATIAL SPA-70.529 SPB+0.0 SPC+45. TURN FMAX SEQ-

9024 M10 M68

9025 M3 M8

9026 L X82.921 Y7.048 Z53.833 FMAX

9027 L Z47. FMAX

9028 L Z44. F300.

9029 L X40.441

9030 L X-40.441

9031 L X-82.921

9032 L Z47.

9033 L Z53.833 FMAX

9034 ; end operation

9035 PLANE RESET STAY

9036 M140 MB MAX

9037 M5 M09

9038 M11 M69

9039 L A+0.0 C+0.0 FMAX　　同刀铣最后一个小斜面结束

9040 ; start operation:DRILLING_ 大斜面 _0_D5R0_T4_3K　　换刀加工第一组孔

9041 ; change tool

9042 PLANE RESET STAY

9043 M129

9044 M5 M9

9045 M140 MB MAX

9046 TOOL CALL 4 Z S4000

9047 ; tool name:MILL_D5R0_Z2_T4

9048 ; Preselecting tool end

9049 ; init move

9050 L M126

9051 PLANE SPATIAL SPA-60. SPB+0.0 SPC+180. TURN FMAX SEQ-

9052 M10 M68

9053 M3 M8

9054 L X15. Y-20.981 Z43.981 FMAX　　第一孔位

9055 CYCL DEF 200 Q200=3. Q201=-15. Q206=300. Q202=15. Q210=0 Q203=40.9808 Q204=3. Q211=0.

9056 L R0 FMAX M99　　钻第一孔

9057 L X+0.0 R0 FMAX M99　　钻第二孔

9058 L X-15. R0 FMAX M99　　钻第三孔

9059 ; end operation

9060 PLANE RESET STAY

9061 M140 MB MAX

9062 M5 M09

9063 M11 M69

9064 ; start operation:DRILLING_ 大斜面 _0_D5R0_T4_3K_INSTANCE　　同刀加工第二组孔

9065 ; first move

9066 L M126

9067 PLANE SPATIAL SPA-60. SPB+0.0 SPC-90. TURN FMAX SEQ-

9068 M10 M68

9069 M3 M8

9070 CYCL DEF 200 Q200=3. Q201=-15. Q206=300. Q202=15. Q210=0 Q203=40.9808 Q204=3. Q211=0.

9071 L X15. Y-20.981 R0 FMAX M99　　第一孔定位、加工

9072 L X+0.0 R0 FMAX M99　　第二孔定位、加工

9073 L X-15. R0 FMAX M99　　　第三孔定位、加工

9074 ; end operation

9075 PLANE RESET STAY

9076 M140 MB MAX

9077 M5 M09

9078 M11 M69

$\vdots$

9094 ; start operation:DRILLING_ 大斜面 _0_D5R0_T4_3K_INSTANCE_2　　同刀加工第四组孔

9095 ; first move

9096 L M126

9097 PLANE SPATIAL SPA-60. SPB+0.0 SPC+90. TURN FMAX SEQ-

9098 M10 M68

9099 M3 M8

9100 CYCL DEF 200 Q200=3. Q201=-15. Q206=300. Q202=15. Q210=0 Q203=40.9808 Q204=3. Q211=0.

9101 L X15. Y-20.981 R0 FMAX M99

9102 L X+0.0 R0 FMAX M99

9103 L X-15. R0 FMAX M99

9104 ; end operation

9105 PLANE RESET STAY

9106 M140 MB MAX

9107 M5 M09

9108 M11 M69

9109 ; start operation:DRILLING_ 小斜面 _0_D5R0_T4_K_　　同刀加工不同工序单个孔

9110 ; first move

9111 L M126

9112 PLANE SPATIAL SPA-70.529 SPB+0.0 SPC+135. TURN FMAX SEQ-

9113 M10 M68

9114 M3 M8

9115 CYCL DEF 200 Q200=3. Q201=-15. Q206=300. Q202=15. Q210=0 Q203=49.9999 Q204=3. Q211=0.

9116 L X+0.0 Y-14.142 R0 FMAX M99　　定位加工

9117 ; end operation

9118 PLANE RESET STAY

9119 M140 MB MAX

9120 M5 M09

9121 M11 M69

⋮

9161 L A+0.0 C+0.0 FMAX

9162 ; end program　　程序结束

9163 TOOL CALL 0　　程序结束

9164 M10 M68　　程序结束

9165 M30　　程序结束

9166 END PGM 5TTAC_H_ 多形态复合体 01_360G02_RAN_M128 MM　　程序结束

仔细阅读，NC 程序从定向到多轴、从多轴到定向，从换刀到同一把刀具加工、从同一把刀具到换刀加工，定向加工夹紧双转台、五轴加工松开双转台，双转台回零松开、程序结束双转台夹紧，装卸工件位置、切削液的开启与关闭、主轴停止与旋转、刀具补偿等全部正确，VERICUT 验证也正确，如图 8-21 所示。

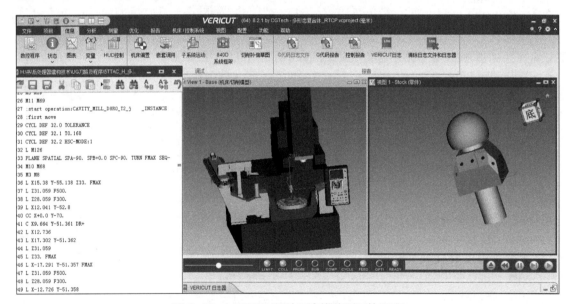

图 8-21　VERICUT 验证变换阵列刀轨程序

8.7.2　CSYS 旋转主从坐标刀轨程序

工件相同、刀轨相同，但坐标不同，是 CSYS 旋转主从坐标，用后处理器 5TTAC_H530_360G02_ran_M128 进行后处理，获得 NC 程序 5TTAC_H_ 多形态复合体 02_360G02_ran_M128.h，注意与变换阵列刀轨程序 5TTAC_H_ 多形态复合体 01_360G02_ran_M128.h 比较。

1 BEGIN PGM 5TTAC_H_ 多形态复合体 02_360G02_RAN_M128 MM

2 M140 MB MAX

3 M11 M69

4 L A+0.0 C+0.0 FMAX

5 ; start operation:CAVITY_MILL_D8R0_T2_ 顶面 _ 主从

6 ; change tool

7 PLANE RESET STAY

8 M129

9 M5 M9

10 M140 MB MAX

11 TOOL CALL 2 Z S4000

12 ; tool name:MILL_D8R0_Z2_T2

13 TOOL DEF 1

14 ; next tool name:MILL_D80R0_Z8_T1

15 ; init move

16 CYCL DEF 32.0 TOLERANCE

17 CYCL DEF 32.1 T0.160

18 CYCL DEF 32.2 HSC-MODE:1

19 CYCL DEF 247

20 Q339=1

21 L M126

22 M10 M68

23 M3 M8

24 L X-28.064 Y-41. Z103. FMAX

25 L Z101. FMAX

26 L Z98. F400.

27 L X-32.603 Y-37.

28 CC X+0.0 Y+0.0

29 C X-37. Y-32.603 DR-

$\vdots$

1975 C X13.216 Y-29.691 DR-

1976 L X14.843 Y-33.346

1977 L Y-41.

1978 L Z73.

1979 L Z103. FMAX

1980 ; end operation

1981 M140 MB MAX

1982 M5 M09

1983 M11 M69

1984 L A+0.0 C+0.0 FMAX

1985 ; start operation:FACE_MILLING_D80R0_T1_ 前面 _0 主从

1986 ; change tool

1987 PLANE RESET STAY

1988 M129

1989 M5 M9

1990 M140 MB MAX

1991 TOOL CALL 1 Z S500

1992 ; tool name:MILL_D80R0_Z8_T1

1993 TOOL DEF 2

1994 ; next tool name:MILL_D8R0_Z2_T2

1995 ; init move

1996 CYCL DEF 32.0 TOLERANCE

1997 CYCL DEF 32.1 T0.060

1998 CYCL DEF 32.2 HSC-MODE:1

1999 CYCL DEF 7.0

2000 CYCL DEF 7.1 X+0.0

2001 CYCL DEF 7.2 Y+0.0

2002 CYCL DEF 7.3 Z+0.0

2003 CYCL DEF 247

2004 Q339=1

2005 L M126

2006 CYCL DEF 7.0

2007 CYCL DEF 7.1 X-30.

2008 CYCL DEF 7.2 Y-30.

2009 CYCL DEF 7.3 Z+0.0

2010 PLANE SPATIAL SPA+90. SPB+0.0 SPC+0.0 TURN FMAX SEQ+

2011 M10 M68

2012 M3 M8

2013 L X30. Y-46.4 Z6. FMAX

2014 L Z3. FMAX

2015 L Z+0.0 F250.

2016 L Y-40.

2017 L Y70.

2018 L Y76.4

2019 L Z3.

2020 L Z6. FMAX

2021 ; end operation

2022 PLANE RESET STAY

2023 M140 MB MAX

2024 M5 M09

2025 M11 M69

2026 ; start operation:FACE_MILLING_D80R0_T1_前面_90主从

2027 ; first move

2028 CYCL DEF 32.0 TOLERANCE

2029 CYCL DEF 32.1 T0.060

2030 CYCL DEF 32.2 HSC-MODE:1

2031 CYCL DEF 7.0

2032 CYCL DEF 7.1 X+0.0

2033 CYCL DEF 7.2 Y+0.0

2034 CYCL DEF 7.3 Z+0.0

2035 CYCL DEF 247

2036 Q339=1

2037 L M126

2038 CYCL DEF 7.0

2039 CYCL DEF 7.1 X30.

2040 CYCL DEF 7.2 Y-30.

2041 CYCL DEF 7.3 Z+0.0

2042 PLANE SPATIAL SPA+90. SPB+0.0 SPC+90. TURN FMAX SEQ+

2043 M10 M68

2044 M3 M8

2045 L X30. Y-46.4 Z6. FMAX

2046 L Z3. FMAX

2047 L Z+0.0 F250.

2048 L Y-40.

2049 L Y70.

2050 L Y76.4

2051 L Z3.

2052 L Z6. FMAX

2053 ; end operation

2054 PLANE RESET STAY

2055 M140 MB MAX

2056 M5 M09

2057 M11 M69

⋮

2090 ; start operation:FACE_MILLING_D80R0_T1_ 前面 _270 主从

2091 ; first move

2092 CYCL DEF 32.0 TOLERANCE

2093 CYCL DEF 32.1 T0.060

2094 CYCL DEF 32.2 HSC-MODE:1

2095 CYCL DEF 7.0

2096 CYCL DEF 7.1 X+0.0

2097 CYCL DEF 7.2 Y+0.0

2098 CYCL DEF 7.3 Z+0.0

2099 CYCL DEF 247

2100 Q339=1

2101 L M126

2102 CYCL DEF 7.0

2103 CYCL DEF 7.1 X-30.

2104 CYCL DEF 7.2 Y30.

2105 CYCL DEF 7.3 Z+0.0

2106 PLANE SPATIAL SPA+90. SPB+0.0 SPC-90. TURN FMAX SEQ+

2107 M10 M68

2108 M3 M8

2109 L X30. Y-46.4 Z6. FMAX

2110 L Z3. FMAX

2111 L Z+0.0 F250.

2112 L Y-40.

2113 L Y70.

2114 L Y76.4

2115 L Z3.

2116 L Z6. FMAX

2117 ; end operation

2118 PLANE RESET STAY

2119 M140 MB MAX

2120 M5 M09

2121 M11 M69

2122 L A+0.0 C+0.0 FMAX

2123 ; start operation:CAVITY_MILL_D8R0_T2_ 前面 _ 主从

2124 ; change tool

2125 PLANE RESET STAY

2126 M129

2127 M5 M9

2128 M140 MB MAX

2129 TOOL CALL 2 Z S4000

2130 ; tool name:MILL_D8R0_Z2_T2

2131 TOOL DEF 5

2132 ; next tool name:BALL_MILL_D8R4_T5

2133 ; init move

2134 CYCL DEF 32.0 TOLERANCE

2135 CYCL DEF 32.1 T0.160

2136 CYCL DEF 32.2 HSC-MODE:1

2137 CYCL DEF 7.0

2138 CYCL DEF 7.1 X+0.0

2139 CYCL DEF 7.2 Y+0.0

2140 CYCL DEF 7.3 Z+0.0

2141 CYCL DEF 247

2142 Q339=1

2143 L M126

2144 PLANE SPATIAL SPA-90. SPB+0.0 SPC+180. TURN FMAX SEQ-

2145 M10 M68

2146 M3 M8

2147 L X-31.292 Y-36.304 Z36. FMAX

2148 L Z46. F250.

⋮

3005 L X-38.481 Y-33.011

3006 L Z+0.0

3007 L Z36. FMAX

3008 ; end operation

3009 PLANE RESET STAY

3010 M140 MB MAX

3011 M5 M09

3012 M11 M69

3013 ; start operation:CAVITY_MILL_D8R0_T2_ 前面 _ 主从 _INSTANCE

3014 ; first move

3015 CYCL DEF 32.0 TOLERANCE

3016 CYCL DEF 32.1 T0.160

3017 CYCL DEF 32.2 HSC-MODE:1

3018 L M126

3019 PLANE SPATIAL SPA-90. SPB+0.0 SPC-90. TURN FMAX SEQ-

3020 M10 M68

3021 M3 M8

3022 L X-31.292 Y-36.304 Z36. FMAX

3023 L Z30. F250.

3024 L Z27.

3025 L X-28.499 Y-34.907

⋮

3876 L X-38.481 Y-33.011

3877 L Z+0.0

3878 L Z36. FMAX

3879 ; end operation

3880 PLANE RESET STAY

3881 M140 MB MAX

3882 M5 M09

3883 M11 M69

⋮

4755 ; start operation:CAVITY_MILL_D8R0_T2_ 前面 _ 主从 _INSTANCE_2

4756 ; first move

4757 CYCL DEF 32.0 TOLERANCE

4758 CYCL DEF 32.1 T0.160

4759 CYCL DEF 32.2 HSC-MODE:1

4760 L M126

4761 PLANE SPATIAL SPA-90. SPB+0.0 SPC+90. TURN FMAX SEQ-

4762 M10 M68

4763 M3 M8

4764 L X-31.292 Y-36.304 Z36. FMAX

4765 L Z30. F250.

4766 L Z27.

4767 L X-28.499 Y-34.907

⋮

5618 L X-38.481 Y-33.011

5619 L Z+0.0

5620 L Z36. FMAX

5621 ; end operation

5622 PLANE RESET STAY

5623 M140 MB MAX

5624 M5 M09

5625 M11 M69

5626 ; start operation:VARIABLE_CONTOUR_D8R0_T2_槽_主从

5627 ; first move

5628 CYCL DEF 32.0 TOLERANCE

5629 CYCL DEF 32.1 T0.060

5630 CYCL DEF 32.2 HSC-MODE:1 TA0.60

5631 L M126

5632 L C180. FMAX

5633 L M128 F1000.

5634 M3 M8

5635 L X3.921 Y-32.03 Z54. A-90. C180. FMAX

5636 L Y-26.078 FMAX

5637 L X3.838 Y-25.186 F250.

⋮

5644 L X-.866 Y-21.983 C177.745

⋮

6247 L X1.162 Y-14.955 C184.442

6248 L X+0.0 Y-15. C180.

6249 L X-.886 Y-15.135

⋮

6255 L X-3.842 Y-19.152

6256 L Y-22.43

6257 L Y-32.03 FMAX

6258 ; end operation

6259 PLANE RESET STAY

6260 M129

6261 M140 MB MAX

6262 M5 M09

6263 M11 M69

6264 L A+0.0 C+0.0 FMAX

6265 ; start operation:VARIABLE_CONTOUR_D8R4_T5_球_主从

6266 ; change tool

6267 PLANE RESET STAY

6268 M129

6269 M5 M9

6270 M140 MB MAX

6271 TOOL CALL 5 Z S5000

6272 ; tool name:BALL_MILL_D8R4_T5

6273 TOOL DEF 3

6274 ; next tool name:T_CUTTER_D40R0_T3

6275 ; init move

6276 CYCL DEF 32.0 TOLERANCE

6277 CYCL DEF 32.1 T0.060

6278 CYCL DEF 32.2 HSC-MODE:1 TA0.60

6279 L M126

6281 L M128 F1000.

6282 M3 M8

6283 L X+0.0 Y+0.0 Z150. A+0.0 C+0.0 FMAX

6284 L X-3.227 Y2.344 Z104.53 FMAX

6285 L Z101.511 FMAX

6286 L X-3.148 Y2.287 Z100.621 F500.

⋮

6293 L X.128 Y-.093 A.33 C53.999

6294 L X.317 Y+0.0 Z97.498 A.66 C90.

⋮

8892 L X7.646 Y-23.533 Z58. A-115.872 C198.

8893 L X9.469 Y-22.86 C202.5

⋮

8972 L X7.646 Y-23.533 C198.

⋮

8979 L X12.473 Y-25.91 Z56.253

8980 L X16.095 Y-37.06 Z50.568 FMAX

8981 ; end operation

8982 M129

8983 M140 MB MAX

8984 M5 M09

8985 M11 M69

8986 L A+0.0 C+0.0 FMAX

8987 ; start operation:FACE_MILLING_D40R0_T3_0_大斜面_主从

8988 ; change tool

8989 PLANE RESET STAY

8990 M129

8991 M5 M9

8992 M140 MB MAX

8993 TOOL CALL 3 Z S1000

8994 ; tool name:T_CUTTER_D40R0_T3

8995 TOOL DEF 1

8996 ; next tool name:MILL_D80R0_Z8_T1

8997 ; init move

8998 CYCL DEF 32.0 TOLERANCE

8999 CYCL DEF 32.1 T0.060

9000 CYCL DEF 32.2 HSC-MODE:1

9001 CYCL DEF 7.0

9002 CYCL DEF 7.1 X+0.0

9003 CYCL DEF 7.2 Y+0.0

9004 CYCL DEF 7.3 Z+0.0

9005 CYCL DEF 247

9006 Q339=1

9007 L M126

9008 CYCL DEF 7.0

9009 CYCL DEF 7.1 X+0.0

9010 CYCL DEF 7.2 Y-25.

9011 CYCL DEF 7.3 Z38.66

9012 PLANE SPATIAL SPA+60. SPB+0.0 SPC+0.0 TURN FMAX SEQ+

9013 M10 M68

9014 M3 M8

9015 L X-61.258 Y-7.488 Z24.519 FMAX

9016 L Z3. FMAX

9017 L Z+0.0 F250.

9018 L X-40.912

9019 L X40.912

9020 L X61.258

9021 L Z3.

9022 L Z24.519 FMAX

9023 ; end operation

9024 PLANE RESET STAY

9025 M140 MB MAX

9026 M5 M09

9027 M11 M69

9028 ; start operation:FACE_MILLING_D40R0_T3_90_ 大斜面 _ 主从

9029 ; first move

9030 CYCL DEF 32.0 TOLERANCE

9031 CYCL DEF 32.1 T0.060

9032 CYCL DEF 32.2 HSC-MODE:1

9033 CYCL DEF 7.0

9034 CYCL DEF 7.1 X+0.0

9035 CYCL DEF 7.2 Y+0.0

9036 CYCL DEF 7.3 Z+0.0

9037 CYCL DEF 247

9038 Q339=1

9039 L M126

9040 CYCL DEF 7.0

9041 CYCL DEF 7.1 X25.

9042 CYCL DEF 7.2 Y+0.0

9043 CYCL DEF 7.3 Z38.66

9044 PLANE SPATIAL SPA+60. SPB+0.0 SPC+90. TURN FMAX SEQ+

9045 M10 M68

9046 M3 M8

9047 L X-61.258 Y-7.488 Z24.519 FMAX

9048 L Z3. FMAX

9049 L Z+0.0 F250.

9050 L X-40.912

9051 L X40.912

9052 L X61.258

9053 L Z3.

9054 L Z24.519 FMAX

9055 ; end operation

9056 PLANE RESET STAY

9057 M140 MB MAX

9058 M5 M09

9059 M11 M69

　⋮

9092 ; start operation:FACE_MILLING_D40R0_T3_270_ 大斜面 _ 主从

9093 ; first move

9094 CYCL DEF 32.0 TOLERANCE

9095 CYCL DEF 32.1 T0.060

9096 CYCL DEF 32.2 HSC-MODE:1

9097 CYCL DEF 7.0

9098 CYCL DEF 7.1 X+0.0

9099 CYCL DEF 7.2 Y+0.0

9100 CYCL DEF 7.3 Z+0.0

9101 CYCL DEF 247

9102 Q339=1

9103 L M126

9104 CYCL DEF 7.0

9105 CYCL DEF 7.1 X-25.

9106 CYCL DEF 7.2 Y+0.0

9107 CYCL DEF 7.3 Z38.66

9108 PLANE SPATIAL SPA+60. SPB+0.0 SPC-90. TURN FMAX SEQ+

9109 M10 M68

9110 M3 M8

9111 L X-61.258 Y-7.488 Z24.519 FMAX

9112 L Z3. FMAX

9113 L Z+0.0 F250.

9114 L X-40.912

9115 L X40.912

9116 L X61.258

9117 L Z3.

9118 L Z24.519 FMAX

9119 ; end operation

9120 PLANE RESET STAY

9121 M140 MB MAX

9122 M5 M09

9123 M11 M69

9124 L A+0.0 C+0.0 FMAX

9125 ; start operation:FACE_MILLING_D80R0_T1_0_ 小斜面 _ 主从

9126 ; change tool

9127 PLANE RESET STAY

9128 M129

9129 M5 M9

9130 M140 MB MAX

9131 TOOL CALL 1 Z S500

9132 ; tool name:MILL_D80R0_Z8_T1

9133 TOOL DEF 4

9134 ; next tool name:MILL_D5R0_Z2_T4

9135 ; init move

9136 CYCL DEF 32.0 TOLERANCE

9137 CYCL DEF 32.1 T0.060

9138 CYCL DEF 32.2 HSC-MODE:1

9139 CYCL DEF 7.0

9140 CYCL DEF 7.1 X+0.0

9141 CYCL DEF 7.2 Y+0.0

9142 CYCL DEF 7.3 Z+0.0

9143 CYCL DEF 247

9144 Q339=1

9145 L M126

9146 CYCL DEF 7.0

9147 CYCL DEF 7.1 X-26.

9148 CYCL DEF 7.2 Y-26.

9149 CYCL DEF 7.3 Z28.

9150 PLANE SPATIAL SPA+70.525 SPB-1.169 SPC-44.587 TURN FMAX SEQ+

9151 M10 M68

9152 M3 M8

9153 L X-83.36 Y-19.391 Z9.833 FMAX

9154 L Z3. FMAX

9155 L Z+0.0 F250.

9156 L X-40.89 Y-20.31

9157 L X39.973 Y-22.06

9158 L X82.443 Y-22.98

9159 L Z3.

9160 L Z9.833 FMAX

9161 ; end operation

9162 PLANE RESET STAY

9163 M140 MB MAX

9164 M5 M09

9165 M11 M69

9166 ; start operation:FACE_MILLING_D80R0_T1_90_小斜面_主从

9167 ; first move

9168 CYCL DEF 32.0 TOLERANCE

9169 CYCL DEF 32.1 T0.060

9170 CYCL DEF 32.2 HSC-MODE:1

9171 CYCL DEF 7.0

9172 CYCL DEF 7.1 X+0.0

9173 CYCL DEF 7.2 Y+0.0

9174 CYCL DEF 7.3 Z+0.0

9175 CYCL DEF 247

9176 Q339=1

9177 L M126

9178 CYCL DEF 7.0

9179 CYCL DEF 7.1 X26.

9180 CYCL DEF 7.2 Y-26.

9181 CYCL DEF 7.3 Z28.

9182 PLANE SPATIAL SPA+70.529 SPB+0.0 SPC+45. TURN FMAX SEQ+

9183 M10 M68

9184 M3 M8

9185 L X-82.921 Y-21.19 Z9.833 FMAX

9186 L Z3. FMAX

9187 L Z+0.0 F250.

9188 L X-40.441

9189 L X40.441

9190 L X82.921

9191 L Z3.

9192 L Z9.833 FMAX

9193 ; end operation

9194 PLANE RESET STAY

9195 M140 MB MAX

9196 M5 M09

9197 M11 M69

⋮

9230 ; start operation:FACE_MILLING_D80R0_T1_270_ 小斜面 _ 主从

9231 ; first move

9232 CYCL DEF 32.0 TOLERANCE

9233 CYCL DEF 32.1 T0.060

9234 CYCL DEF 32.2 HSC-MODE:1

9235 CYCL DEF 7.0

9236 CYCL DEF 7.1 X+0.0

9237 CYCL DEF 7.2 Y+0.0

9238 CYCL DEF 7.3 Z+0.0

9239 CYCL DEF 247

9240 Q339=1

9241 L M126

9242 CYCL DEF 7.0

9243 CYCL DEF 7.1 X-26.

9244 CYCL DEF 7.2 Y26.

9245 CYCL DEF 7.3 Z28.

9246 PLANE SPATIAL SPA+70.529 SPB+0.0 SPC-135. TURN FMAX SEQ+

9247 M10 M68

9248 M3 M8

9249 L X-82.921 Y-21.19 Z9.833 FMAX

9250 L Z3. FMAX

9251 L Z+0.0 F250.

9252 L X-40.441

9253 L X40.441

9254 L X82.921

9255 L Z3.

9256 L Z9.833 FMAX

9257 ; end operation

9258 PLANE RESET STAY

9259 M140 MB MAX

9260 M5 M09

9261 M11 M69

9262 L A+0.0 C+0.0 FMAX

9263 ; start operation:DRILLING_ 大斜面 _0_D5R0_T4_3K_ 主从

9264 ; change tool

9265 PLANE RESET STAY

9266 M129

9267 M5 M9

9268 M140 MB MAX

9269 TOOL CALL 4 Z S3000

9270 ; tool name:MILL_D5R0_Z2_T4

9271 ; Preselecting tool end

9272 ; init move

9273 CYCL DEF 7.0

9274 CYCL DEF 7.1 X+0.0

9275 CYCL DEF 7.2 Y+0.0

9276 CYCL DEF 7.3 Z+0.0

9277 CYCL DEF 247

9278 Q339=1

9279 L M126

9280 CYCL DEF 7.0

9281 CYCL DEF 7.1 X+0.0

9282 CYCL DEF 7.2 Y-25.

9283 CYCL DEF 7.3 Z38.66

9284 PLANE SPATIAL SPA+60. SPB+0.0 SPC+0.0 TURN FMAX SEQ+

9285 M10 M68

9286 M3 M8

9287 L X-15. Y+0.0 Z3. FMAX

9288 CYCL DEF 200 Q200=3. Q201=-15. Q206=250. Q202=15. Q210=0 Q203=0. Q204=3. Q211=0.

9289 L R0 FMAX M99

9290 L X+0.0 R0 FMAX M99

9291 L X15. R0 FMAX M99

9292 ; end operation

9293 PLANE RESET STAY

9294 M140 MB MAX

9295 M5 M09

9296 M11 M69

9297 ; start operation:DRILLING_ 大斜面 _90_D5R0_T4_3K_ 主从

9298 ; first move

9299 CYCL DEF 7.0

9300 CYCL DEF 7.1 X+0.0

9301 CYCL DEF 7.2 Y+0.0

9302 CYCL DEF 7.3 Z+0.0

9303 CYCL DEF 247

9304 Q339=1

9305 L M126

9306 CYCL DEF 7.0

9307 CYCL DEF 7.1 X25.

9308 CYCL DEF 7.2 Y+0.0

9309 CYCL DEF 7.3 Z38.66

9310 PLANE SPATIAL SPA+60. SPB+0.0 SPC+90. TURN FMAX SEQ+

9311 M10 M68

9312 M3 M8

9313 CYCL DEF 200 Q200=3. Q201=-15. Q206=250. Q202=15. Q210=0 Q203=-0. Q204=3. Q211=0.

9314 L X-15. Y+0.0 R0 FMAX M99

9315 L X+0.0 R0 FMAX M99

9316 L X15. R0 FMAX M99

9317 ; end operation

9318 PLANE RESET STAY

9319 M140 MB MAX

9320 M5 M09

9321 M11 M69

⋮

9347 ; start operation:DRILLING_ 大斜面 _270_D5R0_T4_3K_ 主从

9348 ; first move

9349 CYCL DEF 7.0

9350 CYCL DEF 7.1 X+0.0

9351 CYCL DEF 7.2 Y+0.0

9352 CYCL DEF 7.3 Z+0.0

9353 CYCL DEF 247

9354 Q339=1

9355 L M126

9356 CYCL DEF 7.0

9357 CYCL DEF 7.1 X-25.

9358 CYCL DEF 7.2 Y+0.0

9359 CYCL DEF 7.3 Z38.66

9360 PLANE SPATIAL SPA+60. SPB+0.0 SPC-90. TURN FMAX SEQ+

9361 M10 M68

9362 M3 M8

9363 CYCL DEF 200 Q200=3. Q201=-15. Q206=250. Q202=15. Q210=0 Q203=0. Q204=3. Q211=0.

9364 L X-15. Y+0.0 R0 FMAX M99

9365 L X+0.0 R0 FMAX M99

9366 L X15. R0 FMAX M99

9367 ; end operation

9368 PLANE RESET STAY

9369 M140 MB MAX

9370 M5 M09

9371 M11 M69

9372 ; start operation:DRILLING_ 小斜面 _0_D5R0_T4_K_ 主从

9373 ; first move

9374 CYCL DEF 7.0

9375 CYCL DEF 7.1 X+0.0

9376 CYCL DEF 7.2 Y+0.0

9377 CYCL DEF 7.3 Z+0.0

9378 CYCL DEF 247

9379 Q339=1

9380 L M126

9381 CYCL DEF 7.0

9382 CYCL DEF 7.1 X-26.

9383 CYCL DEF 7.2 Y-26.

9384 CYCL DEF 7.3 Z28.

9385 PLANE SPATIAL SPA+70.525 SPB-1.169 SPC-44.587 TURN FMAX SEQ+

9386 M10 M68

9387 M3 M8

9388 L Z9. R0 FMAX

9389 CYCL DEF 200 Q200=3. Q201=-15. Q206=250. Q202=15. Q210=0 Q203=6. Q204=3. Q211=0.

9390 L X+0.0 Y+0.0 R0 FMAX M99

9391 ; end operation

9392 PLANE RESET STAY

9393 M140 MB MAX

9394 M5 M09

9395 M11 M69

9396 ; start operation:DRILLING_ 小斜面 _90_D5R0_T4_K_ 主从

9397 ; first move

9398 CYCL DEF 7.0

9399 CYCL DEF 7.1 X+0.0

9400 CYCL DEF 7.2 Y+0.0

9401 CYCL DEF 7.3 Z+0.0

9402 CYCL DEF 247

9403 Q339=1

9404 L M126

9405 CYCL DEF 7.0

9406 CYCL DEF 7.1 X26.

9407 CYCL DEF 7.2 Y-26.

9408 CYCL DEF 7.3 Z28.

9409 PLANE SPATIAL SPA+70.529 SPB+0.0 SPC+45. TURN FMAX SEQ+

9410 M10 M68

9411 M3 M8

9412 CYCL DEF 200 Q200=3. Q201=-15. Q206=250. Q202=15. Q210=0 Q203=0. Q204=3. Q211=0.

9413 L X+0.0 Y+0.0 R0 FMAX M99

9414 ; end operation

9415 PLANE RESET STAY

9416 M140 MB MAX

9417 M5 M09

9418 M11 M69

⋮

9442 ; start operation:DRILLING_ 小斜面 _270_D5R0_T4_K_ 主从

9443 ; first move

9444 CYCL DEF 7.0

9445 CYCL DEF 7.1 X+0.0

9446 CYCL DEF 7.2 Y+0.0

9447 CYCL DEF 7.3 Z+0.0

9448 CYCL DEF 247

9449 Q339=1

9450 L M126

9451 CYCL DEF 7.0

9452 CYCL DEF 7.1 X-26.

9453 CYCL DEF 7.2 Y26.

9454 CYCL DEF 7.3 Z28.

9455 PLANE SPATIAL SPA+70.529 SPB+0.0 SPC-135. TURN FMAX SEQ+

9456 M10 M68

9457 M3 M8

9458 CYCL DEF 200 Q200=3. Q201=-15. Q206=250. Q202=15. Q210=0 Q203=-0. Q204=3. Q211=0.

9459 L X+0.0 Y+0.0 R0 FMAX M99

9460 ; end operation

9461 PLANE RESET STAY

9462 M140 MB MAX

9463 M5 M09

9464 M11 M69

9465 L A+0.0 C+0.0 FMAX

9466 ; end program

9467 TOOL CALL 0

9468 M10 M68

9469 M30

9470 END PGM 5TTAC_H_ 多形态复合体 02_360G02_RAN_M128 MM

经分析，该程序正确，VERICUT 验证也正确，如图 8-22 所示。

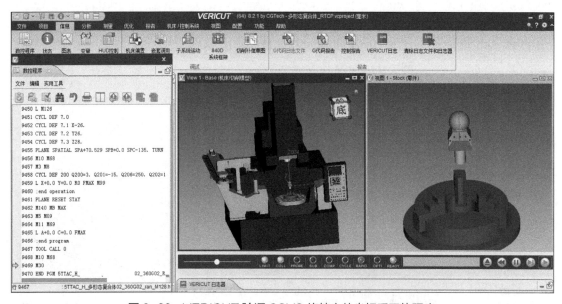

图 8-22　VERICUT 验证 CSYS 旋转主从坐标系刀轨程序

第 9 章

海德汉系统随机换刀摆头转台五轴加工中心后处理

9.1 摆头转台五轴机床简述

9.1.1 主体结构及坐标系统

摆头转台主体结构是中大型五轴机床的常用结构型式，以 BC 和 AC 转轴位姿居多。A 是第四轴，C 是第五轴，两个转轴结构独立，都是非依赖轴，刚度较高，但是摆头摆动中心与主轴端面回转中心或者说四轴零点（枢轴中心）与测量基点之距即枢轴距离（俗称摆长），相当于刀具长度的一部分，不仅转轴旋转需要更大的回转空间，应防止碰撞干涉，而且对后处理有很大影响，是真假五轴数控系统必须要处理的特殊问题。四轴零点是第四轴摆动回转中心线与主轴回转中心线的交点，五轴零点通常设置在转台台面回转中心。

9.1.2 刀尖跟踪指令 RTCP/RPCP

摆头转台真五轴机床，需具有 RTCP 和 RPCP 两个跟踪功能，不过这两个跟踪功能在具体的数控系统中还是以一个代码表示，如海德汉系统的 M128，至于数控系统内部如何计算处理这两个跟踪功能不必考虑，只要会用 M128 即可。

9.1.3 真五轴系统后处理

UG NX 提供了相对比较完整的真五轴数控系统摆头转台机床后处理，与双转台五轴机床一样不需要设定枢轴距离、四轴中心偏置和五轴中心偏置，后处理的一些补充设置和修改，与双转台机床也基本相同，对刀操作方法同三轴机床。但还是应该强调一下一些补充设置和修改，特别是工件坐标系 CYCL DEF 247、摆头转台松夹、主轴转停、切削液启闭、孔加工固定循环调用、公差循环 CYCL DEF 32、随机换刀等需自行设置，而对于 3+2_axis 定向、5_axis 联动输出、倾斜面功能等，由于纯粹是严格的数学计算，软件基本没有问题，所以直接留用默认设置即可。

9.1.4 假五轴系统后处理

摆头转台假五轴机床后处理，必须注意四点：一是要设定枢轴距离；二是工件坐标系需建立在转台回转中心，但高度不受影响；三是按工件实际装夹位置后处理；四是按实际刀具长度后处理。若刀具长度和工件装夹位置发生变化，则必须重新后处理。

（1）设定枢轴距离　枢轴距离在【旋转轴配置】对话框中设定。

（2）测量工件实际装夹位置到转台回转中心的坐标偏置　在这里，刀轨中的加工坐标系 XM-YM-ZM 原点始终是转台回转中心，工件偏离转台回转中心多少，刀轨中的 XM-YM-ZM 原点必须平移相等的偏置，由此来解决工件坐标系的建立和工件实际装夹位置的后处理问题。

（3）刀具长度后处理　在刀轨的刀具创建对话框中，将实际刀具长度设置成偏置栏中的【Z 偏置】后，再进行后处理。

9.2　有 RTCP/RPCP 功能摆头转台五轴后处理器定制

海德汉五轴系统功能比较多、价格高，通常选用真五轴系统，假五轴系统意义不大。

9.2.1 新建文件

以 DMU60 摆头转台海德汉系统真五轴加工中心为例，创建具有 RTCP/RPCP 功能的后处理器。DMU60 结构比较紧凑，但和其他摆头转台机床一样，摆头尾部较长、较粗，第四轴行程正角度范围易与工作台碰撞干涉，需特别注意。

单击【主后处理】→【毫米】→【启用 UDE 编辑器】→【铣】→【5 轴带转台】→【Heidenhain_Conversationnal_Advanced】，保存为 5HTBC_H530_360G02_ran_M128。

9.2.2 设置机床参数

（1）设置一般参数　单击【一般参数】，【输出循环记录】选择【是】→【线性轴行程限制】设为 X950/Y740/Z680→【回零位置】为 X0/Y0/Z0→【移刀进给率】最大值为30000，其他默认。

（2）设置第四轴　单击【第四轴】，设置【轴限制】最大值为30/最小值为–120，其他默认。

（3）配置旋转轴　打开【旋转轴配置】对话框，设置【最大进给率】为 12600→【轴限制违例处理】选择【退刀/重新进刀】；单击【第4轴】，设置【旋转平面】为 ZX→【文字指引线】为 B，其他默认。

9.2.3 设置换刀条件

在换刀条件 PB_CMD_change_tool_condition 的最后增加一行 MOM_output_literal "L X0. FMAX M91"，防止碰撞干涉，如图 9-1 所示。

```
proc       PB_CMD_ change_tool_condition
MOM_output_literal "PLANE RESET STAY"
MOM_output_literal "M129"
MOM_output_literal "M5 M9"
MOM_output_literal "M140 MB MAX"
MOM_output_literal "L X0. FMAX M91"
```

图 9-1　设置换刀条件

9.2.4　其他设置

将双转台后处理器 5TTAC_H530_360G02_ran_M128 中的第四轴 A 改为 B 即可，其他全部借用。借用时，先复制 5TTAC_H530_360G02_ran_M128 中的 PB_CMD 命令等，然后粘贴在 Word 内，最后复制到 5HTBC_H530_360G02_ran_M128 的相应位置即可。

9.2.5　程序分析及验证

（1）后处理输出程序与分析　用本章创建的 5HTBC_H530_360G02_ran_M128 后处理器，同样对多形态复合体变换阵列刀轨 01 和 CSYS 旋转主从坐标刀轨 02 进行后处理，获得 NC 程序。

1）变换阵列刀轨程序。

1 BEGIN PGM 5HTBC_H530_360G02_RAN_M128_ 多形态复合体 _01 变换 MM 程序开始

2 M140 MB MAX　　程序开始

3 M11 M69　程序开始

4 L B+0.0 C+0.0 FMAX　　程序开始

5 ;start operation　　换刀型腔铣刀轨开始

6 ;change tool　　自动换刀

7 PLANE RESET STAY　　自动换刀

8 M129　　自动换刀

9 M5 M9　　自动换刀

10 M140 MB MAX　　自动换刀

11 L X0. FMAX M91　　自动换刀

12 TOOL CALL 2 Z S3000　　自动换刀

13 ;tool name:MILL_D8R0_Z2_T2　　自动换刀

14 TOOL DEF 1　　自动换刀

15 ;tool name:MILL_D80R0_Z8_T1　　自动换刀

16 ;init move　　初始移动

17 CYCL DEF 32.0 TOLERANCE　　初始移动

18 CYCL DEF 32.1 T0.160　　初始移动

19 CYCL DEF 247 Q339=1　　初始移动

20 L M126　　初始移动

21 M10 M68　　初始移动

22 M3 M8　　初始移动

23 L X-28.064 Y-41. Z103. FMAX　　快速移动

24 L Z101. FMAX　　快速移动

25 L Z98. F300.　　工进加工

26 L X-32.603 Y-37.　　工进加工

27 CC X+0.0 Y+0.0　　工进加工

28 C X-37. Y-32.603 DR-　　工进加工

29 L X-41. Y-28.064　　工进加工

30 L Z101.　　工进加工

⋮

1978 L Z103. FMAX　　退刀

1979 M5 M9　　刀轨结束

1980 M140 MB MAX　　刀轨结束

1981 M11 M69　　刀轨结束

1982 L B+0.0 C+0.0 FMAX　　刀轨结束

1983 ;start operation　　换刀定向铣平面刀轨开始

1984 ;change tool　　自动换刀

1985 PLANE RESET STAY　　自动换刀

1986 M129　　自动换刀

1987 M5 M9　　自动换刀

1988 M140 MB MAX　　自动换刀

1989 L X0. FMAX M91　　自动换刀

1990 TOOL CALL 1 Z S600　　自动换刀

1991 ;tool name:MILL_D80R0_Z8_T1　　自动换刀

1992 TOOL DEF 2　　自动换刀

1993 ;tool name:MILL_D8R0_Z2_T2　　自动换刀

1994 ;init move　　初始移动

1995 CYCL DEF 32.0 TOLERANCE　　初始移动

1996 CYCL DEF 32.1 T0.060　　初始移动

1997 L M126　　初始移动

1998 PLANE SPATIAL SPA+0.0 SPB-90. SPC+90. TURN FMAX SEQ-　　初始移动

1999 M10 M68　　初始移动

2000 M3 M8　　初始移动

2001 L X-46.4 Y+0.0 Z36. FMAX　　快速移动

2002 L Z33. FMAX　　快速移动

2003 L Z30. F300.　　工进加工

2004 L X-40.　　工进加工

2005 L X70.　　工进加工

2006 L X76.4　　工进加工

2007 L Z33.　　工进加工

2008 L Z36. FMAX　　退刀

2009 PLANE RESET STAY　　刀轨结束

2010 M5 M9　　刀轨结束

2011 M140 MB MAX　　刀轨结束

2012 M11 M69　　刀轨结束

2013 ;start operation　　同一把刀定向铣另一平面工序开始

2014 ;first move　　第一次移动

2015 CYCL DEF 32.0 TOLERANCE　　第一次移动

2016 CYCL DEF 32.1 T0.060　　第一次移动

2017 PLANE SPATIAL SPA+0.0 SPB-90. SPC+180. TURN FMAX SEQ-　　第一次移动

2018 M10 M68　　第一次移动

2019 M3 M8　　第一次移动

2020 L X-46.4 Y+0.0 Z36. FMAX　　快速移动

2021 L Z33. FMAX　　快速移动

2022 L X-36.4 F300.　　工进加工

2024 L X-46.2 F30000.　　工进加工

2025 L X-46.4 F300.　　工进加工

2026 L Z30.　　工进加工

2027 L X-40.　　工进加工

2028 L X70.　　工进加工

2029 L X76.4　　工进加工

2030 L Z33.　　工进加工

2031 L Z36. FMAX　　退刀

2032 PLANE RESET STAY　　刀轨结束

2033 M5 M9　　刀轨结束

2034 M140 MB MAX　　刀轨结束

2035 M11 M69　　刀轨结束

……　同一把刀定向铣剩余两平面

2083 ;start operation　　换刀定向型腔铣工序开始

2084 ;change tool　　自动换刀

2085 PLANE RESET STAY　　自动换刀

2086 M129　　自动换刀

2087 M5 M9　　自动换刀

2088 M140 MB MAX　　自动换刀

2089 L X0. FMAX M91　　自动换刀

2090 TOOL CALL 2 Z S3000　　自动换刀

2091 ;tool name:MILL_D8R0_Z2_T2　　自动换刀

2092 TOOL DEF 5　　自动换刀

2093 ;tool name:BALL_MILL_D8R4_T5　　自动换刀

2094 ;init move　　初始移动

2095 CYCL DEF 32.0 TOLERANCE　　初始移动

2096 CYCL DEF 32.1 T0.160　　初始移动

2097 L M126　　初始移动

2098 PLANE SPATIAL SPA+0.0 SPB-90. SPC+90. TURN FMAX SEQ-　　初始移动

2099 M10 M68　　初始移动

2100 M3 M8　　初始移动

2101 L X55.138 Y15.38 Z33. FMAX　　快速移动

2102 L Z43. F300. 工进加工

2104 L X-15.38 Y-33. Z55.338 F500. 工进加工

2105 L Z55.138 F300. 工进加工

2106 L X55.138 Y15.38 Z31.059 F500. 工进加工

2107 L Z28.059 F300. 工进加工

2108 L X52.8 Y12.041 工进加工

2109 CC X70. Y+0.0 工进加工

2110 C X51.361 Y9.664 DR+ 工进加工

⋮

2921 L Z33. FMAX 抬刀

2922 PLANE RESET STAY 工序结束

2923 M5 M9 工序结束

2924 M140 MB MAX 工序结束

2925 M11 M69 工序结束

2926 ;start operation 同一把刀定向型腔铣另一工序开始

2927 ;first move 第一次移动

2928 CYCL DEF 32.0 TOLERANCE 第一次移动

2929 CYCL DEF 32.1 T0.160 第一次移动

2930 PLANE SPATIAL SPA+0.0 SPB-90. SPC+180. TURN FMAX SEQ-   第一次移动

2931 M10 M68 第一次移动

2932 M3 M8 第一次移动

2933 L X55.138 Y15.38 Z33. FMAX 快速移动

2934 L X65.138 F300. 工进加工

2936 L X-15.18 Y-33. Z55.138 F500. 工进加工

2937 L X-15.38 F300. 工进加工

2938 L X55.138 Y15.38 Z31.059 F500. 工进加工

2939 L Z28.059 F300. 工进加工

2940 L X52.8 Y12.041 工进加工

⋮

3753 L Z33. FMAX 抬刀

3754 PLANE RESET STAY 工序结束

3755 M5 M9 工序结束

3756 M140 MB MAX 工序结束

3757 M11 M69 工序结束

…… 同一把刀定向型腔铣剩余两面

5422 ;start operation 同一把刀四轴铣槽工序开始

5423 ;first move 第一次移动

5424 CYCL DEF 32.0 TOLERANCE 第一次移动

5425 CYCL DEF 32.1 T0.060 第一次移动

5426 CYCL DEF 32.2 HSC-MODE:1 TA0.60 第一次移动

5428 L M128 F1000. 第一次移动

5429 M3 M8 第一次移动

5430 L X3.839 Y-32.03 Z54. B-90. C90. FMAX 快速移动

5431 L Y-27.155 FMAX 快速移动

5432 L Z64. F300.　　工进加工

5434 L Z54.2 F30000.　　工进加工

5435 L Z54. F300.　　工进加工

5436 L X3.774 Y-26.262　　工进加工

……　　工进加工

6119 L Y-32.03 FMAX　　退刀

6120 PLANE RESET STAY　　刀轨结束

6121 M129　　刀轨结束

6122 M5 M9　　刀轨结束

6123 M140 MB MAX　　刀轨结束

6124 M11 M69　　刀轨结束

6125 L B+0.0 C+0.0 FMAX　　刀轨结束

6126 ;start operation　　换刀五轴铣球工序开始

6127 ;change tool　　自动换刀

6128 PLANE RESET STAY　　自动换刀

6129 M129　　自动换刀

6130 M5 M9　　自动换刀

6131 M140 MB MAX　　自动换刀

6132 L X0. FMAX M91　　自动换刀

6133 TOOL CALL 5 Z S4000　　自动换刀

6134 ;tool name:BALL_MILL_D8R4_T5　　自动换刀

6135 TOOL DEF 3　　自动换刀

6136 ;tool name:T_CUTTER_D40R0_T3　　自动换刀

6137 ;init move　　初始移动

6138 CYCL DEF 32.0 TOLERANCE　　初始移动

6139 CYCL DEF 32.1 T0.060　　初始移动

6140 CYCL DEF 32.2 HSC-MODE:1 TA0.60　　初始移动

6141 L M126　　初始移动

6143 L M128 F1000.　　初始移动

6144 M3 M8　　初始移动

6145 L X+0.0 Y+0.0 Z150. B+0.0 C+0.0 FMAX　　快速移动

6146 L X-3.227 Y2.344 Z104.53 FMAX　　快速移动

6147 L Z101.511 FMAX　　快速移动

6148 L X-3.148 Y2.287 Z100.621 F200.　　工进加工

6149 L X-2.91 Y2.114 Z99.775　　工进加工

6150 L X-2.527 Y1.836 Z99.015　　工进加工

6151 L X-2.016 Y1.464 Z98.38　　工进加工

6152 L X-1.403 Y1.019 Z97.901　　工进加工

6153 L X-.72 Y.523 Z97.603　　工进加工

6154 L X+0.0 Y+0.0 Z97.5　　工进加工

6155 L X.128 Y-.093 B.33 C323.999 F400.　　工进加工

6156 L X.317 Y+0.0 Z97.498 B.66 C+0.0　　工进加工

6157 L X.384 Y.279 Z97.496 B.99 C35.999　　工进加工

6158 L X.326 Y.448 Z97.494 B1.155 C54.　　工进加工

6159 L X.196 Y.602 Z97.493 B1.32 C72.　　工进加工

……　　工进加工

6597 L X10.449 Y-8.924 Z93.821 B29.978 C319.5　　工进加工

6598 L X14.466 Z102.979　　工进加工

6599 L B-29.978 C139.5 FMAX　　超程退刀、进刀

6600 L X10.529 Z94.004 F30000.　　超程退刀、进刀

6601 L X10.449 Z93.821 F200.　　超程退刀、进刀

6602 L X11.131 Y-8.087 Z93.811 B-30.02 C144. F400.　　超程退刀、进刀

6603 L X11.745 Y-7.198 Z93.801 B-30.061 C148.5　　工进加工

……　　工进加工

8754 L X7.646 Y-23.533 Z58. B-115.872 C108.　　工进加工

8755 L X9.469 Y-22.86 C112.5　　工进加工

……　　工进加工

8841 L X12.473 Y-25.91 Z56.253　　工进加工

8842 L X16.095 Y-37.06 Z50.568 FMAX　　抬刀

8843 M129　　刀轨结束

8844 M5 M9　　刀轨结束

8845 M140 MB MAX　　刀轨结束

8846 M11 M69　　刀轨结束

8847 L B+0.0 C+0.0 FMAX　　刀轨结束

8848 ;start operation　　换刀定向铣大斜面工序开始

8849 ;change tool　　自动换刀

8850 PLANE RESET STAY　　自动换刀

8851 M129　　自动换刀

8852 M5 M9　　自动换刀

8853 M140 MB MAX　　自动换刀

8854 L X0. FMAX M91　　自动换刀

8855 TOOL CALL 3 Z S800　　自动换刀

8856 ;tool name:T_CUTTER_D40R0_T3　　自动换刀

8857 TOOL DEF 1　　自动换刀

8858 ;tool name:MILL_D80R0_Z8_T1　　自动换刀

8859 ;init move　　初始移动

8860 CYCL DEF 32.0 TOLERANCE　　初始移动

8861 CYCL DEF 32.1 T0.060　　初始移动

8862 L M126　　初始移动

8863 PLANE SPATIAL SPA+0.0 SPB-60. SPC+90. TURN FMAX SEQ-　　初始移动

8864 M10 M68　　初始移动

8865 M3 M8　　初始移动

8866 L X13.493 Y-44.112 Z65.5 FMAX　　快速移动

8867 L Z43.981 FMAX　　快速移动

8868 L Z40.981 F200.　　工进加工

8869 L Y-40.912　　工进加工

8870 L Y40.912　　工进加工

8871 L Y44.112　　工进加工

8872 L Z43.981　　工进加工

8873 L Z65.5 FMAX　　抬刀

8874 PLANE RESET STAY　　工序结束

8875 M5 M9　　工序结束

8876 M140 MB MAX　　工序结束

8877 M11 M69　　工序结束

8878 ;start operation　　同一把刀定向铣另一大斜面工序开始

8879 ;first move　　第一次移动

8880 CYCL DEF 32.0 TOLERANCE　　第一次移动

8881 CYCL DEF 32.1 T0.060　　第一次移动

8882 PLANE SPATIAL SPA+0.0 SPB-60. SPC+180. TURN FMAX SEQ-　　第一次移动

8883 M10 M68　　第一次移动

8884 M3 M8　　第一次移动

8885 L X13.493 Y-44.112 Z65.5 FMAX　　快速移动

8886 L Z43.981 FMAX　　快速移动

8887 L X22.153 Z48.981 F200.　　工进加工

8889 L X13.666 Z44.081 F30000.　　工进加工

8890 L X13.493 Z43.981 F200.　　工进加工

8891 L Z40.981　　工进加工

8892 L Y-40.912　　工进加工

8893 L Y40.912　　工进加工

8894 L Y44.112　　工进加工

8895 L Z43.981　　工进加工

8896 L Z65.5 FMAX　　抬刀

8897 PLANE RESET STAY　　工序结束

8898 M5 M9　　工序结束

8899 M140 MB MAX　　工序结束

8900 M11 M69　　工序结束

……　　同一把刀定向铣剩余两大斜面

8948 ;start operation　　换刀定向铣小斜面工序开始

8949 ;change tool　　自动换刀

8950 PLANE RESET STAY　　自动换刀

8951 M129　　自动换刀

8952 M5 M9　　自动换刀

8953 M140 MB MAX　　自动换刀

8954 L X0. FMAX M91　　自动换刀

8955 TOOL CALL 1 Z S600　　自动换刀

8956 ;tool name:MILL_D80R0_Z8_T1　　自动换刀

8957 TOOL DEF 4　　自动换刀

8958 ;tool name:MILL_D5R0_Z2_T4　　自动换刀

8959 ;init move　　初始移动

8960 CYCL DEF 32.0 TOLERANCE　　初始移动

8961 CYCL DEF 32.1 T0.060　　初始移动

8962 L M126　　初始移动

8963 PLANE SPATIAL SPA+0.0 SPB-70.529 SPC+45. TURN FMAX SEQ-　　初始移动

8964 M10 M68　　初始移动

8965 M3 M8　　初始移动

8966 L X-7.048 Y82.921 Z53.833 FMAX　　快速移动

8967 L Z47. FMAX　　快速移动

8968 L X-15.992 Z51.472 F300.　　工进加工

8970 L X-7.227 Z47.089 F30000.　　工进加工

8971 L X-7.048 Z47. F300.　　工进加工

8972 L Z44.　　工进加工

8973 L Y40.441　　工进加工

8974 L Y-40.441　　工进加工

8975 L Y-82.921　　工进加工

8976 L Z47.　　工进加工

8977 PLANE SPATIAL SPA+0.0 SPB-70.529 SPC+45. MOVE ABST0 FMAX SEQ　　退刀

8978 L Z53.833 FMAX　　抬刀

8979 PLANE RESET STAY　　工序结束

8980 M5 M9　　工序结束

8981 M140 MB MAX　　工序结束

8982 M11 M69　　工序结束

8983 ;start operation　　同一把刀定向铣另一小斜面工序开始

8984 ;first move　　第一次移动

8985 CYCL DEF 32.0 TOLERANCE　　第一次移动

8986 CYCL DEF 32.1 T0.060　　第一次移动

8987 PLANE SPATIAL SPA+0.0 SPB-70.529 SPC+135. TURN FMAX SEQ-　　第一次移动

8988 M10 M68　　第一次移动

8989 M3 M8　　第一次移动

8990 L X-7.048 Y82.921 Z53.833 FMAX　　快速移动

8991 L Z47. FMAX　　快速移动

8992 L X1.896 Z51.472 F300.　　工进加工

8994 L X-6.869 Z47.089 F30000.　　工进加工

8995 L X-7.048 Z47. F300.　　工进加工

8996 L Z44.　　工进加工

8997 L Y40.441　　工进加工

8998 L Y-40.441　　工进加工

8999 L Y-82.921　　工进加工

9000 L Z47.　　工进加工

9001 L Z53.833 FMAX　　退刀

9002 PLANE RESET STAY　　工序结束

9003 M5 M9　　工序结束

9004 M140 MB MAX　　工序结束

9005 M11 M69　　工序结束

……　　同一把刀定向铣剩余两小斜面

9053 ;start operation　　换刀定向钻大斜面三孔刀轨开始

9054 ;change tool　　自动换刀

9055 PLANE RESET STAY　　自动换刀

9056 M129　　自动换刀

9057 M5 M9　　自动换刀

9058 M140 MB MAX　　自动换刀

9059 L X0. FMAX M91　　自动换刀

9060 TOOL CALL 4 Z S4000　　自动换刀

9061 ;tool name:MILL_D5R0_Z2_T4　　自动换刀

9062 TOOL DEF 0　　自动换刀

9063 ;Preselecting tool end　　表示最后一把刀

9064 ;init move　　初始移动

9065 L M126　　初始移动

9066 PLANE SPATIAL SPA+0.0 SPB-60. SPC+90. TURN FMAX SEQ-　　初始移动

9067 M10 M68　　初始移动

9068 M3 M8　　初始移动

9069 L X20.981 Y15. Z43.981 FMAX　　快速移动第一孔定位

9070 CYCL DEF 200 Q200=3. Q201=-15. Q206=300. Q202=15. Q210=0 Q203=40.9808 Q204=3. Q211=0.
固定循环参数

9072 L M99 R0 FMAX　　初始平面

9073 L R0 FMAX　　安全平面

9074 CYCL DEF 200 Q200=3. Q201=-15. Q206=300. Q202=15. Q210=0 Q203=40.9808 Q204=3. Q211=0.
钻第一孔

9076 L Y+0.0 M99 R0 FMAX　　钻第二孔

9078 L Y-15. M99 R0 FMAX　　钻第三孔

9079 PLANE RESET STAY　　刀轨结束

9080 M5 M9　　刀轨结束

9081 M140 MB MAX　　刀轨结束

9082 M11 M69　　刀轨结束

9083 ;start operation　　同一把刀定向钻另一大斜面三孔刀轨开始

9084 ;first move　　第一次移动

9085 PLANE SPATIAL SPA+0.0 SPB-60. SPC+180. TURN FMAX SEQ-　　第一次移动

9086 M10 M68　　第一次移动

9087 M3 M8　　第一次移动

9088 CYCL DEF 200 Q200=3. Q201=-15. Q206=300. Q202=15. Q210=0 Q203=40.9808 Q204=3. Q211=0.
固定循环参数

9090 L X20.981 Y15. M99 R0 FMAX　　快速定第一孔位置

9091 L Z43.981 FMAX　　初始平面

9092 CYCL DEF 200 Q200=3. Q201=-15. Q206=300. Q202=15. Q210=0 Q203=40.9808 Q204=3. Q211=0.
钻第一孔

9094 L Y+0.0 M99 R0 FMAX　　钻第二孔

9096 L Y-15. M99 R0 FMAX　　钻第三孔

9097 PLANE RESET STAY　　刀轨结束

9098 M5 M9　　刀轨结束

9099 M140 MB MAX　　刀轨结束

9100 M11 M69　　刀轨结束

……　　同一把刀定向钻剩余两大斜面三孔

9135 ;start operation　　同一把刀定向钻小斜面一孔刀轨开始

9136 ;first move　　第一次移动

9137 PLANE SPATIAL SPA+0.0 SPB-70.529 SPC+45. TURN FMAX SEQ-　　第一次移动

9138 M10 M68　　第一次移动

9139 M3 M8　　第一次移动

9140 CYCL DEF 200 Q200=3. Q201=-15. Q206=300. Q202=15. Q210=0 Q203=49.9999 Q204=3. Q211=0.
固定循环参数

9142 L X14.142 Y+0.0 M99 R0 FMAX　　钻孔

9143 PLANE RESET STAY　　刀轨结束

9144 M5 M9　　刀轨结束

9145 M140 MB MAX　　刀轨结束

9146 M11 M69　　刀轨结束

……　　同一把刀定向钻剩余三小斜面一孔

9184 TOOL CALL 0　　程序结束

9185 M10 M68　　程序结束

9186 M30　　程序结束

9187 END PGM 5HTBC_H530_360G02_RAN_M128_ 多形态复合体 _01 变换 MM 程序结束

2）CSYS 旋转主从坐标刀轨程序。

1 BEGIN PGM 5HTBC_H530_360G02_RAN_M128_ 多形态复合体 _02 旋转 MM　　程序开始

2 M140 MB MAX　　程序开始

3 M11 M69　　程序开始

4 L B+0.0 C+0.0 FMAX　　程序开始

5 ;start operation　　换刀型腔铣刀轨开始

6 ;change tool　　自动换刀

7 PLANE RESET STAY　　自动换刀

8 M129　　自动换刀

9 M5 M9　　自动换刀

10 M140 MB MAX　　自动换刀

11 L X0. FMAX M91　　自动换刀

12 TOOL CALL 2 Z S4000　　自动换刀

13 ;tool name:MILL_D8R0_Z2_T2　　自动换刀

14 TOOL DEF 1　　自动换刀

15 ;tool name:MILL_D80R0_Z8_T1　　自动换刀

16 ;init move　　初始移动

17 CYCL DEF 32.0 TOLERANCE　　初始移动

18 CYCL DEF 32.1 T0.160　　初始移动

19 CYCL DEF 247 Q339=1　　初始移动

20 L M126　初始移动

21 M10 M68　初始移动

22 M3 M8　初始移动

23 L X-28.064 Y-41. Z103. FMAX　快速移动

24 L Z101. FMAX　快速移动

25 L Z98. F400.　工进加工

26 L X-32.603 Y-37.　工进加工

27 CC X+0.0 Y+0.0　工进加工

28 C X-37. Y-32.603 DR-　工进加工

……　工进加工

1978 L Z103. FMAX　抬刀

1979 M5 M9　刀轨结束

1980 M140 MB MAX　刀轨结束

1981 M11 M69　刀轨结束

1982 L B+0.0 C+0.0 FMAX　刀轨结束

1983 ;start operation　换刀定向铣从坐标 CSYS 旋转平面刀轨开始

1984 ;change tool　自动换刀

1985 PLANE RESET STAY　自动换刀

1986 M129　自动换刀

1987 M5 M9　自动换刀

1988 M140 MB MAX　自动换刀

1989 L X0. FMAX M91　自动换刀

1990 TOOL CALL 1 Z S500　自动换刀

1991 ;tool name:MILL_D80R0_Z8_T1　自动换刀

1992 TOOL DEF 2　自动换刀

1993 ;tool name:MILL_D8R0_Z2_T2　自动换刀

1994 ;init move　初始移动

1995 CYCL DEF 32.0 TOLERANCE　初始移动

1996 CYCL DEF 32.1 T0.060　初始移动

1997 CYCL DEF 7.0　初始移动

1998 CYCL DEF 7.1 X+0.0　初始移动

1999 CYCL DEF 7.2 Y+0.0　初始移动

2000 CYCL DEF 7.3 Z+0.0　初始移动

2001 CYCL DEF 247 Q339=1　初始移动

2002 L M126　初始移动

2003 CYCL DEF 7.0　初始移动

2004 CYCL DEF 7.1 X-30.　初始移动

2005 CYCL DEF 7.2 Y-30.　初始移动

2006 CYCL DEF 7.3 Z+0.0　初始移动

2007 PLANE SPATIAL SPA+90. SPB+0.0 SPC+0.0 TURN FMAX SEQ-　初始移动

2008 M10 M68　初始移动

2009 M3 M8　初始移动

2010 L X30. Y-46.4 Z6. FMAX　快速移动

2011 L Z3. FMAX　　快速移动

2012 L Z+0.0 F250.　　工进加工

2013 L Y-40.　　工进加工

2014 L Y70.　　工进加工

2015 L Y76.4　　工进加工

2016 L Z3.　　退刀

2017 L Z6. FMAX　　抬刀

2018 PLANE RESET STAY　　刀轨结束

2019 M5 M9　　刀轨结束

2020 M140 MB MAX　　刀轨结束

2021 M11 M69　　刀轨结束

2022 ;start operation　　同一把刀定向铣从坐标 CSYS 旋转另一平面工序开始

2023 ;first move　　第一次移动

2024 CYCL DEF 32.0 TOLERANCE　　第一次移动

2025 CYCL DEF 32.1 T0.060　　第一次移动

2026 CYCL DEF 7.0　　第一次移动

2027 CYCL DEF 7.1 X+0.0　　第一次移动

2028 CYCL DEF 7.2 Y+0.0　　第一次移动

2029 CYCL DEF 7.3 Z+0.0　　第一次移动

2030 CYCL DEF 247 Q339=1　　第一次移动

2031 CYCL DEF 7.0　　第一次移动

2032 CYCL DEF 7.1 X30.　　第一次移动

2033 CYCL DEF 7.2 Y-30.　　第一次移动

2034 CYCL DEF 7.3 Z+0.0　　第一次移动

2035 PLANE SPATIAL SPA+90. SPB+0.0 SPC+90. TURN FMAX SEQ-　　第一次移动

2036 M10 M68　　第一次移动

2037 M3 M8　　第一次移动

2038 L X30. Y-46.4 Z6. FMAX　　快速移动

2039 L Z3. FMAX　　快速移动

2040 L Z+0.0 F250.　　工进加工

2041 L Y-40.　　工进加工

2042 L Y70.　　工进加工

2043 L Y76.4　　工进加工

2044 L Z3.　　退刀

2045 L Z6. FMAX　　抬刀

2046 PLANE RESET STAY　　刀轨结束

2047 M5 M9　　刀轨结束

2048 M140 MB MAX　　刀轨结束

2049 M11 M69　　刀轨结束

……　　同一把刀定向铣从坐标 CSYS 旋转剩余两平面

2107 ;start operation　　换刀定向旋转型腔铣工序开始

2108 ;change tool　　自动换刀

2109 PLANE RESET STAY　　自动换刀

2110 M129　　自动换刀

2111 M5 M9　　自动换刀

2112 M140 MB MAX　　自动换刀

2113 L X0. FMAX M91　　自动换刀

2114 TOOL CALL 2 Z S4000　　自动换刀

2115 ;tool name:MILL_D8R0_Z2_T2　　自动换刀

2116 TOOL DEF 5　　自动换刀

2117 ;tool name:BALL_MILL_D8R4_T5　　自动换刀

2118 ;init move　　初始移动

2119 CYCL DEF 32.0 TOLERANCE　　初始移动

2120 CYCL DEF 32.1 T0.160　　初始移动

2121 CYCL DEF 7.0　　初始移动

2122 CYCL DEF 7.1 X+0.0　　初始移动

2123 CYCL DEF 7.2 Y+0.0　　初始移动

2124 CYCL DEF 7.3 Z+0.0　　初始移动

2125 CYCL DEF 247 Q339=1　　初始移动

2126 L M126　　初始移动

2127 PLANE SPATIAL SPA+0.0 SPB-90. SPC+90. TURN FMAX SEQ-　　初始移动

2128 M10 M68　　初始移动

2129 M3 M8　　初始移动

2130 L X36.304 Y-31.292 Z36. FMAX　　快速移动

2131 L Z30. F250.　　工进加工

2132 L Z27.　　工进加工

2133 L X34.907 Y-28.499　　工进加工

……　　工进加工

2985 L Z+0.0　　退刀

2986 L Z36. FMAX　　抬刀

2987 PLANE RESET STAY　　刀轨结束

2988 M5 M9　　刀轨结束

2989 M140 MB MAX　　刀轨结束

2990 M11 M69　　刀轨结束

2991 ;start operation　　同一把刀定向旋转型腔铣另一工序开始

2992 ;first move　　第一次移动

2993 CYCL DEF 32.0 TOLERANCE　　第一次移动

2994 CYCL DEF 32.1 T0.160　　第一次移动

2995 PLANE SPATIAL SPA+0.0 SPB-90. SPC+180. TURN FMAX SEQ-　　第一次移动

2996 M10 M68　　第一次移动

2997 M3 M8　　第一次移动

2998 L X36.304 Y-31.292 Z36. FMAX　　快速移动

2999 L X46.304 F250.　　工进加工

3001 L X31.492 Y-36. Z36.304　　工进加工

⋮

3857 L Z+0.0　　退刀

3858 L Z36. FMAX　　抬刀

3859 PLANE RESET STAY　　刀轨结束

3860 M5 M9　　刀轨结束

3861 M140 MB MAX　　刀轨结束

3862 M11 M69　　刀轨结束

……　　同一把刀定向旋转型腔铣剩余两面

5607 ;start operation　　同一把刀四轴铣槽工序开始

5608 ;first move　　第一次移动

5609 CYCL DEF 32.0 TOLERANCE　　第一次移动

5610 CYCL DEF 32.1 T0.060　　第一次移动

5611 CYCL DEF 32.2 HSC-MODE:1 TA0.60　　第一次移动

5613 L M128 F1000.　　第一次移动

5614 M3 M8　　第一次移动

5615 L X3.921 Y-32.03 Z54. B-90. C90. FMAX　　快速移动

5616 L Y-26.078 FMAX　　快速移动

5617 L Z64. F250.　　工进加工

5619 L Z54.2 F30000.　　工进加工

5620 L Z54. F250.　　工进加工

5621 L X3.838 Y-25.186　　工进加工

……　　工进加工

5627 L X+0.0 Y-22.　　工进加工

5628 L X-.866 Y-21.983 C87.745　　工进加工

……　　工进加工

6231 L X1.162 Y-14.955 C94.442　　工进加工

6232 L X+0.0 Y-15. C90.　　工进加工

……　　工进加工

6241 L Y-32.03 FMAX　　抬刀

6242 PLANE RESET STAY　　刀轨结束

6243 M129　　刀轨结束

6244 M5 M9　　刀轨结束

6245 M140 MB MAX　　刀轨结束

6246 M11 M69　　刀轨结束

6247 L B+0.0 C+0.0 FMAX　　刀轨结束

6248 ;start operation　　换刀五轴铣球工序开始

6249 ;change tool　　自动换刀

6250 PLANE RESET STAY　　自动换刀

6251 M129　　自动换刀

6252 M5 M9　　自动换刀

6253 M140 MB MAX　　自动换刀

6254 L X0. FMAX M91　　自动换刀

6255 TOOL CALL 5 Z S5000　　自动换刀

6256 ;tool name:BALL_MILL_D8R4_T5　　自动换刀

6257 TOOL DEF 3　　自动换刀

6258 ;tool name:T_CUTTER_D40R0_T3　　自动换刀

6259 ;init move　　初始移动

6260 CYCL DEF 32.0 TOLERANCE　　初始移动

6261 CYCL DEF 32.1 T0.060　　初始移动

6262 CYCL DEF 32.2 HSC-MODE:1 TA0.60　　初始移动

6263 L M126　　初始移动

6265 L M128 F1000.　　初始移动

6266 M3 M8　　初始移动

6267 L X+0.0 Y+0.0 Z150. B+0.0 C+0.0 FMAX　　快速移动

6268 L X-3.227 Y2.344 Z104.53 FMAX　　快速移动

6269 L Z101.511 FMAX　　快速移动

6270 L X-3.148 Y2.287 Z100.621 F500.　　工进加工

6271 L X-2.91 Y2.114 Z99.775　　工进加工

······　　工进加工

6277 L X.128 Y-.093 B.33 C323.999　　工进加工

······　　工进加工

8876 L X7.646 Y-23.533 Z58. B-115.872 C108.　　工进加工

8877 L X9.469 Y-22.86 C112.5　　工进加工

······　　工进加工

8964 L X16.095 Y-37.06 Z50.568 FMAX　　抬刀

8965 M129　　刀轨结束

8966 M5 M9　　刀轨结束

8967 M140 MB MAX　　刀轨结束

8968 M11 M69　　刀轨结束

8969 L B+0.0 C+0.0 FMAX　　刀轨结束

8970 ;start operation　　换刀定向铣从坐标 CSYS 旋转大斜面工序开始

8971 ;change tool　　自动换刀

8972 PLANE RESET STAY　　自动换刀

8973 M129　　自动换刀

8974 M5 M9　　自动换刀

8975 M140 MB MAX　　自动换刀

8976 L X0. FMAX M91　　自动换刀

8977 TOOL CALL 3 Z S1000　　自动换刀

8978 ;tool name:T_CUTTER_D40R0_T3　　自动换刀

8979 TOOL DEF 1　　自动换刀

8980 ;tool name:MILL_D80R0_Z8_T1　　自动换刀

8981 ;init move　　初始移动

8982 CYCL DEF 32.0 TOLERANCE　　初始移动

8983 CYCL DEF 32.1 T0.060　　初始移动

8984 CYCL DEF 7.0　　初始移动

8985 CYCL DEF 7.1 X+0.0　　初始移动

8986 CYCL DEF 7.2 Y+0.0　　初始移动

8987 CYCL DEF 7.3 Z+0.0　　初始移动

8988 CYCL DEF 247 Q339=1　　初始移动

8989 L M126　　初始移动

8990 CYCL DEF 7.0　　初始移动

8991 CYCL DEF 7.1 X+0.0　　初始移动

8992 CYCL DEF 7.2 Y-25.　　初始移动

8993 CYCL DEF 7.3 Z38.66　　初始移动

8994 PLANE SPATIAL SPA+60. SPB+0.0 SPC+0.0 TURN FMAX SEQ-　　初始移动

8995 M10 M68　　初始移动

8996 M3 M8　　初始移动

8997 L X-61.258 Y-7.488 Z24.519 FMAX　　快速移动

8998 L Z3. FMAX　　快速移动

8999 L Z+0.0 F250.　　工进加工

9000 L X-40.912　　工进加工

9001 L X40.912　　工进加工

9002 L X61.258　　工进加工

9003 L Z3.　　退刀

9004 L Z24.519 FMAX　　抬刀

9005 PLANE RESET STAY　　刀轨结束

9006 M5 M9　　刀轨结束

9007 M140 MB MAX　　刀轨结束

9008 M11 M69　　刀轨结束

9009 ;start operation　　同一把刀定向铣从坐标 CSYS 旋转另一大斜面工序开始

9010 ;first move　　第一次移动

9011 CYCL DEF 32.0 TOLERANCE　　第一次移动

9012 CYCL DEF 32.1 T0.060　　第一次移动

9013 CYCL DEF 7.0　　第一次移动

9014 CYCL DEF 7.1 X+0.0　　第一次移动

9015 CYCL DEF 7.2 Y+0.0　　第一次移动

9016 CYCL DEF 7.3 Z+0.0　　第一次移动

9017 CYCL DEF 247 Q339=1　　第一次移动

9018 CYCL DEF 7.0　　第一次移动

9019 CYCL DEF 7.1 X25.　　第一次移动

9020 CYCL DEF 7.2 Y+0.0　　第一次移动

9021 CYCL DEF 7.3 Z38.66　　第一次移动

9022 PLANE SPATIAL SPA+60. SPB+0.0 SPC+90. TURN FMAX SEQ-　　第一次移动

9023 M10 M68　　第一次移动

9024 M3 M8　　第一次移动

9025 L X-61.258 Y-7.488 Z24.519 FMAX　　快速移动

9026 L Z3. FMAX　　快速移动

9027 L Z+0.0 F250.　　工进加工

9028 L X-40.912　　工进加工

9029 L X40.912　　工进加工

9030 L X61.258　　工进加工

9031 L Z3.　　退刀

9032 L Z24.519 FMAX　　抬刀

9033 PLANE RESET STAY　　刀轨结束

9034 M5 M9　　刀轨结束

9035 M140 MB MAX　　刀轨结束

9036 M11 M69　　刀轨结束

……　　同一把刀定向铣从坐标 CSYS 旋转剩余两大斜面

9094 ;start operation　　换刀定向铣从坐标 CSYS 旋转小斜面工序开始

9095 ;change tool　　自动换刀

9096 PLANE RESET STAY　　自动换刀

9097 M129　　自动换刀

9098 M5 M9　　自动换刀

9099 M140 MB MAX　　自动换刀

9100 L X0. FMAX M91　　自动换刀

9101 TOOL CALL 1 Z S500　　自动换刀

9102 ;tool name:MILL_D80R0_Z8_T1　　自动换刀

9103 TOOL DEF 4　　自动换刀

9104 ;tool name:MILL_D5R0_Z2_T4　　自动换刀

9105 ;init move　　初始移动

9106 CYCL DEF 32.0 TOLERANCE　　初始移动

9107 CYCL DEF 32.1 T0.060　　初始移动

9108 CYCL DEF 7.0　　初始移动

9109 CYCL DEF 7.1 X+0.0　　初始移动

9110 CYCL DEF 7.2 Y+0.0　　初始移动

9111 CYCL DEF 7.3 Z+0.0　　初始移动

9112 CYCL DEF 247 Q339=1　　初始移动

9113 L M126　　初始移动

9114 CYCL DEF 7.0　　初始移动

9115 CYCL DEF 7.1 X-26.　　初始移动

9116 CYCL DEF 7.2 Y-26.　　初始移动

9117 CYCL DEF 7.3 Z28.　　初始移动

9118 PLANE SPATIAL SPA+70.525 SPB-1.169 SPC-44.587 TURN FMAX SEQ-　　初始移动

9119 M10 M68　　初始移动

9120 M3 M8　　初始移动

9121 L X-83.36 Y-19.391 Z9.833 FMAX　　快速移动

9122 L Z3. FMAX　　快速移动

9123 L Z+0.0 F250.　　工进加工

9124 L X-40.89 Y-20.31　　工进加工

9125 L X39.973 Y-22.06　　工进加工

9126 L X82.443 Y-22.98　　工进加工

9127 L Z3.　　退刀

9128 L Z9.833 FMAX　　抬刀

9129 PLANE RESET STAY　　刀轨结束

9130 M5 M9　　刀轨结束

9131 M140 MB MAX　　刀轨结束

9132 M11 M69　　刀轨结束

9133 ;start operation　　同一把刀定向铣从坐标 CSYS 旋转另一小斜面工序开始

9134 ;first move　　第一次移动

9135 CYCL DEF 32.0 TOLERANCE　　第一次移动

9136 CYCL DEF 32.1 T0.060　　第一次移动

9137 CYCL DEF 7.0　　第一次移动

9138 CYCL DEF 7.1 X+0.0　　第一次移动

9139 CYCL DEF 7.2 Y+0.0　　第一次移动

9140 CYCL DEF 7.3 Z+0.0　　第一次移动

9141 CYCL DEF 247 Q339=1　　第一次移动

9142 CYCL DEF 7.0　　第一次移动

9143 CYCL DEF 7.1 X26.　　第一次移动

9144 CYCL DEF 7.2 Y-26.　　第一次移动

9145 CYCL DEF 7.3 Z28.　　第一次移动

9146 PLANE SPATIAL SPA+70.529 SPB+0.0 SPC+45. TURN FMAX SEQ-　　第一次移动

9147 M10 M68　　第一次移动

9148 M3 M8　　第一次移动

9149 L X-82.921 Y-21.19 Z9.833 FMAX　　快速移动

9150 L Z3. FMAX　　快速移动

9151 L Z+0.0 F250.　　工进加工

9152 L X-40.441　　工进加工

9153 L X40.441　　工进加工

9154 L X82.921　　工进加工

9155 L Z3.　　退刀

9156 L Z9.833 FMAX　　抬刀

9157 PLANE RESET STAY　　刀轨结束

9158 M5 M9　　刀轨结束

9159 M140 MB MAX　　刀轨结束

9160 M11 M69　　刀轨结束

……　　同一把刀定向铣从坐标 CSYS 旋转剩余两小斜面

9218 ;start operation　　换刀定向钻从坐标 CSYS 旋转大斜面三孔刀轨开始

9219 ;change tool　　自动换刀

9220 PLANE RESET STAY　　自动换刀

9221 M129　　自动换刀

9222 M5 M9　　自动换刀

9223 M140 MB MAX　　自动换刀

9224 L X0. FMAX M91　　自动换刀

9225 TOOL CALL 4 Z S3000　　自动换刀

9226 ;tool name:MILL_D5R0_Z2_T4　　自动换刀

9227 TOOL DEF 0　　自动换刀

9228 ;Preselecting tool end　　表示最后一把刀

9229 ;init move   初始移动

9230 CYCL DEF 7.0   初始移动

9231 CYCL DEF 7.1 X+0.0   初始移动

9232 CYCL DEF 7.2 Y+0.0   初始移动

9233 CYCL DEF 7.3 Z+0.0   初始移动

9234 CYCL DEF 247 Q339=1   初始移动

9235 L M126   初始移动

9236 CYCL DEF 7.0   初始移动

9237 CYCL DEF 7.1 X+0.0   初始移动

9238 CYCL DEF 7.2 Y-25.   初始移动

9239 CYCL DEF 7.3 Z38.66   初始移动

9240 PLANE SPATIAL SPA+60. SPB+0.0 SPC+0.0 TURN FMAX SEQ-   初始移动

9241 M10 M68   初始移动

9242 M3 M8   初始移动

9243 L X-15. Y+0.0 Z3. FMAX   快速移动定位第一孔

9244 CYCL DEF 200 Q200=3. Q201=-15. Q206=250. Q202=15. Q210=0 Q203=0. Q204=3. Q211=0.   钻孔循环命令

9246 L M99 R0 FMAX   钻第一孔

9248 L X+0.0 M99 R0 FMAX   钻第二孔

9250 L X15. M99 R0 FMAX   钻第二孔

9251 PLANE RESET STAY   刀轨结束

9252 M5 M9   刀轨结束

9253 M140 MB MAX   刀轨结束

9254 M11 M69   刀轨结束

9255 ;start operation   同一把刀定向钻从坐标 CSYS 旋转另一大斜面三孔刀轨开始

9256 ;first move   第一次移动

9257 CYCL DEF 7.0   第一次移动

9258 CYCL DEF 7.1 X+0.0   第一次移动

9259 CYCL DEF 7.2 Y+0.0   第一次移动

9260 CYCL DEF 7.3 Z+0.0   第一次移动

9261 CYCL DEF 247 Q339=1   第一次移动

9262 CYCL DEF 7.0   第一次移动

9263 CYCL DEF 7.1 X25.   第一次移动

9264 CYCL DEF 7.2 Y+0.0   第一次移动

9265 CYCL DEF 7.3 Z38.66   第一次移动

9266 PLANE SPATIAL SPA+60. SPB+0.0 SPC+90. TURN FMAX SEQ-   第一次移动

9267 M10 M68   第一次移动

9268 M3 M8   第一次移动

9269 CYCL DEF 200 Q200=3. Q201=-15. Q206=250. Q202=15. Q210=0 Q203=0. Q204=3. Q211=0.   固定循环命令

9271 L X-15. Y+0.0 M99 R0 FMAX   钻第一孔

9273 L X+0.0 M99 R0 FMAX   钻第二孔

9275 L X15. M99 R0 FMAX   钻第三孔

9276 PLANE RESET STAY 刀轨结束

9277 M5 M9 刀轨结束

9278 M140 MB MAX 刀轨结束

9279 M11 M69 刀轨结束

…… 同一把刀定向钻从坐标 CSYS 旋转剩余两大斜面三孔

9330 ;start operation 同一把刀定向钻从坐标 CSYS 旋转小斜面一孔刀轨开始

9331 ;first move 第一次移动

9332 CYCL DEF 7.0 第一次移动

9333 CYCL DEF 7.1 X+0.0 第一次移动

9334 CYCL DEF 7.2 Y+0.0 第一次移动

9335 CYCL DEF 7.3 Z+0.0 第一次移动

9336 CYCL DEF 247 Q339=1 第一次移动

9337 CYCL DEF 7.0 第一次移动

9338 CYCL DEF 7.1 X-26. 第一次移动

9339 CYCL DEF 7.2 Y-26. 第一次移动

9340 CYCL DEF 7.3 Z28. 第一次移动

9341 PLANE SPATIAL SPA+70.525 SPB-1.169 SPC-44.587 TURN FMAX SEQ- 第一次移动

9342 M10 M68 第一次移动

9343 M3 M8 第一次移动

9344 L Z9. R0 FMAX 快速移动

9345 CYCL DEF 200 Q200=3. Q201=-15. Q206=250. Q202=15. Q210=0 Q203=6. Q204=3. Q211=0. 固定循环

9347 L X+0.0 Y+0.0 M99 R0 FMAX 钻孔

9348 PLANE RESET STAY 刀轨结束

9349 M5 M9 刀轨结束

9350 M140 MB MAX 刀轨结束

9351 M11 M69 刀轨结束

… 同一把刀定向钻从坐标 CSYS 旋转剩余三小斜面一孔

9415 L B+0.0 C+0.0 FMAX 刀轨结束

9416 TOOL CALL 0 程序结束

9417 M10 M68 程序结束

9418 M30 程序结束

9419 END PGM 5HTBC_H530_360G02_RAN_M128_ 多形态复合体 _02 旋转 MM 程序结束

经过分析，程序正确

（2）VERICUT 仿真加工验证 同样对多形态复合体变换阵列刀轨 01 和 CSYS 旋转主从坐标刀轨 02 进行后处理，获得的程序用 VERICUT 仿真加工验证，两转轴均选 EIA 绝对旋转台型、180°最短捷径反转，采用刀具长度补偿编程方式。【G- 代码偏置】为 1：工作偏置 -1-B 到 Q339，工件坐标系 X Y Z Q339 在方台阶下端面中心，与刀轨的 XM YM ZM 重合，均正确无误，VERICUT 仿真加工结果如图 9-2 所示。需要说明的是，B 轴到正向行程极限 30° 时，按【轴限制违例处理】选择【退刀 / 重新进刀】进行后处理。

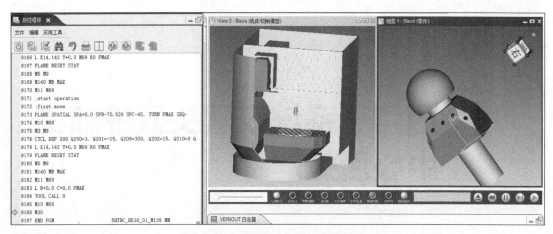

图 9-2 VERICUT 仿真加工结果

球面螺旋线切削模式，以直代曲线性插补加工，无论到达行程极限 0°、360° 与否，C 轴旋转方向因幅值没有超过 180° 而始终保持不变，切削流畅。

## 第10章

西门子系统双摆头五轴加工中心后处理

10.1.1 主体结构

双摆头 CA 五轴机床及双摆头附件如图 10-1 所示，转头是非依赖轴，即第四轴 C，摆头是依赖轴，即第五轴 A，也有双摆头附件供选用，但质量好的价格昂贵。双摆头机床多是大重型机床。

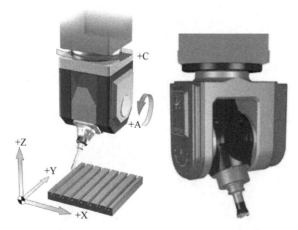

图 10-1 双摆头 CA 五轴机床及双摆头附件

10.1.2 主要参数

以图 10-2 所示双摆头 CB 五轴机床为例，介绍双摆头五轴机床的主要参数。

（1）四轴零点 四轴是非依赖的转头旋转轴 C，转头回转中心线与摆头摆动中心线的交点是四轴 C 的零点。

（2）五轴零点 五轴是依赖的摆头旋转轴 B，摆头旋转中心线与主轴回转中心线的交点是五轴 B 的零点。这里与四轴 C 零点重合，绝大多数情况下，双摆头五轴机床的四轴、五轴零点重合。

图 10-2　双摆头 CB 五轴机床

（3）枢轴点　即摆头摆动中心线与主轴回转中心线的交点，这里与四轴 C 零点、五轴 B 零点重合。

（4）摆长　即枢轴点与主轴端面回转中心之间的距离，实际上是刀具长度的一部分。

（5）刀长基准　即测量基点，是主轴端面回转中心，是刀具的安装点，该点的刀具大小等于零。

（6）五轴 B 行程　五轴 B 行程不可能到达 360°，也不能随便转，否则可能会发生严重碰撞干涉。

（7）控制点　控制点代表着机床，在机床坐标系中形成刀具轨迹的理想动点。这里的控制点、枢轴点、四轴 C 零点、五轴 B 零点都重合。

（8）编程零点　可以是任意点，选择在工作台面、夹具或工件上以对刀简单、方便为原则，具体由对刀测量设定零点偏置值确定。也就是说，工件安装与三轴机床相同，不影响后处理。

10.1.3　工艺特点

双摆头五轴机床，两个回转坐标轴合用一个部件带动刀具旋转，工件不转，常是大型机床的首选结构，主要用于加工大型零件，对挖空内腔有特别优势。需要说明的是，转头比较大，回转占用空间相对也大。如果摆头再转到水平位置，双摆头定位占用的空间就更大，再加上刀具长度和 RTCP 功能定向转位，极易造成线性轴超程，务必注意包括刀轨、换刀后的适当位置避让。特别需要强调的是，摆头只能经过下面回转，经过上面转动一定角度，将会发生严重碰撞干涉。

10.2　后处理参数及方案

10.2.1　后处理参数

（1）无 RTCP 功能　关于双摆头的后处理参数由是否具有 RTCP 功能决定。无 RTCP 功能的双摆头五轴机床,四轴零点通常不设定,默认为 0,需要设定五轴零点和摆长,刀轨的实际刀长设置在【Z 偏置】中,更换刀具长度后需要重新后处理,程序中不能刀具长度补偿,但可以刀具半径补偿,工件可安装在工作台任意位置。

（2）有 RTCP 功能　有 RTCP 功能的双摆头五轴机床,不需要设定四轴零点、五轴零点、摆长和刀轨的刀长【Z 偏置】,工件可安装在工作台任意位置,更换刀具长度后不需要重新后处理,程序中用刀具长度补偿,也可以刀具半径补偿,整个操作过程同三轴机床。

1）参考点位置。X2500 Y1150 Z0。

2）换刀位置。Y1150 Z0。

其他后处理主要参数在定制中一并说明。

10.2.2　后处理方案

（1）现有基础上修改　系统自带的 mill_5axis_Sinumerik_840D_mm 后处理器是双摆头带 ROT 后处理器,在此基础上修改比较便捷。ROT 比 CYCLE800 程序的透明性好、更直截了当。

（2）随机换刀　换刀位置由机床决定,不能随意改变,换刀后的位置由后处理决定,可以考虑适当避让。

（3）具有 RTCP 功能　TRAORI/TRAFOOF 表示开 / 关 RPCP 刀尖跟踪功能。

（4）刀具补偿　包括刀具长度补偿和刀具半径补偿编程。

（5）坐标变换 3+2_axis 定向　TRANS/ATRANS 坐标平移与 ROT/AROT 坐标旋转 3+2_axis 定向加工。

（6）刀轨结束　刀轨结束保留刀具位置不动,让相同刀具就近加工下一工序,缩短辅助加工时间。

（7）程序结束　程序结束全部复位,并设置好工件装卸位置。

（8）双摆头松夹　请参考双转台夹紧。

10.3　创建后处理并验证

10.3.1　创建后处理

（1）新建后处理器文件　打开系统自带的 mill_5axis_Sinumerik_840D_mm 后处理器,另存为 5BBCB_S840D_9ROT_ran_RTCP_ 刀轨结束无 G74。

（2）设置机床参数

1）设置一般参数。单击【机床】→【一般参数】,【输出循环记录】选择【是】→【线性轴行程限制】设为 X2500/Y2300/Z1000 →【移刀进给率】最大值为 10000。

2）设置第四轴。单击【第四轴】,设置【轴限制】最大值为 99999.999/ 最小值为 -99999.999。

3）设置第五轴。单击【第五轴】,设置【轴限制】最大值为 120/ 最小值为 –120。

4）配置旋转轴。打开【旋转轴配置】对话框,【轴限制违例处理】选择【退刀 / 重新进刀】→【最大进给率（度、分）】为 10000，如图 10-3 所示。

（3）设置程序开始　单击【程序起始序列】→【程序开始】，添加第一行【操作员消息】start program，其余 11 行全部默认，不做修改，如图 10-4 所示。

图 10-3　配置旋转轴

```
;start program
PB_CMD_set_Sinumerik_version
PB_CMD_set_Sinumerik_default_setting
MOM_set_seq_off
PB_CMD_init_variables
PB_CMD_init_helix
PB_CMD_init_nurbs
PB_CMD_init_high_speed_setting
PB_CMD_init_dnc_header
PB_CMD_init_extcall
PB_CMD_fix_RAPID_SET
MOM_set_seq_on
```

图 10-4　设置【程序开始】

1）PB_CMD_set_Sinumerik_version 西门子系统设定后处理版本命令。这里设定的是 V7 版。

2）PB_CMD_set_Sinumerik_default_setting 西门子系统默认设定命令。这里注意查看 V7 版的默认设置，如图 10-5 所示。

```
} elseif { [string match "V7" $sinumerik_version] } {
    set mom_siemens_tol_status      "System";       #System/User
    set mom_siemens_smoothing       "G642";         #G642/G64
    set mom_siemens_compressor      "COMPCAD";      #COMPCAD/COMPOF
    set mom_siemens_feedforward     "FFWON";        #FFWON/FFWOF
    set mom_siemens_5axis_mode      "TRAORI";       #TRAORI/SWIVELING/TRAFOOF
    set mom_siemens_ori_coord       "ORIWKS";       #ORIWKS/ORIMKS
    set mom_siemens_ori_inter       "ORIAXES";      #ORIAXES/ORIVECT
    set mom_siemens_ori_def         "ROTARY AXES";  #ROTARY AXES/VECTOR
```

图 10-5　PB_CMD_set_Sinumerik_default_setting 的 V7 版设置

3）其余见第 7 章。

（4）设置刀轨开始　单击【程序和刀轨】→【程序】→【工序起始序列】→【刀轨开始】，结果如图 10-6 所示。

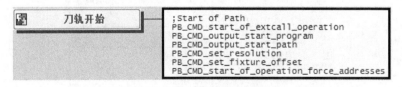

图 10-6　设置【刀轨开始】

1）保留 PB_CMD_start_of_extcall_operation 外部呼叫工序开始命令。

2）修改 PB_CMD_output_start_program 输出程序开始命令。用于输出 Sinumerik 840D 系统 NC 程序代码开始。打开此命令，在不需要的程序段前加"#"，共 8 处，如图 10-7 所示，单击【确定】→【保存】。

3）保留默认小数点设置 PB_CMD_set_resolution。

```
proc   PB_CMD_output_start_program                                    {} {
  if { ![info exists start_output_flag] || $start_output_flag == 0 } {
    set start_output_flag 1
#   MOM_output_literal ";Start of Program"
#   MOM_output_literal ";"
#   MOM_output_literal ";PART NAME    :$mom_part_name"
#   MOM_output_literal ";DATE TIME    :$mom_date"
#   MOM_output_literal ";"
    MOM_output_literal "DEF REAL _camtolerance"
    set fourth_home ""
    set fifth_home ""
    if {[string compare "3_axis_mill" $mom_kin_machine_type]} {
      set mom_sys_leader(fourth_axis_home) "_[set mom_sys_leader(fourth_axis)]_HOME"
      set fourth_home ", $mom_sys_leader(fourth_axis_home)"
      if {[string match "5_axis*" $mom_kin_machine_type]} {
        set mom_sys_leader(fifth_axis_home) "_[set mom_sys_leader(fifth_axis)]_HOME"
        set fifth_home ", $mom_sys_leader(fifth_axis_home)"
      }
    }
#   MOM_output_literal "DEF REAL _X_HOME, _Y_HOME, _Z_HOME$fourth_home$fifth_home"
#   MOM_output_literal "DEF REAL _F_CUTTING, _F_ENGAGE, _F_RETRACT"
#   MOM_output_literal ";"
    MOM_force Once G_cutcom G_plane G_F_control G_stopping G_feed G_unit G_mode
    MOM_do_template start_of_program
  }
```

图 10-7　屏蔽输出程序开始命令 PB_CMD_output_start_program 中不需要的程序行

4）修改 PB_CMD_output_start_path 输出路径开始命令。从工序中输出刀具、方法、公差等信息。打开此命令，在不需要的程序段前加 "#"，共 14 处，单击【确定】→【保存】。

5）保留 PB_CMD_set_fixture_offset 设定夹紧偏置命令。用于设置夹具偏移输出值，可以是 G500/G54 ～ G57/G505 ～ G599 中任意一个。

6）保留 PB_CMD_start_of_operation_force_addresses 工序开始强制输出地址命令。这里强制输出一次 X、Y、Z、F 和 S。

（5）设置换刀

1）设置第一个刀具 / 自动换刀。【第一个刀具】和【自动换刀】基本上保留了默认的换刀方式，但需进一步完善设置，其结果如图 10-8 所示。T 是刀具号、D1 是刀具长度补偿号，其他是与具体机床相关的换刀条件或安全条件等。需要说明的是，实际机床基本上不会采用这种默认的换刀方式，可具体参考前面详细介绍的顺序换刀或随机换刀方式。总之，换刀方式需与实际机床相匹配。

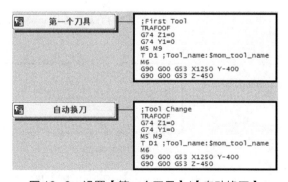

图 10-8　设置【第一个刀具】/【自动换刀】

2）清空手工换刀。删除【手工换刀】中所有程序行，这些都没有实际意义。

（6）设置初始移动 / 第一次移动　单击【工序起始序列】→【初始移动】/【第一次移动】，除注释不同外，其他完全相同，如图 10-9 所示。

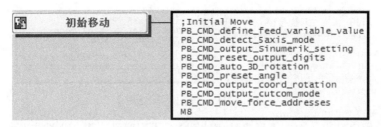

图 10-9　设置【初始移动】

1）在 PB_CMD_define_feed_variable_value 定义进给变量值命令中的 MOM_output_literal ";" 前添加屏蔽符号 #。

2）保留 PB_CMD_detect_5axis_mode 检测五轴加工模式命令。用于在【初始移动】和【第一次移动】时检测输出五轴模式 TRAORI。

3）修改 PB_CMD_output_Sinumerik_setting 西门子系统输出设定命令。用 # 屏蔽 PB_call_macro CYCLE832_v7 和 MOM_output_literal ";" 两处。

4）保留 PB_CMD_reset_output_digits 重置输出数据单位格式命令。

5）保留 PB_CMD_auto_3D_rotation 自动 3D 旋转命令。

6）保留 PB_CMD_preset_angle 预置角度命令。

7）保留 PB_CMD_output_coord_rotation 输出坐标旋转命令。其中的 set cycle800_tc "\"R_DATA\"" 用于输出 cycle800，这里不需要设置。

8）保留 PB_CMD_output_cutcom_mode 输出刀具半径补偿方式命令。

9）保留 PB_CMD_move_force_addresses 强制输出移动地址命令。

10）在最后一行增加 M8 强制输出。

（7）设置逼近移动 / 进刀移动　单击【工序起始序列】→【逼近移动】，打开默认的 PB_CMD 命令，用 # 屏蔽两个 MOM 命令。

（8）设置机床控制　单击【机床控制】→【刀具补偿关闭】，删除 G40。单击【机床控制】→【刀具补偿打开】，在后面添加一个自定义命令 PB_CMD_force_D, 在命令中输入 MOM_force once D。

（9）设置快速移动　单击【运动】→【快速移动】，添加刀具半径补偿 G41 任选。注意，【运动】中的 D1 是刀具半径补偿 D 代码。

（10）设置退刀移动 / 返回移动　【退刀移动】和【返回移动】设置相同，打开 PB_CMD_output_motion_message 命令，用 # 屏蔽 MOM_output_literal ";$motion_type Move"。

（11）设置刀轨结束　单击【工序结束序列】→【刀轨结束】，设置结果如图 10-10 所示结果。

1）保留 PB_CMD_reset_control_mode 复位控制模式命令。用于重置坐标旋转，但没有 ROT 或 AROT。

2）修改 PB_CMD_end_of_path 刀轨结束命令。打开此命令，在第一个和最后一个 MOM_output 命令前面添加 "#"。

3）默认最后两个 PB_CMD 命令。

4）添加最后一行 ROT。最后一行添加 ROT 以删除整个框架。

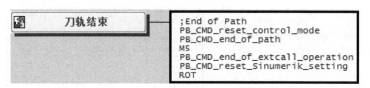

图 10-10　设置【刀轨结束】

（12）设置程序结束　单击【程序结束序列】→【程序结束】，设置结果如图 10-11 所示。

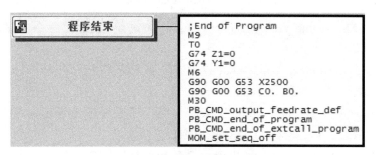

图 10-11　设置【程序结束】

1）添加 T0、两个 G74、M6 四行，将主轴上的最后一把刀具换回刀库。

2）添加 G90 G00 G53 X2500、G90 G00 G53 C0. B0. 两程序行，以方便装卸工件和双摆头复位。

（13）设置序列号　单击【N/C 数据定义】→【其他数据单元】→【序列号】，设置【序列号开始值】为 1 →【序列号增量】为 1，其他默认。

（14）设置 NC 输出文件扩展名　单击【输出设置】→【其他选项】→【输出控制单元】，设置【N/C 输出文件扩展名】为 MPF。

10.3.2　后处理输出程序典型结构分析

（1）典型零件刀轨　对多形态复合体刀轨做适当避让，其他加工方式、刀轨类型等均不变，刀轨名称为 5BBCB_S840_ROT_ 多形态复合体 _RTCP_ 避让，如图 10-12 所示。

图 10-12　5BBCB_S840_ROT_ 多形态复合体 _RTCP_ 避让

（2）后处理输出程序与分析　用既定后处理器 5BBCB_S840D_9ROT_ran_RTCP_ 刀轨

结束无 G74 进行后处理，输出程序的典型结构分析如下。

1）程序开始：

N1 ;start program

N2 ;Start of Path

N3 DEF REAL _camtolerance

N4 G40 G17 G710 G94 G90 G60 G601 FNORM

2）刀轨开始：

　　;Start of Path

N5 ;Intol　　: 0.080000

N6 ;Outtol　 : 0.080000

N7 ;Stock　　: 1.000000

N8 _camtolerance=0.160000

3）第一把刀具：

N9 ;First Tool

N10 TRAFOOF

N11 G74 Z1=0

N12 G74 Y1=0

N13 M5 M9

N14 T2 D1 ;Tool_name:MILL_D8R0_Z2_T2

N15 M6

N16 G90 G00 G53 X1250 Y-400

N17 G90 G00 G53 Z-450

4）定向加工初始移动：

N3775 ;Initial Move

N3776 TRAORI

N3777 G54

N3778 ORIAXES

N3779 G0 C-90. B90.

N3780 TRANS X-30. Y-30. Z0.0

N3781 AROT X90.

N3782 M8

N3783 G0 X30. Y-33. Z120. S500 D1 M3

5）定向加工刀轨结束：

N3793 ;End of Path

N3794 TRANS X0 Y0 Z0

N3795 TRAFOOF

N3796 M5

N3797 ROT

6）定向加工第一次移动：

N3803 ;First Move

N3804 TRAORI

N3805 G54

N3806 ORIAXES

N3807 G0 C0.0 B90.

N3808 TRANS X30. Y-30. Z0.0

N3809 AROT X90.

N3810 AROT Y90.

N3811 M8

N3812 G0 X30. Y-33. Z120. S500 D1 M3

7）四轴加工第一次移动：

N7637 ;First Move

N7638 TRAORI

N7639 G54

N7640 ORIAXES

N7641 G0 C90. B-90.

N7642 M8

N7643 G0 X3.92052 Y-32.03 Z54. S4000 D1 M3

8）四轴加工刀轨结束：

N8266 ;End of Path

N8267 TRAFOOF

N8268 M5

N8269 ROT

9）五轴加工初始移动：

N8284 ;Initial Move

N8285 TRAORI

N8286 G54

N8287 ORIAXES

N8288 G0 C-72.00033 B115.8721

N8289 M8

N8290 G0 X12.04128 Y-37.06 Z46.77024 S5000 D1 M3

10）定向孔加工初始移动等：

N12912 ;Initial Move

N12913 G60

N12914 TRAORI

N12915 G54

N12916 ORIAXES

N12917 G0 C-90. B60.

N12918 TRANS X0.0 Y-25. Z38.66

N12919 AROT X60.

N12920 M8

N12921 G0 X0.0 Y-26.699 Z128.923 S3000 D1 M3

N12922 MCALL

N12923 Z3.

N12924 F250.

N12925 MCALL CYCLE81(3.,0.,3.,-15.)

N12926 X-15. Y0.0

N12927 X0.0

N12928 X15.

N12929 MCALL

N12930 X0.0 Y-26.699 Z128.923

11）定向孔加工第一次移动等：

N12941 ;First Move

N12942 G60

N12943 TRAORI

N12944 G54

N12945 ORIAXES

N12946 G0 C0.0 B60.

N12947 TRANS X25. Y0.0 Z38.66

N12948 AROT Y60.

N12949 AROT Z90.

N12950 M8

N12951 G0 X0.0 Y-26.699 Z128.923 S3000 D1 M3

N12952 MCALL

N12953 Z3.

N12954 F250.

N12955 MCALL CYCLE81(3.,-0.,3.,-15.)

N12956 X-15. Y0.0

N12957 X0.0

N12958 X15.

N12959 MCALL

N12960 X0.0 Y-26.699 Z128.923

12）定向孔加工刀轨结束：

N12961 ;End of Path

N12962 TRANS X0 Y0 Z0

N12963 TRAFOOF

N12964 M5

N12965 ROT

13）程序结束

N13142 ;End of Program

N13143 M9

N13144 T0

N13145 G74 Z1=0

N13146 G74 Y1=0

N13147 M6

N13148 G90 G00 G53 X2500

N13149 G90 G00 G53 C0. B0.

N13150 M30

各衔接环节正确，典型结构正确，程序清晰且可读性好。

10.3.3 VERICUT 仿真加工验证

设置【坐标系统】为 G54，【G- 代码偏置】为 1: 工作偏置 -54-B 到 G54，采用刀具长度补偿编程方式、线性旋转台型，仿真加工正确，如图 10-13 所示。

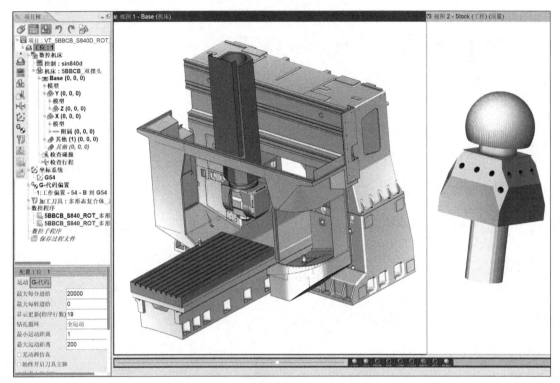

图 10-13　VERICUT 仿真加工验证

第11章

非正交五轴加工中心后处理

相对机床坐标系中各旋转平面位于主平面的正交机床来说，只要有一个旋转平面不在主平面的机床，就认定为非正交机床。对应双转台、双摆头和摆头转台五轴机床，有非正交双转台、非正交双摆头和非正交摆头转台五轴机床，且非正交成 45° 倾斜居多。

11.1 非正交双转台加工中心后处理

11.1.1 主体结构、功能特点及主要技术参数

（1）主体结构 图 11-1 所示为非正交双转台五轴机床主体结构。机床初始位置在 B0、C0，机床零点在转台台面回转中心，机床坐标系是 $XYZ_{机床零点}$。五轴转台 C 的坐标系 XYZ_C 与机床坐标系 $XYZ_{机床零点}$ 重合。四轴摆台 B 零点是五轴转台 C 回转中心线与四轴摆台 B 回转中心线的交点，四轴摆台 B 的坐标系是 XYZ_B。四轴摆台 B 的坐标系 XYZ_B 相对机床坐标系 $XYZ_{机床零点}$ 绕 X 轴反转了 45°，四轴 B 零点高于五轴 C 零点。

（2）功能特点 相比双转台五轴机床，非正交双转台五轴机床因 45° 倾斜面而接触面积大、夹紧力大、倾斜面旋转中心不受力、加工精度高，工件可立卧转换，排屑等自动清理效果好。

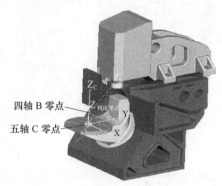

图 11-1 非正交双转台五轴机床主体结构

（3）主要技术参数 这里的主要技术参数指一些相关后处理的参数。某机床的主要技术参数如下：

机床零点：双转台处于 B0 C0，三轴处于最大行程极限 X0 Y0 Z0 时的转台台面回转中心。

机床行程：X0 ～ -500、Y0 ～ -420、Z0 ～ -500、B0 ～ 220、C±99999.999。

机床参考点 = 机床零点：X0、Y0、Z0、B0、C0。

四轴 B 零点偏置：X0、Y0、Z155.0351。

五轴 C 对四轴 B 零点偏置：X0、Y0、Z-153.0351。

编程零点：C 轴零点。

数控系统：FANUC-16iM，无 RPCP 功能。

11.1.2 定制后处理器

定制无 RPCP 功能、非正交双转台机床后处理器，要着重考虑倾斜回转平面、四轴和五轴零点设置，刀具长度不影响程序，但工件装偏必须实测偏心值，相应修改刀轨的加工坐标系 XM_YM_ZM 位置后再重新进行后处理。

非正交双转台无 RPCP 功能的后处理器定制，比较便捷的方法是在正交双转台无 RPCP 功能后处理器的基础上修改。为便于弄清楚程序与后处理的关系，应加注多个注释，但熟悉后可以有选择地注释，以缩减程序。

（1）新建后处理器文件　打开正交双转台无 RPCP 功能后处理器 5TTAC_F30_360G02_ran，单击【另存为】→【保存】，选择路径，文件另存为 5TTBC_45_ran_9F30_NORPCP。

（2）修改第四轴设置　单击【第四轴】，设置【机床零点到第 4 轴中心】偏置为 X0/Y0/Z155.0351，如图 11-2 所示。

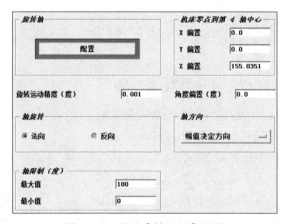

图 11-2　修改【第四轴】设置

（3）修改第五轴设置　单击【第五轴】，设置【轴限制】为最小值 -99999.999/ 最大值 99999.999 →【第 4 轴中心到第 5 轴中心】偏置为 X0/Y0/Z-155.0351，如图 11-3 所示。

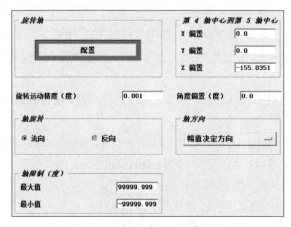

图 11-3　修改【第五轴】设置

（4）配置旋转轴 单击【第四轴】或【第五轴】→【配置】→【第 4 轴】，设置【文字引导符】为 B →【旋转平面】为其他→【第 4 轴平面法矢】为 I0 J1 K-1 →【轴限制违例处理】选择【退刀 / 重新进刀】→【最大进给率】为 10000，单击【确定】，如图 11-4 和图 11-5 所示。四轴 B 坐标系绕 X 轴反转了 45°，倾斜旋转平面法矢在正交旋转平面法矢的投影是 I0 J1 K-1。

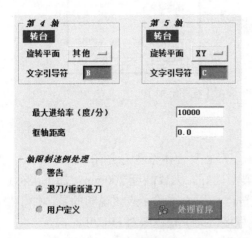 

图 11-4 配置旋转轴　　　　　　　图 11-5 设置第 4 轴平面法矢

（5）设置程序开始 单击【程序起始序列】→【程序开始】，设置结果如图 11-6 所示。这里将程序组名作为程序号，最后两程序行 G91 G20 Z0. 和 G90 G00 G54 B0. C0. 为防装工件、手动换刀位置干涉碰撞而设置。

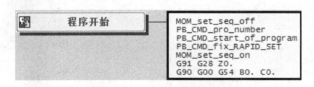

图 11-6 设置【程序开始】

（6）设置初始移动 / 第一次移动 【初始移动】和【第一次移动】设置相同。在没有专门干涉的情况下，程序能记住上个工序的双转台位置，因此不需设置双转台回零程序行，以减少不必要的空行程动作，设置结果如图 11-7 所示。

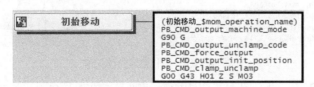

图 11-7 设置【初始移动】/【第一次移动】

（7）设置刀轨结束 单击【工序结束序列】→【刀轨结束】，设置结果如图 11-8 所示。Z 轴回零抬高，同理不设置双转台回零。

（8）设置程序结束 单击【程序结束序列】→【程序结束】，程序结束后双转台回零 G90 G00 G54 B0. C0.，为装卸工件做准备，设置结果如图 11-9 所示。

图 11-8　设置【刀轨结束】

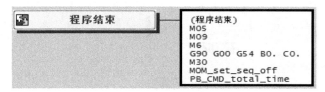

图 11-9　设置【程序结束】

11.1.3　后处理验证

（1）选用典型零件　图 11-10 所示为多形态复合体刀轨，含有 5axis、4axis、3+2axis 定向、钻孔加工刀轨，内容宽泛，后处理典型性好。夹紧高度 200mm，加工坐标系 XM-YM-ZM 在四方底面中心下 200mm 处与五轴转台 C 中心重合。应该说明的是，加工坐标系 XM-YM-ZM 的 ZM 向高度设定不影响后处理程序，同三轴机床对刀即可。

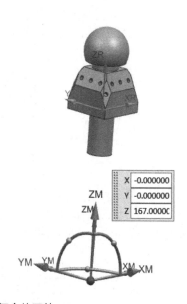

图 11-10　多形态复合体刀轨

（2）后处理及程序分析　用本节定制的后处理器 5TTBC_45_ran_9F30_NORPCP 进行后处理，输出程序 5TTBC_45_9F30_多形态复合体_装高 200_01_noRPCP：

(Total Machining Time : 129.54 min)

O01　（程序开始）

N1 G91 G28 Z0.

N2 G90 G00 G54 B0. C0.

N3（刀轨开始）

N4（第一个刀具）

N5 T2 (Tool_name:MILL_D8R0_Z2_T2)

N6 G91 G28 Z0

N7 M09

N8 M05

N9 M6

N10 T1 (Tool_name:MILL_D80R0_Z8_T1)

N11 M08

N12（初始移动 _CAVITY_MILL_D8R0_T2_ 顶面）

N13 G90 G54

N14 M11

N15 M69

N16 G00 B0.0 C0.0

N17 G90 X-28.064 Y-41.

N18 M10

N19 M68

N20 G43 H01 Z303. S3000 M03

N21 G17

N22（逼近）

N23 Z301.

N24（进刀）

N25（第一个线性移动）

N26 G01 Z298. F300.

N27（进刀）

……　3+2 轴定向型腔铣

N2755（退刀）

N2756 Z273.

N2757 G00 Z303.

N2758（刀轨结束）

N2759 G91 Z0.0 G28

N2760 M10

N2761 M68

N2762（刀轨开始）

N2763（自动换刀）

N2764 G91 G28 Z0

N2765 M09

N2766 M05

N2767 M6

N2768 T2 (Tool_name:MILL_D8R0_Z2_T2)

N2769 M08

N2770（初始移动 _FACE_MILLING_D80R0_T1_ 前面）

N2771 G90 G54

N2772 M11

N2773 M69

N2774 G00 B180. C0.0

N2775 G90 X0.0 Y1.435

N2776 M10

N2777 M68

N2778 G43 H01 Z205.035 S600 M03

N2779（逼近）

N2780 Z188.035

N2781（进刀）

N2782（第一个线性移动）

N2783 G01 Z185.035 F300.

N2784（进刀）

N2785 Y-4.965

N2786 Y-114.965

N2787（退刀）

N2788 Y-121.365

N2789（退刀）

N2790 Z188.035

N2791 G00 Z205.035

N2792（刀轨结束）

N2793 G91 Z0.0 G28

N2794 M10

N2795 M68

N2796（刀轨开始）

N2797（第一次移动 _FACE_MILLING_D80R0_T1_ 前面 _INSTANCE)

N2798 G90 G54

N2799 M11

N2800 M69

N2801 G00 B180. C90.

N2802 G90 X0.0 Y1.435

N2803 M10

N2804 M68

N2805 G43 H01 Z205.035 S600 M03

N2806（逼近）

N2807 Z188.035

N2808（进刀）

N2809（第一个线性移动）

N2810 G01 Z185.035 F300.

N2811（进刀）

N2812 Y-4.965

N2813 Y-114.965

N2814（退刀）

N2815 Y-121.365

N2816（退刀）

N2817 Z188.035

N2818 G00 Z205.035

N2819（刀轨结束）

N2820 G91 Z0.0 G28

N2821 M10

N2822 M68

……同一把刀 3+2 轴定向平面铣剩余两面

N2877（刀轨开始）

N2878（自动换刀）

N2879 G91 G28 Z0

N2880 M09

N2881 M05

N2882 M6

N2883 T5 (Tool_name:BALL_MILL_D8R4_T5)

N2884 M08

N2885（初始移动 _CAVITY_MILL_D8R0_T2_ 前面）

N2886 G90 G54

N2887 M11

N2888 M69

N2889 G00 B180. C0.0

N2890 G90 X17.302 Y-96.327

N2891 M10

N2892 M68

N2893 G43 H01 Z201.946 S3000 M03

N2894（逼近）

N2895（第一个线性移动）

N2896 G01 Z186.094 F500.

N2897（进刀）

N2898 Z183.094 F300.

N2899（进刀）

N2900 X12.736 Y-96.326

N2901 X9.664

N2902 G02 X12.041 Y-97.765 I-9.664 J-18.639 K0.0

……3+2 轴定向型腔铣

N4749（退刀）

N4750 Z155.035

N4751 G00 Z190.258

N4752（刀轨结束）

N4753 G91 Z0.0 G28

N4754 M10

N4755 M68

N4756（刀轨开始）

N4757（第一次移动 _CAVITY_MILL_D8R0_T2_ 前面 _INSTANCE)

N4758 G90 G54

N4759 M11

N4760 M69

N4761 G00 B180. C90.

N4762 G90 X17.302 Y-96.327

N4763 M10

N4764 M68

N4765 G43 H01 Z201.946 S3000 M03

N4766（逼近）

N4767（第一个线性移动）

N4768 G01 Z186.094 F500.

N4769（进刀）

N4770 Z183.094 F300.

N4771（进刀）

N4772 X12.736 Y-96.326

N4773 X9.664

N4774 G02 X12.041 Y-97.765 I-9.664 J-18.639 K0.0

…… 3+2 轴定向型腔铣

N6621（退刀）

N6622 Z155.035

N6623 G00 Z190.258

N6624（刀轨结束）

N6625 G91 Z0.0 G28

N6626 M10

N6627 M68

…… 同一把刀 3+2 轴定向型腔铣剩余两面

N373（刀轨开始）

N374（第一次移动 _VARIABLE_CONTOUR_D8R0_T2_ 槽）

N375 G90 G54

N376 M11

N377 M69

N378 G00 B180. C0.0

N379 G90 X-3.839 Y-98.965

N380 M11

N381 M69

N382 G43 H01 Z187.065 S2000 M03

N383（逼近）

N384 Z182.19

N385（进刀）

N386（第一个线性移动）

N387 G01 X-3.774 Z181.297 F250.

N388（进刀）

N389 X-3.512 Z180.44

······ 进刀

N400 C355.47

······ 四轴铣径向环形槽

N1127 C4.442

N1128 C0.0

N1129（退刀）

······ 退刀

N1143（退刀）

N1144 Z175.865

N1145 G00 Z187.065

N1146（刀轨结束）

N1147 G91 Z0.0 G28

N1148 M10

N1149 M68

N1150（刀轨开始）

N1151（自动换刀）

N1152 G91 G28 Z0

N1153 M09

N1154 M05

N1155 M6

N1156 T3 (Tool_name:T_CUTTER_D40R0_T3)

N1157 M08

N1158（初始移动 _VARIABLE_CONTOUR_D8R4_T5_ 球）

N1159 G90 G54

N1160 M11

N1161 M69

N1162 G00 B0.0 C0.0

N1163 G90 X-3.227 Y2.344

N1164 M11

N1165 M69

N1166 G43 H01 Z304.53 S4000 M03

N1167（逼近）

N1168 Z301.511

N1169（进刀）

N1170（第一个线性移动）

N1171 G01 X-3.148 Y2.287 Z300.621 F400.

N1172（进刀）

N1173 X-2.91 Y2.114 Z299.775

······ 进刀

N1183 X0.0 Y0.0 Z297.5

N1184 X-.662 Y-.002 Z297.498 B.467 C324.164

······ 五轴铣球

N3088 X-3.319 Y-114.917 Z182.583 B177.66 C9835.345

N3089 (刀轨结束)

N3090 G91 Z0.0 G28

N3091 M10

N3092 M68

N3093 (刀轨开始)

N3094 (自动换刀)

N3095 G91 G28 Z0

N3096 M09

N3097 M05

N3098 M6

N3099 T1 (Tool_name:MILL_D80R0_Z8_T1)

N3100 M08

N3101 (初始移动 _FACE_MILLING_D40R0_T3_ 大斜面)

N3102 G90 G54

N3103 M11

N3104 M69

N3105 G00 B90. C305.264

N3106 G90 X-68.28 Y5.745

N3107 M10

N3108 M68

N3109 G43 H01 Z221.498 S800 M03

N3110 (进刀)

N3111 (第一个线性移动)

N3112 G01 Z218.498 F200.

N3113 (进刀)

N3114 X-66.433 Y3.132

N3115 X-19.191 Y-63.677

N3116 (退刀)

N3117 X-17.343 Y-66.29

N3118 (退刀)

N3119 Z221.498

N3120 (刀轨结束)

N3121 G91 Z0.0 G28

N3122 M10

N3123 M68

N3124 (刀轨开始)

N3125 (第一次移动 _FACE_MILLING_D40R0_T3_ 大斜面 _INSTANCE)

N3126 G90 G54

N3127 M11

N3128 M69

N3129 G00 B90. C35.264

N3130 G90 X-68.28 Y5.745

N3131 M10

N3132 M68

N3133 G43 H01 Z221.498 S800 M03

N3134（进刀）

N3135（第一个线性移动）

N3136 G01 Z218.498 F200.

N3137（进刀）

N3138 X-66.433 Y3.132

N3139 X-19.191 Y-63.677

N3140（退刀）

N3141 X-17.343 Y-66.29

N3142（退刀）

N3143 Z221.498

N3144（刀轨结束）

N3145 G91 Z0.0 G28

N3146 M10

N3147 M68

……同一把刀 3+2 轴定向平面铣剩余两大斜面

N3196（刀轨开始）

N3197（自动换刀）

N3198 G91 G28 Z0

N3199 M09

N3200 M05

N3201 M6

N3202 T4 (Tool_name:MILL_D5R0_Z2_T4)

N3203 M08

N3204（初始移动 _FACE_MILLING_ 小斜面 _D80R0_T1_ 前面）

N3205 G90 G54

N3206 M11

N3207 M69

N3208 G00 B109.471 C270.

N3209 G90 X33.641 Y-83.627

N3210 M10

N3211 M68

N3212 G43 H01 Z217.023 S600 M03

N3213（进刀）

N3214（第一个线性移动）

N3215 G01 Z214.023 F300.

N3216（进刀）

N3217 X3.603 Y-53.589

N3218（第一刀切削）

N3219 X-53.589 Y3.603

N3220（退刀）

N3221 X-83.627 Y33.641

N3222 (退刀)

N3223 Z217.023

N3224 (刀轨结束)

N3225 G91 Z0.0 G28

N3226 M10

N3227 M68

N3228 (刀轨开始)

N3229 (第一次移动 _FACE_MILLING_ 小斜面 _D80R0_T1_ 前面 _INSTANCE)

N3230 G90 G54

N3231 M11

N3232 M69

N3233 G00 B109.471 C0.0

N3234 G90 X33.641 Y-83.627

N3235 M10

N3236 M68

N3237 G43 H01 Z217.023 S600 M03

N3238 (进刀)

N3239 (第一个线性移动)

N3240 G01 Z214.023 F300.

N3241 (进刀)

N3242 X3.603 Y-53.589

N3243 (第一刀切削)

N3244 X-53.589 Y3.603

N3245 (退刀)

N3246 X-83.627 Y33.641

N3247 (退刀)

N3248 Z217.023

N3249 (刀轨结束)

N3250 G91 Z0.0 G28

N3251 M10

N3252 M68

…… 同一把刀 3+2 轴定向平面铣剩余两小斜面

N3304 (自动换刀)

N3305 G91 G28 Z0

N3306 M09

N3307 M05

N3308 M6

N3309 T00

N3310 M08

N3311 (初始移动 _DRILLING_ 大斜面 _0_D5R0_T4_3K)

N3312 G90 G54

N3313 M11

N3314 M69

N3315 G00 B90. C305.264

N3316 G90 X-40.265 Y-46.843

N3317 M10

N3318 M68

N3319 G43 H01 Z221.498 S4000 M03

N3320 G99 G81 Z203.498 F300. R221.498

N3321 X-48.926 Y-34.596

N3322 X-57.586 Y-22.348

N3323 G80

N3324（刀轨结束）

N3325 G91 Z0.0 G28

N3326 M10

N3327 M68

N3328（刀轨开始）

N3329（第一次移动 _DRILLING_ 大斜面 _0_D5R0_T4_3K_INSTANCE)

N3330 G90 G54

N3331 M11

N3332 M69

N3333 G00 B90. C35.264

N3334 G90 X-40.265 Y-46.843

N3335 M10

N3336 M68

N3337 G43 H01 Z218.498 S4000 M03

N3338 G99 G81 Z203.498 F300. R221.498

N3339 X-48.926 Y-34.596

N3340 X-57.586 Y-22.348

N3341 G80

N3342（刀轨结束）

N3343 G91 Z0.0 G28

N3344 M10

N3345 M68

……同一把刀钻剩余两大斜面三孔

N3382（刀轨开始）

N3383（第一次移动 _DRILLING_ 小斜面 _0_D5R0_T4_K)

N3384 G90 G54

N3385 M11

N3386 M69

N3387 G00 B109.471 C270.

N3388 G90 X-39.977 Y-39.977

N3389 M10

N3390 M68

N3391 G43 H01 Z220.023 S4000 M03

N3392 G99 G81 Z205.023 F300. R223.023

N3393 G80

N3394（刀轨结束）

N3395 G91 Z0.0 G28

N3396 M10

N3397 M68

N3398（刀轨开始）

N3399（第一次移动 _DRILLING_ 小斜面 _0_D5R0_T4_K_INSTANCE)

N3400 G90 G54

N3401 M11

N3402 M69

N3403 G00 B109.471 C0.0

N3404 G90 X-39.977 Y-39.977

N3405 M10

N3406 M68

N3407 G43 H01 Z220.023 S4000 M03

N3408 G99 G81 Z205.023 F300. R223.023

N3409 G80

N3410（刀轨结束）

N3411 G91 Z0.0 G28

N3412 M10

N3413 M68

…… 同一把刀钻剩余两小斜面一孔

N3446（程序结束）

N3447 M05

N3448 M09

N3449 M6

N3450 G90 G00 G54 B0. C0.

N3451 M30

程序各连接环节清晰、正确，但从"N1184 X-.662 Y-.002 Z297.498 B.467 C324.164、……五轴铣球、N3088 X-3.319 Y-114.917 Z182.583 B177.66 C9835.345"看，B.467 到 B177.66，球没有加工完就没有程序了，查看后处理器把 B 的行程限制在 ±180°之内，不妨把后处理器的 B 行程改大，或把球的刀轨改成上下两部分，都不会输出加工球的下半部分程序。这实际上是 45°非正交 BC 双转台机床的结构问题，与后处理器无关，但在实际中需充分考虑机床的加工能力。

应该说明的是，该后处理器仅用于变换阵列刀轨，不能用于 CSYS 旋转主从坐标刀轨。关于 CSYS 旋转主从坐标刀轨的后处理器，有兴趣的读者可以自己动手定制。

（3）VERICUT 仿真加工验证　将工件装夹于转台中心上、工件四方底面中心下 200mm 处。工件坐标系 G54 在转台台面中心，【G- 代码偏置】为 1: 工作偏置 -54-000 或 1: 工作偏置 -1-Tool 到 G54，采用刀具长度补偿编程方式，数控系统选择 FANUC-16iM，B、C 两轴都是线性旋转台型。更换刀具时按三轴机床重新对刀，不需要重新后处理，但若工件装偏，

则必须重新后处理。加工验证正确，如图 11-11 所示。但越过直径的半球加工不到，即 B
轴实际行程超不过 ±180°所致。

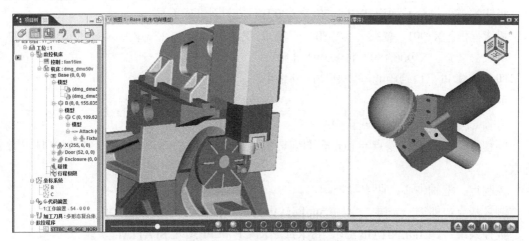

图 11-11　VERICUT 仿真加工验证

11.2　非正交摆头转台加工中心后处理

11.2.1　主体结构、功能特点及主要技术参数

（1）主体结构　图 11-12 所示为非正交摆头转台五轴机床主体结构。机床初始位置在
B0、C0，机床零点是转台台面回转中心，机床坐标系是 $XYZ_{机床零点}$。五轴转台 C 的坐标系
XYZ_C 与机床坐标系 $XYZ_{机床零点}$ 重合。四轴摆头 B 零点是主轴回转中心线与四轴摆头 B 回转
中心线的交点，也是枢轴中心，枢轴中心到主轴端面回转中心的距离是枢轴长度。四轴摆头
B 的坐标系是 XYZ_B，四轴摆头 B 的坐标系 XYZ_B 相对机床坐标系 $XYZ_{机床零点}$ 绕 X 轴正转了
45°，不在主平面位置。

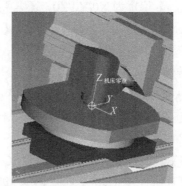

图 11-12　非正交摆头转台五轴机床主体结构

（2）功能特点　非正交摆头转台五轴机床集合了双转台和双摆头的优点，工作台的承
载能力比双转台大，缺点是刀具的无效长度接长了一个枢轴长度，枢轴误差会随刀具的长
度增长而增大。

（3）主要技术参数　这里的主要技术参数指一些相关后处理的参数。某机床的主要技术参数如下：

机床零点：转台台面回转中心 X0 Y0 Z0 B0 C0，因机床而异。

机床行程：X±901（横梁）、Y-800～1200、Z-1070～130（纵梁）、B±180、C±99999。

机床参考点：X-900.159 Y1199.993 Z130。

四轴 B 零点：枢轴中心 = 主轴端面回转中心。

枢轴长度：0。

五轴 C 零点：转台台面回转中心。

编程零点：五轴 C 零点 = 转台台面回转中心，对于 RTCP/RPCP 系统，位置在哪里意义不大。

控制点：枢轴中心，即实际控制点。

测量基点：即刀长基准，主轴端面回转中心，该点的刀具大小等于零。

数控系统：HEIDENHAIN530，带 RTCP/RPCP 和 PLANE SPATIAL 功能。

11.2.2　定制后处理器

摆头转台机床的刀尖跟踪功能需要 RPCP 和 RTCP，要着重设置 B 轴倾斜回转平面，不需要枢轴长度，用刀具长度补偿，更换刀具或重新装夹工件的操作同三轴机床。这类复杂机床建议不要选用假五轴数控系统。前面介绍过海德汉摆头转台五轴后处理，这里在此基础上修改即可。

（1）新建后处理器文件　打开前面创建的海德汉摆头转台五轴后处理器 5HTBC_H530_360G02_ran_M128，另存为 5HTBC_45_H530_9G02_ran_M128。

（2）设置一般参数　单击【机床】→【一般参数】，设置【线性轴行程限制】为 X1802/Y2000/Z1200。

（3）设置第四轴　单击【第四轴】，设置【轴限制】为最小值 −180/ 最大值 180 →【机床零点到第 4 轴中心】偏为 X0/Y0/Z0，不需要设定其他数据。

（4）设置第五轴　单击【第五轴】，设置【轴限制】为最小值 −99999/ 最大值 99999 →【第 4 轴中心到第 5 轴中心】偏为 X0/Y0/Z0，不需要设定其他数据。

（5）配置旋转轴　单击【第四轴】或【第五轴】→【配置】→【第 4 轴】，设置【文字引导符】为 B →【旋转平面】为其他→【第 4 轴平面法矢】为 I0 J1 K1，→【轴限制违例处理】选择【退刀 / 重新进刀】→【最大进给率】为 1000。四轴 B 坐标系绕 X 轴正转了 45°，所以 I0 J1 K1。

单击【第 5 轴】，设置【文字引导符】为 C →【旋转平面】为 XY，单击【确定】。

（6）其余设置同非正交双转台加工中心　要注意参考点、换刀位置，防止避让和换刀出错，无论哪种结构的机床都需要考虑这情况。

11.2.3　后处理验证

（1）选用典型零件　为便于对比还用多形态复合体，只是为防止出现非正交双转台

B±180°后不输出 B、C 坐标问题，将球头刀路改成往复，并旋转 90°上下切削，加工坐标系 XM-YM-ZM 在工件方台下表面中心，零件名称改为多形态复合体 5HTBC_45_H，不需要设置刀具的【Z 偏置】，刀具轨迹如图 11-13 所示。

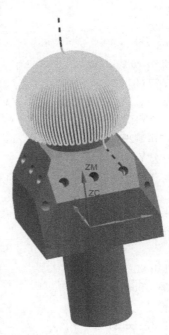

图 11-13　刀具轨迹

（2）后处理输出程序　用本节定制的 5HTBC_45_H530_9G02_ran_M128 后处理器，后处理多形态复合体 5HTBC_45_H 变换旋转混合刀轨 02，输出程序文件 5HTBC_45_H530_9G02_ran_M128_ 多形态复合体 _02 混合：

```
1 ; 程序开始
2 BEGIN PGM 5HTBC_45_H530_9G02_RAN_M128_ 多形态复合体 _02 混合 MM
3 M140 MB MAX
4 L B+0.0 C+0.0 FMAX
5 ; start operation
6 ; 自动换刀
7 PLANE RESET STAY
8 M5
9 M140 MB MAX
10 L B+0.0 C+0.0 FMAX
11 TOOL CALL 2 Z S4000
12 M3
13 TOOL DEF 1
```

14 ; 初始移动

15 CYCL DEF 247 Q339=1

16 L M126

17 L Z103. FMAX

18 L X-28.064 Y-41. FMAX

19 ; 运动

20 L X-28.064 Y-41. Z103. B+0.0 C+0.0 FMAX

21 L Z101. FMAX

22 L Z98. F400.

23 L X-32.603 Y-37.

24 CC X+0.0 Y+0.0

25 C X-37. Y-32.603 DR-

...... 型腔铣 CAVITY_MILL_D8R0_T2_ 顶面 _ 主从

1970 CC X+0.0 Y+0.0

1971 C X13.216 Y-29.691 DR-

1972 L X14.843 Y-33.346

1973 L Y-41.

1974 L Z73.

1975 L Z103. FMAX

1976 ; end operation

1977 M5

1978 M140 MB MAX

1979 ; start operation

1980 ; 自动换刀

1981 PLANE RESET STAY

1982 M5

1983 M140 MB MAX

1984 L B+0.0 C+0.0 FMAX

1985 TOOL CALL 1 Z S500

1986 M3

1987 TOOL DEF 2

1988 ; 初始移动

1989 CYCL DEF 7.0

1990 CYCL DEF 7.1 X+0.0

1991 CYCL DEF 7.2 Y+0.0

1992 CYCL DEF 7.3 Z+0.0

1993 CYCL DEF 247 Q339=1

1994 L M126

1995 CYCL DEF 7.0

1996 CYCL DEF 7.1 X-30.

1997 CYCL DEF 7.2 Y-30.

1998 CYCL DEF 7.3 Z+0.0

1999 PLANE SPATIAL SPA+90. SPB+0.0 SPC+0.0 TURN FMAX SEQ-

2000 L Z6. FMAX

2001 L X30. Y-46.4 FMAX

2002 ; 运动　　平面铣 FACE_MILLING_D80R0_T1_ 前面 _0 主从

2003 L X30. Y-46.4 Z6. FMAX

2004 L Z3. FMAX

2005 L Z+0.0 F250.

2006 L Y-40.

2007 L Y70.

2008 L Y76.4

2009 L Z3.

2010 L Z6. FMAX

2011 ; end operation

2012 PLANE RESET STAY

2013 M5

2014 M140 MB MAX

2015 ; start operation

2016 ; 第一次移动

2017 CYCL DEF 7.0

2018 CYCL DEF 7.1 X+0.0

2019 CYCL DEF 7.2 Y+0.0

2020 CYCL DEF 7.3 Z+0.0

2021 CYCL DEF 247 Q339=1

2022 CYCL DEF 7.0

2023 CYCL DEF 7.1 X30.

2024 CYCL DEF 7.2 Y-30.

2025 CYCL DEF 7.3 Z+0.0

2026 PLANE SPATIAL SPA+90. SPB+0.0 SPC+90. TURN FMAX SEQ-

2027 L Z6. FMAX

2028 L X30. Y-46.4 FMAX

2029 M3

2030 ; 运动　　平面铣 FACE_MILLING_D80R0_T1_ 前面 _90 主从，用【第一次移动】

2031 L X30. Y-46.4 Z6. FMAX

2032 L Z3. FMAX

2033 L Z+0.0 F250.

2034 L Y-40.

2035 L Y70.

2036 L Y76.4

2037 L Z3.

2038 L Z6. FMAX

2039 ; end operation

⋮

2099 ; start operation

2100 ; 自动换刀

2101 PLANE RESET STAY

2102 M5

2103 M140 MB MAX

2104 L B+0.0 C+0.0 FMAX

2105 TOOL CALL 2 Z S4000

2106 M3

2107 TOOL DEF 5

2108 ; 初始移动

2109 CYCL DEF 7.0

2110 CYCL DEF 7.1 X+0.0

2111 CYCL DEF 7.2 Y+0.0

2112 CYCL DEF 7.3 Z+0.0

2113 CYCL DEF 247 Q339=1

2114 L M126

2115 PLANE SPATIAL SPA+90. SPB+0.0 SPC+0.0 TURN FMAX SEQ-

2116 L Z36. FMAX

2117 L X31.292 Y36.304 FMAX

2118 ; 运动

2119 L X31.292 Y36.304 Z36. FMAX

2120 L Z30. F250.

2121 L Z27.

2122 L X28.499 Y34.907

2123 L X29.299 Y30.988

2124 CC X24.705 Y30.049

2125 C X29.381 Y29.692 DR-

……   型腔铣 CAVITY_MILL_D8R0_T2_ 前面 _ 主从

2971 L X32.791 Y35.165

2972 L X34.791 Y31.701

2973 L X38.481 Y33.011

2974 L Z+0.0

2975 L Z36. FMAX

2976 ; end operation

2977 PLANE RESET STAY

2978 M5

2979 M140 MB MAX

2980 ; start operation

2981 ; 第一次移动

2982 PLANE SPATIAL SPA+90. SPB+0.0 SPC+90. TURN FMAX SEQ-

2983 L Z36. FMAX

2984 L X31.292 Y36.304 FMAX

2985 M3

2986 ; 运动

2987 L X31.292 Y36.304 Z36. FMAX

2988 L Z30. F250.

2989 L Z27.

2990 L X28.499 Y34.907

2991 L X29.299 Y30.988

2992 CC X24.705 Y30.049

2993 C X29.381 Y29.692 DR-

······   型腔铣 CAVITY_MILL_D8R0_T2_ 前面 _ 主从 _INSTANCE

3839 L X32.791 Y35.165

3840 L X34.791 Y31.701

3841 L X38.481 Y33.011

3842 L Z+0.0

3843 L Z36. FMAX

3844 ; end operation

3845 PLANE RESET STAY

3846 M5

3847 M140 MB MAX

┊

5584 ; start operation

5585 ; 第一次移动

5586 L B-180. C180. FMAX

5587 L Z80. FMAX

5588 L X+0.0 Y54. FMAX

5589 L M128 F1000.

5590 M3

5591 ; 运动   四轴铣槽 VARIABLE_CONTOUR_D8R0_T2_ 槽 _ 主从

5592 L X+0.0 Y-80. Z54. B-180. C180. FMAX

5593 L X3.921 Y-32.03 FMAX

5594 L Y-26.078 FMAX

5595 L X3.838 Y-25.186 F250.

5596 L X3.559 Y-24.335

5597 L X3.097 Y-23.567

5598 L X2.476 Y-22.922

5599 L X1.727 Y-22.43

5600 L X.888 Y-22.118

5601 L X+0.0 Y-22.

5602 L X-.866 Y-21.983 C177.745

┊

6205 L X1.162 Y-14.955 C184.442

6206 L X+0.0 Y-15. C180.

6207 L X-.886 Y-15.135

6208 L X-1.719 Y-15.463

6209 L X-2.458 Y-15.969

6210 L X-3.067 Y-16.626

6211 L X-3.513 Y-17.402

6212 L X-3.776 Y-18.259

6213 L X-3.842 Y-19.152

6214 L Y-22.43

6215 L Y-32.03 FMAX

6216 L X+0.0 Y-80. FMAX

6217 ; end operation

6218 PLANE RESET STAY

6219 M129

6220 M5

6221 M140 MB MAX

6222 ; start operation

6223 ; 自动换刀

6224 PLANE RESET STAY

6225 M5

6226 M140 MB MAX

6227 L B+0.0 C+0.0 FMAX

6228 TOOL CALL 5 Z S5000

6229 M3

6230 TOOL DEF 3

6231 ; 初始移动

6232 L M126

6233 L B+0.0 C180. FMAX

6234 L Z150. FMAX

6235 L X+0.0 Y+0.0 FMAX

6236 L M128 F1000.

6237 ; 运动

6238 L X+0.0 Y+0.0 Z150. B+0.0 C180. FMAX

6239 L X-1.204 Y3.707 Z104.53 FMAX

6240 L Z101.6 FMAX

6241 L X-1.18 Y3.633 Z100.707 F500.

6242 L X-1.096 Y3.372 Z99.855

⋮

6246 L X-.274 Y.844 Z97.623

6247 L X+0.0 Y+0.0 Z97.5

6248 L X.429 Y-1.322 Z97.465 B-4.097 C109.449

6249 L X.858 Y-2.64 Z97.36 B-8.197 C110.9

6250 L X1.284 Y-3.952 Z97.184 B-12.302 C112.357

‥‥‥‥ 五轴铣球 VARIABLE_CONTOUR_D8R4_T5_ 球上 _ 主从

10571 L X8.498 Y-26.154 Z70.096 B-173.241 C193.226

⋮

10587 L X8.26 Y-25.424 Z52.704

10588 L X12.041 Y-37.06 Z46.77 FMAX

10589 ; end operation

10590 M129

10591 M5

10592 M140 MB MAX

10593 ; start operation

10594 ; 自动换刀

10595 PLANE RESET STAY

10596 M5

10597 M140 MB MAX

10598 L B+0.0 C+0.0 FMAX

10599 TOOL CALL 3 Z S1000

10600 M3

10601 TOOL DEF 1

10602 ; 初始移动

10603 CYCL DEF 7.0

10604 CYCL DEF 7.1 X+0.0

10605 CYCL DEF 7.2 Y+0.0

10606 CYCL DEF 7.3 Z+0.0

10607 CYCL DEF 247 Q339=1

10608 L M126

10609 CYCL DEF 7.0

10610 CYCL DEF 7.1 X+0.0

10611 CYCL DEF 7.2 Y-25.

10612 CYCL DEF 7.3 Z38.66

10613 PLANE SPATIAL SPA+60. SPB+0.0 SPC+0.0 TURN FMAX SEQ+

10614 L Z24.519 FMAX

10615 L X-61.258 Y-7.488 FMAX

10616 ; 运动

10617 L X-61.258 Y-7.488 Z24.519 FMAX

10618 L Z3. FMAX

10619 L Z13. F250.

10621 L Z3.2 F10000.

10622 L Z3. F250.

10623 L Z+0.0

10624 L X-40.912

10625 L X40.912

10626 L X61.258

10627 L Z3.

10628 L Z24.519 FMAX

10629 ; end operation

10630 PLANE RESET STAY

10631 M5

10632 M140 MB MAX

10633 ; start operation

10634 ; 第一次移动

10635 CYCL DEF 7.0

10636 CYCL DEF 7.1 X+0.0

10637 CYCL DEF 7.2 Y+0.0

10638 CYCL DEF 7.3 Z+0.0

10639 CYCL DEF 247 Q339=1

10640 CYCL DEF 7.0

10641 CYCL DEF 7.1 X25.

10642 CYCL DEF 7.2 Y+0.0

10643 CYCL DEF 7.3 Z38.66

10644 PLANE SPATIAL SPA+60. SPB+0.0 SPC+90. TURN FMAX SEQ+

10645 L Z24.519 FMAX

10646 L X-61.258 Y-7.488 FMAX

10647 M3

10648 ; 运动

10649 L X-61.258 Y-7.488 Z24.519 FMAX

10650 L Z3. FMAX

10651 L Z+0.0 F250.

10652 L X-40.912

10653 L X40.912

10654 L X61.258

10655 L Z3.

10656 L Z24.519 FMAX

10657 ; end operation

10658 PLANE RESET STAY

10659 M5

10660 M140 MB MAX

⋮

10717 ; start operation

10718 ; 自动换刀

10719 PLANE RESET STAY

10720 M5

10721 M140 MB MAX

10722 L B+0.0 C+0.0 FMAX

10723 TOOL CALL 1 Z S500

10724 M3

10725 TOOL DEF 4

10726 ; 初始移动

10727 CYCL DEF 7.0

10728 CYCL DEF 7.1 X+0.0

10729 CYCL DEF 7.2 Y+0.0

10730 CYCL DEF 7.3 Z+0.0

10731 CYCL DEF 247 Q339=1

10732 L M126

10733 CYCL DEF 7.0

10734 CYCL DEF 7.1 X-26.

10735 CYCL DEF 7.2 Y-26.

10736 CYCL DEF 7.3 Z28.

10737 PLANE SPATIAL SPA+70.525 SPB-1.169 SPC-44.587 TURN FMAX SEQ+

10738 L Z9.833 FMAX

10739 L X-83.36 Y-19.391 FMAX

10740 ; 运动

10741 L X-83.36 Y-19.391 Z9.833 FMAX

10742 L Z3. FMAX

10743 L Z+0.0 F250.

10744 L X-40.89 Y-20.31

10745 L X39.973 Y-22.06

10746 L X82.443 Y-22.98

10747 L Z3.

10748 L Z9.833 FMAX

10749 ; end operation

10750 PLANE RESET STAY

10751 M5

10752 M140 MB MAX

10753 ; start operation

10754 ; 第一次移动

10755 CYCL DEF 7.0

10756 CYCL DEF 7.1 X+0.0

10757 CYCL DEF 7.2 Y+0.0

10758 CYCL DEF 7.3 Z+0.0

10759 CYCL DEF 247 Q339=1

10760 CYCL DEF 7.0

10761 CYCL DEF 7.1 X26.

10762 CYCL DEF 7.2 Y-26.

10763 CYCL DEF 7.3 Z28.

10764 PLANE SPATIAL SPA+70.529 SPB+0.0 SPC+45. TURN FMAX SEQ+

10765 L Z9.833 FMAX

10766 L X-82.921 Y-21.19 FMAX

10767 M3

10768 ; 运动

10769 L X-82.921 Y-21.19 Z9.833 FMAX

10770 L Z3. FMAX

10771 L Z+0.0 F250.

10772 L X-40.441

10773 L X40.441

10774 L X82.921

10775 L Z3.

10776 L Z9.833 FMAX

10777 ; end operation

10778 PLANE RESET STAY

10779 M5

10780 M140 MB MAX

⋮

10837 ; start operation

10838 ; 自动换刀

10839 PLANE RESET STAY

10840 M5

10841 M140 MB MAX

10842 L B+0.0 C+0.0 FMAX

10843 TOOL CALL 4 Z S3000

10844 M3

10845 ; 初始移动

10846 CYCL DEF 7.0

10847 CYCL DEF 7.1 X+0.0

10848 CYCL DEF 7.2 Y+0.0

10849 CYCL DEF 7.3 Z+0.0

10850 CYCL DEF 247 Q339=1

10851 L M126

10852 CYCL DEF 7.0

10853 CYCL DEF 7.1 X+0.0

10854 CYCL DEF 7.2 Y-25.

10855 CYCL DEF 7.3 Z38.66

10856 PLANE SPATIAL SPA+60. SPB+0.0 SPC+0.0 TURN FMAX SEQ+

10857 L Z3. FMAX

10858 L X-15. Y+0.0 FMAX

10859 ; 运动

10860 L X-15. Y+0.0 Z3. FMAX

10861 CYCL DEF 200 Q200=3. Q201=-15. Q206=250. Q202=15. Q210=0 Q203=0. Q204=3. Q211=0.

10862 L R0 FMAX M99

10863 L X+0.0 R0 FMAX M99

10864 L X15. R0 FMAX M99

10865 ; end operation

10866 PLANE RESET STAY

10867 M5

10868 M140 MB MAX

10869 ; start operation

10870 ; 第一次移动

10871 CYCL DEF 7.0

10872 CYCL DEF 7.1 X+0.0

10873 CYCL DEF 7.2 Y+0.0

10874 CYCL DEF 7.3 Z+0.0

10875 CYCL DEF 247 Q339=1

10876 CYCL DEF 7.0

10877 CYCL DEF 7.1 X25.

10878 CYCL DEF 7.2 Y+0.0

10879 CYCL DEF 7.3 Z38.66

10880 PLANE SPATIAL SPA+60. SPB+0.0 SPC+90. TURN FMAX SEQ+

10881 L Z+0.0 FMAX

10882 L X-15. Y+0.0 FMAX

10883 M3

10884 ; 运动

10885 CYCL DEF 200 Q200=3. Q201=-15. Q206=250. Q202=15. Q210=0 Q203=0. Q204=3. Q211=0.

10886 L X-15. Y+0.0 R0 FMAX M99

10887 L X+0.0 R0 FMAX M99

10888 L X15. R0 FMAX M99

10889 ; end operation

10890 PLANE RESET STAY

10891 M5

10892 M140 MB MAX

⋮

10941 ; start operation

10942 ; 第一次移动

10943 CYCL DEF 7.0

10944 CYCL DEF 7.1 X+0.0

10945 CYCL DEF 7.2 Y+0.0

10946 CYCL DEF 7.3 Z+0.0

10947 CYCL DEF 247 Q339=1

10948 CYCL DEF 7.0

10949 CYCL DEF 7.1 X-26.

10950 CYCL DEF 7.2 Y-26.

10951 CYCL DEF 7.3 Z28.

10952 PLANE SPATIAL SPA+70.525 SPB-1.169 SPC-44.587 TURN FMAX SEQ+

10953 L Z6. FMAX

10954 L X+0.0 Y+0.0 FMAX

10955 M3

10956 ; 运动

10957 CYCL DEF 200 Q200=3. Q201=-15. Q206=250. Q202=15. Q210=0 Q203=6. Q204=3. Q211=0.

10958 L X+0.0 Y+0.0 R0 FMAX M99

10959 ; end operation

10960 PLANE RESET STAY

10961 M5

10962 M140 MB MAX

10963 ; start operation

10964 ; 第一次移动

10965 CYCL DEF 7.0

10966 CYCL DEF 7.1 X+0.0

10967 CYCL DEF 7.2 Y+0.0

10968 CYCL DEF 7.3 Z+0.0

10969 CYCL DEF 247 Q339=1

10970 CYCL DEF 7.0

10971 CYCL DEF 7.1 X26.

10972 CYCL DEF 7.2 Y-26.

10973 CYCL DEF 7.3 Z28.

10974 PLANE SPATIAL SPA+70.529 SPB+0.0 SPC+45. TURN FMAX SEQ+

10975 L Z+0.0 FMAX

10976 L X+0.0 Y+0.0 FMAX

10977 M3

10978 ; 运动

10979 CYCL DEF 200 Q200=3. Q201=-15. Q206=250. Q202=15. Q210=0 Q203=0. Q204=3. Q211=0.

10980 L X+0.0 Y+0.0 R0 FMAX M99

10981 ; end operation

10982 PLANE RESET STAY

10983 M5

10984 M140 MB MAX

⋮

11029 ; 程序结束

11030 M9

11031 L B+0.0 C+0.0 FMAX

11032 TOOL CALL 0

11033 M30

11034 END PGM 5HTBC_45_H530_9G02_RAN_M128_ 多形态复合体 _02 混合 MM

相同刀具加工不同工序、不同刀具加工不同工序、定向工序与联动工序切换、联动工序与定向工序切换、主坐标系和从坐标系下工序的衔接等全部正确，换刀条件及顺序换刀逻辑正确。程序开始、程序结束、工序开始、工序结束正确。

（3）VERICUT 仿真加工验证　工件坐标系零点 XYZQ339 在工件方台下端面中心、工作台面中心上 300mm 处，【G- 代码偏置】为 1: 工作偏置 -1-Z300，两个线性旋转台型，加工结果正确，如图 11-14 所示。

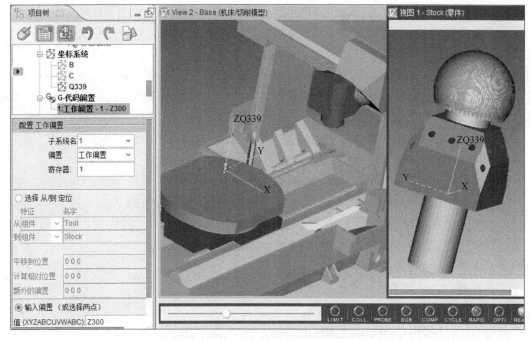

图 11-14 VERICUT 仿真加工验证

11.3 非正交双摆头的后处理

11.3.1 主体结构、功能特点及主要技术参数

（1）主体结构 图 11-15 所示为非正交双摆头五轴机床主体结构。机床初始位置在 B0、A0。四轴摆头 B 零点是主轴回转中心线与四轴摆头 B 回转中心线的交点，四轴摆头 B 的坐标系是 XYZ_B，四轴摆头 B 在主平面内旋转。五轴摆头 A 零点是枢轴中心，是主轴回转中心线与五轴摆头 A 回转中心线的交点，枢轴中心到主轴端面回转中心的距离是枢轴长度，五轴摆头 A 坐标系 XYZ_A 相对主平面绕 Z 轴

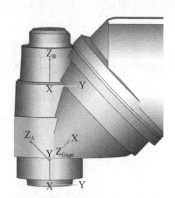

图 11-15 非正交双摆头五轴机床主体结构

正转 90°，再绕新 Y 轴反转了 45°。四轴摆头 B 零点高于五轴摆头 C 零点但共面于 YZ 平面、共线于主轴回转中心线。主轴端面回转中心是刀具测量基准 XYZ_{Gage}。机床零点常在工作台面或其他位置，实际上在各直线坐标回零处的主轴端面回转中心上更方便。

（2）功能特点 两个旋转轴设计在主轴上，加工时，主轴和刀具都要联动摆动，使得主轴的刚性相对较差，加工效率较低；无论哪个摆头摆动，刀具的长度都会直接影响枢轴长度，误差会随刀具长度的增长而增大，加工周期也会随刀具长度的增长而增加，故摆头机床对刀具的伸长有严格要求；铣斜孔时，进给方向和刀具的回转中心会发生偏离，不可避免地

出现椭圆孔，也就是说产生位置误差的同时，还会产生形状误差；且主轴摆动角度时会在摆动平面内占用行程，从而导致五轴加工时能加工的工件尺寸变小。但是双摆头五轴机床是加工大型零件的首选机床，这种机床可以设计得更大、工作台的承重更大，内腔挖空优势明显，但由于结构限制，常只能四面加工，卧式姿态加工不到工件的前面，这是最大的缺陷。

（3）主要技术参数　这里的主要技术参数指一些相关后处理的参数。某机床的主要技术参数如下：

机床零点：工作台左下角 X0 Y0 Z0 B0 A0, 即 G90 G00 X0 Y0 Z0 B0 A0。

机床行程：X±2500、Y±1050、Z0 ～ 1000、B±180、A±180。

四轴 B 零点：主轴回转中心线与 B 轴回转中心线的交点。

五轴 A 零点：即枢轴中心，A 轴回转中心线与主轴回转中心线的交点。

四轴 B 零点与五轴 A 零点之距：205mm，四轴 B 零点在上。

枢轴长度：五轴 A 零点与主轴端面回转中心的距离 64.99mm。

控制点：枢轴中心即五轴 A 零点。

刀长基准：主轴端面回转中心，即测量基点。

编程零点：不受限制，同三轴机床。

数控系统：FANUC-0iFm，无 RPCP 功能。

11.3.2　后处理机床参数设置

定制无 RTCP 功能、非正交双摆头机床后处理器，要着重考虑倾斜回转平面、四轴和五轴零点设置；用实测刀具长度编程、不用刀具长度补偿，需要设定枢轴长度，3+2 axis 定向平面轮廓铣削可用刀具半径补偿；工件装夹不影响后处理程序，特别要注意在主轴方向和 Z 轴方向一致的情况下定制后处理。

（1）设置第四轴　单击【第四轴】，设置【轴限制】为最小值 −180/ 最大值 180 →【机床零点到第 4 轴中心】偏置为 X0/Y0/Z205，如图 11-16 所示。

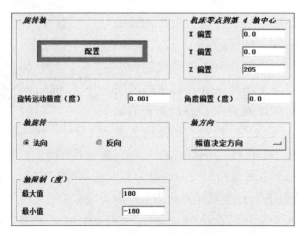

图 11-16　设置【第四轴】

（2）设置第五轴　单击【第五轴】，设置【轴限制】为最小值 −180/ 最大值 180 →【第4 轴中心到第 5 轴中心】偏置为 X0/Y0/Z-205，如图 11-17 所示。

图 11-17　设置【第五轴】

（3）配置旋转轴　单击【第四轴】或【第五轴】→【配置】→【第 4 轴】，设置【文字引导符】为 B →【旋转平面】为 ZX →【轴限制违例处理】选择【退刀 / 重新进刀】→【最大进给率】为 100 →【枢轴距离】为 64.99，如图 11-18 所示。单击【第 5 轴】，设置【文字引导符】为 A →【旋转平面】为其他→【第 5 轴平面法矢】为 I0 J1 K1，如图 11-19 所示。五轴 A 坐标系绕 Z 轴正转 90°，再绕新 Y 轴反转了 45°，所以为 I0 J1 K1。

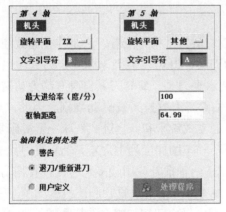

图 11-18　配置旋转轴

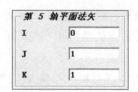

图 11-19　设置第 5 轴平面法矢

其余设置步骤略。非正交双摆头五轴机床尽管有刚度较好、方便内腔挖空等优势，但由于只能四面加工的局限性，类似于前面的多形态复合体一次装夹加工不完所有工序，实际应用不多，这里就不进一步介绍了。

第12章

动力刀架 XZC 三轴车铣复合机床后处理

12.1 车铣复合加工工艺

三轴车铣复合机床，以固定刀具的车削为主，回转刀具的铣削为辅。工件一次装夹，可以完成车床、立式铣床、卧式铣床三种机床的加工工序，显著减少了工件的装夹次数，可有效提高加工效率。

12.1.1 车铣复合机床主体结构

三轴车铣复合机床，有人称它为车削中心。从其结构特点看，它是将普通数控车床的刀架换成动力刀架而得，如图 12-1 所示。动力刀架，既可以装夹车削固定刀具，也可以装夹旋转铣削刀具；既可以装垂直刀具，也可以装水平刀具。旋转刀具自身有动力和转速是铣削主轴，这时的车削主轴转换成铣削回转进给轴 C，由数控系统自动判别。因此，一台 XZC 三轴车铣复合机床，相当于一台卧式车床、一台立式铣床和一台卧式铣床三台机床复合而成。由于铣削系统的动力和刚度等有限，常以 XZ 两轴车削加工为主，X 刀轴垂直刀具 XZC 三轴铣削和 Z 刀轴水平刀具 XZC 三轴加工为辅，XC 两轴插补应用较多。刀具没有摆动功能，也没有 Y 轴，这类机床不能加工斜孔。XZC 三轴动力刀架车铣复合卧式机床如图 12-2 所示。此外还有双主轴、单刀架，单主轴、双刀架，双主轴、双刀架组合结构型式等。

图 12-1　动力刀架

图 12-2　XZC 三轴动力刀架车铣复合卧式机床

12.1.2　四向一置配置图

由于车床刀架包括动力刀架在内有前置和后置之分。顾名思义，后置刀架安装在主轴后面，前置刀架的安装与此关于 Z 轴对称。因此，不仅机床坐标系统发生了变化，关键还影响车刀左右偏头方向等。尽管编程常在 XZC 后置刀架坐标系统进行，这包括 G02/G03、G41/G42 在内，但刀具选用、刀具安装、主轴转向等必须相互匹配，这就需用四向一置配置图来约束，如图 12-3 所示。X 轴朝上表示后置，X 轴朝下表示前置。

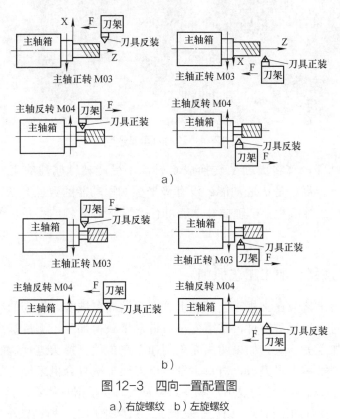

图 12-3　四向一置配置图

a）右旋螺纹　b）左旋螺纹

四向指螺纹旋向、刀具安装方向、主轴转向和进给速度方向，一置指刀架后置或前置。当然，非螺旋线车削就不用考虑螺纹旋向。

不管是编程，还是定制刀具，都必须考虑刀架前、后置安装结构状态。

12.1.3　选用车铣复合机床

尽管车铣复合机床一机兼有数控车削和数控镗铣功能，能显著降低装夹次数和提高加工效率等，也应根据被加工零件形状，综合考虑车铣类别侧重面等，优选机床的结构型式、联动轴数、行程，特别是动力刀座结构及数控系统等。动力刀座有垂直和水平之分，分别安装垂直、水平刀具，如图 12-4 所示，有的刀柄角度甚至很复杂。车铣复合机床的数控系统比较特殊，要求同一套系统能实现车、铣自动转换，不仅在构建后处理器时需要，同时由于多种加工交织在一起，易于出现碰撞干涉，务必引起注意。

图 12-4　动力刀座部分类型

极坐标编程功能，可将虚轴 Y 转换成 C 轴而不受旋转轴属性约束，可以加工轮廓型腔等，综合效率比较高，是优选功能。没有极坐标编程功能的数控系统，至少应有 XC 轴插补功能来代替极坐标编程。C 轴插补功能可有效弥补无 Y 轴的不足，但不能解决偏心立铣问题。

12.1.4　编制车铣复合加工工艺原则

车铣复合加工工艺应在常规工艺基础上，充分发挥车铣复合机床的综合加工能力。在同一次装夹下，对于轴套类零件，常需先车后铣易于获得加工、测量基准，一头车铣加工完毕后，再掉头加工另一头。如果两头先车削加工完再反复掉头进行铣削加工，即铣加工和车加工不在同一次装夹里完成，对单主轴、单刀架车铣复合机床加工的意义就不大了。而对于非轴套类零件，由于结构复杂，零件归类发散，要根据具体零件具体分析工艺方法，选用更适合的车铣复合加工机床，如铣车复合加工机床来加工。所谓铣车复合加工机床就是以铣为主、以车为辅的复合机床。

12.2　搜集后处理数据和制订后处理方案

XZC 三轴动力刀架车铣复合机床，是典型而简单的车铣复合机床，因动力刀架常是专业机床附件，价格相对便宜但车铣功能不少。机床多，需要后处理多，特别是车削、立式铣削和卧式铣削三种后处理链接成一个车铣复合后处理器，很有特点。

12.2.1　搜集后处理数据

搜集机床后处理数据，填于表 12-1，并保存好代码表和机床数据表。

表 12-1　后处理主要技术参数

公司名称		机床型号名称		设备编号	
数控系统 名称及型号	型号 FANUC-0i 名称 _____	机床联动轴 及结构类型	联动轴名 XZC 结构类型 动力刀架 后置	真假五轴	□真 _____ □假 _____
项　目	参　数	项　目	参　数	项　目	参　数
行程	X 180mm Y _____ Z 1000mm C ±9999.999°	回转轴出厂 方向设定	A□正 □反 B□正 □反 C☑正 □反	程序决定转向	☑幅值__□符号 □捷径旋转 □ 180°反转
快速移动 速度 /（m/min）	X　15 Y ____ Z　15	快速旋转 速度 /（°/min）	A _____ B _____ C 10000.000	进给速度 /（mm/min）	5 ～ 8000
机床坐标 工件坐标系 控制点	X0 最大行程极限处 Z0 卡盘后端面 ☑ 夹具偏置 ☑ 刀架回转中心	卧式两轴车床 （水平主轴、 刀架后置）	联动　XZ	卧式三轴铣床 （水平刀轴 Z）	联动　XZC
换刀	方式 □随机　☑顺序 指令 T×××× 位置 G53 G00 X0 Z1000 刀库容量 8	立式三轴铣床 （垂直刀轴 X）	联动　XZC	车铣主轴 转向 M 代码	车主轴：M03/M04/M05 铣主轴：M13/M14/M15
主轴 转速 /（r/min）	48 ～ 8000	刀具轴与 刀具长度补偿	轴 ☑X □Y ☑Z 补偿 T 后两位	摆长	□摆头长 _____ □转台长 _____
刀具半径补偿		切削液	车：M08/M09 铣： M28/M29	机床数据	☑技术参数表
准备功能	☑ 代码表	辅助功能	☑ 代码表	专业功能	☑ 代码表
其他		后处理器名称			

12.2.2　制订后处理方案

XZC 三轴动力刀架车铣复合后处理器的方法有多种，既可以用一个后处理器处理所有车铣复合编程的刀轨，也可以用几个专门独立的后处理分别单个处理相应的刀轨。UG NX 后处理构造器，提供了专门的【链接的后处理】对话框和其中【链接其他后处理到此后处理】选项，能将其他不同目的的后处理器，全部链接到这个后处理器上，使得这个后处理器具有综合功能，这是 UG NX 后处理构造器的极大优势，据此拟定后处理方案，用一个后处理器处理所有车铣复合编程的刀轨，也比较专业。

1）后处理车削系统用 fanuc-system-A、铣削系统用 fanuc 6M，能覆盖机床配套的 FANUC-0i 功能。

2）创建 XZ 两轴车削后处理器。

3）创建 XZC 三轴卧式铣削后处理器。

4）创建 XZC 三轴立式铣削后处理器。

5）链接车铣复合后处理器。创建一个三轴立式铣削后处理器，将 XZ 两轴车削后处理、XZC 三轴卧式铣削后处理和 XZC 三轴立式铣削后处理器链接在一起，作为车铣复合机床的后处理器，来自动后处理车削、立铣和卧铣等车铣复合工序。

6）尽管是 XZC 三轴车削复合机床，但原理上是四轴机床，只不过 Y 轴是虚轴，没有执行部件。第四轴是旋转轴，设定行程 ±9999.999，幅值决定坐标转向，180° 不反转，没有最短捷径旋转。

7）要具有 G70/G71/G72/G92/ 车削循环功能、孔加工固定循环功能。

12.3 FANUC 系统 XZ 两轴车削后处理特点

12.3.1 编程特点

FANUC 系统车削编程有不少特点，需做选择或梳理，否则会发生程序格式问题，还难以查找原因。

（1）换刀指令　换刀指令不止一种，这里拟定换刀用 T 和其后的四位数字表示，前两位数表示刀具号，后两位数表示刀具补偿号。

（2）刀具长度补偿　由于刀具不旋转，刀具长度补偿需在 X、Z 两个方向进行，换刀后只要执行线性运动指令，就可完成该刀具长度补偿，不用 H 代码。

（3）刀具半径补偿　由于用理想刀尖编程，而理想刀尖与圆弧切削刃上随工件轮廓变化的切削点间存在一定距离，"上坡"切削会发生少切，"下坡"切削会发生多切，少切和多切与欠切和过切不同，前者不报警而继续加工可能会发生质量问题，后者程序报警停止运行。解决的办法就是用刀具半径补偿编程，用 G40/G41/G42 两轴联动建立或取消刀补。刀具半径补偿不仅存在左补、右补问题，还应遵循"切线"切入切出方式，实现光滑过渡，尽可能遵循刀具半径补偿 C 功能处理切入切出工艺路径。手工编程时刀具半径补偿用得多，而自动编程时一般不用刀具半径补偿，它直接把数据计算在实际刀尖圆弧上，不存在少切和多切问题，可避免许多程序段间的过渡报警问题。

（4）车削固定循环

1）尽管车削固定循环方式很多，但都需要指定循环起点。

2）G71/G72 对于固定循环 I 型来说，要求工件轮廓具有单调性，否则分层阶梯粗车不切削凹处，而在轮廓车时一次切完，基本上都要断刀。固定循环 II 型可避免这个问题，但市场上，固定循环 I 型系统很普遍。

3）G71/G72 粗车循环中刀具半径补偿不起作用，这也是选择不用刀具半径补偿编程的原因之一。

12.3.2 默认车削后处理特点

UG NX 从 9.0 开始提供 G70/G71/G72 的后处理，但直到现在还尚存在不少问题。预将自带 Siemens/UG NX 12.0/MACH/resource/library/machine/install_machines/sim12_turn_2ax/postprocessor/

fanuc/sim12_turn_2ax_fanuc_mm 后处理器修订成即用后处理器，先了解其特点，后处理输出程序举例如图 12-5 所示，分析具体情况：

```
G71:
%
N1 G18 G98 G21
N3 (ROUGH_TURN_OD_T0101 右 )
N5 G50 X0.0 Z0.0
:7 T01 H01 M06
:9 G54
N11 G98 G00 X46. Z5.
N13 G97 S2000 M03
N15 G71 U1. R1. (ROUGH TURN CYCLE)
N17 G71 P0019 Q0021 U.8 W.1 F.3 S2000
N19 (CONTOUR TURN START)
G01 X0.0 Z2.1
Z-.015
G03 X6.921 Z-1.391 I-.489 K-6.271
……
X40. Z-65.734
Z-78.
X41.2
N21 (CONTOUR TURN END)
N23 G00 X46. Z.383
N25 Z5.
%

G72:
%
N1 G18 G98 G21
N3 (FACING_T0122 左 )
N5 G50 X0.0 Z0.0
:7 T01 H22 M06
:9 G55
N11 G97 S13045 M03
N13 G98 G00 X46. Z5.
N15 Z1.5
N17 G50 S0
N19 G96 S2000 M03
N21 G72 U1. R3. (ROUGH FACE CYCLE)
N23 G72 P0025 Q0027 U0.0 W0.0 F.3 S2000
N25 (CONTOUR TURN START)
G01 X41.2 Z0.0
X-.8
Z2.1
N27 (CONTOUR TURN END)
N29 G00 X-1.6 Z5.
N31 X46.
%
```

```
G71+G70:
%
N1 G18 G98 G21
N3 (ROUGH_TURN_OD_T0101 右 )
N5 G50 X0.0 Z0.0
:7 T01 H01 M06
:9 G54
N11 G98 G00 X46. Z5.
N13 G97 S2000 M03
N15 G71 U1. R1. (ROUGH TURN CYCLE)
N17 G71 P0019 Q0021 U.8 W.1 F.3 S2000
N19 (CONTOUR TURN START)
G01 X0.0 Z2.1
Z-.015
G03 X6.921 Z-1.391 I-.489 K-6.271
……
X40. Z-65.734
Z-78.
X41.2
N21 (CONTOUR TURN END)
N23 G00 X46. Z.383
N25 Z5.
N27 (FINISH_TURN_OD_T0101 右 )
N29 G00 X46. Z5.
N31 G97 S2000 M03
N33 G70 P0035 Q0037 F.2
N35 (CONTOUR TURN START)
G01 X-.8 Z0.0
G03 X-.001 Z-.015 K-5.193
X6.921 Z-1.391 I-.489 K-6.271
……
G03 X40. Z-66.004 I-.46 K-.46
G01 Z-78.
X45.2
N37 (CONTOUR TURN END)
N39 G00 X46. Z-77.6
N41 Z5.
%
```

```
G70:
%
N1 G18 G98 G21
N3 (FINISH_TURN_OD_T0101 右 )
N5 G50 X0.0 Z0.0
:7 T01 H01 M06
:9 G54
N11 G98 G00 X46. Z5.
N13 G97 S2000 M03
N15 G70 P0017 Q0019 F.2
N17 (CONTOUR TURN START)
G01 X-.8 Z0.0
G03 X-.001 Z-.015 I0.0 K-5.193
X6.921 Z-1.391 I-.489 K-6.271
……
G03 X40. Z-66.004 I-.46 K-.46
G01 Z-78.
X45.2
N19 (CONTOUR TURN END)
N21 G00 X46. Z-77.6
N23 Z5.
%
```

图 12-5　默认 sim12_turn_2ax_fanuc_mm 后处理输出程序举例

1）程序开始 %、N10 G94 G90 G21 多余。

2）换刀条件 N30 G50 X0.0 Z0.0 不符合常规。

3）换刀方式 N40 T01 H01 M06 不符合常规。

4）循环起点 N50 G94 G00 X46. Z5. 中的 G94 不符合常规。

5）在 G71/G72 (CONTOUR DATA START) 的下一行即轮廓的第一个运动程序段中有两个运动坐标 X 和 Z，不能用于 I 型固定循环。

6）粗精加工合为一个程序时，精加工轮廓起始程序序列号与粗加工轮廓起始程序序列号不同，并且精加工重复了粗加工轮廓的程序而又不完全相同。

7）没有车螺纹 G92、切槽 G75、螺纹加工 G76、车轮廓 G73 等循环功能，【运动】中有车螺纹指令 G33。

8）圆弧插补用 IJK 编程可读性不好。

9）X 方向的 X 和 I 都是半径编程。

10）加工方式、轮廓起始注释等不需要。

11）轮廓结束后的返回运动没有必要，固定循环都会自动返回循环起点。

12）P/Q 号有前导零不常用。

13）程序结束不完整。

14）G70/G71/G72 固定循环的后处理，需要刀轨配合。将车削工序对话框中的【机床控制】→【运动输出】设定为【机床加工周期】，【子例程名称】自动选取工序名称。

12.4 定制 FANUC 系统 XZ 两轴车削后处理

12.4.1 另存文件及设置一般参数

（1）另存文件　将 sim12_turn_2ax_fanuc_mm 另存为 XZ_TM_G92G70_FA_UG12_sim12。

（2）设置一般参数　单击【机床】→【一般参数】，【线性轴行程限制】设为 X180/Y0/Z1000，【轴乘数】→【直径编程】选择【2X】，其余默认，如图 12-6 所示，单击【保存】。

图 12-6　设置【一般参数】

12.4.2 清空程序开始

单击【程序和刀轨】→【程序】→【程序起始序列】→【程序开始】，将默认的公共循环层脚本命令 PB_CMD_uplevel_MOM_generic_cycle 粘贴到【工序起始序列】→【刀轨开始】中，清空整个【程序开始】，这样后续链接可以成统一的【程序开始】格式，否则没有必要。

12.4.3　设置刀轨开始

设置【刀轨开始】如图 12-7 所示。第一行开启序列号，第二行是接收程序开始中的默认设置，第三、四行是默认的，最后一行是车螺纹用的，后续再详述。

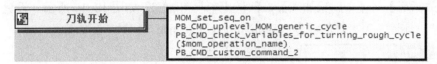

图 12-7　设置【刀轨开始】

12.4.4　设置自动换刀

设置【自动换刀】如图 12-8 所示。M09、G53 G40 G00 X0 Z1000 M05 是随具体机床可变的换刀条件，T 是两位刀具号 + 两位补偿号，兼选刀和换刀功能，换刀后强制输出 M08。用 ### 屏蔽 PB_CMD_start_of_alignment_character，将 G 移入【初始移动】/【第一次移动】。

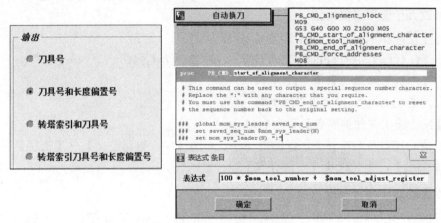

图 12-8　设置【自动换刀】

T×××× 这样设定：单击【机床控制】→【换刀】→ T 代码【配置】，选中【刀具号和长度偏置号】，单击【确定】。注意 T 是模态代码，取值 0 ～ 9999。

清空没有实际意义的【手工换刀】。

12.4.5　设置初始移动 / 第一次移动

设置【初始移动】/【第一次移动】如图 12-9 所示，强制输出工件坐标系 G 代码，保留 PB_CMD 命令。

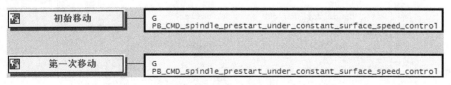

图 12-9　设置【初始移动】/【第一次移动】

12.4.6 设置 G71/G72/G70 车削固定循环

前面提到默认设定的 G71/G72/G70 车削固定循环有问题，在这里进行修改，所谓正确即符合数控系统及具体机床编程规则，使程序正确、简洁，能高效、高质量运行等。

1. 设置车削粗加工

设置 G70/G71/G72 车削固定循环，关键是要输出符合 G71 或 G72 指令格式的程序行。单击【现成循环】→【车削粗加工】，默认【车削粗加工】如图 12-10 所示，设置结果如图 12-11 所示，删除了第一行的注释（$dpp_turn_cycle_msg）和第二行的 S。

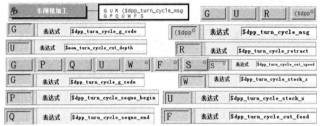

图 12-10 默认【车削粗加工】   图 12-11 设置【车削粗加工】

2. 修改几个通用必要设置

1）将【快速移动】中的 G98 修改为 G95。

2）将【G 代码】中的 G98 修改为 G94，G99 修改为 G95。

3）将【序列号增量值】由 2 改为 1。

4）取消 G70/G71/G72 后的工序类型注释。

5）【N/C 输出文件扩展名】设为 txt。

6）取消 G70/G71/G72 中 P、Q 的前导零。单击【N/C 数据定义】→【文字】→【P】或【Q】→【编辑】，不勾选【输出前导零】。

3. 设置轮廓程序第一行

将 G71/G72 轮廓程序的第一行改成单坐标，以适应 FANUC Ⅰ型程序循环编程格式。

（1）删除（CONTOUR TURN START）/（CONTOUR TURN END）注释 删除（CONTOUR TURN START）/（CONTOUR TURN END）注释，便于 G71/G72 轮廓程序第一行的计算设置等。

用 ### 屏蔽【杂项】→【轮廓起点】PB_CMD_turn_cycle_contour_start 中最后一行 lappend dpp_contour_list $o_buffer，以删除 G70/G71/G72 轮廓程序第一行的（CONTOUR TURN START）标志，如图 12-12 所示。

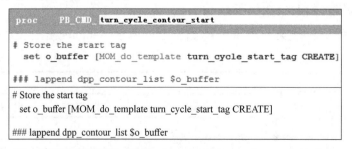

图 12-12 用 ### 屏蔽 PB_CMD_turn_cycle_contour_start 中 lappend

用 ### 屏蔽【杂项】→【轮廓终点】PB_CMD_turn_cycle_contour_end 中最后一行 lappend dpp_contour_list $o_buffer，以删除 G70/G71/G72 轮廓程序第一行的（CONTOUR TURN END）标志，如图 12-13 所示。

图 12-13　用 ### 屏蔽 PB_CMD_turn_cycle_contour_end 中 lappend

（2）将 G70/G71/G72 轮廓程序的第一行改成单坐标　单击【刀轨】→【杂项】→【轮廓终点】，修改车削循环轮廓终点 PB_CMD_turn_cycle_contour_end，这是关于轮廓数据和序列号的命令，其中默认输出 # Output the contour NC codes，如图 12-14 所示，右侧是左侧整理的结果。

图 12-14　默认输出 # Output the contour NC codes

1）增加需要的变量 global dpp_turn_cycle_g_code。修改内容用到变量 dpp_turn_cycle_g_code，需要声明为全局变量，修改设置结果与注释如图 12-15 所示，修改设置结果的文本如图 12-16 所示。

```
proc      PB_CMD_ turn_cycle_contour_end

# This command is to output the contour data and adjust the sequ
#
# 30-May-2013 levi  - Initial version
# 28-Oct-2015 shuai - Output return motion NC codes.
# 25-Dec-2015 shuai - Modify the code structure so as to make lo
# 13-Dec-2016 shuai - Bug fix PR7290132. Output the correct line
#                     no matter the output status of sequence nu
#
  global dpp_rough_turn_cycle_start
  global dpp_contour_list
  global dpp_contour_list_length
  global mom_sys_cycle_seq_num_on
  global mom_sys_output_contour_motion
  global mom_cutcom_status
  global mom_template_subtype
  global mom_profiling
  global mom_operation_name_list
  global mom_machine_cycle_subroutine_name
  global mom_operation_name

  global dpp_turn_cycle_g_code
# Output the contour NC codes
  if {$mom_sys_cycle_seq_num_on==0} {

      for {set i 0} {$i<$dpp_contour_list_length} {incr i} {

          if {$i==0 || $i==$dpp_contour_list_length-1} {
              MOM_set_seq_on
          }
#dxc#########################
if {$i==0 && $dpp_turn_cycle_g_code==71} {
set line [lindex $dpp_contour_list $i]
set my_number [string first Z $line]
set X_line [string rang $line 0 [expr $my_number-1]]
set Z_line [string rang $line $my_number end]
#dxc# MOM_output_literal $X_line
MOM_output_literal "G00 $X_line"
MOM_set_seq_off
#dxc# MOM_output_literal $Z_line
MOM_output_literal "G01 $Z_line"

} elseif {$i==0 && $dpp_turn_cycle_g_code==72} {
set line [lindex $dpp_contour_list $i]
set my_number [string first Z $line]
set X_line [string rang $line 0 [expr $my_number-1]]
set Z_line [string rang $line $my_number end]
#dxc# MOM_output_literal $X_line
MOM_output_literal "G00 $Z_line"
MOM_set_seq_off
#dxc# MOM_output_literal $Z_line
MOM_output_literal "G01 $X_line"

      } else {
      set line [lindex $dpp_contour_list $i]
      MOM_output_literal $line
      MOM_set_seq_off
      }
  }
} else {
    MOM_set_seq_on
    foreach line $dpp_contour_list {
    MOM_output_literal $line
    }
  }

# Restore original sequence number o
```

输出轮廓的 NC 代码。
如果系统循环序列号开变量值 $mom_sys_cycle_seq_num_on=0(就是 0，没开启)，则
设定 i 初值 =0，当 {$i<$dpp_contour_list_length} 时，以 i=1 的增量循环为 i 赋值，(实际上外圆粗车共 17 行程序即 $dpp_contour_list_length=17、$i=0 ～ 16)。
如果 $i=0 或者 {$i=$dpp_contour_list_length-1} 时 (就是 $i=0 或者 {$dpp_contour_list_length-1= 17-1})，执行 MOM_set_seq_on (实际上轮廓外的下一行才有行号，但与 Q 不符)。

这一部分是 G71/G72 轮廓第一行仅有单坐标的设置：
如果 $i=0 且是粗加工 $dpp_turn_cycle_g_code==71 时：
lindex 把列表 $dpp_contour_list 中索引号 $i=0 对应的元素提取出来，set 将此设为 line 行。
string first 在 $line 中找到第一次出现 Z 的索引位置（实际是 1）赋给变量 my_number。
string rang 把 $line 中从索引号 0 到索引号 [expr $my_number-1]（实际 0）间的字符串返回（实际是第一个坐标 X）赋给变量 X_line。
string rang 把 $line 中从索引号 $my_number(=1) 到索引号 end 间的字符串返回（实际是第二个坐标 Z）赋给变量 Z_line。
MOM_output_literal 输出字符串 "G00 $X_line" 作为轮廓第一行。
必须 MOM_set_seq_off 关闭序列号，否则要参与轮廓外行号排序。
MOM_output_literal 输出字符串 "G01 $Z_line" 作为轮廓第二行。
否则如果 $i=0 且是粗加工 $dpp_turn_cycle_g_code==72 时，同理 G71:
MOM_output_literal 输出字符串 "G00 $Z_line" 作为轮廓第一行。
必须 MOM_set_seq_off 关闭序列号，否则要参与轮廓外行号排序。
MOM_output_literal 输出字符串 "G01 $X_line" 作为轮廓第二行。

否则（否定输出 NC 的第一个 for）：
lindex 返回元素命令即返回字典索引号 $i(=1 ～ 16) 对应列表。$dpp_contour_list 中大括号内横排元素，每个都竖排一行（$i=1 ～ 16）作为字符串输出成整个轮廓程序行，赋给变量 line。这里注意已经不包括 $i=0 第一行。
MOM_output_literal $line 输出竖行不含第一行的轮廓程序。
MOM_set_seq_off 在这里仅关闭轮廓行的序列号，也表示整个轮廓行结束。如果屏蔽则整个轮廓行参加序列号排序，终点号肯定不对。

否则（否定输出 NC 的第一个 if，实际上在这里不起作用），执行：
MOM_set_seq_on
foreach 命令是列表循环赋值命令，它把列表 $dpp_contour_list 中的各个元素按顺序给变量 line 赋值成轮廓程序竖行。
MOM_output_literal $line 输出竖行轮廓程序。

图 12-15 修改设置 # Output the contour NC codes 与注释

```
PB_CMD_turn_cycle_contour_end
......

    global dpp_rough_turn_cycle_start
    global dpp_contour_list
    global dpp_contour_list_length
    global mom_sys_cycle_seq_num_on
    global mom_sys_output_contour_motion
    global mom_cutcom_status
    global mom_template_subtype
    global mom_profiling
    global mom_operation_name_list
    global mom_machine_cycle_subroutine_name
    global mom_operation_name

    global dpp_turn_cycle_g_code

......
# Output the contour NC codes
    if {$mom_sys_cycle_seq_num_on==0} {
        for {set i 0} {$i<$dpp_contour_list_length} {incr i} {
            if {$i==0 || $i==$dpp_contour_list_length-1} {
              MOM_set_seq_on
            }

            #dxc#########################
            if {$i==0 && $dpp_turn_cycle_g_code==71} {
            set line [lindex $dpp_contour_list $i]
            set my_number [string first Z $line]
            set X_line [string rang $line 0 [expr $my_number-1]]
            set Z_line [string rang $line $my_number end]
```

```
（续）
            #dxc# MOM_output_literal $X_line
            MOM_output_literal "G00 $X_line"
            MOM_set_seq_off
            #dxc# MOM_output_literal $Z_line
            MOM_output_literal "G01 $Z_line"

            } elseif {$i==0 && $dpp_turn_cycle_g_code==72} {
            set line [lindex $dpp_contour_list $i]
            set my_number [string first Z $line]
            set X_line [string rang $line 0 [expr $my_number-1]]
            set Z_line [string rang $line $my_number end]
            #dxc# MOM_output_literal $X_line
            MOM_output_literal "G00 $Z_line"
            MOM_set_seq_off
            #dxc# MOM_output_literal $Z_line
            MOM_output_literal "G01 $X_line"

            } else {
            set line [lindex $dpp_contour_list $i]
            MOM_output_literal $line
            MOM_set_seq_off
            }
        }
    } else {
        MOM_set_seq_on
        foreach line $dpp_contour_list {
        MOM_output_literal $line
        }
    }
# Restore original sequence number output status
......
```

图 12-16　修改设置 # Output the contour NC codes 的文本

2）删除粗加工第一轮廓程序段中的 G01。单击【轮廓终点】→ PB_CMD_turn_cycle_contour_end → # Output the return motion NC codes，用 ### 屏蔽 MOM_output_literal "G00 $X_line"，在此处添加 MOM_output_literal "G00[string rang $X_line 3 end]"，如图 12-17 所示。

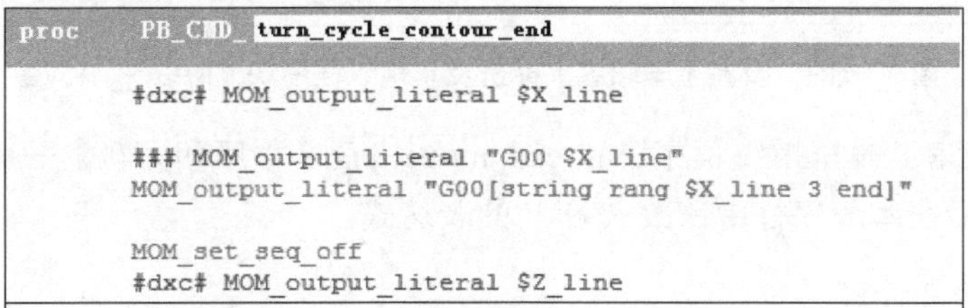

```
proc    PB_CMD_turn_cycle_contour_end

    #dxc# MOM_output_literal $X_line

    ### MOM_output_literal "G00 $X_line"
    MOM_output_literal "G00[string rang $X_line 3 end]"

    MOM_set_seq_off
    #dxc# MOM_output_literal $Z_line

    #dxc# MOM_output_literal $X_line

    ### MOM_output_literal "G00 $X_line"
    MOM_output_literal "G00[string rang $X_line 3 end]"

    MOM_set_seq_off
    #dxc# MOM output literal $Z line
```

图 12-17　添加 MOM_output_literal "G00[string rang $X_line 3 end]"

4. 删除返回点避让程序段

每个工序轮廓终点后的返回点避让意义不大，对应程序段这样删除：单击【轮廓终点】→ PB_CMD_turn_cycle_contour_end → # Output the return motion NC codes，用 ### 屏蔽 MOM_output_literal $line，如图 12-18 所示。

```
proc    PB_CMD_ turn_cycle_contour_end                                    { }  {

# Output the return motion NC codes
  global dpp_return_motion_list
  foreach line $dpp_return_motion_list {
###     MOM_output_literal $line
  }

# Additional profiling can be selected in a rough opeation and output after rough turning cycle.
# Output the return motion NC codes
  global dpp_return_motion_list
  foreach line $dpp_return_motion_list {
###     MOM_output_literal $line
  }
```

图 12-18　用 ### 屏蔽 MOM_output_literal $line

对于孔内固定循环加工应特别注意孔外避让，要注意进刀、退刀、逼近、离开等避让对循环起点的影响。

12.4.7　设置 G92 螺纹车削固定循环

G92 可以车圆柱螺纹和圆锥螺纹等，指令格式简单、记忆方便且用途广泛，但需要全新设定。

1. 设置【车螺纹】标签及车螺纹程序块

将【运动】→【车螺纹】标签原程序行 G33、I、K 删除，设置【车螺纹】标签及车螺纹程序块 thread_move 如图 12-19 所示。

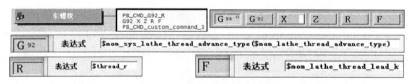

图 12-19　设置【车螺纹】标签及车螺纹程序块 thread_move

G94 G92 X Z R F 是车螺纹程序块 thread_move。在【程序和刀轨】→【G 代码】表中将 G33 改为 G92，后在本程序行中修改 R 和 F 的表达式。

2. 螺纹锥度 R 计算

螺纹锥度 R= 螺纹起点 X 坐标值 − 螺纹终点 X 坐标值，是直径之差，是非模态值。R=0 是圆柱螺纹；R≠0 是圆锥螺纹，从右向左车削时，R<0 是右小左大圆锥螺纹，R>0 是右大左小圆锥螺纹。

定制螺纹锥度 R 命令 PB_CMD_G92_R 如图 12-20 所示。thread_qx 表示螺纹起点 X 坐标值，thread_zx 表示螺纹终点 X 坐标值，thread_r 表示螺纹锥度 R。

螺纹终点 X 坐标值 thread_zx 就是车螺纹代码 G92 当时的、螺纹导出量终点处的 X 坐标值 mom_pos(0)。

```
proc      PB_CMD_G92_R

global mom_pos
global thread_qx
global thread_zx
global thread_r

set thread_zx $mom_pos(0)

if {$thread_qx>0 && $thread_zx>0} {

set thread_r [format %.3f [expr ($thread_qx-$thread_zx)]]

} elseif {$thread_qx<0 && $thread_zx<0} {

set thread_r [format %.3f [expr -($thread_qx-$thread_zx)]]
} else {

set thread_r 0

}
```

图 12-20　定制螺纹锥度 R 命令 PB_CMD_G92_R

3. 螺纹起点 X 坐标值

螺纹起点 X 坐标值 thread_qx 是车削螺纹之前的【快速移动】或【线性移动】的最后一个值，是螺纹导入量起点处的 X 坐标值，需要把这个值提取出来供计算螺纹锥度使用，通过命令 PB_CMD_catch_thread_first_point 提取，如图 12-21 所示。

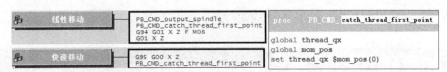

图 12-21　提取 thread_qx 螺纹起点 X 坐标值命令 PB_CMD_catch_thread_first_point

4. 设定计数器初始值和累加计数

车螺纹需逐层连续进行，每车削一层要执行一次 G92 程序段，直到车完所有层为止。但在一道工序中只能连续往复循环执行一次，需要多道工序才能完成，因此设计计数器来限制执行次数。

在【车螺纹】标签的最后添加累加计数命令 PB_CMD_custom_command_3，如图 12-22 所示。具体需要执行多少次，由刀轨设定。

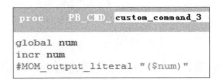

图 12-22　累加计数命令 PB_CMD_custom_command_3

在【刀轨开始】中添加设定计数器初始值命令 PB_CMD_custom_command_2，如图 12-23

所示。

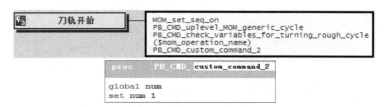

图 12-23　设定计数器初始值命令 PB_CMD_custom_command_2

12.4.8　设置刀轨结束

单击【工序结束序列】→【刀轨结束】，设置结果如图 12-24 所示，卧式铣削仅 Z 轴退刀即安全。要注意工序结束没有 M05、M09，主轴没有停转、切削液未关闭，为同一把刀具加工下一工序提供了方便。自动换刀后 M08 会立即开启切削液。

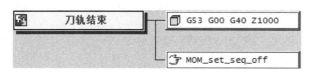

图 12-24　设置【刀轨结束】

12.4.9　设置程序结束

为了使车铣复合后处理有统一的【程序结束】格式，这里清空【程序结束】中所有程序行。车削后处理器定制完毕，注意保存文件。

12.5　定制 XZC 三轴卧式铣削后处理

XZC 三轴卧式铣削的 X 轴和 Z 轴与车床通用，铣削刀轴是水平轴 Z，是动力刀架上的水平旋转刀具，是不同于车削的铣削主传动系统，有专门的主轴转速和旋转方向编程代码，C 轴是由车床主轴转换的数控回转轴，即车削主轴的铣削方式。

12.5.1　新建文件

双击后处理快捷图标进入 UG NX 后处理构造器环境，单击【新建】，选择【主后处理】→【毫米】，设置【铣】为【3 轴车铣（XZC）】，【控制器】选择【库】→【fanuc_6M】，单击【确定】，如图 12-25 所示。

12.5.2　设置一般参数

单击【机床】→【一般参数】，【线性轴行程限制】为 X180/Y0/Z1000 →【移刀进给率】最大值为 15000 →【初始主轴】为 Z 轴→【机床模式】选择【XZC 铣】→【默认坐标模式】选择【极坐标】→【循环记录模式】选择【笛卡尔坐标】→【直径编程】勾选【2X】，如图 12-26 所示。

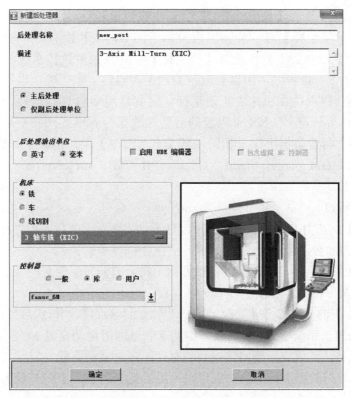

图 12-25　新建文件

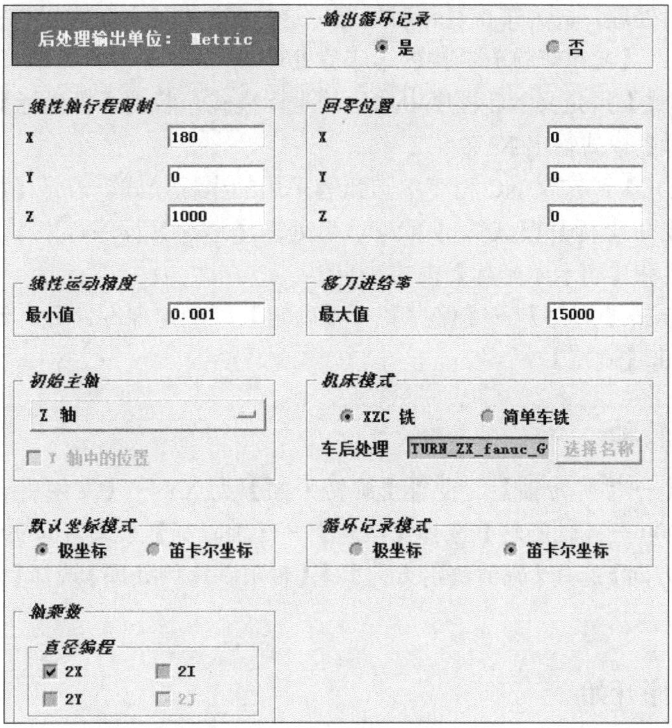

图 12-26　设置【一般参数】

【默认坐标模式】选择【极坐标】时，会输出极坐标开启 G12.1 和正确的极半径 X、极角 C；选择【笛卡尔坐标】时，会输出极坐标关闭 G13.1 和没有 C 的错误程序，当然也不可能有 Y。XZC 三轴加工只能选择【极坐标】，并且很多数控系统只能正确执行不带 G12.1 和 G13.1 的 X、C 程序，所以要取消 G12.1 和 G13.1 才正确，也不需要数控系统专门的极坐标编程代码就能在机床上正确运行，这就是所谓的 C 轴插补功能。可以这样理解，G12.1 和 G13.1 只是 UG NX 中内置的后处理数据计算模式，并不是具体数控系统的极坐标编程功能，两者数据不完全相同，从【定制命令】中，用 ### 屏蔽 PB_CMD_init_polar_mode 中的 MOM_output_literal ″G12.1″、PB_CMD_init_cartesian_mode 中的 MOM_output_literal ″G13.1″。

一般参数介绍如下：

【初始主轴】：动力刀架上的铣削刀轴，可平行或垂直于 Z 轴，但必须和真实机床设置相同，否则后处理的程序会有问题。

【Y 轴中的位置】：当动力刀架的刀轴方向不在 Z 方向时，定义机床是否可以在 Y 轴方向上定位，但不是刀轴。

【机床模式】下的【XZC 铣】：仅完成一个独立的 XZC 铣削模式后处理坐标计算模式。这种模式的后处理，系统将 UG NX 软件中的 XY 坐标值自动变成 XC 坐标方式，由 Y 轴插补变成 C 轴插补，X 值表示到回转中心的直径距离（直径编程），而 C 为转过的角度，程序中不再需要专门的极坐标编程功能代码，用了反倒出错。【XZC 铣】不能链接【车后处理】。

【机床模式】下的【简单车铣】：完成一个独立的 XZC 铣削模式后处理，同时链接一个已存在的车床后处理，成为车铣复合后处理。这是车铣复合最简单的链接方式。

【车后处理】：【简单车铣】链接的车床后处理。

【默认坐标模式】：定义 NC 程序中默认的坐标模式，若是【极坐标】模式输出 XZC，若是【笛卡尔坐标】模式输出 XYZ。

【循环记录模式】：定义 NC 程序中圆弧等采用的坐标模式，若是【极坐标】模式输出 XZC，若是【笛卡尔坐标】模式输出 XYZ。后处理【运动】程序行中 Y、C 均有，但输出哪个由【极坐标】和【笛卡尔坐标】模式决定。

保存文件。单击【文件】→【保存】→【确定】，确定保存路径，设置【文件名】为 HM9f6_XZC，单击【确定】。

12.5.3　设置旋转轴

单击【机床】→【旋转轴】，设置【旋转平面】为 XY →【文字引导符】为 C →【最大进给率】为 10000 →【轴旋转】选择【法向】→【轴限制】最大值为 9999.999、最小值为 –9999.999 →【轴方向】选择【幅值决定方向】→【轴限制违例处理】选择【退刀/重新进刀】，如图 12-27 所示。

12.5.4　清空程序开始

单击【程序和刀轨】→【程序】→【程序起始序列】→【程序开始】，删除所有程序行。

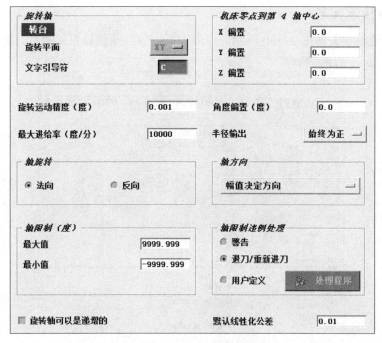

图 12-27　设置【旋转轴】

12.5.5　设置刀轨开始

单击【程序和刀轨】→【程序】→【工序起始序列】→【刀轨开始】，添加 MOM_set_seq_on。

12.5.6　设置自动换刀

动力刀架，无机械手，顺序换刀。车铣共用动力刀架，T 代码同车削用 4 位数表示，并强制输出，设置【自动换刀】标签，基本借用车削格式，如图 12-28 所示。清空【第一个刀具】和【手工换刀】。

12.5.7　设置初始移动 / 第一次移动

【初始移动】和【第一次移动】设置相同，设定卧铣初始化程序块，如图 12-29 所示，G 是 G-MCS Fixture Offset（54 ～ 59）夹具偏置，G、S、M13 强制输出。

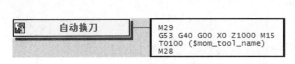

图 12-28　设置【自动换刀】

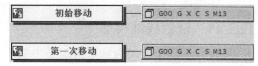

图 12-29　设置【初始移动】/【第一次移动】

12.5.8　设置机床控制

清空【刀具长度补偿】和【刀具补偿关闭】，默认指令格式不正确。

12.5.9 设置快速移动

设置【快速移动】如图 12-30 所示，中间一行由输出条件设置不执行，即 return 0。

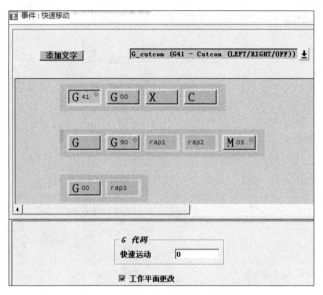

图 12-30 设置【快速移动】

12.5.10 设置圆周移动

【圆周移动】中不能建立或取消刀具半径补偿，圆弧插补用半径 R 编程，设置结果如图 12-31 所示。

图 12-31 设置【圆周移动】

12.5.11 设置线性移动

【线性移动】中可以建立或取消刀具半径补偿，故设置结果如图 12-32 所示。

图 12-32 设置【线性移动】

12.5.12　设置刀轨结束

【刀轨结束】基本借用车削格式，但卧式铣削 Z 轴退出即安全，不需要 X 轴参与，设置【刀轨结束】如图 12-33 所示。

图 12-33　设置【刀轨结束】

12.5.13　清空程序结束

清空【程序结束】中所有程序行，以统一【程序结束】格式。

序列号、N/C 输出文件扩展名等设置统一用车削格式，F 用 G94 定义为妥。

保存文件，卧式铣削后处理器构建完成。

12.6 　定制 XZC 三轴立式铣削后处理

12.6.1　新建文件

XZC 三轴立式铣削后处理与 XZC 三轴卧式铣削后处理的主要区别是，前者用垂直刀轴 X。垂直刀轴 X 的主传动系统通用于水平刀轴 Z，所以主轴转速 S 和主轴转向 M 同 XZC 三轴卧式铣削后处理。

12.6.2　设置参数

【一般参数】设置的关键是【初始主轴】选 +X 轴，其余同 XZC 三轴卧式铣削后处理。

另存文件。单击【文件】→【另存为】→【确定】，确定保存路径，设置【文件名】为 VM9f6_XZC，单击【保存】。

12.6.3　其他设置

与 XZC 三轴卧式铣削后处理比较，应将【初始移动】/【第一次移动】中的 X 换成 Z。

【运动】即【快速移动】【圆周移动】和【线性移动】设置，如图 12-34 所示，【快速移动】的第一行由输出条件设置不执行，即 return 0。

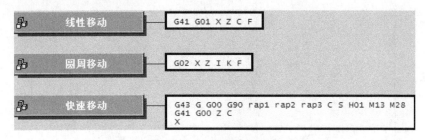

图 12-34　设置【运动】

与 XZC 三轴卧式铣削后处理比较，应将【刀轨结束】中的 Z1000 改为 X0。

其余完全同 XZC 三轴卧式铣削后处理，注意保存文件。

12.7 链接车铣复合后处理

无论几轴车铣复合，仅创建一个三轴铣床后处理来链接各个独立的车、铣后处理即可成为车铣复合后处理。

12.7.1 创建 XYZ 三轴立式铣削后处理

（1）新建文件　双击后处理快捷图标进入 UG NX 后处理构造器环境，单击【新建】，选择【主后处理】→【毫米】，设置【铣】为 3 轴，【控制器】选择【库】→【fanuc_6M】，单击【确定】。

（2）设置一般参数　【一般参数】的设置同 XZC 三轴立式或卧式铣削后处理。

保存文件。单击【文件】→【保存】→【确定】，确定保存路径，设置【文件名】为 TM_XZC_9ff6_G70G92_sim12，作为 XZC 三轴车铣复合后处理器。

（3）设置程序开始　【程序开始】中添加程序号命令 PB_CMD_pro_num，内容为 MOM_output_literal "O____"，待使用时统一修改程序号，其余全部删除。

（4）删除部分程序　删除【程序起始序列】【工序起始序列】【运动】和【工序结束序列】中的所有程序行，【快速移动】用输出条件设定不执行来删除。

（5）设置程序结束　【程序结束】中停止主轴、关闭切削液 M05 M15 M09 M29，以及程序停止 M30 和序列号关 MOM 命令等。

12.7.2 链接

Link post 链接技术可以解决很多复杂机床的后处理。不仅对复杂车铣或铣车复合后处理有效，而且对诸如铣头、多刀塔、多刀架后处理等进行链接，对于程序中多种主子程序也可以链接，用途广泛而有效。

（1）进入链接对话框　单击【程序和刀轨】→【链接的后处理】，如图 12-35 所示。

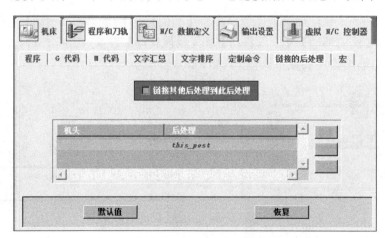

图 12-35　链接对话框

（2）链接其他后处理　勾选【链接其他后处理到此后处理】，弹出如图 12-36 所示的【链接的后处理】对话框。

（3）挂机头　挂机头就是给具体后处理简单命名，便于调用。【后处理】this_post 是默认的，就是指当前新建的后处理器，如 TM_XZC_9ff6，可以将【机头】设为 TM_XZC_9ff6，单击【确定】，如图 12-37 所示。其他后处理都要链接到这个 this_post 后处理上。

图 12-36　【链接的后处理】对话框

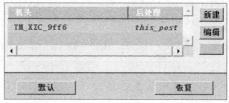

图 12-37　挂机头

（4）链接车削后处理　单击【新建】→【机头】TURN，【选择名称】寻找 XZ_TM_G92G70_FA_UG12_sim12，单击【打开】→【确定】。

（5）链接卧式铣削后处理　单击【新建】→【机头】HM，【选择名称】寻找 HM9f6_XZC 文件，单击【打开】→【确定】。

（6）链接立式铣削后处理　单击【新建】→【机头】VM，【选择名称】寻找 VM9f6_XZC 文件，单击【打开】→【确定】。

车 TURN、卧铣 HM、立铣 VM 全部挂机头链接后，如图 12-38 所示。链接完毕，注意保存文件。

图 12-38　全部挂机头链接

需要说明的是，【机头】可以无空格随意命名，但由于【机头】必须与加工方式的【Head】开始事件名相同，应有鲜明特点，便于记忆。【删除】【编辑】可修改链接的后处理名和机头名，但需要链接的后处理必须事先创建好。一旦某个后处理有更改，即使【机头】和【后处理】不变，也需要重新链接才能得到修改。链接过程中若有报警情况，保存一下可解除报警并继续链接挂机头。

12.8　建立刀轨与车铣复合后处理的关系

车铣复合后处理器，需要依次单击刀轨的【机床控制】→【开始事件】HEAD，设置成后处理的【机头】名称 TURN、HM、VM 才能导引选择车、卧铣、立铣的相应后处理器。刀轨的工序名称可能很多，但加工方法不多，把加工方法链接在【开始事件】HEAD 上，后处理时首先执行开始事件，判断选择后处理器，为后处理做准备工作。

12.8.1　设定刀轨加工方法

在进入加工环境即【CAM 会话配置】cam_general、【要创建 CAM 设置】的具体加工类型如 mill_contour 等后，单击工序【导航器】菜单中的【加工方法视图】图标，都会在【工序导航器】中产生各自的默认加工方法列表，加工类型不同，加工方法列表也不同，即具体加工方法也不完全相同。在创建工序时，可以直接从加工方法列表中选择某种具体加工方法，也可以修改默认加工方法的某些参数，当然还可以全新创建加工方法。无论怎样获得具体加工方法，其名称应具有该种机床加工的鲜明特色，如立铣、卧铣等。车床默认的各种加工方法名称中都含有"LATHE_"特征，而铣、钻等是不区分立铣还是卧铣加工的，需要更名或重新创建加工方法时注明特征。这样做是为了创建工序时便于选择加工方法，设定 HEAD 开始事件时便于选择需要的后处理【机头】，使加工方法、HEAD 开始事件和后处理【机头】三者建立联系。图 12-39 所示为抛物线十字联轴器的加工方法名称等信息，由图可知要使用的机床和后处理器。

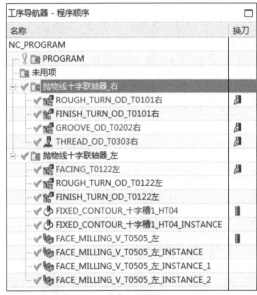
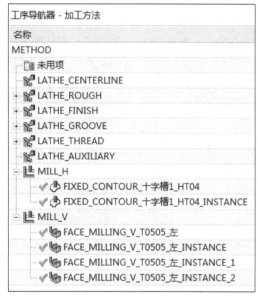
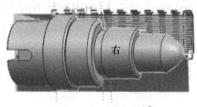

图 12-39　抛物线十字联轴器的加工方法名称等信息

12.8.2　设定刀轨开始事件

右击要创建开始事件的加工方法，如右击 LATHER_ROUGH，选择【对象】→【开始事件】，弹出如图 12-40 所示的【用户定义事件】对话框，在【可用事件】栏中选择【Head】，【添加新事件】按钮才亮显，并单击【添加新事件】按钮，出现如图 12-41 所示的【头】对话框，设置【状态】为活动的→勾选【名称状态】→在【名称】文本框中输入 TURN（务必是所需后处理的机头名称）→单击【确定】，在图 12-40 所示【用户定义事件】对话框的【已用事件】栏显示 Head/Status=Active，Name=TURN（如果错了可以单击 ⊠ 删除重新进行），单击【确定】，创建完成。同理，在【MILL_H】上添加【Head】HM，在【MILL_V】上添加【Head】VM，包括各种车削需要用到的加工方法上，都要创建开始事件【Head】。如果修改了某个后处理器，则必须重新链接这个后处理器，才能使更改有效。

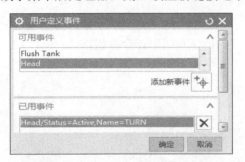

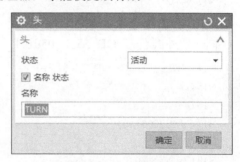

图 12-40　【用户定义事件】对话框　　　　图 12-41　【头】对话框

12.9　后处理验证

12.9.1　程序分析

用创建的动力刀架 XZC 三轴车铣复合后处理器 TM_XZC_9ff6_G70G92_sim12，输出抛物线十字联轴器右、左端加工程序，即分别输出 TM_XZC_FA_sim 抛物线十字联轴器 _ 右 .txt 和 TM_XZC_FA_sim 抛物线十字联轴器 _ 左 .txt 程序。

1）TM_XZC_FA_sim 抛物线十字联轴器 _ 右 .txt。

程序号符合设计要求，但需给定具体程序号：

O_____

换第一把外圆车刀 (OD_55_L_95R0.4_T0101 右)，G71 粗车符合编程格式：

N1 (ROUGH_TURN_OD_T0101 右)

N2 M09

N3 G53 G40 G00 X0 Z1000 M05

N4 T0101 (OD_55_L_95R0.4_T0101 右)

N5 M08

N6 G54

N7 G95 G00 X46. Z5.

N8 G97 S2000 M03

N9 G71 U1. R1.
N10 G71 P11 Q12 U.8 W.1 F.3
N11 G00 X0.0
G01 Z2.1
Z-.015
G03 X6.921 Z-1.391 R6.29
⋮
G01 Z-64.5
X37.531
X40. Z-65.734
Z-78.
N12 X41.2
N13 G53 G40 G00 X0 Z1000

同一把外圆车刀 (OD_55_L_95R0.4_T0101 右)，G70 精车符合编程格式：

N14 (FINISH_TURN_OD_T0101 右)
N15 G54
N16 G00 X46. Z5.
N17 G97 S2000 M03
N18 G70 P19 Q20 F.2
N19 G01 X-.8 Z0.0
G03 X-.001 Z-.015 R5.193
X6.921 Z-1.391 R6.29
⋮
G01 Z-64.5
X36.993
G03 X37.912 Z-64.69 R.65
G01 X39.619 Z-65.544
G03 X40. Z-66.004
G01 Z-78.
N20 X45.2
N21 G53 G40 G00 X0 Z1000

换第二把外圆切槽刀 (OD_GROOVE_L_2_T0202 右)，G00/G01 平移车槽，符合编程格式：

N22 (GROOVE_OD_T0202 右)
N23 M09
N24 G53 G40 G00 X0 Z1000 M05
N25 T0202 (OD_GROOVE_L_2_T0202 右)
N26 M08
N27 G54
N28 G95 G00 X44. Z5.
N29 Z-46.3
N30 X33.15
N31 G97 S1000 M03

```
N32 G01 X32.75 F.1
N33 X24.
N34 G04 X2
N35 X24.4
N36 G00 X33.15
N37 Z-47.8
N38 G01 X32.75
N39 X24.
N40 G04 X2
N41 X24.4
N42 G00 X33.55
N43 Z-49.3
N44 G01 X33.15
N45 X24.
N46 G04 X2
N47 X24.4
N48 G00 X44.
N49 Z5.
N50 G53 G40 G00 X0 Z1000
```

换第三把外螺纹车刀（OD_THREAD_L_60_R_T0303 右），G92 车螺纹，符合编程格式：

```
N51 (THREAD_OD_T0303 右)
N52 M09
N53 G53 G40 G00 X0 Z1000 M05
N54 T0303 (OD_THREAD_L_60_R_T0303 右)
N55 M08
N56 G54
N57 G95 X44. Z5.
N58 Z-22.5
N59 X32.75
N60 G97 S300 M03
N61 G92 X25.982 Z-47. R0.0 F2.
N62 X25.444
    ⋮
N74 X24.15
N75 G53 G40 G00 X0 Z1000
```

程序结束，符合设计要求。读者也可以通过修改后处理器，选择性地输出需要的 M 代码：

```
N76 M05 M09 M15 M29
N77 M30
```

2）TM_XZC_FA_sim 抛物线十字联轴器 _ 左 .txt。

换同一把外圆车刀（OD_55_L_95R0.4_T0122 左），G72 粗车端面（U0.0 实际精车）、G71 粗车外圆、G70 精车外圆等编程格式都正确：

```
O_____
N1 (FACING_T0122 左 )
N2 M09
N3 G53 G40 G00 X0 Z1000 M05
N4 T0122 (OD_55_L_95R0.4_T0122 左 )
N5 M08
N6 G55
N7 G97 S13045 M03
N8 G95 G00 X46. Z5.
N9 Z1.5
N10 G50 S0
N11 G96 S2000 M03
N12 G72 U1. R3.
N13 G72 P14 Q15 U0.0 W0.0 F.3
N14 G00 Z0.0
G01 G01 X41.2
X-.8
N15 Z2.1
N16 G53 G40 G00 X0 Z1000
N17 (ROUGH_TURN_OD_T0122 左 )
N18 G55
N19 G00 X40. Z5.
N20 G97 S2000 M03
N21 G71 U1. R1.
N22 G71 P23 Q24 U.8 W.1 F.3
N23 G00 X34.166
G01 Z-.117
X35. Z-.534
Z-22.5
X38.931
X39.531 Z-22.8
N24 X41.2
N25 G53 G40 G00 X0 Z1000
N26 (FINISH_TURN_OD_T0122 左 )
N27 G55
N28 G00 X31.793 Z5.
N29 G97 S2000 M03
N30 G70 P31 Q32 F.2
N31 G01 X33.393 Z0.0
G03 X34.312 Z-.19 R.65
G01 X34.619 Z-.344
G03 X35. Z-.804
G01 Z-22.5
```

X38.393

G03 X39.312 Z-22.69

N32 G01 X41.18 Z-23.624

N33 G53 G40 G00 X0 Z1000

换 T0404（MILL_D6R0_Z2_T0404_H），水平刀轴 Z 卧式铣削十字槽 1，X 方向是槽的长度、Z 方向是槽的深度，程序格式符合设计要求，但 X 方向分段铣削，不符合成形刀加工直线成形槽可一个程序段完成的优选工艺方法，经分析是刀轨创建所致，不在本书所述范围之内：

N34 (FIXED_CONTOUR_ 十字槽 1_HT04)

N35 M29

N36 G53 G40 G00 X0 Z1000 M15

N37 T0404 (MILL_D6R0_Z2_T0404_H)

N38 M28

N39 G55 X35. C0.0 S5000 M13

N40 Z10.

N41 G01 Z-2. F400.

N42 X30.078

N43 X29.969

N44 X0.0

N45 X.028 C180.

N46 X29.969

N47 X30.078

N48 X35.

N49 Z10.

N50 G00 C0.0

N51 Z9.

⋮

N85 G01 Z-6.

N86 X29.969

N87 X0.0

N88 X.028 C180.

N89 X29.969

N90 X35.

N91 Z6.

N92 G00

N93 Z9.

N94 G53 G00 G40 Z1000

阵列变换编程加工另一槽，情况类似：

N95 (FIXED_CONTOUR_ 十字槽 1_HT04_INSTANCE)

N96 G00 G55 C90. S5000 M13

N97 Z10.

N98 G01 Z-2.

⋮

N166 G01 Z-6.
N167 X29.969
N168 X14.984
N169 X3.746
N170 X1.639
N171 X.651
N172 X.173
N173 X.055
N174 X.008
N175 X.026 C270.
N176 X29.969
N177 X35.
N178 Z6.
N179 G00
N180 Z9.
N181 G53 G00 G40 Z1000

换 T0505（MILL_D6R0_Z2_T0505_V），垂直刀轴 X 立式铣削键槽，X 方向是键槽的深度，其尺寸有误差，经分析误差原因是刀轨所致，Z 方向是长度尺寸，阵列变换等编程格式符合设计要求：

N182 (FACE_MILLING_V_T0505_左)
N183 M29
N184 G53 G40 G00 X0 Z1000 M15
N185 T0505 (MILL_D6R0_Z2_T0505_V)
N186 M28
N187 G00 G55 Z5.196 C360. S4000 M13
N188 X70.
N189 X39.333
N190 G01 X33.333 F800.
N191 Z-3.3
N192 Z-12.
N193 Z-5.997
N194 G00 Z5.196
N195 X70.
N196 X37.667
N197 G01 X31.667
N198 Z-3.3
N199 Z-12.
N200 Z-5.997
N201 G00 Z5.196
N202 X70.
N203 X36.
N204 G01 X30.
N205 Z-3.3

N206 Z-12.

N207 Z-5.997

N208 G53 G40 G00 X0

N209 (FACE_MILLING_V_T0505_ 左 _INSTANCE)
⋮
N232 (FACE_MILLING_V_T0505_ 左 _INSTANCE_1)
⋮
N255 (FACE_MILLING_V_T0505_ 左 _INSTANCE_2)
⋮
N278 M05 M09 M15 M29

N279 M30

12.9.2　VERICUT 仿真加工验证

自制 fan15t_t、fan6t 动力刀架 XZC 三轴车铣复合加工机床（可以兼容系列低版本数控系统），配置加工刀具，将上面的程序调入，装好工件毛坯、对刀设置好工件坐标系，进行仿真加工验证，程序顺畅，加工工件轮廓正确，如图 12-42 所示。

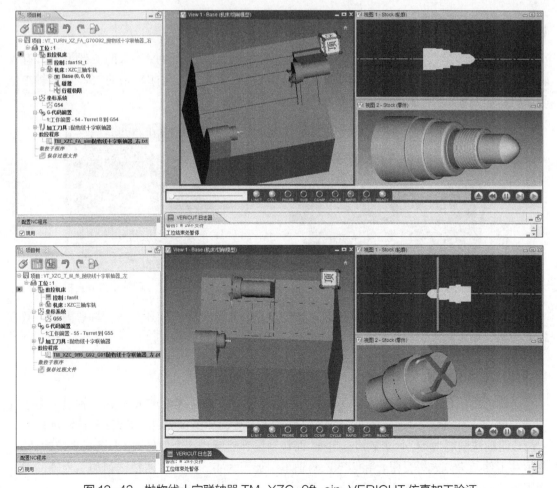

图 12-42　抛物线十字联轴器 TM_XZC_9ft_sin_VERICUT 仿真加工验证

第13章

动力刀架 XYZC 四轴车铣复合机床后处理

13.1 四轴车铣复合机床梗概

13.1.1 主体结构

XYZC 四轴车铣复合机床,从其结构特点看,它是将普通数控车床的刀架换成具有 Y 轴进给功能的动力刀架而得,如图 13-1 所示,结构紧凑。一款具有 Y 轴的 XYZC 四轴车铣复合机床如图 13-2 所示。

图 13-1 具有 Y 轴的动力刀架

图 13-2 XYZC 四轴车铣复合机床

单、双主轴,单、双刀架不同组合,XYZC 四轴车铣复合机床还有双主轴单刀架、双主轴双刀架、单主轴双刀架等结构型式。

13.1.2 加工能力

车削能力、动力刀架同 XZC 三轴车铣复合机床,关键是 Y 轴的增加比三轴机床多了 Y 轴插补能力,增强了多轴铣削功能,特别是具备了立铣加工偏心孔、XYZ 三轴铣削模具、XYZC 四轴铣削能力等。不过 Y 轴易超程,而 C 轴插补能解决这个问题。由于铣削系统的动力、刚度和工件装夹方式等受限,常以 XZ 两轴车削加工为主、XYZC 四轴铣削加工为辅,刀具尚无摆动功能,这类机床还是不能加工斜孔。

13.2　搜集后处理数据和制订后处理方案

13.2.1　搜集后处理数据

在前面动力刀架 XZC 三轴车铣复合机床的基础上，增加行程为 180mm 的 Y 轴，配用 FANUC-0iF 系统，且程序号可以是文件名，铣削主轴正转 / 反转 / 停转代码为 M13/M14/M15。

13.2.2　制订后处理方案

动力刀架 XYZC 四轴车铣复合机床总是围绕着刀架上固定车刀、旋转铣刀的刀轴方向的不同组合来定制后处理器，工件旋转主轴需要定制车削后处理器，垂直和水平旋转刀具都需要定制各自的定向加工和联动铣削后处理器，结合充分发挥 Y 轴插补、C 轴插补各自的优势，可以创建 XZ 两轴车削后处理器、XZC 三轴刀轴 Z 卧铣后处理器、XZC 三轴刀轴 +X 立铣后处理器、XYZ 三轴刀轴 Z 卧铣后处理器、XYZ 三轴刀轴 X 立铣后处理器、XYZC 四轴刀轴 Z 卧铣后处理器、XYZC 四轴刀轴 +X 立铣后处理器。根据加工案例需要，这里将四种后处理器链接成动力刀架 XYZC 四轴车铣复合后处理器：

1）创建 XZ 两轴车削后处理器，处理所有车削刀轨，包括中心线孔。

2）创建 XZC 三轴刀轴 Z 卧铣后处理器，处理所有 XZC 卧铣镗铣刀轨。

3）创建 XZC 三轴刀轴 +X 立铣后处理器，处理所有 XZC 立铣镗铣刀轨。

4）创建 XYZC 四轴刀轴 +X 立铣后处理器，处理所有 XYZC 立铣镗铣刀轨。

5）创建 XYZ 三轴铣削后处理器，链接上述四种后处理器成动力刀架 XZYC 四轴车铣复合后处理器。

使用时，将后处理机头作为开始事件的【Head】挂在刀轨中工序的【加工方式】上，让其自动寻找相应的后处理器。

13.3　定制 FANUC 系统 XYZC 四轴车铣复合后处理

这里后处理器种类比较多，新建 XYZC_TURN_MILL_F_sim12 文件夹来专门管理。用 FANUC 车削系统、Fanuc_6M 铣削系统，VERICUT 仿真加工验证用 fan15t_t，顺序换刀，用四位数 T 代码，序列号统一设为起始 1、间隔 1。

13.3.1　创建 XZ 两轴车削后处理

（1）新建文件　打开之前的 XZ_TM_G92G70_FA_UG12_sim12，另存为 ZXTURN_fanuc_G92_sim12 到 XYZC_TURN_MILL_F_sim12 文件夹。之前的 XZ_TM_G92G70_FA_UG12_sim12 中没有 Y 轴，而现在要增加 Y 轴，且 Y 轴零点离工件较远，车削只能在通过 Y 轴零点的 ZX 平面进行，即这个平面通过主轴中心线。修改编辑后作为 XYZC 四轴的 XZ 两轴车削后处理。

（2）修改一般参数　单击【一般参数】，添加 Y 行程 180。

（3）修改自动换刀 【自动换刀】中 M05 单列一行，G53 G40 G00 X0 Z1000 改为 G91 G28 X0 Z0，如图 13-3 所示。

（4）修改初始移动 / 第一次移动 【初始移动】和【第一次移动】设置相同，添加第一行 G90 G 并强制输出，以取代换刀时的 G91，建立工件坐标系。

（5）修改刀轨结束 【刀轨结束】修改结果如图 13-4 所示，注意 G90 的取代作用。

其他完全借用，注意保存。

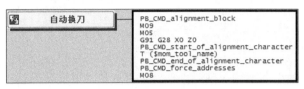 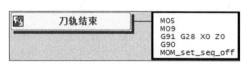

图 13-3　修改【自动换刀】　　　　图 13-4　修改【刀轨结束】

13.3.2　创建 XZC 三轴刀轴 Z 卧铣后处理

（1）新建文件 打开之前的 HM9f6_XZC，另存为 Z3M360f6_XZC 到 XYZC_TURN_MILL_F_sim12 文件夹。

（2）修改一般参数 单击【一般参数】，添加 Y 行程 180，Z 行程改为 1000，取消勾选【直径编程】下的【2I】。

（3）修改旋转轴 设置【轴限制】的最大值为 360、最小值为 0。修改的目的是减少定位转数等。

（4）修改工序起始序列 【工序起始序列】修改结果如图 13-5 所示，强制输出 G90、G、M13、C、T 后跟（$mom_tool_name）。

（5）修改刀轨结束 【刀轨结束】修改结果如图 13-6 所示，注意 G90 C0. 不要缺失。

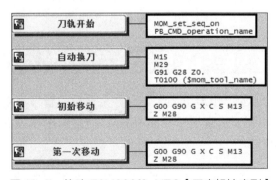 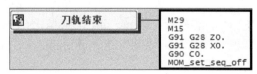

图 13-5　修改 Z3M360f6_XZC【工序起始序列】　图 13-6　修改 Z3M360f6_XZC【刀轨结束】

13.3.3　创建 XZC 三轴刀轴 +X 立铣后处理

（1）新建文件 打开之前的 VM9f6_XZC，另存为 X3M360f6_XZC 到 XYZC_TURN_MILL_F_sim12 文件夹。

（2）修改一般参数 单击【一般参数】，添加 Y 行程 180，Z 行程改为 1000，取消勾选【直径编程】下的【2I】。

（3）修改旋转轴 设置【轴限制】的最大值为 360、最小值为 0。

（4）修改工序起始序列 【工序起始序列】修改结果如图 13-7 所示，强制输出 G90、G、M13、C、T 后跟（$mom_tool_name）。

（5）修改刀轨结束 【刀轨结束】修改结果如图 13-8 所示，与 Z3M360f6_XZC【刀轨结束】比较，G91 G28 X0. 在 G91 G28 Z0. 之前。

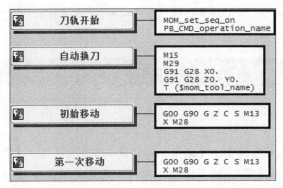

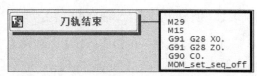

图 13-7 修改 X3M360f6_XZC【工序起始序列】　　图 13-8 修改 X3M360f6_XZC【刀轨结束】

13.3.4 创建 XYZC 四轴刀轴 +X 立铣后处理

（1）新建文件 单击【新建】→【主后处理】→【毫米】→【铣】→【4 轴带转台】→【库】，选择【fanuc_6M】，单击【确定】。对文件进行保存→选择许可证→选择路径 XYZC_TURN_MILL_F_sim12 文件夹→【文件名】设为 X4M360f6_XYZC→单击【保存】。

（2）设置一般参数 单击【机床】→【一般参数】，设置【线性轴行程限制】为 X180/Y180/Z1000→勾选【直径编程】下的【2X】→【初始主轴】I1、J0、K0。

（3）设置第四轴 单击【第四轴】，设置【旋转平面】为 XY→【文字引导符】为 C→【最大进给率】为 10000→【轴限制】最大值为 360、最小值为 0→【轴限制违例处理】选择【退刀 / 重新进刀】，单击【确定】。

（4）清空程序开始 单击【程序开始】，删除所有程序行。

（5）设置工序起始序列 【工序起始序列】设置结果如图 13-9 所示，强制输出 G90、G、M13、M28。

（6）设置运动 【运动】设置结果如图 13-10 所示。用输出条件设定不执行 rap1、rap2、rap3，即 return 0。

（7）设置刀轨结束 【刀轨结束】设置结果如图 13-11 所示。

（8）清空程序结束 单击【程序结束】，删除所有程序行。

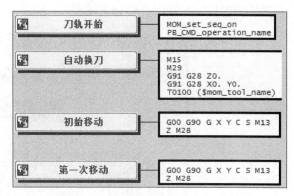

图 13-9 【工序起始序列】设置结果

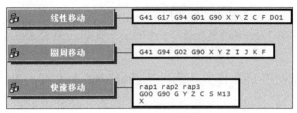

图 13-10 【运动】设置结果

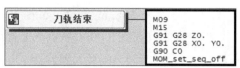

图 13-11 【刀轨结束】设置结果

13.4 链接后处理

13.4.1 创建 XYZ 三轴立铣后处理

（1）新建文件　单击【新建】，选择【主后处理】→【毫米】，设置【铣】为 3 轴，【控制器】选择【库】→【fanuc_6M】，单击【确定】。对文件进行保存→选择许可证→选择路径 XYZC_TURN_MILL_F 文件夹→【文件名】设为 TURN_MILL_fanuc_6M→单击【保存】。

（2）设置一般参数　【一般参数】的设置同 XZC 三轴立式或卧式铣削后处理。

（3）设置程序开始　单击【程序开始】，添加程序号命令 PB_CMD_pro_num，内容为 MOM_output_literal "O____"，待使用时统一修改程序号，设置结果如图 13-12 所示。

（4）删除部分程序　删除【工序起始序列】【运动】和【工序结束序列】中的所有程序行，【快速移动】用输出条件设定不执行来删除。

（5）设置程序结束　【程序结束】中仅有 M30 和序列号关 MOM 命令。

图 13-12 设置【程序开始】

13.4.2 链接

单击【程序和刀轨】→【链接的后处理】，勾选【链接其他后处理到此后处理】，链接结果如图 13-13 所示。注意机头名称不得用数字开头，如果修改了某个后处理器，则必须重新链接这个后处理器，才能使更改有效。

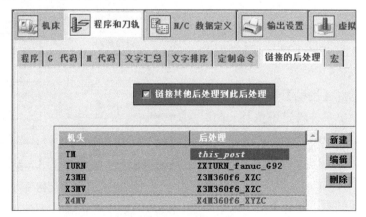

图 13-13 链接结果

应该说明的是，这里 this_post 后处理就是 XYZC_TURN_MILL_fanuc_6M_sim12 后处理器，后处理时调用该后处理器。

13.4.3　建立刀轨与车铣复合后处理的关系

先分类设定刀轨的加工方法，然后将加工方法链接在【开始事件】HEAD 上，再后处理。

刀轨的加工方法主要有三大类，即车削、铣削和钻削，车削加工方法处理包括中心线孔在内的所有车削刀轨，铣削和钻削受立卧刀轴限制、多轴联动加工轴数等影响，其分类更细，以适应具体加工要求。

1）设计具有宽泛性的零件加工刀轨。图 13-14 所示为 XYZC 车铣复合体刀轨，包含车削刀轨、XZC 立卧三轴钻铣刀轨和 XYZC 四轴立铣钻铣刀轨。

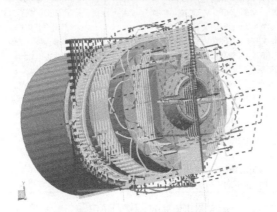

图 13-14　XYZC 车铣复合体刀轨

2）创建加工方式。切换到加工方法视图对话框，根据加工需要，创建 MILL_H_Z3、MILL_V_X3、MILL_V_X4、DRILL_H_Z3 和 DRILL_V_X4 加工方法，保留 LATHE_ROUGH 和 LATHE_FINISH 加工方法。

MILL_H_Z3 处理所有三轴 XZC 水平刀轴 Z 卧铣刀轨，MILL_V_X3 处理所有三轴 XZC 垂直刀轴 +X 立铣刀轨，MIL L_V_X4 处理所有四轴 XYZC 垂直刀轴 +X 立铣刀轨，DRILL_H_Z3 处理所有三轴 XZC 水平刀轴 Z 卧铣钻削刀轨，DRILL_V_X4 处理所有四轴 XYZC 垂直刀轴 +X 立铣钻削刀轨，LATHE_ROUGH 和 LATHE_FINISH 处理各自刀轨，中心线孔有自己的专用加工方法，也可以置于 LATHE_ROUGH 和 LATHE_FINISH 任一个之中。创建的加工方法，要注意与刀轨的原加工余量等相符合。

3）调整刀轨位置。将刀轨调整到相应加工方法节点，如图 13-15 所示。

图 13-15　调整刀轨位置

4）链接后处理。右击要创建开始事件的加工方法，单击【对象】→【开始事件】→【可用事件】→【Head】→【添加新事件】，设置【状态】为活动的→勾选【名称状态】→在【名称】文本框中输入所需后处理器的机头名称→单击【确定】。Head 与后处理器的设定关系见表 13-1，以防止错乱。

表 13-1　Head 与后处理器的设定关系

加工方法	Head	后处理器	备注
LATHE_ROUGH	TURN	ZXTURN_fanuc_G92_sim12	
LATHE_FINISH	TURN	ZXTURN_fanuc_G92_sim12	
MILL_H_Z3	Z3MH	Z3M360f6_XZC	
MILL_V_X3	X3MV	X3M360f6_XZC	
MILL_V_X4	X4MV	X4M360f6_XZYC	
DRILL_H_Z3	Z3MH	Z3M360f6_XZC	
DRILL_V_X4	X4MV	X4M360f6_XYZC	

13.5　后处理验证

用创建的动力刀架 XYZC 四轴车铣复合后处理器 XYZC_TURN_MILL_fanuc_6M_sim12，输出 TM_XYZC_F_G92G70_车铣复合体_sim12.txt 程序，进行程序分析和 VERICUT 仿真加工验证。

13.5.1　程序分析

```
O____
N1 (FACING_T01_V)
N2 M09
N3 G91 G28 Z0. X0.
N4 T0101 (OD_35_L_T01_V)
N5 M08
N6 G90
N7 G00 G54 X96.4 Z0.0 S1000 M03
N8 G01 X94. F.3
N9 X-2.4
N10 X-4.8
N11 M05
N12 M09
N13 G91 G28 X0. Z0.
N14 G90
(CENTERLINE_BREAKCHIP_T02_D10R0_H)
```

N15 M09

N16 G91 G28 Z0. X0.

N17 T0202 (MILL_D10R0_H_T2)

N18 M08

N19 G90

N20 G00 G54 X0.0 Z10. S1000 M03

N21 G01 Z-15. F200.

⋮

N44 G01 Z-115.

N45 Z-130.

N46 Z15.

N47 M05

N48 M09

N49 G91 G28 X0. Z0.

N50 G90

(ROUGH_TURN_OD_T01_V)

N51 M09

N52 G91 G28 Z0. X0.

N53 T0101 (OD_35_L_T01_V)

N54 M08

N55 G90

N56 G00 G54 X86.4 Z4.131 S1000 M03

N57 G01 Z2.931 F.2

N58 Z-79.5

⋮

N158 X33.754 Z-2.299

N159 M05

N160 M09

N161 G91 G28 X0. Z0.

N162 G90

(ROUGH_BORE_ID_T3_H)

N163 M09

N164 G91 G28 Z0. X0.

N165 T0303 (ID_35_L_T3_H)

N166 M08

N167 G90

N168 G00 G54 X100. Z5. S1000 M03

N169 G54 X12. Z3.4 M03

N170 G01 Z3. F.2

N171 Z-124.8

N172 Z-125.2

⋮

N215 M05

N216 M09

N217 G91 G28 X0. Z0.

N218 G90

N0219 (CAVITY_MILL_T2_D10R0_H_四方)

N0220 G91 G28 Z0.

N0221 T0202

N0222 G00 G90 G54 X75.969 C217.833 S2000 M13

N0223 Z3. M08

N0224 Z-9.

N0225 G01 Z-12. F250.

⋮

N2140 Z-17. C32.09

N2141 G00

N2142 Z3.

N2143 M09

N2144 M15

N2145 G91 G28 Z0.

N2146 G91 G28 X0.

N2147 G90 C0.

N2148 (CAVITY_MILL_T2_D10R0_H_梅花)

N2149 G00 G90 G54 X99.4 C191.231 M13

N2150 Z-19.

N2151 G01 Z-22.

N2152 X96.705 C189.776

⋮

N2639 Z-19. C204.971

N2640 G00

N2641 Z3.

N2642 M09

N2643 M15

N2644 G91 G28 Z0.

N2645 G91 G28 X0.

N2646 G90 C0.

N2647 (FIXED_CONTOUR_D6R0_H_T5_槽)

N2648 G91 G28 Z0.

N2649 T0505

N2650 G00 G90 G54 X46. C0.0 M13

N2651 G01 Z1.

N2652 X45.796 Z.224

⋮

N2878 X46. Z-7.

N2879 Z-4.2

N2880 G00

N2881 Z3.

N2882 M09

N2883 M15

N2884 G91 G28 Z0.

N2885 G91 G28 X0.

N2886 G90 C0.

N2887 (CAVITY_MILL_D6R0_V_T7_ 正 XM)

N2888 G91 G28 Z0.

N2889 G91 G28 X0. Y0.

N2890 T0707 (tool name:MILL_D6R0_V_T7)

N2891 G00 G90 G54 X-31.243 Y-47.497 C90. S2000 M13

N2892 Z-38. M08

N2893 Y-41.75

N2894 G94 G01 Y-38.75 F250.

⋮

N3125 Y-36.305

N3126 M09

N3127 M15

N3128 G91 G28 Z0.

N3129 G91 G28 X0. Y0. C0.

N3130 (CAVITY_MILL_D6R0_V_T7_ 负 YM)

N3131 G00 G90 G54 X-95.459 Y14.896 M13

N3132 Z-38. M08

N3133 X-83.857

⋮

N3252 Y31.79

N3253 X-66.

N3254 X-77.186

N3255 M09

N3256 M15

N3257 G91 G28 Z0.

N3258 G91 G28 X0. Y0. C0.

N3259 (CAVITY_MILL_D6R0_V_T7_ 负 XM)

N3260 G00 G90 G54 X-31.243 Y47.497 M13

N3261 M08

N3262 Y41.75

⋮

N3491 X-58.215 Z-38.

N3492 X-68.758

N3493 Y30.5

N3494 Y36.305

N3495 M09

N3496 M15

N3497 G91 G28 Z0.
N3498 G91 G28 X0. Y0. C0.
N3499 (CAVITY_MILL_D6R0_V_T7_正 Y)
N3500 G00 G90 G54 X95.459 Y14.896 M13
N3501 Z-52. M08
N3502 X83.857
N3503 G01 X77.857
⋮
N3622 X66.
N3623 X77.186
N3624 M09
N3625 M15
N3626 G91 G28 Z0.
N3627 G91 G28 X0. Y0. C0.
N3628 (CAVITY_MILL_D6R3_V_T8_长槽)
N3629 G91 G28 X0.
N3630 G91 G28 Z0. Y0.
N3631 T0808
N3632 G00 G90 G54 Z-44.661 C290.68 S2000 M13
N3633 X97.267 M08
N3634 C297.495
N3635 X74.404
N3636 G03 X66.472 Z-44.661 I-.723 K.282 F250.
N3637 X66.275 Z-44.21 I-.723 K.282
N3638 G01 X66.115 Z-41.749 C301.009
⋮
N3848 X56.378
N3849 G00 C274.094
N3850 X91.233
N3851 M09
N3852 M15
N3853 G91 G28 X0.
N3854 G91 G28 Z0.
N3855 G90 C0.
N3856 (FIXED_CONTOUR_D6R3_V_T8_长槽)
N3857 G00 G90 G54 Z-46.985 C266.345 M13
N3858 X97.198 M08
N3859 C265.71
N3860 X82.832
N3861 G01 X74.399 C265.223
⋮
N4325 G00 C273.424
N4326 X97.173

N4327 M15

N4328 G91 G28 X0.

N4329 G91 G28 Z0.

N4330 G90 C0.

N4331 (CAVITY_MILL_D6R3_V_T8_ 正 XM_ 曲线)

N4332 G00 G90 G54 Z-62.426 C342.945 M13

N4333 X95.186 M08

N4334 C341.41

N4335 X87.569

N4336 G01 X83.28 C340.414

⋮

N5495 X90.947 C272.984

N5496 X91.093

N5497 G00 C315.056

N5498 X128.569

N5499 M15

N5500 G91 G28 X0.

N5501 G91 G28 Z0.

N5502 G90 C0.

N5503 (CAVITY_MILL_D6R3_V_T8_ 负 XM_ 曲线)

N5504 G00 G90 G54 Z-69.632 C162.945 M13

N5505 X95.186 M08

N5506 C161.41

N5507 X87.569

N5508 G01 X83.28 C160.414

⋮

N6533 X88.73 Z-65.442 C90.646

N6534 X88.848 C93.027

N6535 X89.

N6536 G00 C135.725

N6537 X127.095

N6538 M15

N6539 G91 G28 X0.

N6540 G91 G28 Z0.

N6541 G90 C0.

N6542 (VARIABLE_CONTOUR_D6R3_V_T8_ 口倒角)

N6543 G00 G90 G54 X75.771 Y-32.63 C135.725 S2000 M13

N6544 Z-72.201 M08

N6545 X65.955 Y-27.885

N6546 G94 G01 X64.727 Y-27.399 Z-72.189 F250.

⋮

N7898 X48.103 Y-28.858 Z-63.074

N7899 X60.968 Y-29.283

N7900 X80.126 Y-29.916

N7901 M09

N7902 M15

N7903 G91 G28 Z0.

N7904 G91 G28 X0. Y0. C0.

N7905 (VARIABLE_CONTOUR_D6R0_V_T7_ 右侧面)

N7906 G91 G28 Z0.

N7907 G91 G28 X0. Y0.

N7908 T0707 (tool name:MILL_D6R0_V_T7)

N7909 G00 G90 G54 X91.905 Y22.387 M13

N7910 Z-63.082 M08

N7911 X77.063 Y19.337

N7912 G01 X75.707 Y18.945 Z-63.09

⋮

N9810 X65.866 Y28.864

N9811 X72.74 Y32.215

N9812 M09

N9813 M15

N9814 G91 G28 Z0.

N9815 G91 G28 X0. Y0. C0.

N9816 (VARIABLE_CONTOUR_D6R3_V_T8_ 底右角)

N9817 G91 G28 Z0.

N9818 G91 G28 X0. Y0.

N9819 T0808 (tool name:BALL_MILL_D6R3_V_T8)

N9820 G00 G90 G54 X18.507 Y-49.136 M13

N9821 Z-59.152 M08

N9822 X16.626 Y-41.998

N9823 G01 X14.402 Y-33.561

N9824 X14.066 Y-33.124 Z-59.147

⋮

N0178 X-69.321 Y5.316 Z-65.023

N0179 X-82.403 Y5.839

N0180 X-99.149 Y6.509

N0181 M09

N0182 M15

N0183 G91 G28 Z0.

N0184 G91 G28 X0. Y0. C0.

N0185 (VARIABLE_CONTOUR_D6R3_V_T8_ 底左角)

N0186 G00 G90 G54 X75.562 Y32.751 M13

N0187 Z-61.537 M08

N0188 X56.367 Y32.54

N0189 G01 X36.054 Y32.318

⋮

N1461 X47.637 Y25.929 Z-62.159

N1462 X55.531 Y31.

N1463 X65.85 Y37.629

N1464 M09

N1465 M15

N1466 G91 G28 Z0.

N1467 G91 G28 X0. Y0. C0.

N1468 (VARIABLE_CONTOUR_D6R3_V_T8_ 底中)

N1469 G00 G90 G54 X67.497 Y36.892 M13

N1470 Z-62.015 M08

N1471 X57.187 Y31.866

N1472 G01 X46.263 Y26.54

N1473 X45.254 Y25.941 Z-62.03

⋮

N2697 X54.235 Y22.452 Z-62.541

N2698 X65.159 Y27.777

N2699 X75.47 Y32.804

N2700 M09

N2701 M15

N2702 G91 G28 Z0.

N2703 G91 G28 X0. Y0. C0.

N2704 (DRILLING_D6R0_H_T5_ 端口)

N2705 G91 G28 Z0.

N2706 T0505

N2707 G00 G90 G54 X60. C330. S1000 M13

N2708 Z-17. M08

N2709 G81 Z-30. R-17. F250.

N2710 C270.

N2711 C210.

N2712 C150.

N2713 C90.

N2714 C30.

N2715 G80

N2716 M09

N2717 M15

N2718 G91 G28 Z0.

N2719 G91 G28 X0.

N2720 G90 C0.

N2721 (DRILLING_D6R0_V_T7_ 斜孔)

N2722 G91 G28 Z0.

N2723 G91 G28 X0. Y0.

N2724 T0707 (tool name:MILL_D6R0_V_T7)

N2725 G00 G90 G54 X-73.509 Y0.0 C30. S1000 M13

N2726 Z-43. M08

N2727 G81 X-43.509 R-43. F250.

N2728 G80

N2729 M09

N2730 M15

N2731 G91 G28 Z0.

N2732 G91 G28 X0. Y0. C0.

N2733 (DRILLING_D6R0_V_T7_ 斜孔 _INSTANCE)

N2734 G00 G90 G54 X63.509 Y0.0 M13

N2735 Z-43. M08

N2736 G81 X43.509 R-43.

N2737 G80

N2738 M09

N2739 M15

N2740 G91 G28 Z0.

N2741 G91 G28 X0. Y0. C0.

N2742 M30

各衔接环节正确、换刀正确、程序格式正确。

13.5.2　VERICUT 仿真加工验证

自制动力刀架 XYZC 四轴车铣复合机床，如图 13-16 所示，VERICUT 仿真加工验证正确。需要说明的是，fan15t_t 数控系统不具备孔加工固定循环功能，需设定或修改程序后仿真。C 轴是 EIA 绝对旋转台型，G54 在工件右端面回转中心，【G- 代码偏置】设为 1: 工作偏置 -54-TurretB 到 G54，采用刀具长度补偿编程方式。

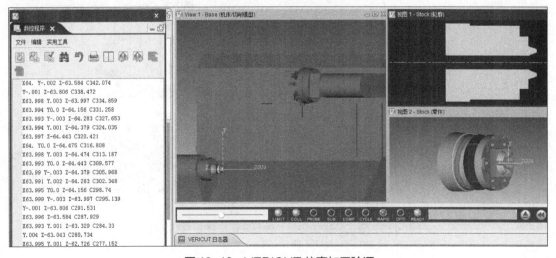

图 13-16　VERICUT 仿真加工验证

## 第14章

双主轴摆头转台七轴五联动车铣复合加工中心后处理

14.1 主体结构及加工能力

14.1.1 主体结构

虽然五轴车铣复合机床的主体结构种类更多，但两轴车削与摆头转台五轴铣削复合的加工中心是一种典型结构，再配上背轴即尾座主轴成典型的双主轴摆头转台七轴五联动车铣复合加工中心，如图14-1所示。车、铣加工共用加工中心自动换刀装置，且多数应该是随机换刀方式，不再使用动力刀架。

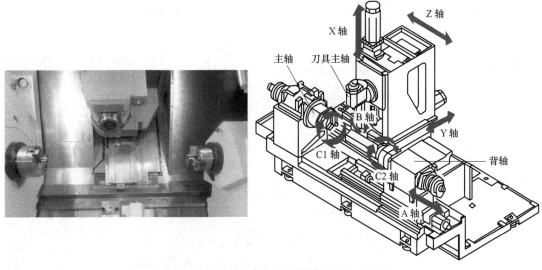

图14-1　双主轴摆头转台七轴五联动车铣复合加工中心

14.1.2 加工能力

摆头是 B 轴，也称为刀具主轴，是镗铣主轴头结构。这个镗铣主轴头可以夹持铣削刀具、车削刀具、车铣两用刀具等。主轴旋转所夹持的刀具作为铣削刀具使用，主轴定向所夹持的刀具作为车刀使用，刀具可以在圆周方向 360°内任意定向，刀具随摆头可以任意摆动、定位，左、右偏头车刀可以通用，车刀主偏角可以灵活调整，刀具倾斜干涉避让效果显著，同一把刀具可以瞬间车、铣转换而工件表面光滑过渡不留接刀痕迹。

车削主轴（有时称为零件主轴）夹持工件旋转，与摆头 B 轴分度定位、铣削主轴定向的固定车削刀具匹配，实现 ZX 两轴高性能车削。铣削时，车削主轴变成 C1 轴铣削方式，与摆头 B 轴和 XYZ 三轴实现 XYZBC1 五轴铣削。

背轴夹持工件旋转，沿 Z 向运动与 B 轴固定车削刀具匹配实现 ZX 两轴车削。铣削时，背轴变成 C2 轴铣削方式，与摆头 B 轴和 XYZ 三轴实现 XYZBC2 五轴铣削。

背轴与主轴中心线重合，其前行与后退是 W 轴，实现主、背轴对接（常称为主轴对接）来自动完成夹持工件另一端的部分动作。因此，工件装夹一次，即可完成全部加工工序，加工效率高、精度高，这是双主轴的最大优势。

七轴是 XYZBC1C2W 轴，五联动铣是 XYZBC1 或 XYZBC2，两轴车是车削主轴的 ZX 车、背轴的 ZX 车，这样的机床其成形能力非常强大，且装夹次数少。一般主、背轴的不同工作方式是用不同的 M 代码定义的，所以编程时 C1、C2 均用 C，不会混淆。但必须说明，车铣复合都有专门的数控系统，坐标轴地址的通用性不高，M 代码更是五花八门，需注意使用具体机床的编程代码。

摆头转台车铣复合加工中心的车、铣刚度都高，加工能力也都强，由于更适合装夹轴类零件，所以称为车铣复合加工中心，特别适合车铣诸如发动机曲轴等轴类零件。

如果摆头转台五轴加工中心的转台能高速旋转当车削主轴用，便是典型的五轴铣车复合加工中心，考虑转台装夹工件的特点，更适合铣车箱体类零件或箱体类零件的五面加工。

14.2　搜集后处理数据和制订后处理方案

14.2.1　搜集后处理数据

双主轴摆头转台七轴五联动车铣复合加工中心后处理主要技术参数见表 14-1。

表 14-1　双主轴摆头转台七轴五联动车铣复合加工中心后处理主要技术参数

公司名称			机床型号名称		后处理器名称	XYZBC_2S_TURN_MILL_mc
数控系统名称及型号	型号_____ 名称 mc-millturn-control		机床联动轴及结构类型	联动轴名 XYZBC 结构类型双主轴摆头转台车铣加工中心	真假五轴	☑真___ □假___
项目	参数		项目	参数	项目	参数
行程	X−1000～60mm Y−250～250mm Z−500～1100mm B−30°～210° 主轴C±9999.9999°（线性） 主轴定向A0°～360°（线性） 尾座 W−1972～0mm 背轴C0°～360°（EIA 最短）		刀库装刀	刀库似后置刀架B0换刀 OD_L 车刀：刀尖朝上 OD_R 车刀：刀尖朝下 位置：默认机床零点	刀具长度补偿	车 G0 G43 P1 X Z H M51 五 轴 G90 G00 G43.4 P0H、G90 G00 X Y Z 或者 G90 G00 G43.4 P0 H Z，G90 G00 X Y 三轴 Z 铣 G90 G43 P0 Z H 三轴 X 铣 G90 G43 P0 X H
			换刀（随机）	T××T××M6 最后一把：T×× T00 M6 换刀后安全点 G91 G30 P3 X0 Z0、G90		

（续）

项目	参数	项目	参数	项目	参数
快速移动 速度/（m/ min）	X <u>15</u> Y <u>15</u> Z <u>15</u>	快速旋转 速度/（°/min）	A <u>10000</u> B <u>10000</u> C <u>10000</u>	进给速度/（mm/ min）	5～8000
机床坐标 工件坐标系 基点	☑ 卡盘后端面回转中心 ☑ 夹具偏置 ☑ 摆头主轴端面回转中心	回转轴出厂 方向设定	A □正 □反 B □正 □反 C ☑ <u>正</u> □反	程序决定 转向	☑ 幅值 □符号 □捷径旋转 □180°反转
P0 P1 P3	机床位置：X0 Y150 Z150 机床位置：X0 Y0 Z0 机床位置：X0 Y0 Z300	主轴车削	方式 <u>M202</u> 卡盘松/紧 <u>M206/M207</u> 转向 <u>M203/M204/M205</u>	背轴车削	方式 <u>M302</u> 卡盘松/紧 <u>M306/</u> <u>M307</u> 转向 <u>M303/M304/</u> <u>M305</u>
主轴C1轴 铣削	方式 <u>M200</u> C1轴松/紧 <u>M212/M210</u>	背轴C2轴 铣削	方式 <u>M300</u> C2轴松/紧 <u>M312/</u> <u>M310</u>	摆头车刀	B轴紧/松 <u>M107/</u> <u>M108</u> 定位 <u>G53 G0 B</u>
摆头铣刀	转向M代码 <u>M3/M4/M5</u> 摆头定位 <u>G53 G0 B</u>	切削液	主轴车：<u>M51/M9</u> 背轴车：<u>M8/M9</u> 主轴铣：<u>M8/M9</u>	其他	

14.2.2 制订后处理方案

无论是车铣复合机床还是铣车复合机床，也无论是双主轴还是双刀架等，使用时都需要注意其坐标系统和各个车削系统的四向一置配置关系，刀具管理包括换刀和刀具补偿关系，各个传动系统的切削参数如主轴转向等的各自规定，多个固定的参考点位置等，均需要事先做统一规划、综合考虑、有序进行，不过具体的车、铣后处理原理与前面的相同，可以参考借鉴。

（1）基本构想　既然是主、背双主轴，这里的双主轴因共用单摆头刀具而不能同时工作，需针对两套主轴的具体组合情况定制后处理，相对清晰简单。

1）主轴对接功能完成工件两端换夹作用。从对接方法来说，有静态对接、动态对接和动态切断对接等方式，不同的机床有差异。静态对接相对简单、精度较低；动态对接因主、背轴是同步同向旋转对接（即同步对接），工件高速旋转有清理铁屑作用等，所以精度较高；切断对接必须是同步动态对接。从对接顺序上来说，有主轴夹持工件传递到背轴夹持工件（简称主轴对接）、背轴夹持工件传递到主轴夹持工件（简称背轴对接）两种，且对接位置因具体工件长度和装夹位置而异，不可能固定，通常由对刀具体测量、修改程序参数确定。UG NX软件对主轴对接没有后处理，定制的灵活性大，特别是一些M代码完全因机床而异，需谨慎对待，幸亏都是固定动作、难度不

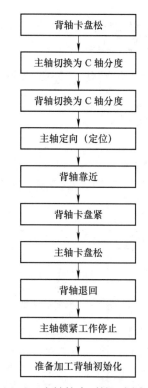

图 14-2　主轴静态对接一例流程图

大，图 14-2 所示为主轴静态对接一例流程图。需要说明的是，用 PLC 控制的 M 代码实现动态对接时，务必注意同步性能，否则会损伤工件；而用高档数控功能的 G 代码动态对接时，同步性能更好一些。

2）两套车削系统。主轴、背轴车削是两套主传动系统，需对应两种主轴转向指令，分别创建两个车削后处理相对比较简单。两轴车削后处理通用性极强，能定制符合数控系统的车削固定循环也就解决了车削后处理的难度。前面创建的两轴车削后处理，稍作修改即可使用。主要考虑主轴转向指令、刀具代码、换刀方式及位置、主轴车削方式、主轴车削平面，以及是否需要 Y 轴定位等方面的修改完善。

3）摆头铣削主轴。摆头铣削是另一套主传动系统，有自己的主轴转向指令等。摆头对主、背轴匹配铣削进给传动的转台 C 部件不同，这一般由不同的 M 代码切换，创建不同的后处理相对简单。

4）可以继承 XZC 三轴铣削的优势。可以借用前面 C 轴插补 XZC 三轴铣削的优势，借过来修改优化后可继续将立、卧 XYZ 三轴定向加工从五轴加工中分离出来，以简化后处理。

5）有效管理文件。七轴五联动的车铣复合机床，其后处理的方法多，单独的后处理器也多，文件命名、【机头】名称的特点等更应方便识别、管理和链接等。

（2）具体后处理方案

1）数控系统。用一般数控系统，设置成 mc_millturn_control 系统。

2）随机换刀。刀具置于水平、左侧 B0 位置换刀；换刀位置默认机床零点；换刀代码 T_ T_ M06，两个 T 代码前换后选；换刀后安全点 G91 G30 P3 X0 Z0，加工时恢复成 G90。

3）刀具长度补偿。XZ 两轴车 G90 G0 G43 P1 X Z H M51、五轴 Z 轴铣 G90 G00 G43.4 P0 H、G90 G00 X Y Z 或者 G90 G00 G43.4 P0 H Z、G90 G00 X Y，XZC 三轴 Z 刀轴铣 G90 G00 G43 P0 Z H，XZC 三轴 X 刀轴铣 G90 G00 G43 P0 X H。

4）创建主轴 XZ 车削后处理 TURNSP1_5BT_turnmill_mc。以 TURNSP1 为机头处理所有主轴车削刀轨，包括右端面中心线孔。主轴车削方式 M202，主轴正转/反转/停转 M203/M204/M205，摆头锁紧 M107、摆头松开 M108、车刀刀柄定位 G90 G0 G53 B、切削液开关 M51/M9。

5）创建五轴 XYZBC1 主轴摆头 Z 向刀轴钻铣后处理 5ZMILLSP1_5BT_turnmill_mc。以 5ZMILLSP1 为机头处理所有主轴参与的五轴及 3+2 轴定向钻铣刀轨，包括斜孔固定循环加工。主轴 C1 轴铣削方式 M200，摆头主轴正转/反转/停转 M3/M4/M5。

6）创建 XZC1 三轴 Z 向刀轴钻铣后处理 3ZMILLSP1_5BT_turnmill_mc。以 3ZMILLSP1 为机头处理所有主轴参与的 C1 轴插补的 Z 向刀轴（卧式水平）钻铣刀轨，以发挥 XZC 三轴加工优势。主轴 C1 轴铣削方式 M200，摆头主轴正转/反转/停转 M3/M4/M5。

7）创建 XZC1 三轴 X 向刀轴钻铣后处理 3XMILLSP1_5BT_turnmill_mc。以 3XMILLSP1 为机头处理所有主轴参与的 C1 轴插补的 X 向刀轴（立式垂直）钻铣刀轨，以发挥 XZC 三轴加工优势。主轴 C1 轴铣削方式 M200，摆头主轴正转/反转/停转 M3/M4/M5。

8）创建背轴 XZ 车削后处理 TURNSP2_5BT_turnmill_mc。以 TURNSP2 为机头处理所有背轴车削刀轨，包括左端面中心线孔。背轴车削方式 M302，背轴正转/反转/停转 M303/M304/M305，换刀代码 T_ T_ M06，车刀 T 代码带小数点，两个 T 代码前换后选，点后用 2，换刀后安全点 G91 G30 P3 X0. Z0。摆头锁紧 M107、摆头松开 M108、车刀分度定位 G53 G0 B、切削液开关 M51/M9。

9）创建五轴 XYZBC2 背轴摆头 Z 向刀轴钻铣后处理 5ZMILLSP2_5BT_turnmill_mc。以 5ZMILLSP2 为机头处理所有背轴参与的五轴和 3+2 轴定向钻铣刀轨。背轴 C2 轴铣削方式 M300，摆头主轴正转 / 反转 / 停转 M3/M4/M5，换刀代码 T_ T_ M06，铣刀 T 代码两位数不带小数，两个 T 代码前换后选，换刀后安全点 G91 G30 P3 X0. Z0。

10）创建 XZC2 三轴 Z 向刀轴钻铣后处理 3ZMILLSP2_5BT_turnmill_mc。以 3ZMILLSP2 为机头处理所有背轴参与的 C2 轴插补卧式钻铣刀轨。背轴 C2 轴铣削方式 M300，摆头主轴正转 / 反转 / 停转 M3/M4/M5，换刀代码 T_ T_ M06，铣刀 T 代码两位数不带小数，两个 T 代码前换后选，换刀后安全点 G91 G30 P3 X0. Z0。

11）创建 XZC2 三轴 X 向刀轴钻铣后处理 3XMILLSP2_5BT_turnmill_mc。以 3XMILLSP2 为机头处理所有背轴参与的 C2 轴插补立式钻铣刀轨。背轴 C2 轴铣削方式 M300，摆头主轴正转 / 反转 / 停转 M3/M4/M5，换刀代码 T_ T_ M06，铣刀 T 代码两位数不带小数，两个 T 代码前换后选，换刀后安全点 G91 G30 P3 X0. Z0。

12）主轴对接后处理。先主轴加工后背轴加工，在背轴加工的第一道工序中带主轴对接后处理程序行，这样可简化后处理的复杂程度。

13）创建三轴后处理 5BT_turnmill_mc 链接其他后处理。创建三轴后处理 5BT_turnmill_mc 作为总后处理，链接主轴 XZ 车削后处理 TURNSP1、五轴 XYZBC1 主轴摆头 Z 向刀轴钻铣后处理 5ZMILLSP1、XZC1 三轴 Z 向刀轴钻铣后处理 3ZMILLSP1、XZC 三轴 X 向刀轴钻铣后处理 3XMILLSP1、背轴 XZ 车削后处理 TURNSP2、五轴 XYZBC2 背轴摆头 Z 向刀轴钻铣后处理 5ZMILLSP2、XZC2 三轴 Z 向刀轴钻铣后处理 3ZMILLSP2 和 XZC2 三轴 X 向刀轴钻铣后处理 3XMILLSP2。

14）应用。先建立【加工方式】节点，然后将后处理机头作为开始事件的【Head】挂在各自对应的【加工方式】节点上，让其自动寻找相应的后处理器。

14.3 定制双主轴摆头转台七轴五联动车铣复合加工中心后处理

新建 XYZBC_2S_TURN_MILL_mc 文件夹，用于存储双主轴摆头转台七轴五联动车铣复合加工中心所有后处理，删除各后处理的【程序开始】【程序结束】【手工换刀】和【第一个刀具】黄色标签中的所有程序行，便于统一设定各个后处理。

序列号统一这样设定：单击【N/C 数据定义】→【其他数据单元】→【序列号】，设置【序列号开始值】为 1 →【序列号增量值】为 1。

14.3.1 创建主轴 XZ 车削后处理

（1）新建文件 单击【新建】→【主后处理】→【毫米】→【车】→【2 轴】→【一般】→【确定】，对文件进行保存→选择许可证→选择路径 XYZBC_2S_TURN_MILL_mc 文件夹→【文件名】输入 TURNSP1_5BT_turnmill_mc →单击【保存】，以后有新设置随时保存文件。

（2）设置一般参数　单击【机床】→【一般参数】，设置【线性轴行程限制】为 X1060/
Y500/Z1600 →勾选【直径编程】下【2X】。

（3）设置工序起始序列

1）设置刀轨开始。单击【工序起始序列】→【刀轨开始】，设置结果如图 14-3 所示。
G10.9 X1. 是 X 坐标直径编程，M202 是主轴车削方式。

2）设置自动换刀。单击【工序起始序列】→【自动换刀】，设置结果如图 14-4 所示。

PB_CMD_change_tool 自动换刀命令。刀具初始状态是：OD_LW 左手外圆车刀刀尖
朝上、刀片顶侧，OD_R 右手外圆车刀刀尖朝下、刀片顶侧，ID_L 左手右旋螺纹孔车刀刀
尖朝上、刀片底侧，ID_L 左手镗孔车刀刀尖朝上、刀片顶侧，ID_L 左手端面槽车刀刀尖朝
上、刀片顶侧等。车铣复合刀库的刀具管理是一项烦琐的工作，分区域、分类装刀是有效的
管理办法，但需要大容量刀库支持。

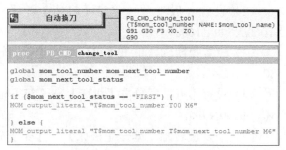

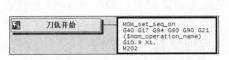

图 14-3　设置【刀轨开始】　　　　　　　　　图 14-4　设置【自动换刀】

3）设置初始移动 / 第一次移动。【初始移动】与【第一次移动】设置相同。单击【工
序起始序列】→【初始移动】，设置结果如图 14-5 所示。B 是刀柄定位角度，取创建刀具
时的 HA 角度，其变量是 mom_tool_holder_orient_angle，单位是弧度，由 PB_CMD_tool_
HA 命令设定。G 是夹紧偏置代码，注意刀具长度补偿方式等同机床规定，强制输出 G、
G43、P1、H01、M203、M51。

4）其他设置。清空【工序起始序列】中其余所有黄色标签中的程序行。

（4）设置运动　【运动】设置结果如图 14-6 所示。【运动】包括【线性移动】【圆周移动】
【快速移动】和【车螺纹】。【圆周移动】设置成【象限】，【车螺纹】是 G32。

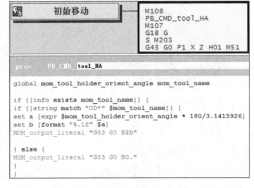

图 14-5　设置【初始移动】/【第一次移动】

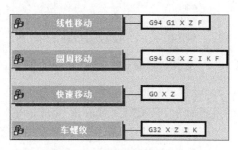

图 14-6　设置【运动】

（5）设置刀轨结束　单击【工序结束序列】→【刀轨结束】，设置结果如图 14-7 所示，注意回零顺序，否则因 X 轴零点较低而发生干涉。

```
M9
M205
G91 G28 X0.
G28 Z0.
G28 B0.
```

图 14-7　设置【刀轨结束】

14.3.2　创建五轴 XYZBC1 主轴摆头 Z 向刀轴钻铣后处理

（1）新建文件　单击【新建】→【主后处理】→【毫米】→【铣】→【5 轴带转头和转台】→【库】→【Fanuc_30i_advanced】→【确定】，对文件进行保存→选择许可证→选择路径 XYZBC_2S_TURN_MILL_mc 文件夹→【文件名】输入 5ZMILLSP1_5BT_turnmill_mc →单击【保存】。

（2）设置一般参数　单击【机床】→【一般参数】，设置【线性轴行程限制】为 X1060/Y500/Z1600。

（3）设置第四轴　单击【机床】→【第四轴】，设置【轴限制】为最大值 210/ 最小值 −30。

（4）设置第五轴　单击【机床】→【第五轴】，设置【轴限制】为最大值 9999.999/ 最小值 −9999.9999。

（5）配置旋转轴　单击【机床】→【第五轴】或【第四轴】→【配置】，设置结果如图 14-8 所示。

（6）设置工序起始序列

1）设置刀轨开始。单击【程序和刀轨】→【程序】→【程序起始序列】→【程序开始】，删除默认 % 和 PB_CMD_proram_header 两程序行，将 G49 改为 G80 后，将【程序开始】中全部程序行移入【刀轨开始】，添加 X 坐标半径编程 G10.9 X0. 和主轴 C 轴铣削方式 M200 两程序行，PB_CMD 是系统自带命令，【刀轨开始】设置结果如图 14-9 所示。

图 14-8　配置旋转轴【第 4 轴】/【第 5 轴】

```
PB_CMD_customize_output_mode
MOM_set_seq_off
PB_CMD_spindle_orient
PB_CMD_fix_RAPID_SET
PB_CMD_uplevel_ROTARY_AXIS_RETRACT
MOM_set_seq_on
G40 G17 G90 G80 G21
($mom_operation_name)
PB_CMD_reset_auto_detected_parameter
G10.9 X0.
M200
```

图 14-9　设置【刀轨开始】

2）设置自动换刀。单击【工序起始序列】→【自动换刀】，设置结果如图 14-10 所示。自动换刀命令 PB_CMD_change_tool 同前，第三行 PB_CMD 是默认命令。

3）设置初始移动 / 第一次移动。单击【工序起始序列】→【初始移动】，全部默认。【第一次移动】比【初始移动】多最后一行默认，如图 14-11 所示。

图 14-10　设置【自动换刀】

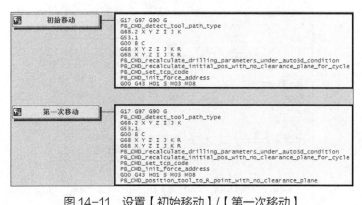

图 14-11　设置【初始移动】/【第一次移动】

4）其他设置。清空【工序起始序列】中其余所有黄色标签中的程序行。

（7）设置机床控制　删除【刀具补偿打开】和【刀具长度补偿】中的程序行。

（8）设置运动　【运动】包括【线性移动】【圆周移动】【快速移动】【螺旋移动】和【NURBS 移动】，全部默认设置，如图 14-12 所示。

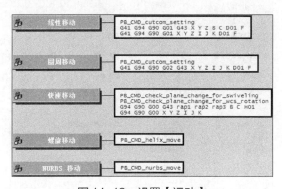

图 14-12　设置【运动】

（9）设置刀轨结束　单击【工序结束序列】→【刀轨结束】，设置结果如图 14-13 所示。

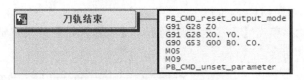

图 14-13　设置【刀轨结束】

14.3.3　创建 XZC1 三轴 Z 向刀轴钻铣后处理

（1）新建文件　单击【新建】→【主后处理】→【毫米】→【铣】→【3 轴车铣（XZC）】→【一般】→【确定】，对文件进行保存→选择许可证→选择路径 XYZBC_2S_TURN_MILL_mc 文件夹→【文件名】输入 3ZMILLSP1_5BT_turnmill_mc →单击【保存】。

（2）设置一般参数　单击【机床】→【一般参数】，设置结果如图 14-14 所示。

图 14-14　设置【一般参数】

（3）设置旋转轴　单击【机床】→【旋转轴】，设置结果如图 14-15 所示。

图 14-15　设置【旋转轴】

（4）设置工序起始序列

1）设置刀轨开始。单击【工序起始序列】→【刀轨开始】，设置结果如图 14-16 所示，两个 PB_CMD 是默认命令。

图 14-16　设置【刀轨开始】

2）设置自动换刀。单击【工序起始序列】→【自动换刀】，设置结果如图 14-17 所示，其中考虑了初始刀轴 B0。

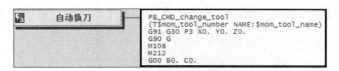

图 14-17　设置【自动换刀】

3）设置初始移动 / 第一次移动。【初始移动】和【第一次移动】设置相同，如图 14-18 所示。用 G13.1 取消工序开始程序中默认出现的极坐标编程 G12.1，该系统无极坐标编程功能，但需要 C 轴插补。G53 G00 Z500 为安全初始化而设置。

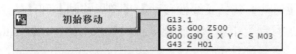

图 14-18　设置【初始移动】/【第一次移动】

4）其他设置。删除【工序起始序列】中其余所有黄色标签中的程序行。

（5）设置运动　【运动】设置结果如图 14-19 所示。【运动】包括【线性移动】【圆周移动】和【快速移动】。

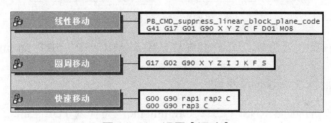

图 14-19　设置【运动】

（6）设置刀轨结束　【刀轨结束】设置结果如图 14-20 所示。

图 14-20　设置【刀轨结束】

14.3.4　创建 XZC1 三轴 X 向刀轴钻铣后处理

（1）新建文件　单击【新建】→【主后处理】→【毫米】→【铣】→【3 轴车铣（XZC）】→【一般】→【确定】，对文件进行保存→选择许可证→选择路径 XYZBC_2S_TURN_MILL_mc 文件夹→【文件名】输入 3XMILLSP1_5BT_turnmill_mc→单击【保存】。

（2）设置一般参数　【一般参数】设置与 3ZMILLSP1_5BT_turnmill_mc 的区别仅在于，【初始主轴】为 +X 轴。

（3）设置旋转轴　【旋转轴】设置与 3ZMILLSP1_5BT_turnmill_mc 相同。

（4）设置工序起始序列

1）设置刀轨开始。【刀轨开始】设置与 5ZMILLSP1_5BT_turnmill_mc 相同。

2）设置自动换刀。【自动换刀】设置与三轴 3ZMILLSP1_5BT_turnmill_mc 相同。

3）设置初始移动 / 第一次移动。【初始移动】和【第一次移动】设置相同，设置结果如图 14-21 所示。

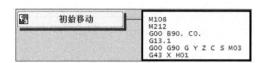

图 14-21　设置【初始移动】/【第一次移动】

4）其他设置。删除【工序开始序列】中其余所有黄色标签中的程序行。

（5）设置运动　【运动】包括【线性移动】【圆周移动】和【快速移动】，设置结果如图 14-22 所示。【快速移动】中第一行输出条件设置为不执行，即 return 0。

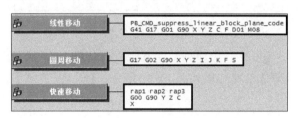

图 14-22　设置【运动】

（6）设置刀轨结束　【刀轨结束】设置与五轴 5ZMILLSP1_5BT_turnmill_mc 相同。

14.3.5　创建背轴 XZ 车削后处理

（1）新建文件　打开 TURNSP1_5BT_turnmill_mc，另存为 TURNSP2_5BT_turnmill_mc。

（2）修改工序起始序列

1）刀轨开始。将主轴车削方式 M202 改为背轴车削方式 M302。

2）自动换刀。【自动换刀】设置结果如图 14-23 所示。自动换刀命令 PB_CMD_change_tool_SP2 刀具号中，.1 表示 OD_L 左手外圆车刀刀具号相同而通用，但初始状态刀尖向下，刀片也同时向下，而 .2 默认 OD_L 左手外圆车刀刀尖向上、刀片顶侧，这是本机床设定。

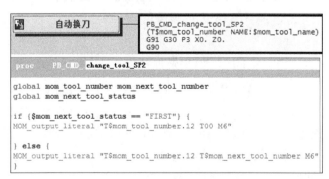

图 14-23　设置【自动换刀】

3）初始移动 / 第一次移动。【初始移动】和【第一次移动】设置相同。将主轴转向 M203 改成背轴转向 M303。

4）其他。清空【工序起始序列】中其余所有黄色标签中的程序行。

（3）修改运动　删除【圆周移动】，让个别圆弧插补程序段不报警。前面 TURNSP1_5BT_turnmill_mc 中的【圆周移动】最好也删除。

（4）修改刀轨结束　将【刀轨结束】中的 M205 改成 M305。

14.3.6　创建五轴 XYZBC2 背轴摆头 Z 向刀轴钻铣后处理

（1）新建文件　打开 5ZMILLSP1_5BT_turnmill_mc→选择【另存为】5ZMILLSP2_5BT_turnmill_mc→单击【保存】。

（2）修改刀轨开始　单击【刀轨开始】，将主轴 C1 轴铣削方式 M200 改为背轴 C2 轴铣削方式 M300。

14.3.7　创建 XZC2 三轴 Z 向刀轴钻铣后处理

（1）新建文件　打开 3ZMILLSP1_5BT_turnmill_mc→选择【另存为】3ZMILLSP2_5BT_turnmill_mc→单击【保存】。

（2）修改刀轨开始　单击【刀轨开始】，将主轴 C1 轴铣削方式 M200 改为背轴 C2 轴铣削方式 M300。

（3）修改自动换刀　单击【工序起始序列】→【自动换刀】，将 M212 改为 M312 背轴松。

14.3.8　创建 XZC2 三轴 X 向刀轴钻铣后处理

（1）新建文件　打开 3XMILLSP1_5BT_turnmill_mc→选择【另存为】3XMILLSP2_5BT_turnmill_mc→单击【保存】。

（2）修改刀轨开始　将【刀轨开始】中的 M200 改为 M300 背轴 C2 轴铣削方式。

（3）修改初始移动 / 第一次移动　【初始移动】和【第一次移动】设置相同，设置结果如图 14-24 所示。

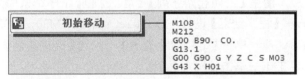

图 14-24　设置【初始移动】/【第一次移动】

14.3.9　主轴对接

这里将主轴对接即工件从主轴转移到背轴的程序，嵌入背轴加工的第一道工序内，本例背轴加工的第一道工序是车，后处理器命名为 1stTURNSP2_5BT_turnmill_mc，通过复制 TURNSP2_5BT_turnmill_mc 修改十分方便。

（1）新建文件　打开 TURNSP2_5BT_turnmill_mc，另存为 1stTURNSP2_5BT_turnmill_mc。

（2）插入主轴对接程序　将主轴对接程序插入【刀轨开始】标签，如图 14-25 所示。注意，背轴靠近程序行 G90 G0 W300.、G1 W180. F250 和 G1 G31 W146.304 F80 由具体工件和工件坐标系位置决定。

```
proc    PB_CMD_transing
MOM_output_literal "(transing start)"
MOM_output_literal "G90"
MOM_output_literal "M212 M312"
MOM_output_literal "G91 G30 P3 X0."
MOM_output_literal "G91 G30 P3 Y0."
MOM_output_literal "G91 G30 P3 Z0. B0."
MOM_output_literal "G91 G30 P3 W0."
MOM_output_literal "G94"
MOM_output_literal "G98 G4 X2"
MOM_output_literal "M306"
MOM_output_literal "M200 M300"
MOM_output_literal "M210 M310"
MOM_output_literal "M540 M508"
MOM_output_literal "G54"
MOM_output_literal "G90 G0 W300."
MOM_output_literal "G1 W180. F250"
MOM_output_literal "G1 G31 W146.304 F80"
MOM_output_literal "M307"
MOM_output_literal "G4 X4"
MOM_output_literal "M206"
MOM_output_literal "G4 X4"
MOM_output_literal "G91 G30 W0."
MOM_output_literal "M541"
MOM_output_literal "M212 M312"
MOM_output_literal "(ENG)"
```

图 14-25　主轴对接程序

14.3.10　链接

创建三轴卧式铣削后处理，链接各个具体后处理。

（1）创建三轴卧式铣削后处理文件　单击【新建】→【主后处理】→【毫米】→【铣】→【3 轴】→【一般】→【确定】→文件保存为 XYZBC_2S_T_M_mc。

（2）设置一般参数　单击【机床】→【一般参数】，设置【线性轴行程限制】为 X1060/Y500/Z1600。

（3）设置程序开始　在【程序开始】中加入程序名字符串"MOM_output_literal ″O___″"。

（4）删除部分程序　清空【工序起始序列】【运动】和【工序结束序列】中的所有程序行。

（5）设置程序结束　【程序结束】设为"MOM_set_seq_on、M30、MOM_set_seq_off"三行。

（6）设置链接的后处理　单击【链接的后处理】→勾选【链接其他后处理到此后处理】→【机头】设为 XYZBC_TM →单击【确定】。

（7）挂其他机头　单击【新建】，分别挂其他机头，然后设置链接的后处理器，即单击【链接的后处理】→勾选【链接其他后处理到此后处理】→单击【机头】，链接结果如图 14-26 所示。

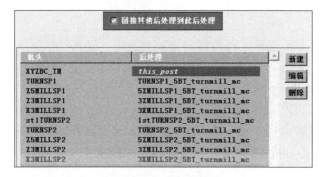

图 14-26　链接结果

14.4　建立刀轨与车铣复合后处理的关系

14.4.1　设定刀轨加工方法

（1）十字联轴器五轴工件及刀轨　如图 14-27 所示，含有车削、立轴铣削、卧轴铣削、五轴铣削和主轴对接加工，内容宽泛，具有典型代表性。

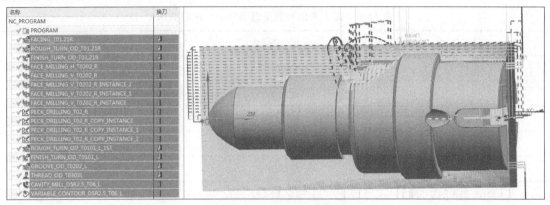

图 14-27　十字联轴器五轴工件及刀轨

（2）修改加工方法　修改现有加工方法名称，以便于链接相对应后处理器。必要时，创建新的加工方法以链接相应的后处理器，新建时用复制修改的方法不易混乱、清晰可行。将相应的工序移到对应的加工方法节点下，如图 14-28 所示。注意，调整刀轨位置时，不要弄错加工顺序。

图 14-28　加工方法节点

14.4.2 链接后处理

【开始事件】在刀轨中不可见，列出加工方法与后处理机头的对应关系（表14-2），以便于链接和观察。链接步骤：右击要创建开始事件的加工方法，单击【对象】→【开始事件】→【可用事件】→【Head】→【添加新事件】，设置【状态】为活动的→勾选【名称状态】→在【名称】文本框中输入所需后处理器的机头名称→单击【确定】。

表 14-2　加工方法与后处理器机头的对应关系

加工方法	后处理机头	备注
LATHE_ROUGH_SP1	RTURNSP1	
LATHE_ROUGH_SP2_1ST	Lst1TURNSP2	
LATHE_FINISH_SP1	RTURNSP1	
LATHE_FINISH_SP2	LTURNSP2	
LATHE_GROOVE_SP2	LTURNSP2	
LATHE_THREAD_SP2	LTURNSP2	
MILL_H_SP1	RZ3MILLSP1	
MILL_V_SP1	RX3MILLSP1	
MILL_V_SP2	LX3MILLSP2	
MILL_5Z_SP2	LZ5MILLSP2	
MILL_5Z_SP1	RZ5MILLSP1	

14.5 后处理验证

14.5.1 程序分析

XYZBC_2S_T_M_mc 后处理十字联轴器五轴工件及刀轨，获得十字联轴器五轴 .ptp 程序，将"O___"改为"O14"：

```
O14
N0001 G40 G17 G94 G80 G90 G21   主轴车端面刀轨开始
N0002 (FACING_T01.21R)
N0003 G10.9 X1.
N0004 M202
N0005 T1 T2 M6     主轴车端面自动换刀
N0006 (T1 NAME:OD_55_L_95R0.4_T1.12R)
N0007 G91 G30 P3 X0. Z0.
N0008 G90
N0009 M108   主轴车端面初始移动
N0010 G53 G0 B90.0
```

N0011 M107

N0012 G18 G54

N0013 S2000 M204

N0014 G43 G0 P1 X60. Z5. H01 M51

N0015 Z1.5　主轴车端面快速移动

N0016 X52.8

N0017 G95 G1 X52. F.3　主轴车端面线性移动加工

　⋮

N0034 M9　主轴车端面刀轨结束

N0035 M205

N0036 G91 G28 X0.

N0037 G28 Z0.

N0038 G28 B0.

N0039 G17 G94 G80 G90 G21　同一把刀主轴车外圆刀轨开始

N0040 (ROUGH_TURN_OD_T01.21R)

N0041 G10.9 X1.

N0042 M202

N0043 M108　　同一把刀主轴车外圆第一次移动

N0044 G53 G0 B90.0

N0045 M107

N0046 G18 G54

N0047 M204

N0048 G43 G0 P1 X46. H01 M51

N0049 X44.　同一把刀主轴车外圆快速移动

N0050 Z3.4

N0051 G95 G1 Z3.　同一把刀主轴车外圆

　⋮

N0091 M205　同一把刀主轴车外圆刀轨结束

N0092 G91 G28 X0.

N0093 G28 Z0.

N0094 G28 B0.

N0095 G17 G94 G80 G90 G21　同一把刀主轴精车外圆刀轨开始

N0096 (FINISH_TURN_OD_T01.21R)

N0097 G10.9 X1.

N0098 M202

N0099 M108　同一把刀主轴精车外圆第一次移动

N0100 G53 G0 B90.0

N0101 M107

N0102 G18 G54

N0103 M204

N0104 G43 G0 P1 H01 M51

N0105 X31.793　同一把刀主轴精车外圆刀轨快速移动

N0106 Z.8

N0107 G95 G2 X33.393 Z0.0 I.8 K0.0 F.2　同一把刀主轴精车外圆

N0108 G3 X34.312 Z-.19 I0.0 K-.65

N0109 G1 X34.619 Z-.344

⋮

N0121 M205　同一把刀主轴精车外圆刀轨结束

N0122 G91 G28 X0.

N0123 G28 Z0.

N0124 G28 B0.

N0125 (FACE_MILLING_H_T0202_R)　主轴卧铣刀轴 Z 铣削端面十字槽刀轨开始

N0135 G40 G17 G80 G90 G21

N0145 G10.9 X0.

N0155 M200

N0165 T2 T1 M6　主轴卧铣刀轴 Z 铣削端面十字槽自动换刀

N0175 (T2 NAME:MILL_D6R0_Z2_T0202)

N0185 G91 G30 P3 X0. Y0. Z0.

N0195 G90 G54

N0205 M108

N0215 M212

N0225 G00 B0. C0.

N0235 G12.1　主轴卧铣刀轴 Z 铣削端面十字槽初始移动

N0245 G13.1

N0255 G53 G00 Z500

N0265 G00 G90 G54 X22.437 Y0.0 C-90. S4000 M03

N0275 G43 Z10. H02

N0285 Z1.　主轴卧铣刀轴 Z 铣削端面十字槽快速移动

N0295 G01 Z-2. F800. M08　主轴卧铣刀轴 Z 铣削端面十字槽加工

⋮

N5645 M5　主轴卧铣刀轴 Z 铣削端面十字槽刀轨结束

N5655 M9

N5665 G91 G28 X0.

N5675 G28 Y0.

N5685 G28 Z0.

N5695 (FACE_MILLING_V_T0202_R)　同一把刀主轴立铣刀轴 X 铣削柱面槽刀轨开始

N5705 G40 G17 G80 G90 G21

N5715 G10.9 X0.

N5725 M200

N5735 G12.1　同一把刀主轴立铣刀轴 X 铣削柱面槽第一次移动

N5745 M108

N5755 M212

N5765 G00 B90. C0.

N5775 G13.1

N5785 G00 G90 G54 Y0.0 Z5.196 C1800. S4000 M03

N5795 G43 X35. H02

N5805 X19.667　同一把刀主轴立铣刀轴 X 铣削柱面槽快速移动

N5815 G01 X16.667 F800. M08　同一把刀主轴立铣刀轴 X 铣削柱面槽加工

　　⋮

N7425 M5　同一把刀主轴立铣刀轴 X 铣削柱面槽刀轨结束

N7435 M9

N7445 G91 G28 X0.

N7455 G28 Y0.

N7465 G28 Z0.

　　⋮

N8115 G40 G17 G90 G80 G21　同一把刀主轴刀轴 Z 五轴 G68.2 倾斜面定向钻斜孔刀轨开始

N8116 (PECK_DRILLING_T02_R)

N8117 G10.9 X0.

N8118 M200

N8119 G97 G90 G54　同一把刀主轴刀轴 Z 五轴 G68.2 倾斜面定向钻斜孔第一次移动

N8120 G68.2 X0.0 Y0.0 Z0.0 I90. J28.435 K-90.

N8121 G53.1

N8122 G00 G43 H02 S2000 M03

N8123 G94 G90 G43 X26.233 Y0.0 Z-1.382 H02　快速定位

N8124 G99 G83 X26.233 Y0.0 Z-31.382 F250. R-1.382　钻孔

　　⋮

N8167 G80

N8168 G21

N8169 G69

N8170 G91 G28 Z0.

N8171 G91 G28 X0.0 Y0.0

N8172 G90 G53 G00 B0.0 C0.0

N8173 M05

N8174 M09

N8175 (transing start)　主轴对接

N8176 G90

N8177 M212 M312

N8178 G91 G30 P3 X0.

N8179 G91 G30 P3 Y0.

N8180 G91 G30 P3 Z0. B0.

N8181 G91 G30 P3 W0.

N8182 G94

N8183 G98 G4 X2

N8184 M306

N8185 M200 M300

N8186 M210 M310

N8187 M540 M508

N8188 G54

N8189 G90 G0 W300.

N8190 G1 W180. F250

N8191 G1 G31 W193.286 F80

N8192 M307

N8193 G4 X4

N8194 M206

N8195 G4 X4

N8196 G91 G30 W0.

N8197 M541

N8198 M212 M312

N8199 (END)

N8200 G40 G17 G94 G80 G90 G21　换刀背轴粗车外圆刀轨开始

N8201 (ROUGH_TURN_OD_T0101_L_1ST)

N8202 G10.9 X1.

N8203 M302

N8204 T1.12 T3 M6　自动换刀

N8205 (T1 NAME:OD_55_L_95R0.4_T01.21L)

N8206 G91 G30 P3 X0. Z0.

N8207 G90

N8208 M108　初始移动

N8209 G53 G0 B85.0

N8210 M107

N8211 G18 G55

N8212 G96 S2000 M304

N8213 G43 G0 P1 X46. Z-5. H01 M51

N8214 X40. Z-6.7　快速移动

N8215 G95 G1 Z-6.3 F.3　加工

⋮

N8377 M9　刀轨结束

N8378 M305

N8379 G91 G28 X0.

N8380 G28 Z0.

N8381 G28 B0.

N8382 G40 G17 G94 G80 G90 G21　同一把刀背轴精车外圆刀轨开始

N8383 (FINISH_TURN_OD_T0101_L)

N8384 G10.9 X1.

N8385 M302

N8386 M108　第一次移动

N8387 G53 G0 B85.0

N8388 M107

N8389 G18 G55

N8390 G96 S2000 M304

N8391 G43 G0 P1 X46. Z-5. H01 M51

N8392 G95 G1 X-1.8 F.2　加工

⋮

N8439 M9　刀轨结束

N8440 M305

N8441 G91 G28 X0.

N8442 G28 Z0.

N8443 G28 B0.

N8444 G17 G94 G80 G90 G21　换刀背轴车外槽刀轨开始

N8445 (GROOVE_OD_T0202_L)

N8446 G10.9 X1.

N8447 M302

N8448 T3.12 T4 M6　自动换刀

N8449 (T3 NAME:OD_GROOVE_L_2_T0303L)

N8450 G91 G30 P3 X0. Z0.

N8451 G90

N8452 M108　初始移动

N8453 G53 G0 B90.0

N8454 M107

N8455 G18 G55

N8456 G96 S1000 M303

N8457 G43 G0 P1 X44. H03 M51

N8458 Z47.9　快速移动

N8459 X33.55

N8460 G95 G1 X33.15 F.1　加工

⋮

N8476 M305　刀轨结束

N8477 G91 G28 X0.

N8478 G28 Z0.

N8479 G28 B0.

N8480 G17 G94 G80 G90 G21　换刀背轴车螺纹刀轨开始

N8481 (THREAD_OD_T0303L)

N8482 G10.9 X1.

N8483 M302

N8484 T4.12 T6 M6　自动换刀

N8485 (T4 NAME:OD_THREAD_L_60_R_T0404L)

N8486 G91 G30 P3 X0. Z0.

N8487 G90

N8488 M108　初始移动

N8489 G53 G0 B90.0

N8490 M107

N8491 G18 G55

N8492 G96 S300 M303

N8493 G43 G0 P1 X32.75 Z22.5 H04 M51

N8494 G95 G1 X25.982 F2.　加工

N8495 G32 Z47. K2.

N8496 G1 X32.75

N8497 G0 Z22.5

⋮

N8549 M305　刀轨结束

N8550 G91 G28 X0.

N8551 G28 Z0.

N8552 G28 B0.

N8553 (CAVITY_MILL_D5R2.5_T06_L)　换刀背轴刀轴 X 立铣型腔刀轨开始

N8563 G40 G17 G80 G90 G21

N8573 G10.9 X0.

N8583 M300

N8593 T6 T00 M6　自动换刀

N8603 (T6 NAME:BALL_MILL_D5R2.5_T0606)

N8613 G91 G30 P3 X0. Y0. Z0.

N8623 G90 G55

N8633 G12.1　初始移动

N8643 M108

N8653 M212

N8663 G00 B90. C0.

N8673 G13.1

N8683 G00 G90 G55 Y0.0 Z50.311 C18.374 S4000 M03

N8693 G43 X31.612 H06

N8703 C27.067

N8713 X21.898

N8723 G19 G01 X20.68 C28.805 F400. D01 M08　加工

⋮

N0980 M5　刀轨结束

N0990 M9

N1000 G91 G28 X0.

N1010 G28 Y0.

N1020 G28 Z0.

N1030 G40 G17 G90 G80 G21　刀轴 Z 背轴五轴铣刀轨开始

N1031 (VARIABLE_CONTOUR_D5R2.5_T06_L)

N1032 G10.9 X0.

N1033 M300

N1034 G97 G90 G55

N1035 G00 B107.562 C14.977

N1036 G43.4 H06 S4000 M03

N1037 G94 G90 X22.193 Y-12.619 Z43.054

N1038 X11.706 Z46.374

N1039 G01 X10.734 Z46.681 D01 F300.

⋮

N2292 G80 G21　工序结束

N2293 G91 G28 Z0

N2294 G91 G28 X0.0 Y0.0

N2295 G90 G53 G00 B0.0 C0.0

N2296 M05

N2297 M09

N2298 M30　程序结束

经分析，程序总体框架正确。

14.5.2　VERICUT 仿真加工验证

双主轴摆头转台七轴五联动车铣复合加工中心，用 mc_millturn_control 系统，设定 C1 和 C2 分别为线性和 EIA 旋转台型。G54 主轴侧工件右端面回转中心，G55 背轴侧工件左端面回转中心，【G- 代码偏置】设为 1：工作偏置 -54-Tool_Spindle 到 G54，添加：W-1732，1：工作偏置 -55-Tool_Spindle 到 G55，1：基础工作偏置 -0 0 0，Tool_Spindle 表示铣削主轴，采用刀具长度补偿编程方式。VERICUT 仿真加工验证如图 14-29 所示，总体正确，有三个报警说明如下：

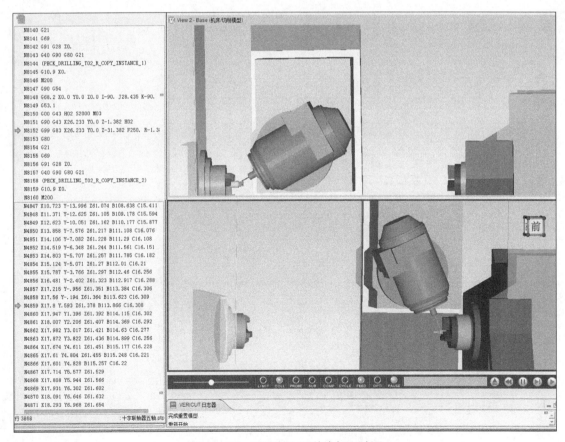

图 14-29　VERICUT 仿真加工验证

1）错误：相对"Tool"组件上"1"刀具，毛坯主轴"Sub_Part_Spindle"旋转方向错误 。这个报警表示 X 负半轴车削错误，避免的方法是不过中心车削，有中线孔是最有效的办法。

2）警告：K 2不支持 。将 K2 改为 P2，便符合 mc_millturn_control 系统 G32 编程指令格式。

3）错误：当前真实进给结果是零（单位每分钟）。G28 是 G01 运动方式所致，采用 G00 方式运动即可。

其余全部正确。

应该说明的是，应尽量把 C 轴行程控制在 0°～360°，双转台采用 EIA 绝对旋转台型，这样可以避免许多不必要的双转台回零复位运动。